U0237761

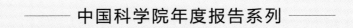

中国科学院年度报告系列

2018

科学发展报告

Science Development Report

中国科学院

科学出版社

北京

图书在版编目(CIP)数据

2018科学发展报告/中国科学院编 . —北京：科学出版社，2018.12
（中国科学院年度报告系列）
ISBN 978-7-03-060356-2

Ⅰ. ①2… Ⅱ. ①中… Ⅲ. ①科学技术-发展战略-研究报告-中国- 2018
Ⅳ. ①N12 ②G322

中国版本图书馆 CIP 数据核字（2018）第 300749 号

责任编辑：侯俊琳　牛　玲　宁　倩 / 责任校对：韩　杨
责任印制：张克忠 / 封面设计：有道文化
编辑部电话：010-64035853
E-mail：houjunlin@mail. sciencep. com

科 学 出 版 社　出版
北京东黄城根北街 16 号
邮政编码：100717
http://www. sciencep. com

中国科学院印刷厂　印刷
科学出版社发行　各地新华书店经销
*
2018 年 12 月第　一　版　　开本：787×1092　1/16
2018 年 12 月第一次印刷　　印张：26 1/4　插页：2
字数：410 000

定价：168. 00 元
（如有印装质量问题，我社负责调换）

全面深入推进世界科技强国建设

（代序）

白春礼

党的十九大报告明确指出，创新是引领发展的第一动力，是建设现代化经济体系的战略支撑。报告强调，要推进科技强国建设。学习贯彻党的十九大精神，必须瞄准世界科技前沿，强化基础研究，实现前瞻性基础研究、引领性原创成果重大突破。加强应用基础研究，拓展实施国家重大科技项目，突出关键共性技术、前沿引领技术、现代工程技术、颠覆性技术创新，全面深入推进世界科技强国建设。

一、我国已成为具有重要影响力的科技大国

党的十九大报告在回顾总结过去五年取得的伟大成就时指出，创新驱动发展战略大力实施，创新型国家建设成果丰硕，天宫、蛟龙、天眼、悟空、墨子、大飞机等重大科技成果相继问世。联系近年来我国科技工作的实践学习领会党的十九大精神，我们深深体会到，建设世界科技强国的科技梦既是中国梦的重要组成部分，也是实现中国梦的根本支撑。

党的十八大以来，以习近平同志为核心的党中央把创新摆在国家发展全局的核心位置，强调让创新贯穿党和国家的一切工作，并作出了实施创新驱动发展战略的重大部署。党中央、国务院就科技创新出台了一系列重大方针政策，实施了一系列重大改革举措。全国科技界坚决贯彻落实习近平总书记关于科技创新的重要讲话精神，扎实推进改革创新发展，取得了一大批有国际影响的重大成果。量子通信、中微子、铁基超导、外尔费米子、干细胞和再生医学等面向世界科技前沿的重要科技成果水平达到世界前列；

载人航天、空间科学、深海深地探测、超级计算、人工智能等面向国家重大需求的战略高技术领域持续取得重大突破;高速铁路、第四代核电、新一代无线通信、超高压输变电等面向国民经济主战场的产业关键技术迅速发展成熟;500米口径球面射电望远镜、上海光源、大亚湾反应堆中微子实验等重大科技基础设施投入使用,为解决重大科技问题奠定了物质技术基础。"悟空号"暗物质粒子探测卫星取得首批重大成果,获得了世界上迄今最精确的高能电子宇宙线能谱。这些科技创新的重大成就,有力提升了我国科技实力和综合国力,提振了民族自信心和自豪感。进一步彰显了中国共产党的领导优势和中国特色社会主义的制度优势。

总体上看,经过多年的积累和发展,特别是实施创新驱动发展战略以来的持续努力,我国科技创新能力和水平显著提高,已成为具有重要影响力的科技大国。我国科技创新事业正处于历史上最好的发展时期,我们比历史上任何时期都更接近建成世界科技强国的目标,也比历史上任何时期都更加接近中华民族伟大复兴中国梦的实现。每一名科技工作者都应该将个人的成长与国家的发展紧密地结合起来,自觉在世界科技强国建设中贡献力量,施展才干,实现抱负。

二、新时代对科技强国建设提出了新要求

党的十九大明确指出,经过长期努力,中国特色社会主义进入了新时代,这是我国发展新的历史方位。在新时代,我国社会主要矛盾已经转化为人民日益增长的美好生活需要和不平衡不充分的发展之间的矛盾。我国社会主要矛盾的变化是关系全局的历史性变化,要求我们坚持将创新作为引领发展的第一动力,把科技作为经济社会发展和国家战略安全的核心支撑,不断提升自主创新能力,真正实现科技强、产业强、经济强、国家强。

与建成世界科技强国的要求相比,我国科技事业发展中还存在一些突出问题和短板。科技创新能力总体不强,基础研究和原始创新能力不足,高端科技产出比例偏低,产业核心技术、源头技术受制于人的局面没有根本性改变。科技体制改革中的"硬骨头"还没有取得根本性突破,创新政策和体制还不够健全。科技人才队伍的水平和结构亟待优化,高水平科技

创新人才，尤其是能改变领域国际格局的战略科学家和能实现颠覆性创新的人才非常缺乏。

当前，新一轮世界科技革命和产业变革正孕育兴起，将对世界经济政治格局、产业形态、人们生活方式等带来深刻影响，也必将重塑世界科技竞争格局。我们必须坚持以习近平新时代中国特色社会主义思想，特别是习近平总书记关于科技创新重要论述为指引，坚持道路自信、理论自信、制度自信、文化自信，保持危机意识、树立创新自信、坚持战略导向，才能紧紧抓住难得的历史机遇，使我国在未来国际科技竞争中抢得先机、占据主动。

三、努力跻身于创新型国家前列

党的十九大明确提出，要加强国家创新体系建设，强化战略科技力量，实现科技实力的大幅跃升，跻身创新型国家前列。我们要贯彻落实好创新驱动发展战略，加快推进创新型国家和世界科技强国建设。

突出创新引领，把创新摆在国家发展全局的核心位置。从国内经济发展阶段来看，传统的依靠要素扩展的经济发展模式已难以为继，必须转到依靠创新驱动新发展模式上来，不断提升自主创新能力，才能为经济社会发展注入新动能、创造新动力。从世界科技发展态势来看，新一轮世界科技革命和产业变革孕育兴起，将对人类社会、世界经济政治格局、产业形态、人们生活方式等带来深刻影响。我们必须紧抓这一难得的战略机遇，增强使命感、责任感和紧迫感，下好先手棋、抢占制高点，在国际科技竞争格局中赢得先机、占据主动。

强调创新自信，坚定不移走中国特色自主创新道路。习近平总书记强调，我们在世界尖端水平上一定要有自信。这种自信源于我们有社会主义集中力量办大事的制度优势，源于我们有蕴藏在亿万人民中间的创新智慧和创新力量。我们要始终坚持创新自信，在关键领域、"卡脖子"的地方下大功夫，采取"非对称"赶超战略，组织优势科技资源开展协同创新和集成攻关，以点的突破带动面的赶超，在更多领域实现与世界科技强国的"并跑""领跑"。

完善创新治理体系，充分释放各类创新要素的活力。充分调动创新主体的积极性，释放创新要素的活力，让一切创新源泉充分涌流。要进一步明确企业、科研院所、政府在科技创新中的不同作用，让企业成为技术创新决策、研发投入、科研组织、成果转化的主体；科研院所和高校要加快建立现代院所治理结构，完善管理制度，提供有效科技供给。要建设一支规模宏大、结构合理、素质优良的创新人才队伍。要积极营造有利于创新的氛围和环境，尊重科技创新活动的区域集聚规律，建设具有全球影响力的科技创新中心和国家综合性科学中心，在支撑国家创新驱动发展中发挥重要的示范和带动作用。

培育创新文化，形成崇尚创新、尊重创造的社会氛围。没有全民科学素质普遍提高，就难以建立起宏大的高素质创新大军，难以实现科技成果快速转化。大力弘扬创新精神，充分尊重基础科学研究灵感瞬间性、路径不确定性的特点，鼓励科学家勇于进行颠覆性创新思维，厚植创新沃土。营造敢为人先、宽容失败的良好氛围。完善鼓励创新的激励机制，从制度倾向、舆论导向上鼓励创新，建立公平竞争氛围，营造良好的创新环境，让敢创新、会创新、能创新的人受尊重、有舞台。充分激发企业家精神，调动全社会创业创新积极性，汇聚成推动创新发展的磅礴力量。同时，要进一步加强科学道德和科学伦理的制度建设，让创新活动在规范有序的框架下运行。

四、围绕服务经济发展促进科技成果转化

党的十九大报告强调，要深化科技体制改革，建立以企业为主体、市场为导向、产学研深度融合的技术创新体系，加强对中小企业创新的支持，促进科技成果转化。科技服务经济发展本质上是一个经济对科技"需求"和科技对经济"供给"之间的匹配性问题。一直以来，科技创新和经济发展存在"两张皮"问题，主要是因为经济"需求"的动力不足和科技"供给"的能力不强。一方面，在特定的经济发展阶段，经济主体通过要素的简单扩张就能获得较为丰厚的利润，缺乏通过科技创新获得发展的内在动力；另一方面，我国的科技管理模式和科技资源配置模式，使得科技创新

的主体提供有效科技供给的能力相对不足。

目前，这种状况已经发生了根本性变化。首先，传统的依靠要素扩张的发展模式已难以为继，企业要生存要发展必须转到依靠科技创新的道路上来，因此，市场主体真正有了进行科技创新的需求和动力。其次，随着科技创新体制改革的深入推进，科技资源配置模式的持续调整，科研机构也有了主动对接市场、服务经济发展的动力和能力。随着两大主体同向发力，科技和经济"两张皮"的问题将会得到有效解决。

面向未来，我们要进一步细化落实国家已出台的鼓励科技成果转移转化的相关政策文件，构建体系完整、运转高效的科技成果转化机构网络，打造专业化的服务科技成果转化的高素质人员队伍，完善知识产权创造与保护体系，充分激发科研人员投身"大众创业、万众创新"的积极性，促进产学研深度合作，打通科技创新活动的"最后一公里"。

五、肩负起建设世界科技强国的历史使命

党的十九大是在全面建成小康社会决胜阶段、中国特色社会主义进入新时代的关键时期召开的一次十分重要的大会，开启了中国特色社会主义新征程。我们将坚决贯彻落实党的十九大精神，将习近平总书记提出的"三个面向""四个率先"要求作为新时代的办院方针，团结带领广大干部和职工，攻坚克难，勇攀高峰。

发挥国家重大科技战略中的骨干作用。把北京上海科技创新中心以及合肥综合性国家科学中心、雄安新区和国家实验室建设作为重要抓手，集聚世界一流科学家和顶尖创新创业人才，科学合理配置创新资源，建设成为具有全球影响力的创新高地，辐射和带动我国区域创新能力的整体跃升。要在经济供给侧结构性改革、"一带一路"建设、军民融合、"大众创业、万众创新"中发挥重要科技支撑作用，促进经济社会转型发展，切实保障国家战略利益安全。

持续产出更具影响力的重大创新成果。在基础和前沿领域取得一批具有前瞻性的原创成果，牵头组织实施一批以我为主的国际大科学工程和大科学计划；在重大创新领域产出更多有效满足国家战略需求的技术与产品；

在产业创新上发展具有颠覆性的引领性关键核心技术，推动一大批重大示范转化工程落地生根，加快推动自主创新能力的整体提升，推动科技与经济深度融合，大幅提升高端科技供给，从根本上解决低水平重复、低端低效产出过多等问题，率先实现科学技术跨越发展。

在国家科技体制改革中发挥示范带动作用。把深化研究所分类改革作为着力点和突破口，清除各种有形无形的栅栏，打破院内院外的围墙，让机构、人才、装置、资金、项目都充分活跃起来，形成推进科技创新发展的强大活力。要进一步深化与高等院校、企业与地方的战略合作，大力推进各项改革举措落到实处。要加强现代院所治理体系建设，健身瘦体，建立符合科研活动规律的科研院所管理制度，率先建设世界一流科研机构。

加强科技条件和人才队伍建设，全面提升创新能力。充分发挥国家大科学装置与平台的集群优势，构建开放共享的运行机制，提升装置设备的使用效率和水平，组织开展高水平多学科交叉研究，在解决重大科学问题、产出重大创新成果中发挥国之利器的作用。以提升人才队伍质量、优化人才队伍结构为重点，在全球范围内吸引一大批高端科技人才；通过组织实施重大科技任务、开展重大国际科技合作，培养造就一支具有国际影响力的战略科学家队伍，率先建成国家创新人才高地。

发挥好高端科技智库在国家决策中的支撑作用。切实做好国家高端智库建设试点，组织专家队伍，开展高水平常态化学科发展战略和创新发展决策咨询研究，积极推动制定新一轮国家中长期科技发展规划，主动承担和参与国家重大战略任务的第三方评估，认真做好国家重大科技任务和项目布局的前瞻研究与建议。在国家科技规划、科学政策、科技决策等方面发挥重要影响，率先建成国际高水平科技智库。

（本文刊发于 2017 年 12 月 15 日《学习时报》，收入本书时略作修改）

前　言

当今时代，科学技术发展正呈现出前所未有的系统化突破性发展态势，各种颠覆性技术的发展和快速应用正在不断引领社会思潮、塑造着新的发展业态、促进着社会进步、重构国家间竞争态势、深刻改变世界发展格局。科学技术的迅猛发展及其对经济与社会发展的超常规巨大推动作用，已成为当今社会的主要时代特征之一。我国至 2050 年要建成世界科技强国，就必须对人类未来知识体系的构建和发展做出重大科学发现和原创性贡献。科学作为技术的源泉和先导，作为现代人类文明的基石，其发展已成为政府和全社会共同关注的焦点议题之一。习近平总书记在 2018 年 5 月 28 日召开的两院院士大会上指出，"要瞄准世界科技前沿，抓住大趋势，下好'先手棋'"，"关键核心技术是要不来、买不来、讨不来的"，因此，准确把握全球科技创新竞争发展态势并作出适当的决策就显得至关重要。

中国科学院作为我国科学技术方面的最高学术机构和国家高端科技智库，有责任也有义务向国家最高决策层和社会全面系统地报告世界和中国科学的发展情况，这将有助于把握世界科学技术的整体竞争发展态势和趋势，对科学技术与经济社会的未来发展进行前瞻性思考和布局，促进和提高国家发展决策的科学化水平。同时，也有助于先进科学文化的传播和提高全民族的科学素养。1997 年 9 月，中国科学院决定发布年度系列报告《科学发展报告》，按年度连续全景式综述分析国际科学研究进展与发展趋势，评述科学前沿动态与重大科学问题，报道介绍我国科学家取得的代表性突破性科研成果，系统介绍科学发展和应用在我国实施"科教兴国"与"可持续发展"战略中所起的关键作用，并向国家提出有关中国科学的发展战略和政策建议，特别是向全国人大和全国政协会议提供科学发展的背景材料，供国家制定促进科学发展的宏观决策参考。随着国家全面建设创新型国家和推进科技强国建设，《科学发展报告》将致力于连续系统揭示国际科学发展态势和我国科学发展状况，服务国家促进科学发展的宏观决策。

从 1997 年开始，各年度的《科学发展报告》采取了报告框架相对稳定的逻辑结构，以期连续反映国际科学发展的整体态势和总体趋势，以及我国科学发展的状态和水平在其中的位置。为了进一步提高《科学发展报告》的科学性、前沿性、系统性和指导性等，报告在 2015 年进行了升级改版，重点是增加了"科技领域发展观察"栏目，以期更系统、全面地观察和揭示国际重要科学领域的研究进展、发展战略和研究布局。

《2018 科学发展报告》是该系列报告的第二十一部，主要包括科学展望、科学前沿、2017 年中国科研代表性成果、科技领域发展观察、中国科学发展概览和中国科学发展建议等六大部分。受篇幅所限，报告所呈现的内容不一定能体现科学发展的全貌，重点是从当年受关注度最高的科学前沿领域和中外科学家所取得的重大成果中，择要进行介绍与评述。

本报告的撰写与出版是在中国科学院白春礼院长的关心和指导下完成的，得到了中国科学院发展规划局、中国科学院学部工作局的直接指导和支持。中国科学院科技战略咨询研究院承担本报告的组织、研究与撰写工作。丁仲礼、杨福愉、解思深、陈凯先、姚建年、郭雷、曹效业、汪克强、潘教峰、夏建白、李永舫、邹振隆、聂玉昕、吴学兵、习复、王东、叶成、刘国诠、李喜先、吴善超、龚旭、张利华、邱举良、郭兴华、黄有国、章静波、张树庸、白登海、吴乃琴、刘文彬等专家参与了本年度报告的咨询与审稿工作，部分作者也参与了审稿工作，中国科学院发展规划局战略研究处甘泉处长和蒋芳同志、学部工作局咨询科普与教育处的陈光同志对本报告的工作也给予了帮助。在此一并致以衷心感谢。

中国科学院《科学发展报告》课题组

目　　录

CONTENTS

第一章

科学展望

An Outlook on Science

1.1　半导体科学技术

——信息化社会的基石

骆军委　李树深

（中国科学院半导体研究所，半导体超晶格国家重点实验室）

一、半导体科学技术现状

半导体科学与技术的出现和半导体工业的发展使人类进入了高度发达的信息化社会，半导体技术成为支撑所有现代工业和军事力量的底层核心技术，是保障经济社会发展和国家安全的战略性、基础性和先导性基石。据统计，半导体工业每 1 美元产值能够带动 100 美元的 GDP。无论是民用电子产品还是高精尖的军用武器，其性能严重依赖于所使用的各类半导体器件与芯片的性能，半导体工业的强弱成为衡量一个国家综合实力的重要标志。经过半个多世纪的高速发展，半导体产业已经成为一个成熟的产业，因其远高于其他工业品的利润率和附加值，世界各国仍在不断加大研发投入来提高在该产业领域的竞争力，由此可见，半导体产业仍然是一个非常具有活力的高科技产业。此外，半导体技术还在不断孕育新兴产业，如大数据、云计算、智能家电、物联网、无人驾驶、人工智能等。在生物时代、人工智能时代、大数据时代、物联网时代的争论中，我们坚信 21 世纪仍然是信息技术的时代，下一次工业革命的基础仍然是半导体信息技术[1]。

如图 1 所示，半导体分为集成电路、光电子器件、传感器和分立器件四个主要领域[2]。集成电路又包括模拟电路、逻辑电路、微处理器和存储器四大类，占据 81% 的半导体市场份额[3]，主要用来实现数据计算、分析、处理和存储以及信号处理等，广泛应用于计算机、手机、电视机、相机、卫星、汽车等各类电子产品中。光电子器件、传感器和分立器件合称 OSD 分立器件，占据剩余的 19% 市场份额（如果按销售的器件数量统计则占据 71% 的份额[2]），用来实现探测、感知、放大、成像等，广泛用于指纹识别、透视、夜视、制导、遥感、激光雷达、工业自动化、机器人、家用电器、环境监测、医疗设备、网络通信、汽车电子、消费电子、照明显示等。尽管在当

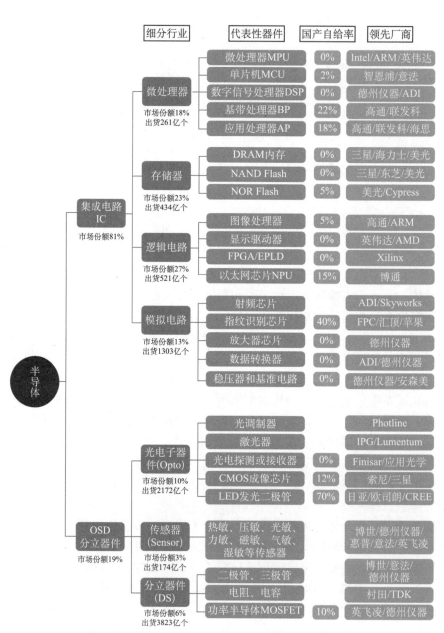

图 1　半导体分类、代表性器件、全球领先厂商和国产自给率[2~4]

前整个半导体产值中所占的比重还不大，但是种类庞大的各类光电子器件在现代军事力量中起到了关键作用。美国在伊拉克战争和阿富汗战争中就充分证明了由半导体技术作支撑的现代军事力量具有强大的非对称性优势。同时，由于智能手机、智能家电、物联网、无人驾驶、无人机、云计算、大数据等产业的兴起，对光电子芯片的需求呈明显上升趋势。

二、半导体技术的未来发展方向[5]

半导体信息技术的不断进步促使大数据、云计算、人工智能等新兴技术不断成熟，人类正在由电脑与电脑相连的虚拟互联网向物物相连的物联网扩展，视频监控、智能终端、应用商店等的快速普及导致全球数据量发生爆炸式增长，人类正大步向大数据时代迈进。根据国际数据公司（IDC）的预测，2020 年每人每秒将产生 1.7MB 数据，全球数据量将增加到 44 万亿 GB。进入大数据时代，信息交换、信息存储、信息处理三个方面的半导体技术将会面临新的挑战。

在未来，分布式网络传感器、大数据中心和计算能力相结合，进一步促进技术创新并提高生活质量，要实现这样的愿景，无论是小型传感器、高性能计算机还是其间的网络系统等都必须最大限度地提高性能，同时最大限度地减少能源消耗并保证安全性和可靠性。为了实现这一目标，迫切需要对超越传统的互补金属氧化物半导体（CMOS）器件和电路、冯·诺依曼结构以及信息处理方法进行研究。另外，还需要研发新材料和可扩展工艺，产生新的制造模式，并将这些新技术融入芯片制作中。未来，半导体技术将在诸如人工智能、物联网、高性能计算以及人类社会期望和依赖的互连世界等应用和领域中取得突破性进展。

1. 更高的集成度

传统的硅基半导体技术要按摩尔定律延续发展，必须解决一系列的关键技术和专用设备，如新型器件的研发（非传统 CMOS 器件、新型存储器、逻辑器件等），集成电路设计、封装和测试技术，新型光刻机、刻蚀机等配套设备等。半导体器件的尺寸不能无限制地减小，如果器件尺寸小至电子德布罗意波长（10 纳米），量子效应将会更加显著，此时需要在量子力学原理基础上设计新型半导体器件。以前板级集成的元件，如各种无源元件（电容器、电感器等）和有源元件（天线和滤波器等）以及存储器和逻辑结构等，已可通过异构系统集成到同一片上，允许每单位体积集成更多的功能。先进的 3D集成和封装技术可实现垂直扩展和功能多样化，通过异构整合可进一步大幅提升系统性能和功能。从小型嵌入式传感器到异构"片上系统"，产品多样性和复杂性日益增加，半导体光电传感器件将向更长和更短波长、更大功率、更高工作频率的方向发展。

2. 集成光电子学

以摩尔定律为驱动的传统的硅基半导体技术似乎触到了天花板,当前最先进的 14 纳米工艺中央处理器(CPU),1 平方厘米内集成了超过 20 亿个晶体管,晶体管尺寸已经接近物理极限,单根金属导线只有几纳米宽,导线间距只有 50 纳米,CPU 的发热和导线间的信号串扰成为关键问题。为了解决这些难题,早在 20 世纪八九十年代就提出光互连代替电互连的光电集成技术,甚至提出了自旋代替电荷的半导体量子技术来代替传统微电子。相对于电互连,光互连具有通带宽、信息量大、损耗小、速度快、能并行处理、抗电磁干扰等优点。革命性的光电集成技术将带来新的功能和应用。目前在硅片上已经成功制成调制器、波导、光栅、棱镜和其他无源光学元件等,如果能在硅片上制备出激光器就可以实现光电集成技术。然而硅片是间接带隙半导体材料,不能制作发光器件。目前科学家们正在解决片上光源的问题,以便在硅片上实现光电集成。

3. 半导体量子信息技术

量子信息科学技术的迅速发展,为精密测量、量子保密通信和量子计算等领域提供了全新的革命性的理论和实验方法。量子信息技术并不仅是指应用量子器件的信息技术,而主要是指基于量子力学的相干特征,重构密码、计算和通信等的基本原理。量子信息的物理实现是一类遵循量子力学规律进行高速数学和逻辑运算、存储及处理量子信息的物理装置,它们的实现将导致信息科学观念和模式的重大变革。相对于核磁共振、离子阱、光学腔、超导电子器件、金刚石等量子技术方案,半导体量子系统具有无可比拟的优点,例如可以利用成熟的现代半导体技术,在同一芯片上同时集成传统电子器件和量子器件。硅基量子计算机最近取得了重大进展,研究人员已经在硅上建立了第一个量子逻辑门,实现了双量子比特逻辑运算,预示实现硅量子计算的曙光已经出现。自旋代替电荷的半导体量子技术将可以制造出具有非挥发、低功耗、高速和高集成度优点的器件,甚至有可能引起电子信息科学的重大变革。实现自旋为基的量子计算机的主要困难是精确控制和保持自旋相干,因此如何产生自旋相干电子态,以及减小自旋退相干等许多物理问题还有待研究和解决。

三、世界半导体产业格局

美国是世界半导体工业的发源地,它在 20 世纪陆续发明了晶体管、大规模集成电路、激光器、发光二极管、光通信技术、成像器件等各种半导体器件，发展和完善了半导体科学技术，产生了现代信息技术革命，引发了一场新的全球性产业革命。半导体技术的发展离不开一个传奇实验室，它就是缔造了半导体技术半壁江山的美国贝尔实验室，是晶体管、激光器、太阳能电池、发光二极管、数字交换机、通信卫星、电子数字计算机、蜂窝移动通信设备、长途电视传送、仿真语言、有声电影、立体声录音，以及通信网等许多重大发明的诞生地，一共获得了包括 7 项物理学奖和 1 项化学奖在内的 8 项诺贝尔奖。美国半导体产业以科技为先导，基础雄厚，综合实力全球领先。根据美国半导体行业协会（SIA）和世界半导体贸易统计协会（WSTS）的数据[3]，2017 年，全球半导体总销售额为 4122 亿美元，其中美国半导体企业销售额高达 1890 亿美元，在全球占比高达 46%。全球前二十大半导体企业接近一半为美国企业[6]，包括英特尔、高通、美光、德州仪器、苹果、英伟达、格罗方德和安森美。英特尔和英伟达分别垄断了 CPU 和图形处理器（GPU）芯片市场，美国 ADI 公司、Xilinx 公司和德州仪器公司则分别是射频芯片、现场可编程门阵列（FPGA）芯片、数字信号处理（DSP）芯片的领导者。从上市公司来看，美国有近 90 家半导体公司，涵盖了设备、材料、设计、制造、封测等全产业链。半导体芯片是所有整机的心脏，美国科技发达的主要原因是其半导体产业的垄断地位难以撼动。

美国一直在不遗余力地捍卫其世界半导体产业的领导地位。在 20 世纪 80 年代中期前，美国企业一直牢牢占据世界半导体市场 60% 以上的份额，此后受到日本半导体产业崛起的挑战，美国半导体业市场份额逐渐下滑，最终在 1986 年被日本赶超（图 2）。为了重振美国半导体产业，美国政府推出了一系列政策[7]。首先，美国政府在科技税收优惠方面的举措极大地鼓励了包括半导体企业在内的高科技企业从事技术研发投入。

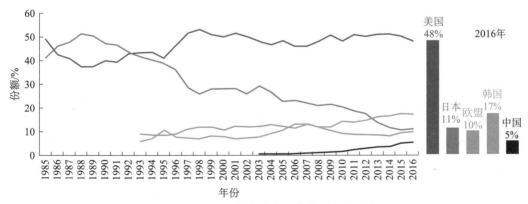

图 2　1985～2016 年全球半导体市场份额随变化

注：中国的数据中未统计港澳台地区。

资料来源：半导体工业协会 2017 Factbook，http://go.semiconductors.org/2017-sia-factbook-0-0-0.

其次，美国政府通过政企联合方式促进半导体产业的发展，例如，在 1987 年成立了"半导体制造技术科研联合体"（Semiconductor Manufacturing Technology，SEMAT-ECH），目的是通过集中研发，减少重复浪费，达到研发成果共享。该联合体在促进芯片公司与设备供应商间的合作关系、加速半导体设备与材料的研发和工艺标准化工作、确保技术开发和产品制造得到同步提升方面起到了关键作用，帮助美国半导体产业的振兴并重新夺回世界第一的地位。与此同时，美国商务部于 1986 年 9 月同日本通产省签订了《美日半导体协议》，限制日本半导体产品对美国的出口和扩大美国半导体公司在日本市场的份额。在这一系列组合政策作用下，美国半导体产业形成了独特的创新能力，自 1993 年起，美国重新占据世界半导体业的领导位置。1997 年，美国国防部高级研究计划局（DARPA）和半导体研究联盟（SRC）实施焦点中心研究计划（FCRP）来资助大学的半导体技术创新研究。作为 FCRP 计划的延续，2013 年实施了"半导体先进技术研发网络"（STARnet）。该计划旨在摆脱基础物理极限约束，继续保持微电子产业的增长速度，以支持美国半导体产业的持续增长和领导地位。在 5 年内投入总计 1.94 亿美元创建了 6 个跨校研究中心，汇集了全美 39 所大学的 145 名教授和约 400 名研究生，并帮助培养下一代电气工程、计算机科学、物理科学方面的博士生。2018 年，DARPA 实施"联合性大学微电子计划"（JUMP），目标是找出创新性的方法，解决微电子领域发展面临的严峻挑战。

除美国外，日本的半导体产业主要涉及汽车芯片、物联网、通信芯片、闪存芯片和 CMOS 传感芯片等，在半导体设备与材料等领域可以与美国比肩；韩国的优势在存储器和代工；我国台湾省的优势在代工和手机系统（SoC）芯片；欧洲的优势在汽车芯片、传感器和工业芯片（表 1）。

表 1　全球主要半导体厂商 （单位：美元）

排名	传统 IDM	设计	代工制造	封测	设备
1	三星 612 亿/韩国	高通 171 亿/美国	台积电 320 亿/中国（台湾省）	日月光 52 亿/中国（台湾省）	应用材料 101 亿/美国
2	英特尔 577 亿/美国	博通 161 亿/美国	格罗方德 54 亿/美国	艾克尔 41 亿/中国（台湾省）	科林研发 78 亿/美国
3	SK 海力士 263 亿/韩国	英伟达 92 亿/美国	联电 49 亿/中国（台湾省）	江苏长电 32 亿/中国	ASML 73 亿/荷兰
4	美光 230 亿/美国	联发科 79 亿/中国（台湾省）	三星 44 亿/韩国	矽品 27 亿/中国（台湾省）	东京电子 73 亿/日本
5	德州仪器 138 亿/美国	苹果 67 亿/美国	中芯国际 31 亿/中国	力成 19 亿/中国（台湾省）	科磊 30 亿/美国
6	东芝 128 亿/日本	AMD 52 亿/美国	TowerJazz 14 亿/以色列	天水华天 11 亿/中国	日立 10 亿/日本

续表

排名	传统 IDM	设计	代工制造	封测	设备
7	西部数据 92 亿/美国	海思 47 亿/中国	力晶 10 亿/中国（台湾省）	通富微电 9 亿/中国	迪恩仕 9 亿/日本
8	恩智浦 87 亿/欧洲	Xilinx 25 亿/美国	世界先进 8 亿/中国（台湾省）	京元电 7 亿/中国（台湾省）	
9	意法 83 亿/欧洲	Marvell 24 亿/美国	华虹 8 亿/中国	联测 7 亿/中国（台湾省）	
10	索尼 75 亿/日本	紫光 21 亿/中国	东部高科 7 亿/韩国	南茂 6 亿/中国（台湾省）	

注：以半导体相关业务的销售额排序

资料来源：半导体市场咨询机构 IC Insights

四、我国的半导体科学技术发展历史[8]

1956 年，我国提出"向科学进军"，在"十二年科学技术发展远景规划"中，半导体科学技术被列为当时国家新技术四大紧急措施之一。为了落实发展半导体规划，同年，中国科学院应用物理研究所首先举办了半导体器件短期培训班，由刚回国的半导体专家黄昆、吴锡九、黄敞、林兰英、王守武、成众志等讲授半导体理论、晶体管制造技术和半导体线路。1956～1958 年，由北京大学、复旦大学、吉林大学、厦门大学和南京大学五所大学联合创办了第一个半导体物理专业。1957 年在清华大学无线电电子学系创办了半导体教研组（现清华大学微电子研究所）。为了创建半导体科学技术的研究发展基地，1960 年 9 月 6 日在北京成立了中国科学院半导体研究所，这是集半导体物理、材料、器件及其应用于一体的半导体科学技术综合性研究机构，同年建立"国家电子集团"专业化研究所第十三所，开启了中国半导体科学技术的发展之路。

到 20 世纪 60 年代初，我国已经能够生产半导体器件。其中，中国科学院半导体研究所在林兰英负责下先后研制出我国第一根硅单晶、第一根无错位硅单晶、第一台高压单晶炉、第一片单异质结 SOI 外延材料、第一根磷化镓半晶、第一片双异质结 SOI 外延材料，在王守觉的主持下先后研制成我国第一只锗合金扩散高频晶体管、低反向电流二极管、p-n-p-n 高灵敏开关器件、高速开关晶体管和两种高频晶体管等 5 种硅平面晶体管和硅片上集成固体电路等，为我国发展晶体管计算机创造了条件，也为我国发展微电子和光电子技术奠定了基础[9,10]。1964 年，5 种硅平面晶体管获得国家颁发的新产品奖一等奖，次年获得国家科学技术委员会首次颁发的创造发明奖一等奖。1965 年，中国科学院计算技术研究所研制成功我国第一台大型晶体管计算机"109 乙"，所需的 2 万多只晶体管和 3 万多只二极管全部由中国科学院半导体研究所晶体管试制组发展起来的中国科学院109工厂提供，该厂也因"109乙"计算机代号而命名。改进的"109丙"机于1967年问世，共两台分别安装在二机部供核弹研究用和七机部供火箭研究用，该计算机服务时间长达15年，被誉为"功勋计算机"。

70年代初期在国际集成电路迅速发展的影响下，全国各地大量涌现了集成电路厂，形成过一股"集成电路热"，由于国内半导体工业的发展以及对专业人才的需求，全国很多高校都先后开设了半导体物理与器件专业。遗憾的是，此后由于国内、国际形势的剧烈变化，国家几乎停止了对半导体行业的投入。中国航天之父钱学森曾经这样感慨道："60年代，我们全力投入'两弹一星'，我们得到很多，70年代我们没有搞半导体，我们为此失去很多。"

进入80年代，缺乏竞争力的国内半导体器件和集成电路生产受到了进口半导体元器件的冲击，很多半导体器件厂下马或转产，市场不景气导致很多高校的半导体专业被迫取消，我国的半导体专业从此萎缩。

到了90年代，由于微型计算机、通信、家电等信息产业的发展和普及，对集成电路芯片的需求量越来越大，此外几场局部战争让全世界接受了电子战、信息战的高科技战争理念。微电子技术得到了前所未有的重视，高校的半导体技术专业由此更名为微电子技术专业。1990年8月，由原电子工业部向国务院递交了一个报告，提出要打造大规模的集成电路，国家随即投资20多亿元，在无锡华晶建成了一条月产1.2万片6英寸芯片的生产线，这是中国第一次大规模冲击集成电路领域。这一工程被人们称作"908"工程。1995年11月，电子工业部向国务院提交了《关于"九五"期间加快我国集成电路产业发展的报告》，1996年3月，项目正式批复立项，由国务院和上海市财政按6：4出资40亿元人民币（1996年国务院决定由中央财政再增加拨款1亿美元），成立上海华虹微电子有限公司，建成一条8英寸0.5微米工艺集成电路芯片生产线和一条8英寸硅单晶生产线，含前期成立的深圳国微电子有限公司，成立熊猫电子集团电子设计公司、北京华大集成电路设计公司、深圳华为技术有限公司、航天科技集成电路设计（深圳）公司、华微电子有限公司（TCL和电子科技大学合作）、中国科学院上海冶金研究所微电子设计公司等7家设计公司，这就是业界俗称的"909"工程。通过"908"工程和"909"工程，我国建立了自己的6英寸（华晶项目）、8英寸（华虹NEC）硅片和晶圆产线以及多个设计公司，初步实现半导体集成电路的自主设计和生产，对国防军工具有重大意义。

从2000年开始，我国迎来了半导体产业的大发展。2000年6月，国家首次制定了振兴半导体行业的产业政策，发布了《鼓励软件产业和集成电路产业发展的若干政策》（俗称《18号文件》），把半导体产业提升到国家战略产业。2000年后，天津摩托罗拉投资14亿美元建成月产2.5万片的8英寸工厂，上海中芯国际投资15亿美元建成月产 4.2 万片的 8 英寸工厂。到 2003 年先后成立了上海宏力、苏州和舰、上海贝岭、上海先进和北京中芯环球等集成电路代工企业，同时，中芯国际成为排名第四的国际集成电路代工企业。2008 年开始实施"核心电子器件、高端通用芯片及基础软件产品"（简称"01 专项"或"核高基"）、"极大规模集成电路制造装备与成套工艺"（简称"02 专项"）和"新一代宽带无线移动通信网"（简称"03 专项"）重大科技专项。其中"核高基"重大专项将持续至 2020 年，中央财政为此安排预算 328 亿元，加上地方财政以及其他配套资金，预计总投入将超过 1000 亿元。

2014 年 6 月发布《国家集成电路产业发展推进纲要》，随后成立"国家集成电路产业投资基金"，准备通过股权投资的方式帮助整合集成电路产业。2015 年，紫光股份有限公司收购美国美光科技公司和西部数据公司、华润（集团）有限公司收购仙童半导体公司等因美国政府担心技术外泄而终止，让我们认识到核心技术是买不来的。2015 年国务院发布《中国制造 2025》，提出中国芯片自给率在 2020 年要达到 40%，2025 年要达到 50%。

五、我国发展半导体产业所面临的困境

半导体芯片的种类多达几十万种，包括集成电路、分离元器件、传感芯片和光电子芯片，仅美国德州仪器一家公司在售的芯片就达 8 万多种。半导体芯片产业是典型的知识密集型、技术密集型、资本密集型和人才密集型产业。我国发展自主可控的半导体芯片产业存在以下几个方面的困境。

1. 历史积累厚、技术更新快

美国半导体产业具有先发优势、专利壁垒厚重、人才和技术储备丰富，而且研发投入远超中国。例如，英特尔公司从 1971 年就开始生产 CPU，德州仪器公司从 1960 年就开始制造半导体芯片。美国芯片公司随着时代从 4 位、8 位开始做起，依靠高额盈利持续投入研发，不断积累经验和知识产权，反复迭代才发展到了今天，经过数十年积累和发展，其半导体技术的门槛已经变得极高。美国在芯片行业上游的知识产权领域建起了护城河，用专利壁垒的方法阻止其他国家进入。国际半导体大公司往往在某一个领域占有制高点，其他竞争者很难挤进去，例如，全球最大半导体公司英特尔投资超百亿美元开发移动设备芯片以失败告终，而全球最大的移动芯片供应商高通公司最近宣布退出被英特尔占据的服务器芯片业务。再如，在 20 世纪 60 年代面临真空电子管还是晶体管的关键选择时，苏联错误地选择了真空电子管而错失了集成电路大发展的机遇，导致苏联在接下来几十年与美国的竞争中一直处于劣势，其电子元件和

芯片大部分依靠进口,只有小部分领域(如航天等)的芯片由自己研发制造。

2. 研发成本高、进入门槛极高

为了保持竞争力,国际半导体大公司的平均研发投入长期保持在营业额的 20%,雇员普遍具有高学历,超过一半的雇员从事研发工作。英特尔公司走到今天,之所以始终保持行业内的高利润,也都是因为持续高强度的研发投入——英特尔 2017 年的研发投入是 131 亿美元。除排名第一的英特尔外,还有 17 家半导体厂商的研发投入超过 10 亿美元,除了表 2 中列出的 13 家研发投入最大的半导体公司外,紧随其后的5 家半导体厂商分别为 AMD、瑞萨、索尼、ADI 和格罗方德。根据美国半导体协会的统计[3],美国半导体公司的研发投入的增长率保持在平均每年 9.5%,2015 年达到了 554 亿美元(图 3)。半导体产业的另一个特点是自由竞争、性能为王、赢者通吃,典型例子就是 AMD 的 CPU 性能非常接近英特尔的产品,但是它的市场份额非常小。中国科学院做出了龙芯 CPU,达到了 15 年前英特尔公司生产的奔腾 CPU 的性能,但是没有市场竞争力,所以还不算成功。半导体产业具有前期投入大、周期长、门槛高的特点,一条最先进的 CPU 生产线需要投资 100 亿美元以上,需要进行大批量生产才能摊薄前期的投入成本,导致只有大公司才能存活,造成进入半导体产业的门槛极高。

表 2　2016 年研发支出大于 10 亿美元的全球半导体公司

2016 年排名	公司	研发支出/亿美元	研发/销售比/%	研发支出环比上涨/%
1	英特尔	127.40	22.4	5
2	高通	51.09	33.1	−7
3	博通	31.88	20.5	−4
4	三星	28.81	6.5	11
5	东芝	27.77	27.6	−5
6	台积电	22.15	7.5	7
7	联发科	17.30	20.2	13
8	美光	16.81	11.1	5
9	恩智浦	15.60	16.4	−6
10	海力士	15.14	10.2	9
前十总和		353.95		
11	英伟达	14.63	22.0	10
12	德州仪器	13.70	11.0	7
13	意法	13.36	19.3	−6

资料来源:半导体市场咨询机构 IC Insights

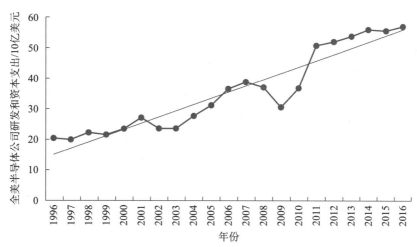

图 3　1996～2016 年美国半导体公司的总研发和资本投入随时间的变化

资料来源：半导体工业协会，2017，Factbook，http://go.semiconductors.org/2017-sia-factbook-0-0-0.

3. 产业链很长，属于最尖端的制造水平

通用 CPU 是人类迄今最复杂、最精密的产品，英特尔最新的 14 纳米工艺 CPU 中集成了超过 20 亿个晶体管，单根导线只有几纳米粗，导线间距是 52 纳米。一条半导体芯片生产线大约涉及 50 多个行业，2000～5000 道工序，晶圆加工厂包含前后两段工艺，其中前段工艺分光刻、薄膜、刻蚀、清洗、注入几大模块，后段工艺主要是互联、打线、密封等封装。设备、材料、工艺、设计等上下游产业的高度协作发展，以及精密加工、光学、材料学、物理学等多门基础学科的大力支持，缺一不可（图 4）。半导

图 4　支持顶层应用的技术层级体系

体芯片的制造和设备研制涉及物理学领域的大量基础研究，尤其是器件在几十埃的尺度下，现代物理的量了力学效应影响越来越大，最近几年多项诺贝尔物理学奖颁给了研制设备、材料和器件相关的科学家。我国在半导体产业的设计、检测和封装等环节都有了长足发展，但是在最为核心的研发和制造领域依旧大幅落后于国际前沿水平，我国在某些点上取得的突破，不能改变整体半导体产业链落后的现状，而且这种落后现状在短期内很难改变。由于半导体芯片种类多，芯片研发周期长、环节多，完成高端芯片的研发和制造并形成良性产业链不是短时间内能够实现的。

4. 受到世界主要发达国家的技术封锁

由于半导体技术被广泛用于现代军事装备中，是形成非对称军事力量的核心技术，美国利用《瓦森纳协定》联合西方发达国家对我国进行技术封锁。美国对半导体技术出口非常敏感，出台不同措施来确保美国的绝对领先地位。因担心半导体技术流入中国，美国政府在最近几年先后阻止了我国企业对 Lumileds、美光、西部数据、仙童半导体等半导体公司的收购。

半导体芯片的制造严重依赖半导体设备和材料，美国将制造半导体的设备也纳入严格监管范围。例如，最近两年国内研究机构的多起半导体设备购买合同被美国阻止；美国政府阻止了我国企业对半导体测试设备生产商艾思强的收购。半导体设备领域基本被美日两国霸占，全球前十大半导体设备生产商中，有美国企业 4 家，日本企业 5 家，还有 1 家是荷兰企业。例如，美国应用材料公司在半导体前段关键设备包括蚀刻、化学气相沉积、机械研磨、离子注入等领域，日本在超高精密仪器、数控机床、光栅刻画机等领域，荷兰 ASML 在光刻机等领域的占有率居全球之冠，这些都严格限制对中国出口。生产半导体芯片需要 19 种必需的材料，缺一不可，且大多数材料具有极高的技术壁垒，因此半导体材料企业在半导体行业中占据着至关重要的地位。日本半导体材料行业在全球范围内长期保持着绝对优势，日本企业在硅晶圆、化合物半导体晶圆、光罩、光刻胶、药业、靶材料、保护涂膜、引线架、陶瓷板、塑料板、TAB、COF、焊线、封装材料等 14 种重要材料方面均占有 50% 及以上的份额，例如，信越化学工业株式会社提供了全球 70% 的电子级半导体硅材料。美国将半导体视为其核心产业牢牢掌握在手，无论是《瓦森纳协定》，还是对中兴通讯股份有限公司的禁运，都透露出美国对保持其半导体产业领先地位的极度重视。

5. 人才短缺严重，学科发展不平衡

半导体行业的一个特点是人才培养周期长，大多数顶尖人才都是在读完博士以后再在一流半导体公司工作 10 年以上才成才。20 世纪 50～90 年代是半导体产业大发展

的时期，半导体相关专业在国际上是各大高校的热门专业，顶峰时期 60% 以上的凝聚态物理研究课题是关于半导体和固体物理的。现在已经进入以应用为主的软件和互联网时代，半导体技术的研发已经成为以企业为主、高校和研究机构为辅的格局。我国没有跟上 20 世纪半导体产业大发展的步伐，没能形成数量庞大的半导体研发队伍，即便现在想跟上步伐，派遣留学生去国外学习半导体技术，这些技术也是要么被大公司垄断，要么已经没有太大科研价值，导致欧美高校无法提供充足的学习机会。另外，由于半导体行业的研发对工程师的要求相对较高，需要硕士以上的学历才能胜任，学习周期要大于待遇更高的互联网和人工智能，这导致大多数学生对互联网、机器学习、大数据分析、人工智能等方向产生浓厚的兴趣，而半导体硬件等底层技术鲜有人问津。更严峻的是，很多半导体专业没能进入教育部的一级甚至二级学科（为此，中国科学院和中国工程院多次联名申请将"微电子"技术作为一级学科），国家自然科学基金委员会数理科学部的关键字列表中甚至没有出现"半导体"三个字，导致这些底层技术在高校没有学生、教师和课题，只能依靠老一辈科学家建立的研究组延续这些研究方向，为我国发展相关半导体技术培养数量稀少的人才。在这样的背景下，我国作为"后来者"想要布局半导体行业，首先要面对的就是人才方面的巨大缺口，特别是高端人才稀缺。我国半导体行业近 20 年来的重大突破，很多都是留学归来和国外引进人才创造的。

当前我国的教育体制中学科设置还带有计划经济时代的特色，过度重视应用技术专业而忽视基础专业的设置，特别是半导体专业的设置稍显混乱。半导体专业在美国大学主要是电子与电气工程学科（在名称上有电气工程系、电气工程与信息科学系或电气工程与计算机科学系等），如表 3 所示，美国大学的电子与电气工程学科分成 12 个细分专业，包括通信与网络、计算机科学与工程、信号处理、系统控制、电子学与集成电路、光子学与光学、材料与器件、电力技术、电磁学、微机电系统、生物医学工程和机器学习。当前，现代电子工程学科以前所未有的速度和广度，与数学、计算科学、医学、材料学等其他众多学科不断地交错互动，逐渐成为在全世界范围内影响力最大最广的学科之一。如图 5 所示，经过半个多世纪的发展，通过大学的大力培养和从海外持续引进，美国在半导体专业的技术人才储备超过 100 万人[3]。如表 3 所示，与美国大学电子与电气工程一级学科下设 12 个二级学科相比，我国高校的电子科学与技术一级学科只涵盖了其中的电子学与集成电路、系统控制、电磁学 3 个二级学科，其余 9 个二级学科中的 8 个只能在其他一级学科中找到身影，而美国支撑半导体发展的核心专业——材料与器件专业甚至没有进入我国的二级学科。半导体专业最主要的两个方向是材料与器件和集成电路设计。其中材料与器件方向是整个半导体行业

表 3　中美高校的半导体专业对比

美国高校		中国高校	
一级学科	二级学科	二级学科	一级学科
电子与电气工程	电子学与集成电路	物理电子学	电子科学与技术
		微电子学与固体电子学	
	电磁学	电磁场与微波技术	
	系统控制	电路与系统	电气工程
		电力系统及其自动化	
	电力技术	电力电子与电力传动	
	计算机科学与工程	计算机系统结构	计算机科学与技术
	通信与网络	通信与信息系统	信息与通信工程
	信号处理	信号与信息处理	
	微机电系统	机械电子工程	机械工程
	机器学习	模式识别与智能系统	控制科学与工程
	光子学与光学		光学工程
	生物医学工程		生物医学工程
	材料与器件		

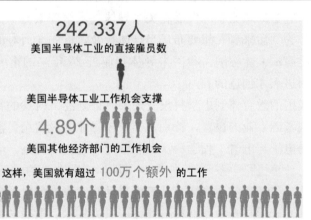

242 337人
美国半导体工业的直接雇员数

美国半导体工业工作机会支撑
4.89个
美国其他经济部门的工作机会

这样，美国就有超过 100万个额外 的工作

图 5　美国半导体工业直接雇员超过 24 万人，另有超过 100 万名雇员间接为美国半导体产业服务
资料来源：半导体工业协会，2017，Factbook，http：//go. semiconductors. org/2017-sia-factbook-0-0-0.

的基石，半导体器件工艺的进步支撑起了整个摩尔定律，又进一步促进了集成电路、电子行业、通信行业乃至互联网产业的飞速发展。同时，我国高校设置了很多应用层面的计算机类一级学科，包括计算机、软件工程、网络空间安全等，最近，人工智能、物联网、大数据也在往一级学科上推。只有清华大学、北京大学、复旦大学、东南大学、电子科技大学、西安电子科技大学、北京邮电大学 7 所大学拥有电子科学与技术国家一级重点学科，北京理工大学、哈尔滨工业大学、西北工业大学、天津大学、吉林大学、南京大学、华中科技大学、西安交通大学、北京航空航天大学、上海交通大学、南京理工大学、西安交通大学、国防科学技术大学等 13 所大学拥有电子科学与技术国家二级重点学科。长期没有大学设立半导体相关的学院，最近才在一些大学紧急成立微电子学院。

我国大学的微电子学科培养能力也很有限。根据教育部规定，一个二级学科在每个高校最多只能配置两个班共 60 人，我国每年只能培养几千名本科生和硕士生，与需求相比缺口很大。对于材料与器件、光电器件与传感器等没有设置学科的方向，无法大规模培养相关人才，只能通过课题组进行"作坊式"的培养。各研究生培养单位的招生名额由教育部严格控制，随着大量优秀海外人才归国和本土培养人才的成长，教育部很多年前设定的研究生名额已经不能跟上我国科技发展的需要，在一流高校和院所，平均每个研究生导师每年的招生名额为 1 个左右，对核心技术相关专业也没有倾斜，这严重限制了核心技术的发展和下一代人才的培养。如表 4 所示，2015 年我国高校微电子专业本科毕业生 3219 名，入学研究生 2868 名，硕士毕业生 2617 名，博士毕业生 465 名[12]。根据美国国家科学基金会最新发布的《2018 年科学与工程指标》显示[13]，2015 年美国高校电子工程专业本科毕业生 21 357 名，入学研究生 52 940 名，硕士毕业生 15 763 名，博士毕业生 2651 名。从这组数据的比较可以看出，中美两国高校的半导体专业人才培养能力差距巨大，这同时也反映了我国在半导体领域的基础研究投入远远不及美国。根据《中国集成电路产业人才白皮书（2016—2017）》[14]，目前我国集成电路从业人员总数不足 30 万人，其中技术人员有 14.1 万人，但是到 2020 年我国集成电路行业预计需要七八十万名从业人员，特别是中高端人才供需矛盾突出。

表 4   2015 年我国高校微电子专业学生统计情况（含工程型）
并与美国大学电子工程专业进行比较[12,13]   （单位：人）

高校名称	本科生		硕士生		博士生	
	招生	毕业	招生	毕业	招生	毕业
北京大学	16	36	228	256	34	24
清华大学	26	51	69	127	24	30
中国科学院大学	0	0	440	313	204	155
复旦大学	71	75	145	18	35	27
上海交通大学	63	45	78	73	26	11
东南大学	298	295	318	332	32	21
浙江大学	121	90	53	45	13	11
电子科技大学	419	425	153	141	19	13
西安电子科技大学	469	411	294	247	37	20
北京航空航天大学	40	40	38	38	10	6
北京理工大学	152	120	41	41	10	10

续表

高校名称	本科生		硕士生		博士生	
	招生	毕业	招生	毕业	招生	毕业
北京工业大学	85	82	85	85	4	7
天津大学	121	109	71	64	13	8
大连理工大学	120	103	41	44	7	7
同济大学	40	37	20	13	4	1
南京大学	56	56	112	94	30	28
中国科学技术大学	28	60	62	62	10	8
合肥工业大学	290	231	76	90	3	0
福州大学	183	183	54	44	1	0
山东大学	65	72	27	26	4	3
华中科技大学	300	292	194	203	30	37
国防科技大学	132	114	41	33	16	11
中山大学	119	105	48	49	14	10
华南理工大学	70	56	34	35	7	2
西安交通大学	75	72	64	72	15	5
西北工业大学	60	59	82	72	23	10
我国微电子专业总和	3 419	3 219	2 868	2 617	625	465
美国电子工程专业总和	NA	21 357	52 940	15 763	NA	2 651

注：NA 表示没有相应数据；数据分别来自西安电子科技大学微电子学院和美国国家科学基金会《2018 年科学与工程指标》

6. 科研评价机制不利于半导体等核心技术的发展

中共中央办公厅和国务院办公厅于 2018 年 2 月印发的《关于分类推进人才评价机制改革的指导意见》指出[15]：“当前，我国人才评价机制仍存在分类评价不足、评价标准单一、评价手段趋同、评价社会化程度不高、用人主体自主权落实不够等突出问题，亟须通过深化改革加以解决。”评价机制过于单一容易导致大多数研究人员挤在少数几个容易发表高档论文的国际研究热点。根据“自然指数”（Nature Index）的统计[16]，过去十多年来，我国一直是全球材料科学领域发表论文最多的国家。如图 6 所示，2015 年已经接近美国的 3 倍，超过日本的 6 倍，领先优势还在持续快速拉大。我国超过 1/10 的 SCI 论文由材料科学领域贡献，而日本只有 1/20，美国仅有 1/40，相对于日本和美国，我国在材料科学这个环节投入严重过多，而在创新链条上的其他创新环节投入不足，不利于国家创新驱动发展战略的实施。导致这一现象的一个主要原因是材料领域影响因子高的期刊多，在唯论文导向的评价机制下，材料相关研究在与其他学科竞争过程中具有明显优势，容易快速"成才"。在材料科学领域发表论文数量大幅上升的背后，是国家的大规模资金投入、引进人才和人才培养三方面的协同付出，这容易挤占其他学科的发展空间。

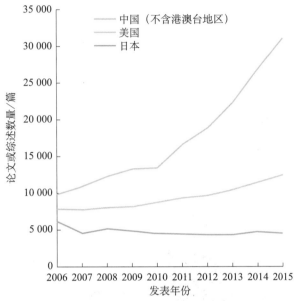

图6　比较中国、美国、日本三国在材料科学领域发表的论文数量[16]

　　现有唯论文的评价机制导致科研经费和优秀人才往容易在《自然》《科学》《细胞》等顶级期刊上发表论文的研究方向大幅聚集，而像半导体技术这样的核心技术领域由于难以在顶级期刊上发表论文而得不到应有的重视和投入。

　　半导体专业在国际学术界已经是一个成熟的传统专业，大部分半导体器件的原理已经建立，能够发表高端论文的前沿研究课题较少，需要研究的课题主要集中在基础研究和产业化之间的应用基础研究，该阶段的研究是创新链条中不可逾越的一环，但是显示度很低。我国作为后来者，要发展自主可控的半导体底层核心技术，必须拥有大量高端人才来从事显示度低的应用基础研究。但是，当前唯论文导向的学术评价机制不利于高端人才在半导体领域潜心研究。半导体研究在我国的基金、人才和奖项评比中容易处于劣势，无法申请到足够的经费，大量人才不愿意进入半导体领域，导致创新链条的断裂。以2015年入选中共中央组织部的"青年千人计划"为例，入选者中信息科学专业背景的只占11.8%，而其中真正从事传统半导体研究的寥寥无几，挤入半导体学科的也都是以碳纳米管、石墨烯、二维材料、钙钛矿、量子信息等"高新"领域为代表。国家自然科学基金委员会每年资助200名国家杰出青年科学基金获得者（简称"杰青"），获得资助的"杰青"代表了我国在该领域的最高水平，由于国家的大量资源向"杰青"倾斜，从各领域"杰青"的数量就可以大致判断国家在该领域的投入力度。国家自然科学基金委员会公布的信息显示[17]，2010～2017年共有1586人入选"杰青"，其中数理科学部入选从事半导体物理研究的只有6人，而且这6人中大部分的研究对象不是传统半导体材料。如图7所示，2017年入选数理科学部的24名"杰青"没有一人从事半导体物理研究，信息科学部入选的25名"杰青"中仅有4人从事传统半导体技术的研究，其中3人来自中国科学院的3个不同研究所（这也反映出中国科学院作为国家战略科技力量对国家发展核心技术的支撑作用）。

我国大量优秀人才集中在少数几个国际前沿热点，而传统半导体技术人才严重短缺，学科发展不平衡，尤其是基础物理和器件层面的高端人才稀缺。当前所有半导体技术的基本原理都源于欧美，我们研制的器件和芯片能够达到欧美90%的性能就已经非常不易，要实现超越就更加困难。党的十八大以来，习近平总书记曾在多个场合强调要掌握核心技术，指出核心技术受制于人是最大的隐患，而核心技术靠化缘是要不来的，只有自力更生。这些话语在今天看来，非常具有针对性和前瞻性。

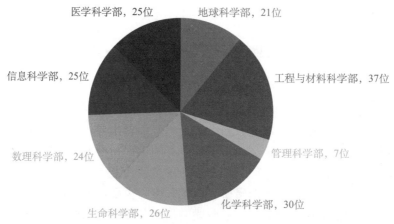

图7　2017年入选国家自然科学基金"杰青"的人才学科分类[17]

7. 研发投入不足、创新链条断裂

核心技术的积累，是靠持续研发投入得来的，是要不来买不到的。半导体产业是中美差距最大的产业之一，我国无论是在专利体系、生态系统还是在制造工艺等方面都与美国有非常大的差距。而半导体行业的核心技术一直被美国和西方国家严密封锁。我国任重道远，还需要无数人力物力财力的长期持续投入。在2018年全国网络安全和信息化工作会议上，习近平总书记指出："核心技术是国之重器。要下定决心、保持恒心、找准重心，加速推动信息领域核心技术突破。"

　　美国的半导体研发已经完成了从院校到企业的转移，美国半导体公司 2015 年的研发投入是 554 亿美元，接近整个美国政府 2015 年非国防科技支出的 659 亿美元。而我国大公司的研发意愿非常薄弱，我国 500 强大公司以金融和房地产为主，高科技公司以轻资产的互联网公司为主，拥有高科技核心技术的公司数目较少。根据欧盟的统计[20]（图 8），2015 年世界 2500 强公司的研发投入总计 6072 亿欧元，其中总部在美国的 829 个公司占 38.2%，欧盟的 608 个公司排第二，占 28.1%，日本的 360 个公司占 14.3%，而我国的 301 个公司只占 5.9%。除了国家重大科技专项和国防项目，国家其他科技计划在与半导体相关的项目和经费上的投入也极少。2008 年启动的"核心电子器件、高端通用芯片及基础软件产品"及"极大规模集成电路制造装备及成套工艺"两个国家科技重大专项的投入，平均每年在集成电路领域的研发投入不过 40 亿～50 亿元，是英特尔公司年研发费用的 6.2%～7.7%；我国集成电路制造厂的平均研发投入低于其销售收入的 12%，设计企业的研发投入比例也低于 15%，封装企业的平均研发投入就更低。综上所述，我国每年用于半导体的研发总投入不足 45 亿美元[4]，即少于 300 亿元人民币，仅占全行业销售额的 6.7%，仅是英特尔一家公司 131 亿美元研发投入的约 1/3。一条最先进的半导体芯片生产线投资在 100 亿美元以上，而为了研发这条生产线所有设备所需研发投入至少要在 10 倍以上。过去有限

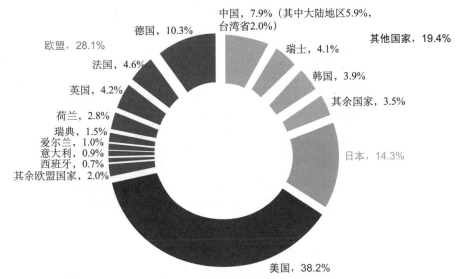

图 8　2015 年全球 2500 强公司研发投入（按总部所在地区进行统计，总共 6072 亿欧元）情况

资料来源：The 2015 EU Industrial R&D Investment Scoreboard.

http：//publications. jrc. ec. europa. eu/repository/handle/JRC98287

的设备研发投入，导致国内企业能够生产替代的设备还很少，而对于半导体芯片生产线，任何一台关键设备的缺失都能"卡脖子"。

虽然我国的科研经费在持续增加，但是投到基础研究和应用研究领域的还是太少。2017 年我国全社会研发（R&D）投入是 17 606.1 亿元，占 GDP 的 2.13%[①]，仅次于美国的 5096 亿美元，居世界第二位。但是，如图 9 所示，我国基础研究（占 R&D 经费的 5.3%）和应用研究（占 R&D 经费的 10.3%）的占比远低于美国等发达国家，大部分研发投入为企业的实验发展支出，这与我国大公司研发意愿薄弱相悖。相对于应用研究和基础研究，处于产业链条中间环节的应用基础研究由于不能直接服务于国家重大需求和没有高显示度的研究成果，造成国家在这方面的投入甚少。在一些部委和国企研究集团还未改组转企之前，我国有一批专业研究所专门对介于基础研究和应用研究之间的应用基础研究进行攻关，这些研究所不追求论文发表、不追求利润转化。后来这些科研院所"事改企"，开始追求产品利润和产品销售，导致国家在应用基础研究领域的投入逐渐减少。国家重点实验室是我国组织高水平基础研究和应用基础研究、聚集和培养优秀科学家、开展高层次学术交流的重要基地，现有 254 个学科国家重点实验室和 31 个企业国家重点实验室中，涉及半导体专业的只有 23 个（表5），其中，依托中国科学院半导体研究所的半导体超晶格国家重点实验室是唯一以半导体基础物理为主要研究领域的国家重点实验室[22]。而且，由于体制问题和产业

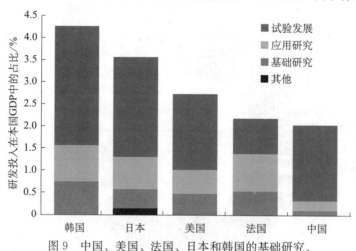

图 9　中国、美国、法国、日本和韩国的基础研究、
应用研究和试验发展研发投入在本国 GDP 中的占比[21]

注：图中韩国、日本、法国、中国的数据统计年份为 2014 年，美国数据统计年份为 2013 年。

---

① 数据来源：国家统计局.《2017 年科技经费投入统计公报》.

薄弱，这些国家重点实验室与半导体产业的结合比较弱。

现行攻关项目的经费分配方式也容易导致创新链条的断裂。在大型攻关项目中，国家往往把经费统一拨给系统总体单位，由系统总体单位来进行分配，这容易导致按远近亲疏而不是按需分配。半导体器件和芯片由于可显示度小，其重要性容易被总体单位忽视，往往很难得到足够的经费支持。由于得不到足够多的经费资助，这些半导体研发部门无力开展更高端半导体器件与芯片的研制活动，导致创新链条的断裂。

表 5 涉及半导体专业的 23 个学科和企业国家重点实验室

国家重点实验室名称	依托单位
人工微结构和介观物理国家重点实验室	北京大学
信息光子学与光通信国家重点实验室	北京邮电大学
电子薄膜与集成器件国家重点实验室	电子科技大学
毫米波国家重点实验室	东南大学
专用集成电路与系统国家重点实验室	复旦大学
应用表面物理国家重点实验室	复旦大学
发光材料与器件国家重点实验室	华南理工大学
激光技术国家重点实验室	华中科技大学
固体微结构物理国家重点实验室	南京大学
固体表面物理化学国家重点实验室	厦门大学
硅材料国家重点实验室	浙江大学
现代光学仪器国家重点实验室	浙江大学
光电材料与技术国家重点实验室	中山大学
模拟与混合信号超大规模集成电路国家重点实验室	澳门大学
集成光电子学国家重点实验室	中国科学院半导体研究所、吉林大学
半导体超晶格国家重点实验室	中国科学院半导体研究所
应用光学国家重点实验室	中国科学院长春光学精密机械与物理研究所
红外物理国家重点实验室	中国科学院上海技术物理研究所
信息功能材料国家重点实验室	中国科学院上海微系统与信息技术研究所
数字多媒体技术国家重点实验室	海信集团有限公司
数字化家电国家重点实验室	海尔集团
无线通信接入技术国家重点实验室	华为技术有限公司
移动网络和移动通讯多媒体技术国家重点实验室	中兴通讯股份有限公司

六、我国在重重困难下取得了半导体产业的巨大进步

值得庆幸的是，即使在发展自主半导体产业过程中面临诸多困难，我国在过去 20 年中还是取得了有目共睹的成就，集成电路的自给率已经从 2000 年前接近零到现在

接近 20%[4,7]。半导体产业分为设计、制造、封测三大部分，我国在设计和封测方面发展最快，目前正在奋力追赶日本、韩国和欧洲。而半导体制造以及上游的设备是我国的最大短板。可喜的是，中微半导体的介质蚀刻机已经能跟上行业发展，其 7 纳米设备已入围台积电名单；北方华创在氧化炉和薄膜沉积设备方面已经在 28 纳米技术级别实现量产；上海微电子的光刻机已经达到 90 纳米技术量产的水平；中微半导体和中晟光电已经实现制造 LED 芯片的 MOCVD 设备国产化替代。在光电子芯片产业中也涌现了一批具有自主研发能力的企业，如华为、中兴、海信、烽火通信、厦门优讯等。河南仕佳光子科技有限公司依靠中国科学院半导体研究所雄厚的科研实力，打破国外厂商对平面光波导（PLC）芯片的垄断，目前已经实现全球市场占有率超过50%。光迅科技是国内唯一量产 10G 以下分布式反馈（DFB）激光器、雪崩二极管（APD）等通信芯片的厂商，具备自主研发全系列 PLC 芯片并实现规模生产的厂商，但其芯片大多是低端自产，高端芯片还在努力突破。高端芯片方面，在云计算、数据中心的应用需求持续增长的当下，100G 渐成标配，目前华为海思掌握了 100G 光模块芯片技术。最近河北华芯半导体有限公司宣布其自主开发的 30G 垂直腔面发射激光器VCSEL 芯片已通过客户测试，并实现规模量产。

美国白宫于 2017 年 1 月发布《确保美国在半导体行业长期领先地位》[1] 的报告，在稳定人才队伍、增加科研经费、企业税改革、加快研究设施许可、实施"登月"挑战、加强出口控制和内部投资安全、国家安全工具、产学研合作新机制、促进全球技术政策透明化等方面提出了全方位的政策建议。在 2018 年 4 月 16 日，美国商务部下令禁止所有美国企业和个人以任何方式向中兴通讯股份有限公司出售硬件、软件或技术服务。由于诸多高端半导体器件、芯片及模块均采用美国厂商产品，没有国内产品可以替代，我国的高科技明星企业就这样被"卡住脖子"。中兴通讯股份有限公司的禁运事件让我们认识到，核心技术受制于人是我国发展的最大隐患，发展自主可控半导体产业是确保国家安全和实现中华民族伟大复兴的基本条件。要自立于世界民族之林，必须发展自身的核心技术，才能避免在产业链上被别人掣肘，而从基础做起是发展核心技术的不二法门。相信我们只要持续加大人力、物力、财力的投入，在合理的机制体制下一定能够实现半导体产业的自主可控。

七、发展半导体科技和产业的几点建议

党和国家对突破核心技术已经有了一个宏伟蓝图。在 2018 年 4 月的全国网络安全和信息化工作会议上，习总书记指出："核心技术是国之重器。要下定决心、保持恒心、找准重心，加速推动信息领域核心技术突破。要抓产业体系建设，在技术、产业、政策上共同发力。要遵循技术发展规律，做好体系化技术布局，优中选优、重点

突破。要加强集中统一领导，完善金融、财税、国际贸易、人才、知识产权保护等制度环境，优化市场环境，更好释放各类创新主体创新活力。要培育公平的市场环境，强化知识产权保护，反对垄断和不正当竞争。要打通基础研究和技术创新衔接的绿色通道，力争以基础研究带动应用技术群体突破。"我们只要贯彻习总书记的思想，把宏伟蓝图变成可严格执行的制度，持之以恒地严格执行，就能实现核心技术的突破。

1. 下定决心、保持恒心、找准重心

习近平总书记在 2018 年两院院士大会上指出"在关键领域、卡脖子的地方下大功夫"[①]。由于我国近年来经济保持了较快的增长速度，美国会对我国进行全方位的战略遏制。在科研领域，要提防美国有意把我国的人力、物力、财力引导到错误方向上去，我们在国家层面要有清晰的战略定位，对必须自主可控的核心技术要有一个清单，下定决心、保持恒心、找准重心，持之以恒地大力投入和发展。例如，半导体芯片有几十万种，其中 CPU 是难度最大工艺最复杂链条最长的芯片，即使我们能够做出和英特尔公司性能一样的 CPU，美国在设备、材料、化学试剂等环节都可以卡我们的脖子，所以我们不能只盯着高性能 CPU 的设计和制造两个环节。我国在过去的投入已经产生了一批进入国际半导体产业大公司行列的企业，但是如表 1 所示，大部分位于设计、封装和测试等低端行业，制造业也是以存储为主，制造和设备材料的核心区域仍被美国和日本把持，我国与美国、日本的差距还很巨大，还要更大力度地持续投入。根据习近平总书记对突破信息领域核心技术的指示，要遵循技术发展规律，做好体系化技术布局，优中选优、重点突破。我们要在基础物理、器件工艺、材料、设备、制造、设计、封装测试等进行全链条的投入，同时要有所为有所不为，瞄准关键环节，支持优势研究力量、企业攻关突破，同时改变评价体制，让市场说了算，从加强基础研究和应用基础研究做起、踏踏实实建立和完善半导体自主创新研发体系和产业链，引导产学研的高度协作，让市场检验产品。建议选择一些产业链短、设备依赖度小、现有研究基础好、创新链条完整的器件和芯片进行赶超，争取能够在全球范围内垄断几十款必用芯片，形成"我中有你、你中有我"的相对平衡状态，避免处于被卡脖子而无还手之力的窘境。相对于集成电路，光电子器件和芯片的产业链比较短，也许更容易突破。例如，我国在太阳能电池产业和 LED 照明产业都已取得巨大成功，成为太阳能电池和 LED 芯片的最大生产国，形成"设备—材料—芯片—封装—应用"较为完整的产业链。虽然这两个产业不属于国家急需的信息领域关键核

---

① 新华网．两院院士大会开幕 习近平发表重要讲话．http：//www．xinhuanet.com/2018-05/28/c_1122899992.htm［2018-05-28］．

心技术，但可以作为参考对象来发展更高端的激光通信芯片等光电子核心技术产业。

2. 要抓产业体系建设，在技术、产业、政策上共同发力

美国在《确保美国半导体行业长期领先地位》的报告中指出："从历史上看，全球的半导体市场从来不是一个完全竞争的市场。"政府、产业、大学的合作对美国半导体行业保持技术领先地位功不可没。日本和韩国在发展半导体产业过程中，政府也起到了积极作用。例如，在政府引导下，日本在1976～1979年实施了具有里程碑意义的超大规模集成电路计划（VLSI），由日本通产省牵头，以日立、三菱、富士通、东芝、日本电气五大公司为骨干，联合了日本通产省的电气技术实验室、日本工业技术研究院电子综合研究所和计算机综合研究所，进行半导体产业核心共性技术的突破。不仅集中了人才优势，而且促进了平时在技术上互不通气的计算机公司之间的相互交流、相互启发，推动了日本全国半导体、集成电路技术水平的提高，为日本半导体企业的进一步发展提供平台，令日本在微电子领域的技术水平与美国并驾齐驱。在我国也有类似的案例，例如，工业和信息化部为每台国产设备提供2000万元补贴的政策，在推动MOCVD设备国产化替代过程中起到了关键作用；国内半导体行业近年来的进步，尤其是设备和材料领域的进步，很大程度上得益于中芯国际、厦门联芯等晶圆制造厂的带动。美国是半导体技术发源地，具有先发优势和雄厚的技术积累，日本、韩国和我国台湾省能够在半导体产业发展起来主要是因为美国的技术转移和不受技术封锁。相对而言，受《关于常规武器和两用物品及技术出口控制的瓦森纳协定》的技术封锁，我国无法购买到最先进的半导体设备、材料、器件和技术。另外，我国的半导体企业实力弱、利润率低，还无法进行大规模长期的研发投入，大部分企业聚焦在能够短期内量产的技术上，而科研院所在融资、生产、市场、管理等方面存在短板，导致无法独自把研发的半导体技术推向市场，特别是半导体产业具有前期投入大、投资周期长的特点，这严重限制了我国半导体领域的研究成果转化。因此，我国政府更应该发挥积极作用，尤其在加强基础研究和应用基础研究，推动政府、产业、院所的紧密合作，加快实施军民融合，确保原始创新、人才培养、技术转移同步发展等方面起主导作用。在人才培养、人才引进、经费支持、设备研发、减免税收等方面扶持中小企业的成长，同时加强监管，避免"劣币驱逐良币"。建议在北京、上海、深圳、武汉等半导体产业和研究机构聚集地成立半导体产业联盟，通过集中研发，减少重复浪费，达到研发成果共享的目的，促进芯片公司与设备供应商间紧密合作，确保技术开发和产品制造得到同步提升。同时需要在不同半导体产业联盟推行不同的组织和管理方式，探索适合我国半导体产业自主创新发展的产学研机制。

3. 加强顶层设计和建立跨部门协调机制

当前只重两头的评价机制和资源、经费分配机制，导致核心技术研发链条的上下环节严重隔离，处于创新链条的中间环节得不到有效支持，创新链条从中间断裂，不利于产学研的协同创新和核心技术的突破。中央全面深化改革领导小组已经通过《国家科技决策咨询制度建设方案》，建议尽快成立国家科技决策咨询委员会，不受欧美媒体、顶级学术期刊、国际学术权威的诱导和左右，打破学科间的围墙，坚持有所为有所不为的原则，遴选出真正需要实现自主可控的核心技术，按照轻重缓急和国内研究力量进行排序，协调各部委和机构，从学科设置、人才培养、经费分配、激励机制、产学研协同、产业扶植等全方位入手制定发展政策，形成一个稳定的国策，坚定不移地长期执行，实现自主可控的目标。制定机制确保国家科技决策咨询委员会能够实现习近平总书记强调的："有权必有责，失责必追究，有责要担当责权。"国家科技决策咨询委员会成员必须具有民族责任感，能够超越本领域看待问题，成员间完全平等，能够相互制衡。

4. 设立半导体一级学科，大力培养半导体人才

我国半导体技术奠基人黄昆曾说过，"物穷其理，宏微交替"。半导体芯片就是宏观和微观的高度统一，本质是微观，只有从微观进行突破才能制成最高性能的芯片。高等教育学科设置不完善，导致我国能够在微观原子尺度基础物理层面进行半导体器件与芯片研究的人员屈指可数。建议参考美国大学电子工程专业设置，完善我国的半导体相关专业，为创新链条的各个环节培养大量人才，从微观基础物理入手，突破现有芯片性能，争取在某些核心芯片上实现超越。

建议设立半导体科学与技术一级学科，并将其列为紧缺专业，从国家层面增加研究生数量，在有条件的高校鼓励成立半导体学院，下设通信与网络、计算机科学与工程、信号处理、系统控制、电子学与集成电路、光子学与光学、材料与器件、电力技术、电磁学、微机电系统、生物医学工程和机器学习等专业；加强宣传引导社会力量和优秀学生进入半导体学科；选择有潜力的优秀人才给予固定支持，进行长期潜心研究。过去20年我国从海外引进了大量高水平人才，本土培养的人才也在迅速接近国际一流研究水平，但是，我们的研究生名额没有相应增加，导致大量高水平研究人员不能参与培养学生。建议大幅增加半导体各专业的硕士和博士研究生名额，鼓励高水平研究人员参与指导和培养半导体人才，建立机制引导产业界的高水平专家到院所来培养研究生，加快提升国家半导体整体研究水平和创新能力。同时，我们也要认识到半导体专业培养的多是高级技术人才，毕业生在就业时选择面很广，适应能力强，不

存在就业困难的问题。

5. 完善科研评价机制

当前我国的科研评价机制对热点前沿领域非常有利，国家出台的各种人才计划的大量名额被前沿热点领域所占据。像半导体这样的传统领域在《科学》和《自然》等顶级期刊上发表的论文数量极少，导致大量急需人才无法通过人才计划引进到国内高校和科研机构工作；同时，国内半导体企业还无法提供大量的高薪研发岗位来吸引国外优秀人才回国工作。要改变这个现状，有必要进行科研体制改革，建立和执行半导体领域的评价体系，优先保证半导体方面的研发力量，同时加大半导体方面的总研发经费、增加人均科研经费、培养大量的研发人才。以制造 CPU 为例，从石英砂到封装芯片，之间有近 6000 道大小不同的工艺步骤，核心工艺有近 300 道。其中任何一道工艺不过关，做出来的芯片就无法使用。其中涉及大量物理、材料、器件、工艺的科学和工程问题，这些问题的解决是实现我国集成电路技术自主发展的关键基础，但是以现有评价体系来看，集成电路制造技术在国际上已经成熟，已没有太多科研价值，在我国当前唯论文的评价机制下，这方面的研究人员在高校和研究机构难以生存。建议开辟专门的"千人计划"渠道引进半导体人才，避免与热点基础学科进行以论文为衡量标准的直接竞争，改变半导体研究领域因论文评价不占优势而难以引进人才的困境。

对此，国务院在 2018 年印发了《关于全面加强基础科学研究的若干意见》，提出了全面加强基础科学研究的若干基本原则，也从多个方面进行了重点部署安排。"加大中央财政对基础研究的稳定支持力度，构建基础研究多元化投入机制，引导鼓励地方、企业和社会力量增加基础研究投入。"同时也要建立稳定支持和竞争性支持相协调的投入机制，推动科学研究、人才培养与基地建设全面发展。基础科学研究是整个科学体系的源头，是形成持续强大创新能力的关键，是建设世界科技强国的基石。经过多年努力，我国基础研究持续快速发展，整体水平显著提高，国际影响力大幅提升，支撑引领经济社会发展的作用不断增强。但与建设世界科技强国的要求相比，我国基础研究的短板仍然较为突出，存在重大原创性成果缺乏、顶尖基础研究人才和团队匮乏、投入不足且结构不合理、全社会支持基础研究的环境需要进一步优化等问题。我国基础研究既面临大有作为的发展机遇，也面临前所未有的重大挑战。

6. 加大研发投入，建立大型半导体综合性研发机构

欧洲、美国、日本、韩国等国家和地区的企业在半导体领域投入巨资进行研发，而政府的研发投入相对较少。我国不像欧美等国家和地区那样拥有数量众多的大型企

业半导体研发机构和国家实验室，在半导体领域的研发投入不能仿效欧洲、美国、日本、韩国等国家和地区以企业为主政府为辅的研发投入模式。当前我国全社会在半导体方面的科研投入还严重不足，需成立多个有所侧重的大型半导体国家实验室，把在中间环节断裂的创新链条串起来，以应用需求作为牵引进行顶层设计，形成从基础物理、材料测试、器件封装到系统集成的完整研发链条，专门从事各种功能集成电路、光电子芯片、传感芯片的攻关任务。这将有效改善当前半导体研发力量分散，有限的研究力量也都聚焦在容易出高显示度成果的几个热点研究方向，而对于形成产品所不可缺少的硬骨头环节却没人来做的局面。建议在国家实验室下面设立类似国家自然科学基金委员会的机构，专门针对半导体芯片中的基础研究问题向全社会征集攻关小团队，给在高校和研究机构从事半导体研究的优秀科研人员提供长期稳定支持。建议每个重大项目设立 A、B 两个相互独立、相互竞争的项目组，用竞争来驱动创新，通过比较来探索项目管理、组织和实施方式。

7. 完善知识产权保护制度、激发企业的创新意愿

企业是创新链条中不可缺少的一环，是高校和科研机构不可替代的创新力量，是实现科研成果向市场转化的最后一环。企业只有把研究成果转化成具有竞争力的产品推向市场，才能获取高额利润。而科研评价机制与基础研究和应用基础研究的投入强度决定了高校和科研机构容易选择显示度高的创新环节，难以把科研成果转化成产品。十八届三中全会《中共中央关于全面深化改革若干重大问题的决定》指出："建立产学研协同创新机制，强化企业在技术创新中的主体地位，发挥大型企业创新骨干作用，激发中小企业创新活力，推进应用型技术研发机构市场化、企业化改革，建设国家创新体系。"我们需要完善知识产权保护制度，严格执行竞业限制，禁止同质化价格战，建立用户监督评价网络等手段，鼓励和帮助半导体企业做大做强做精。当前缺乏知识产权保护，很多企业进行低水平同质化竞争，严重侵害了企业的发展，导致企业无法向中高端进军。建议制定更完善的政策和制度，让企业乐于在技术研发上进行大量投资，保障企业能够通过产品革新和技术升级获得丰厚的回报，形成良性的投入产出循环。

致谢：作者在本文撰写过程中与包括工业和信息化部电子信息司集成电路处原处长关白玉、国家自然科学基金委员会信息科学部何杰副主任和潘庆处长在内的众多国内半导体领域的专家和学者进行了广泛交流和讨论。特别要感谢中国科学院微电子研究所刘明院士、西安电子科技大学郝跃院士、中国科学院半导体研究所刘峰奇研究员和吴南健研究员、国家自然科学基金委员会数理科学部张守著处长和倪培根处长等专

家，他们认真阅读了本文的初稿，并提出了宝贵的修改意见。本文在中国科学院和国家自然科学基金委员会联合部署的"中国学科发展战略研究"项目"半导体科学技术学科发展战略"的资助下完成。

参考文献

[1] Executive Office of the President. Ensuring Long-Term U. S. Leadership in Semiconductors. U S Government. White House,2017-01-22.

[2] IC Insights. Semiconductor Shipments Dominated by Opto-Sensor-Discrete Devices. Research Bulletin. [2017-03-09].

[3] SIA. The 2016 SIA Factbook. http://go. semiconductors. org/2016-sia-factbook-0-0[2016-03-01].

[4] 魏少军. 2017 年中国集成电路产业现状分析. 集成电路应用,2017,34(4):6-11.

[5] SIA. Semiconductor Research Opportunities——An Industry Vision and Guide. https://www. semiconductors. org/wp-content/uploads/2018/06/SIA-SRC-Vision-Report-3. 30. 17. pdf[2017-03-09].

[6] IC Insights. Five Top-20 Semiconductor Suppliers to Show Double-Digit Gains in 2016. Research Bulletin. http://www. icinsights. com/news/bulletins/Five-Top 20-Semiconductor-Suppliers-To-Show-DoubleDigit-Gains-In-2016[2016-11-15].

[7] 美国半导体产业发展概况及特朗普时代产业政策走向分析. 集成电路研究,2017,(3):1-38.

[8] 俞忠钰. 亲历中国半导体产业的发展. 北京:电子工业出版社,2013.

[9] 夏建白,何春藩. 王守觉//金国藩. 20 世纪中国知名科学家学术成就概览·信息科学与技术卷(第三分册). 北京:科学出版社,2015.

[10] 何春藩. 林兰英传. 北京:科学出版社,2014.

[11] IC Insights. Top 10 Semiconductor R&D Spenders Increase Outlays 6% in 2017. Research Bulletin. [2018-02-16].

[12] 张玉明. 国家示范性微电子学院——西安电子科技大学微电子学院. [2017-11-17].

[13] National Science Board. Science & Engineering Indicators 2018. https://www. nsf. gov/statistics/2018/nsb20181/report/sections/overview/introduction[2018-01-01].

[14] 工业和信息化部软件与集成电路促进中心. 中国集成电路产业人才白皮书(2016—2017)[2017-05-16].

[15] 中共中央办公厅,国务院办公厅. 关于分类推进人才评价机制改革的指导意见. http://politics. people. com. cn/n1/2018/0227/c1001-29835725. html[2018-02-27].

[16] Peng Tian. China's blue-chip future. Nature,2017,545:S54-S57.

[17] 国家自然科学基金委员会. 关于公布 2017 年度国家杰出青年科学基金建议资助项目申请人名单的通告. http://www. nsfc. gov. cn/publish/portal0/tab434/info69936. htm[2017-08-04].

[18] 国家自然科学基金委员会. 国家杰出青年科学基金在线. http://www. nsfc. gov. cn/publish/portal0/tab313/[2017-08-04].

[19] 国务院. 国务院关于全面加强基础科学研究的若干意见. http://www. gov. cn/zhengce/content/

2018-01/31/content_5262539. htm[2018-01-31].

[20] Hernández H, Hervás F, Tübke A, et al. The 2015 EU Industrial R&D Investment Scoreboard. 2015. http://publications. jrc. ec. europa. eu/repository/handle/JRC98287[2016-11-14].

[21] van Noorden R. China by the numbers. Nature,2016,534:452-453.

[22] 百度百科. 国家重点实验室. https://baike. baidu. com/item/国家重点实验室[2018-06-25].

Semiconductor Science and Technology
——The Cornerstone of The Information Society

Luo Junwei , *Li Shushen*

In this report, we first review the impact of the semiconductors science and technology on society regarding advances in semiconductor technology have fueled innovations that led to new products, new businesses and jobs, and entirely new industries. We then give a brief summary into future opportunities and challenges of semiconductor science and technology, and a brief history of China semiconductor industry development. Furthermore, we present the challenges of China to develop the semiconductor science and technology considering the unique features of semiconductor industry, import restrictions of semiconductor related equipment producers and technologies, talent shortage, college education, criteria for judging and evaluation of the quality of a research, and R&D spending. Finally, we propose advices for promoting the semiconductor industry and advancing the semiconductor technologies in China.

1.2 地球系统科学发展与展望

姚檀栋[1]　刘勇勤[1]　陈发虎[1]　张人禾[2]　王成善[3]
李　新[1]　吕永龙[4]　张志强[5]　曲建升[6]　张林秀[7]

（1. 中国科学院青藏高原研究所；2. 复旦大学；3. 中国地质大学（北京）；
4. 中国科学院生态环境研究中心；5. 中国科学院成都文献情报中心；
6. 中国科学院兰州文献情报中心；7. 中国科学院地理科学与资源研究所）

大陆漂移学说和板块构造理论是 20 世纪地学的重大突破，地球系统科学有望成为 21 世纪地学的重大突破。地球系统科学研究地球系统各圈层的功能、变化过程和相互作用，预测地球系统未来发展态势。地球系统科学把地球作为一个整体，认识其过去和现在并预测未来。地球系统的研究空间范围从地心到大气圈层，时间尺度从瞬间到数十亿年。

一、地球系统科学的重要性

地球科学新问题的提出和人类活动等引起的地球系统新变化等，是促使地球系统科学形成和发展的主要驱动力。地球系统科学是 21 世纪地球科学发展的前沿方向。

1. 地球系统科学是深入理解地球系统各圈层相互作用的需要

地球系统包括自地心至地球表层十分广阔的范围，地球圈层分为地球深部圈层和地表圈层两大部分。地表圈层分为：大气圈、水圈、冰冻圈、生物圈、岩石圈和人类圈；深部圈层分为：地壳、地幔和地核。深部圈层从物质状态上，可分为岩石圈、软流圈和地核。地球系统各圈层是有机结合的整体，任一圈层过程都在不同程度上与其他圈层在不同时空尺度上存在着相互影响和制约。任一圈层的结构、功能和行为变化都是地球系统过程在局部的反映，多圈层行为的耦合产生了地球系统的新行为。因此，必须根据复杂系统的科学理论，在综合分析的高度上，研究地球系统演变的整体行为和各圈层相互作用的新规律。

2. 地球系统科学是解决地球科学难题的需要

科学问题的提出驱动了地球系统科学的发展。美国国家科学基金会（NSF）委托国家研究理事会完成的《地球科学新的研究机遇》报告指出[1]，2022 年前地球科学领域新的研究机遇包括从地表到地球内部运动过程的研究，海洋、大气、生物、社会等领域的跨学科研究等，涵盖以下研究主题：早期地球，热化学内动力和挥发物分布，断裂作用及变形过程，气候变化，地表过程，地质构造和深部地球过程，生命和环境与气候间的演化，水文地貌和生态系统对自然与人类变化的影响，陆地生物地球化学循环和水循环以及全球变化的影响。这些反映地球科学重要发展方向的科学问题的解决，都需要以地球系统科学的思路为出发点，用系统和整体的方法论来进行更高层次的研究。

3. 地球系统科学是应对面临人类活动严重影响的地球系统变化的需要

从 20 世纪 80 年代开始，人们意识到人类活动正在一个很短的时间尺度内快速地改变地球系统。在研究臭氧层的变薄和全球变暖时，科学家们意识到要想正确理解这些变化，必须聚焦于地球系统的物理、化学和生物（人类）的相互作用。观测气温数据和模型预测结果警示人们，世界将面临一系列由人类活动引起的全球变化所带来的问题，要解决这些问题，必须将自然地球和社会地球视作相互作用的整体系统，超越单一学科界限，跨越自然与社会科学的学科界限，开展地球系统科学研究。

4. 地球系统科学是预测地球系统未来变化的需要

由于人类活动对地球系统影响的范围和强度迅速扩大，造成全球变暖、臭氧层破坏、土地退化、物种灭绝和自然资源匮乏等一系列重大全球性环境问题，使得人类与其赖以生存发展的自然环境之间的矛盾日趋尖锐，成为人类文明发展过程的严重障碍。21 世纪人类面临的最大挑战之一是预测和减缓全球气候迅速变化带来的影响，而要准确地预测其未来变化，必须也唯有发展地球系统科学。

二、地球系统科学的发展历程

1. 地球系统科学的发展

"地球系统科学"一词首见于美国国家航空航天局（NASA）在 1988 年发布的报告《地球系统科学：深入认识》。该报告认为大气圈、水圈（含冰冻圈）、岩石圈和生物圈组成了有机联系的地球系统，发生在该系统中各种时间尺度的全球变化是地球系统各层圈相互作用的结果，是三大基本过程（物理、化学、生物）相互作用的结果，以及人与环境（生命与非生命）相互作用的结果。NASA 还首次提出将人类活动作为与太阳和地核并列的、能引发地球系统变化的驱动力——第三驱动因素，地球系统科学研究的基本问题包括行星地球的运行、演化及趋势[2]。

NASA 在 2002 年发布的《地球系统科学 2002—2012 年技术战略规划》报告中深化了地球系统科学的重要问题，提出地球系统科学旨在回答地球系统的根本科学问题——地球系统的变化性、变化的驱动力、地球系统对自然和人为变化的响应、地球系统变化的影响与后果、地球系统未来变化的预测[3]。

2003 年 NASA 进一步提出，地球系统科学将地球视作一个具有相互关联现象的协同物理系统，地球系统由涉及地圈、大气圈、水圈、冰冻圈和生物圈的复杂过程所控制。因此，需要建立地球系统科学方法，而其基本途径是强调相应的化学、物理、生物及其相互作用的动力学过程，这些过程在空间上可以从微米到行星轨道尺度，在时间尺度上可以从毫秒到数十亿年[4]。

地球系统科学的概念在我国的最初提出是 20 世纪 80 年代，钱学森提出要开展地球表面各圈层相互作用研究[5]；2003 年，任美锷等[6]建议开展地理科学系统研究，提出"人类圈"，将人类与自然（环境）作为两个对等部分，研究其相互影响和相互作用。这是我国科学家首次明确提出地球系统科学的理念。

随后对地球系统科学的认识不断得到深化，周秀骥[7]认为，地球系统是由近地空间大气圈、水圈、冰冻圈、固体地圈（岩石、地幔和地核）和生物圈等自然层圈紧密关联的整体。叶笃正等[8]指出，20 世纪 70 年代提出气候系统概念，包含了大气圈、水圈、岩石圈、冰冻圈和生物圈五大圈层以及圈层之间的相互作用，后来又发展成为地球系统。这是对自然界认识的重大飞跃，不仅使气候学跨出了大气圈，而且使人们把地球环境各圈层作为一个整体系统去研究其演变规律，极大地推动了地球科学的发展。中国科学院地学部地球科学发展战略研究组专门进行过地球系统科学研究，出版了《21 世纪中国地球科学发展战略报告》[9]，认为地球系统科学是研究地球系统行为和演化规律的全新理念和新兴思想框架，其出现标志着地球科学发展的新跨越。地球系统科学探索地球科学的各分支学科单独难以解决的问题，学科之间的交叉和融合是其最重要的特征，但地球系统科学不是传统地球科学各分支学科的简单相加。同时，地球系统科学也不能代替传统地球科学各分支学科自身的发展。该报告将地球系统科学与地质科学、地理科学、大气科学、海洋科学、地球物理学、地球化学等一起列为地球科学的重要分支学科。与此类似，《未来 10 年中国学科发展战略——地球科学》[10]（2012 年出版）将地球系统科学与大气科学、地理学、地质学、地球物理学、地球化学相并列为一门学科；认为地球系统科学的关键科学问题就是整体地球系统与各子系统的相互联系和动力学，以及全球可持续性和地球系统的有序管理。

2. 地球系统科学的内涵

从概念上讲，地球系统科学强调地球系统的整体性及其与外部环境间的相互作用，它研究地球五大圈层（大气圈、生物圈、水圈、岩石圈和冰冻圈）及其三大过程（生物过程、物理过程、化学过程）的驱动机理和运行规律。在全球变化和可持续发展的大背景下，地球系统科学特别强调人类活动对地球环境演变过程的影响。

从学科定位上讲，地球系统科学是地球科学的分支学科（地质学、地理学、大气科学、海洋科学、地球化学、地球物理学、生物学、生态学等）以及自然科学基础学科（数学、物理、化学等）的高度交叉、深层次互相渗透和融合而形成的一门学科。

从方法论层面讲，地球系统科学的研究方法可概括为：地球系统观测，主要包括一系列地球观测卫星、地球表面观测系统、大洋和大陆深部观测系统等；地球系统理论，包括认识地球系统各圈层及其与人类活动相互作用的机理；地球系统模拟，包括模拟从气候系统逐渐演化到地球系统的模型；地球系统集成，随着地球系统科学研究的不断深入，在更高层次的多圈层作用融合研究。

三、地球系统科学的前沿问题

地球系统科学的整体观决定了其前沿问题的跨时空特征。主要包括生物地球化学循环、水循环和深部物质循环、人类活动与全球变暖、地球系统模拟、可持续发展、地球与行星关系等。

（一）生物地球化学循环

生物地球化学循环是指化学元素或者化合物在地球各圈层之间运动过程及其在保持生物圈稳定的过程中所起的作用。生物地球化学循环既包括呼吸作用、光合作用和分解作用，以及一系列酶和细菌介导的物质循环过程；也和一些非生物过程有关，比如风化、土壤的形成和沉积作用。在生物地球化学循环中，活的生物体是重要的储存库，大气、海洋、地表水、土壤和岩石也是重要的储存库。生物地球化学循环过程复杂，储存库、化学形式和有关过程因具体元素的性质而不同，如大气是氮元素的重要储存库，但是在磷元素的循环过程中则没有重要的作用，因为磷很难进入大气圈；光合作用在碳循环中起着关键的作用，但是在汞元素循环中却一点作用也没有，因为汞元素不参与光合作用。元素在进入不同循环的过程中会改变形式，从有机物变成无机物、从元素变成多种化合物以及从液态变成固态或者气态。影响生命过程的主要有碳、氮、硫、磷元素的循环。

1. 碳循环

碳元素是构成地球生命的基石，是形成所有有机物的基础元素。碳通过生物呼吸、有机物的燃烧、火山喷发、海洋扩散等形式进入大气，以温室气体二氧化碳（CO_2）和甲烷（CH_4）及其他有机形式存在。大气中的碳通过植物、藻类和光合细菌的光合作用而被吸收转化成生物体中的碳。

当生物死亡后，其体内大部分有机物都会降解成无机物（如 CO_2）回到大气中。有些有机物也可能由于温度太低或者处于无氧环境中未被降解而被储存起来。经过一段地质时间，沉积在河流、湖盆、沼泽和海洋富含有机质的沉积物中的碳转化成沉积岩，最后形成化石燃料。

海洋是地球上最大的碳库，发挥着全球气候变化"缓冲器"的作用。CO_2 溶于海水，转化为 CO_3^{2-} 和 HCO_3^-。碳也可以以溶解碳、颗粒有机物和小颗粒有机物的形式通过河流和溪流或风进入海洋，导致近海地区生物生产力普遍较高。海洋对 CO_2 的吸收和长期储存主要由海洋生物对碳的固定和转化作用以及碳酸盐沉积所驱动。生物储碳是形成海洋碳汇的重要机制之一，称为蓝色碳汇，简称"蓝碳"。蓝碳最初被认识的形式是可见的海岸带植物固碳，其实之前没有得到足够重视的、看不见的微型生物（浮游植物、细菌、古菌、病毒、原生动物等）占海洋生物量90%以上，是蓝碳的主要贡献者[11]。

海洋是碳从地球表层系统固定到地球内部的重要中介。海洋生物通过物理-化学沉积作用和生物通过矿化作用将大量的碳转化成碳酸盐岩。地壳中的储存的碳几乎都是以沉积岩的形式存在，一部分碳也以石墨和金刚石等无机形态存在。

碳循环有着不同的时间尺度。短期的碳循环（几十年）主要是生物主导的光合作用；中期碳循环（上千年）主要是有机物存储在树木的木质部、森林土壤和其他的有机沉积物中；长期的碳循环（上百万年）主要是通过地质过程，包括形成碳酸盐岩、气候变化导致的二氧化碳的释放、变质作用和火山运动。

由于碳是最重要的有机物并形成最主要的温室气体——CO_2 和 CH_4，因此，碳循环一直是研究的关注点和热点。从整个地球历史来看，大气中由生物过程吸收的 CO_2 速率要高于 CO_2 增加的速率。因此，现在大气中的 CO_2 含量要远低于早期无生命的时候，同时比火星和金星大气中的 CO_2 含量也低很多。但是，关于全球范围的碳循环仍然有很多关键问题还没有得到解答。如科学家对全球碳预算中每年有多达 20 亿吨的碳无法做出解释，人类通过化石燃料燃烧和去森林化每年产生大约 70 亿吨碳，其中大约有 20 亿吨的碳被海洋吸收，30 亿吨碳仍保留在大气中，还有 20 亿吨碳则不知所踪。"丢失的碳"的问题说明了碳循环过程的复杂性[12]。

自工业革命以来，人为干扰可能使得内陆水域碳通量每年增加 1.0 Pg C①，主要是由于土壤中碳的输出增加。这些碳中的大多数输入到上游河流要么是作为二氧化碳（每年约 0.4 Pg C）排放回大气，要么是沿着淡水、河口或者沿海水域沉积在沉积物中（每年约 0.5 Pg C），每年只留下约 0.1 Pg C 流入海洋[13]。

由于经济和人口的增长所推动的 CO_2、CH_4 的排放量急剧上升，CO_2 和 CH_4 的大气浓度达到至少过去 80 万年来前所未有的水平，自 1750 年至 2011 年间，二氧化碳和甲烷的浓度增幅分别为 40% 和 150%。这期间累计排放 2040±310 吉吨（Gt）人为 CO_2，其中约 40%（880±35 Gt CO_2）保留在大气中，其余的被碳汇从大气中移除或储存在自然碳循环库中。剩余的累积 CO_2 排放储存在海洋和土壤及植被中，二者所占的比例大致相当。海洋吸收了约 30% 的人为排放 CO_2，造成了海洋酸化[14]。在 CO_2 等温室气体排放没有明显减少的情况下，整个地球上的陆地植被将面临组成和结构变化的重大风险。随着温室气体排放量的增加，气候变化对全球生物多样性、生态功能和生态系统服务的影响将大幅增加[15]。

CO_2 的累计排放量将在很大程度上决定 21 世纪末及以后全球平均地表变暖幅度。在所有四个典型浓度路径（RCP）情景下，到 2100 年海洋将继续吸收人为 CO_2 排放，越高的浓度路径下吸收量越大。地球系统模式预估，到 21 世纪末在所有 RCP 情景下全球海洋酸化都将加剧。在所有 RCP 情景下将有持续的陆地碳吸收，但是一些模式模拟出陆地会发生碳损失，这是由气候变化和土地利用变化的综合效应造成的。基于地球系统模式，气候变化和碳循环之间的反馈作用将加剧全球变暖，气候变化将部分抵消由于大气中 CO_2 上升造成的陆地和海洋碳汇的增加。因此，会有更多人为排放的二氧化碳留在大气中，加强变暖[14]。

2. 氮循环

氮（N）是构成蛋白质和核酸的必需元素，氮循环是最重要同时也是最复杂的生物地球化学循环。氮气占地球大气体积的 78% 左右，大气中的氮气是非生物可利用性的。除了一部分细菌外，大部分生物不能直接利用氮气，植物、藻类和细菌只能吸收 NO_3^- 和 NH_4^+ 形式的氮，动物则只能吸收初级生产者合成的含氮有机化合物。

氮是一种相对惰性的元素，只有几种过程可以将分子态的氮转化为生物可利用的含氮化合物。自然界中 90% 的氮转化过程是由细菌介导的，其余部分主要是氮的光氧化作用。N_2 通过氮固定过程转化为硝酸盐或铵盐后，才能被植物和藻类吸收利用。然

---

① Pg C，为碳通量单位，P 表示 10^{15}，g 表示克，C 表示碳。

后，细菌、植物和藻类通过食物链可以将这些无机氮化合物转化成生物可利用性的有机氮化合物。当生物死后，微生物又可以将这些有机氮化合物转化成硝酸盐、铵盐，以及分子态氮释放到大气中[16]。

长期以来，研究人员普遍认为地球陆地生态系统氮素输入主要依赖生物固氮作用，将大气 N_2 转换为氨。但是，综合估算陆地生态系统植物和土壤氮素累积速率发现其远高于生物固氮和氮沉降速率，因此估计还有其他的氮素输入途径。最近，Houlton 等[17]综合利用了三种不同的计算方法评估了岩石风化导致的陆地生态系统氮素输入量，发现通过岩石风化每年向陆地生态系统输入 19～31 百万吨的氮素。尤其是在高山生态系统中，生物固氮可能由于低温等原因而活性较低，岩石风化导致的氮素输入对于这些生态系统的氮循环过程十分重要。这一发现对于完善全球氮素的循环过程和机制具有重要意义。

地球氮循环是亿万年来不同的循环过程互相平衡的结果。但人类活动显著改变了全球氮循环过程。工业革命以来，人类活动排放的 NO 和 N_2O 已强烈地改变了活性氮的生物地球化学循环，人类活动造成的活性氮输入到生物圈后，会提高缺氮生态系统的生产力，并在相对富氮状态下改变生态系统，引发生态系统的变化，进而影响碳的吸收速率[18]。20 世纪 70 年代末以后氮肥投入持续大量增加，提高了人类所需的粮食产量。然而，每年大量的氮肥投入生态系统后，被植物吸收的低于 40%，大部分的氮素经过淋溶、风尘等进入海洋生态系统，给海洋生态系统带来了富营养化等一系列严重的生态问题。

NO 和 N_2O 都是温室气体，具有强烈的温室效应，一分子 N_2O 的温室效应是一分子 CO_2 的 300 倍，它们的浓度增加会对全球的气候变化产生重要影响。大气中 NO 和 N_2O 的 90% 来自化石燃料燃烧，另 10% 来自施于土壤的氮肥[19]。自 1750 年以来 N_2O 增幅为 20%，过去 30 年间 N_2O 的浓度以 $(0.73\pm0.03)\times10^{-9}$/年的速度稳定增长[14]。

人类活动造成的活性氮增加是全球变化的另一个重要方面。中国 1910 年至 2010 年年均活性氮的净产生量从 9.2 太克（Tg）增长到 56Tg。从 1956 年开始，人为活动源超过了自然源，其在 2010 年的贡献达到了 80% 以上。如果按照当前的增长趋势，至 2050 年中国人为活动的活性氮年均产生量将达到 63Tg，并对区域和全球的土地、空气和水体造成不良的环境后果[20]，必须控制氮的排放。

3. 磷循环

作为一种自然界供不应求的生物关键元素，磷的循环是一个重要的地球系统过程。磷在生物圈中有两个重要的作用：以糖-磷酸盐的形式形成 DNA 分子的螺旋骨架，促进生命能量的交换。磷通常以氧化态存在（如磷酸盐），磷酸盐没有气相物质存在，只以极少量的尘埃颗粒存在于大气中。气相磷酸盐的缺乏对于磷的全球生物地理化学循环产生了重要影响。

磷（P）是植物和藻类生长的限制因素，这是不以气态形式存在的营养物质的典型特征。磷通过植物、藻类和自养细菌的吸收进入生物圈。陆地上岩石通过侵蚀风化作用，使得磷变成可被利用的形式。在相对稳定的生态系统中，植被吸收的大部分磷又返回到土壤中，另一部分磷以水溶性形式通过河流流入海洋。虽然海洋浮游生物可以暂时利用磷，但最终磷会沉积在深海或海洋中。没有短期的非生物循环能使磷从海洋返回到陆地，只能通过大陆隆起这样的长期地质过程来实现，因此与碳和氮相比，磷的转换速度比较缓慢。

过去磷循环随地质和气候事件而变化，如青藏高原的快速隆起增加了化学风化，从而增加了磷元素向海洋的输入，推动了晚中新世的"生物勃发"。在冰期-间冰期由于在海平面变化引起的大陆边缘汇变化，导致磷循环的变化。

自工业时代开始以来，人类引起的磷循环扰动已被列为地球系统十大关键"行星边界"（ten critical "planetary boundaries" of the Earth system）之一[21]。人类改变磷循环的途径包括磷矿开采、作物栽培期间施用肥料、家畜粪便以及产生废物的食物消耗。现代磷循环受农业和人类活动巨大影响，为了提高作物生产，人类大量开采磷酸盐生产肥料。一方面，磷元素的大量使用，使得大量磷向湖泊和海洋单向流动，造成了水体富营养化，对淡水和沿海海洋生态系统造成严重破坏。另一方面，由于磷只能通过开采沉积物获得，且具不可替代性，因此磷供应具有极大的不确定性和不协调性。这种不平衡造成磷循环的"断裂"[22]。解决这些问题，需要从减少利用过程中的浪费与损失、增加排泄物中磷元素的回收利用，减少磷元素的需求量以及应用生物技术等途径提出方案。

化石燃料燃烧向大气排放的磷是另一个重要的磷循环扰动，估计与燃烧相关的年排放量为 1.8 Tg P①，占全球大气磷含量的 50% 以上。利用大气输送模型估算发现大气磷每年的全球总排放量（3.5 Tg P）中的 2.7Tg P 转化到陆地上的沉积汇，另外每年有 0.8 Tg P 转化到海洋里。人为排放对全球磷循环的扰动远大于以前的估算[23]。

4. 硫循环

地球上大部分的硫长期保存在岩石中或埋存在海底沉积物中。地球内部的硫主要通过火山喷发释放到大气中。大气中的硫对气候有重要的作用，硫酸盐气溶胶会增加地球大气的反照率。

---

① Tg P 为磷排放量的单位，T 表示 10^{12}，g 表示克，P 表示磷。

　　硫循环主要包含大气和陆地硫循环两个过程。在陆地部分，硫循环开始于含硫岩石的风化，硫与空气接触被氧化为硫酸盐。硫酸盐被植物和微生物吸收并转化为有机形式，动物通过采食植物吸收硫元素，进而使硫进入食物链。当有机体死亡时被微生物分解，一些有机硫再次被矿化以硫酸盐形式释放随着径流进入大海，一些硫进入微生物组织。

　　火山爆发，沼泽和滩涂中有机物的分解以及海洋中水的蒸发可以将硫直接排放到大气中。但是，大气中的硫滞留时间非常短，硫最终沉淀回地球或在降雨中降落并通过湖泊和溪流等以硫酸盐的形式最终进入海洋。在海洋中，一些硫进入浮游植物及后续食物链。当海洋中的浮游植物死亡后，通过微生物的分解作用会释放出二甲基硫（DMS）。DMS 是自然界产生的最多的含硫气体。虽然有大量的 DMS 从海洋释放到大气中，但是它们在大气中的存留时间很短，大约为 1 天。大部分的 DMS 会重新沉降回海洋中，很少部分会沉降到陆地生态系统。由于 DMS 对大气云层活动有重要影响，因此海洋中 DMS 的释放对气候也有重要影响。同时，海洋中的一部分剩余的硫在海洋深处与铁结合形成硫化亚铁，这是造成大多数海洋沉积物为黑色的原因。

　　在没有人类影响的情况下，硫会在岩石中被束缚数百万年，直到它通过构造事件被抬升，然后通过侵蚀和风化过程释放出来。由于人类的开采，大气和海洋硫含量正在稳定增长。工业革命以来，人类活动对硫循环产生了重大影响。煤、石油、天然气等化石燃料的燃烧大大增加了大气和海洋中的硫含量。高硫煤燃烧产生的硫排放问题一直存在，煤炭的使用率在 20 世纪初的欧洲和北美达到顶峰。尽管这些地区的煤炭使用量开始有所下降，但 20 世纪后期发展中国家的煤炭使用量大幅增加，尤其是在亚洲，硫的排放量继续呈上升趋势[24]。化石燃料燃烧释放的硫超过了大气中的平均自然释放量，每年约有 1 亿吨硫通过人类活动进入全球大气层，主要是煤和燃料油燃烧产生的 SO_2，还包括工业排放以及轮胎磨损等其他有机硫化物来源[24,25]。当 SO_2 作为空气污染物排放时，它通过与大气中的水反应形成硫酸，从而对自然系统造成损害[12]。

　　综合以上生物地球化学循环，碳、氮、硫、磷元素来自不同圈层，不同元素循环相互耦合，又与地球系统各个圈层相互作用，是地球系统演化各种过程中的重要环节。

　　人类活动对全球碳、氮、硫、磷循环的干扰是紧密相关的，如人类在能量和粮食生产中向大气排放的 N_2O 和 NH_4 影响氮循环，这些氮以植物和海洋生物可利用的形式沉降后，可以刺激生产力增强对大气中 CO_2 的吸收，即人类活动排放的氮引起生产力的变化影响大气 CO_2 的浓度进而引起气候变化[26]。磷限制了植物生产力并影响陆地和水生生态系统中的碳储存以及氮固定[27,28]。如大气磷沉积通过增强海洋生物泵使冰期大气中的 CO_2 含量保持较低水平。在更长的时间尺度上，输入进海洋中的磷的持续增加超过白垩纪中期岩石自然背景风化的 20%，可能会引发大规模的海洋缺氧事件[23]。冰芯同位素揭示历史时期 NO_x 和 SO_2 排放密切相关[29]。总之，全球的碳、氮、硫、磷循环和气候间的关系是影响地球系统的重要决定因子。

（二）水资源与水循环

地球系统各个圈层中都储存有水，水的储存库包括地球表层系统的大气、云、海洋、冰川、河流、湖泊、地下水、生物，以及地球内部。地球表层系统的水包括固态、液态、气相三种相态，地球内部的水是随大洋壳和大洋沉积物的俯冲带入地幔的水，最早形成地球的物质中有 2% 的重量是水，而今天地球表层系统中的水只占地球重量的 0.02%，除去逸失者外，其余应当留在地球的深部[30]。

太阳驱动水在地球表层系统储存库之间的循环。太阳的热量导致水从海洋和地表蒸发，水从液态变成气态进入大气。随着大气状态的变化，水蒸气凝结形成液态或者固态的水，形成降雨（雪）重新回到地表或海洋。水降到地表会蒸发，也会被植物吸收之后从叶片表面蒸发，最终返回到大气中。

水循环中一个重要的环节是冰冻圈中储存的固态水。冰冻圈包含积雪、冰川、海冰、大气中的固态水、永久冰冻区域。接近 1/3 的陆地属于冰冻圈，冰川覆盖了约 10% 的陆地表面。地球表面的固态水占陆地面积约一半（52%～56%）[31]。过去 20 年以来，格陵兰和南极冰盖一直在损失冰量，几乎全球范围内的冰川继续退缩[14]。

永久性冰覆盖了 12.5% 的陆地表面，占地球上淡水总量的 70%。几乎所有的陆地冰都在大陆冰架中，格陵兰冰架相当于 7.4 米海平面，南极冰架相当于 58.3 米，冰川相当于 41 厘米。因此，冰架是海平面上升最大的来源，同时也是影响未来海平面变化最不确定的因素[32]。Dieng 等[33]模拟了 2004～2015 年格陵兰地区的陆地冰川消融对于海平面上升的贡献，约为 1.93（+0.71）毫米/年，并认为格陵兰冰盖的消融是 2004～2015 年海平面变化的主要原因。而 Chambers 等[34]的研究则表明在 1992～2010 年，陆地冰川对海平面上升的贡献为 1.35（+0.6）毫米/年，认为陆地冰川消融的长期趋势和月度变化都有所减缓。Bamber 等[35]结合了多个分析方法，通过总结已发表的文献研究显示，海平面当量从 1992～1996 年的 0.31±0.35 毫米/年增加到 2012～2016 年的 1.85±0.13 毫米/年。

海洋是全球水循环的核心纽带。1901～2010 年，全球平均海平面上升了 0.19 米，19 世纪中叶以来的海平面上升速率比过去 2000 年来的平均速率高。1993～2010 年，全球平均海平面上升与观测到的因变暖造成的海洋热膨胀、冰川变化、格陵兰岛冰盖变化、南极冰盖以及陆地水储量变化等方面的贡献总和相一致[14]。

水循环是气候过程的基本载体，水的气、液、固态转换将能量在不同圈层间传输，对气候系统产生影响；水循环带动了物质在各圈层间的运动，河流将大量陆表物质输入海洋，水是生物地球化学循环的重要推动力。

（三）深部物质循环

地球内部运行控制了表层系统的演变。地球表层系统与内部的地核、地幔及地外系统之间相互作用构成了一个统一、复杂的地球系统。在地球内部层圈中，核幔间的相互作用导致了地幔柱的形成，地幔对流是板块运动的主要驱动力。板块俯冲作用穿越地球内部层圈将大量表壳物质带入到地球内部，地幔柱则将核幔边界的物质和能量向地球表层输送，而地球内部持续的去气作用则不断改变着大气圈的组成，这种层圈间能量和物质的传输和交换是维系地球活力的关键。

N、S、C、H_2O 等挥发性物质的迁移与效应是探索地球内部运行机制的关键线索。大气中氮的含量为 4×10^9 百万吨，之前对于大气层中为何存在如此高浓度的 N_2（78%）一直没有答案。最近研究发现大气 N_2 主要来自板块构造过程[36]。板块构造过程导致火山喷发将大量的地层中囤积的气体释放到大气中，包括 N、C、S 和 H_2O等。海洋地壳与大陆地壳碰撞导致海洋地壳下沉，这一过程会释放大量的可挥发性含 N 化合物到大陆地壳。这些含 N 化合物可能通过上层的岩石层释放到大气中，也可能被固定在上层岩石中。同时，在地球深部 NH_4^+ 会与硅酸盐结合为相对稳定的化合物。当这些化合物与氧气相遇时可以发生分解释放出 N_2 和 H_2O，因此，这些 N_2 可以随着火山喷发释放到大气中。

深部地层中囤积的氮主要来源于地球吸积过程中积累的固态氨、氨基酸及其他的含氮小分子化合物。这些还原态的 N 素在地幔上层高温环境中被 Fe^{2+} 等氧化为 N_2，并通过火山活动释放到大气中。因此，Fe^{2+} 在早期氮循环过程中起到非常重要的作用。当前，地球地幔中还存在着大量的氮素，Fe^{2+} 高温条件下对还原态氮的氧化速率非常缓慢，模型估算的周转时间约为 10 亿年。

地球深部的碳循环在量和时间尺度上远大于地球表层系统，岩石圈随板块俯冲到地幔深处，在高温高压下碳酸盐岩变质脱碳，产生 CO_2，通过火山活动又回到大气。这一输送含碳酸盐沉积物和碳酸盐化洋壳进入地幔的过程被称为深部碳循环[37,38]。这类深部成因的温室气体可以对地球表层系统产生重大的气候效应。这种岩石圈和大气间的碳循环周期，长达千万年以上。近年来，镁同位素示踪已证明海底沉积碳酸盐可随板块俯冲被带入深部地幔，例如西太平洋板块俯冲将大量沉积碳酸盐带入中国东部对流上地幔，使之成为一个巨大的再循环碳库[39]。

地球深部的水循环，最直观的是大洋中脊的热液系统：海水沿着海底的裂隙下渗，到 4000～5000 米深处与熔岩接触，升温到 300～400℃后重返海底，将深部物质与能量带到表层，造成特殊的成矿作用和生命系统。在俯冲带，大洋板块带着水下沉到地幔深处。地球内部的水是在深部地球矿物橄榄石、石榴石、辉石中的结构水。地球内部结构水的总量可能远远超过地球表层水圈。深部的水可以影响地幔中岩浆的分馏，改变某些层位的物理性质，产生地震震波传速的不连续面。

深海热液喷口和冷泉被认为是地球深部和上层海洋连接的通道，存在活跃的碳氮硫循环，已探明在深海存在大量的微生物以特殊的代谢途径介导着生物地球循环，并且与水圈有着非常紧密的联系，据估算每20万年相当于全球海水体积的流体会通过洋壳含水层循环一次，极有可能在全球尺度上影响生物地球化学循环[40]。

（四）人类活动与全球变化

NASA地球系统科学咨询委员会在1988年首次提出，将人类活动作为与太阳和地核并列的、能引发地球系统变化的驱动力——第三驱动因素。鉴于工业革命以来人类活动影响地球环境的空前性，地球环境演化的历史进入了一个全新的时期[2]。Crutzen等[41]称之为人类世（anthropocene）。这一概念的提出特别强调了现代人类活动对自然环境的空前影响。2015年Lewis将人类世定义为一个新的地质年代，提出两个年份可以作为人类世的开始：1610年和1964年[42]。人类世的正式建立标志着人类和地球系统关系的本质改变。

人类对地球的影响已经形成了有人类标签特色的地质时代——人类世，与全新世在功能和地层沉积上存在明显不同。人类世的开始有7个主要标志，包括核武器、化石燃料、新材料、地层改变、肥料、全球变暖和生物灭绝等[43]。人类已经改变了地球陆地表面的50%以上区域，可能已经对25亿年的氮循环造成了最大影响，活性氮的总量比全新世增加了120%，由于化石燃料当前的碳排放率已达到6500万年以来的最高纪录，这些变化人为造成了地球气候系统的剧烈变化。20世纪地球的气温上升了0.6～0.9℃，已经超出了全新世地球气温的自然变化范围。全球平均海平面也是过去11.5万年以来最高的，并且还在继续迅速上升。

人类活动改变地球环境，同时，人类活动影响其他圈层又迫使自己改变活动方式。这表明人类活动作为一个整体，在影响自然的同时也在不断地应对自然的变化，采取各种适应措施，减少风险和损失，而其后果则是以新的方式影响自然环境。在动力学上表现为与地球环境系统其他组成部分的相互作用。因而，为完整研究地球系统演变规律，有必要在动力学模型中引入人类圈的作用[8]。

（五）地球系统模拟

对于无限复杂的地球巨系统，数值模拟几乎是再现其各个圈层的内部过程及其相互作用的唯一手段[44]。地球系统模型的发展经历了三个阶段，物理气候系统模型、地球气候系统模型和地球系统模型。物理气候系统模型是把大气、海洋和陆地三大圈层运动和交互都考虑进来的海-陆-气耦合模型，是地球系统模型的雏形。考虑硫酸盐气溶胶、非硫酸盐气溶胶、碳循环、大气化学过程等在气候系统中的作用使地球系统模型的发展迈入地球气候系统模型。生物地球化学循环（包括海洋生物地球化学循环和陆地生物地球化学循环）是地球系统五大圈层物质和能量交互的一个核心纽带，脱离生物地球化学循环这一重要过程来开展地球系统科学研究，其弊端也逐渐为人们所知。此外，随着人们把目光聚集到地球深部过程的研究，再加上地球深部观测理论和技术的完善，岩石圈也迫切需要被纳入到地球系统模型中。近年来，科学家越来越认识到人与地球的双向交互作用在整个地球系统中的重要性，欲研究这种双向交互作用，人的因素或者人类圈就不得不被纳入到地球系统模型当中，从而把原有的地球系统五大圈层扩展为六大圈层，即加入了人类圈的概念。至此，地球系统模型至少在概念层面上真正地迈入了成型的阶段。标志性事件是2011年开始的第五次气候模型对比计划（CMIP5）。

（六）可持续发展科学

可持续发展科学是研究在全球变化背景下人类社会经济发展与自然环境相互作用及协调发展与管理的新型科学分支学科。可持续发展科学是综合性的科学体系，强调自然科学内部、自然科学与社会科学之间的综合和交叉。可持续发展科学的研究重点在于认知人类发展活动与地球系统相互作用的机理，防范人类发展活动引起的风险，支撑和实现人类发展的可持续性。可持续发展科学解释人类发展的不可持续性行为和机理，提出解决路径和方法。可持续发展科学与地球系统科学相辅相成、协同发展。地球系统科学为可持续发展科学提供基础理论依据，是可持续发展科学的重要基础理论支撑；可持续发展科学是地球系统科学成果和认识的应用出口，为地球系统科学发展提出问题和研究需求。

（七）地球与行星的比较研究及地外生命的探索

太阳系有八大行星，内卫的水星、金星、地球和火星是固态星球，外卫的木星、土星、天王星和海王星是气态星球。不同行星的内部构造和大气环流特征、物理和化学特性与地球的内部构造和大气性质既有相同之处，也有很大的差异。如水星只有极为稀薄的大气层；金星和火星的大气成分都以CO_2为主，相对浓度均高达95%，而地球大气以氮气和氧气为主，CO_2含量很低；金星和火星都没有地球所拥有的板块构造，但金星有很强的火山活动。外卫的木星、土星、天王星和海王星的大气成分很类似，都以氢和氦为主，均含有少量的甲烷、氨气和水汽，但气体成分的含量有差异。其他行星可为地球系统提供比较，以揭示地球的起源及各种过程（地质、气象等）的本质，深入了解地球的过去及现在所处的演化阶段，预测地球未来的演化趋势。

新兴的比较行星学以地球作为参照物，研究行星及其卫星的大气物理、化学和动力性质、表面特征、内部化学组分和构造、磁场性质、气候环境以及生命存在可能性，以进一步认识地球科学中的关键科学问题。空间环境作为地球多圈层耦合系统的重要空间组成部分，目前尚未发现有介质能够记录其在地质时间尺度的变化。比较行星空间物理学以"行星地球"的视角利用太阳系行星空间环境的多样性来解决这一问题，对比研究不同行星内部-空间耦合系统以理解过去和预测未来[45,46]。

地球是目前太阳系中唯一确认有生命的行星，对地外生命的探索是地球系统科学另一个面向宇宙的新的视野。地球的大部分历史时期生命都是微小的，即使是现在微生物仍然占主导地位。因此，如果有地外生命，微生物应该是主要的存在形式。在地球上生命栖息地必须有三个关键要素：液态水、生命必需元素和能量来源。目前最具备可能性的是木卫二，土卫二拥有数倍于地球的液态水且被冰覆盖。冰作为良好的隔热层保存了放射性衰变和潮汐提供的能量，其冰下液态水储层可能存在了近 45 亿年。由于其与岩床的接触，100 千米深的木卫二海洋有可以适合生命生存的地球化学条件。木卫二富含生命必需元素的空间岩石，硫在木卫二上的循环是其可以成为生命栖息地的一个重要特征。从生物能学的观点来看，表面氧化剂与海底热液还原剂的耦合可能是木卫二适居性的关键。木卫二形成时，富含氢、甲烷和有机化合物的淬火热液很可能与溶解的硫酸盐结合，产生类似于地球缺氧环境中硫酸盐还原微生物生态系统中的能量。

地球上的系统发育和代谢多样性可以指导人们寻找木卫二和外太阳系的其他由冰覆盖的卫星上的生命。在冰川深部环境发现了具有代谢活性的微生物，为研究地外生命提供了一个良好的模拟场所。一是被隔绝数千年的南极冰下湖，最大的 Vostok 湖深约 1000 米，藏水量约 5400 立方千米，是地球上深度第三、体积第六的湖泊。另一个是南极血瀑布，涉及微生物驱动冰下生态系统中硫和铁循环。海水被封存在冰川下面，在低温浓缩和化学生物风化过程中产生了比海水咸三倍且富含铁和硫的低氧冰下卤水，且自从几百万年前被封存以来从未与大气直接接触。在曾经被认为不适合生命存在的 Vostok 湖和血瀑布中都发现了丰富的功能性微生物生态系统，细菌通过从基岩矿物中获取能量而依赖化学自养或化学有机营养方式生长，还可以通过呼吸 Fe（Ⅲ）或 SO_4^{2-} 利用古代海洋有机物进行异养生长。比较木卫二的地球化学特征，更加确认木卫二的冰下海洋可以支持微生物的生命。

木卫二或可能提供太阳系中另一个独立的生命起源场所。它可以帮助我们理解地球上的生命是如何产生的。一个非正式的科学表述可能是：

$$液态水＋生命必需元素＋能量＋活性表面＋时间＝生命$$

即使木卫二上没有符合在表达式左侧的条件下产生的微生物，也可以从中了解到地球上的生命是如何产生的。如果在木卫二上发现了生命，就可以很严谨地对比两个不同世界生命起源的过程。这样的发现将对科学和社会产生巨大影响，并提供另一个世界，通过这个世界来深化对生命演变的理解[47]。

地球系统科学前沿方向的深化离不开新技术、新方法和新手段。空-天-地-海洋-地球深部立体联合的观测体系、科学大数据为基础的海量观测数据和高精度模拟、超高压实验技术揭示地球内部物质的存在状态、嫦娥系列计划的实施和首个火星探测计划的立项等，会给地球系统科学研究带来新的发展契机。

四、地球系统科学的研究现状

经过多年的不懈努力，国际科学界对地球系统及地球系统科学的研究和认识有了显著提高，对地球系统现象、组成部分、过程和规律等的认识有了质的飞跃，认识到：

（1）地球系统是一个自适应系统，地球各组成部分之间的相互作用和反馈具有复杂和开放性的多尺度时空变率。

（2）生物过程和物理化学过程协同影响地球系统，但生物学在保持地球环境处于可居住的极限内起着比以前所认为的更加强大的作用。

（3）人类活动正在以多种方式显著影响地球系统的功能，而且在其范围和影响方面与某些大的自然驱动力相当；人类驱动的变化使得地球系统的变化更加复杂化；人类活动以复杂的途径将多重相互作用和影响施加于地球系统，用简单的因果范式不能理解全球变化。

（4）地球系统动力过程具有临界阈值和突变性特征，地球现在正在以与地质历史时期不同的状态运行，地球系统变化及其变化的幅度和速率是前所未有的。

2010年，Reid等[48]在《科学》杂志发文，公布了国际科学理事会（ICSU）组织的基于全球科学家参与提出、讨论和总结的全球变化背景下地球系统科学面临的重大挑战及相关优先研究方向，包括：①预测，提高未来环境预测的实用性和对人类的贡献；②观测，发展、改进和集成必要的观测系统以管理全球和区域环境变化；③规划，决定如何预见、认识、避免和管理破坏性的全球环境变化；④应对，确定什么样的制度、经济和行为的改变可以有效达到全球可持续性；⑤创新，鼓励在技术发展、政策和社会响应方面的创新（配合有效的评估机制）以实现全球可持续性。

地球系统科学发展的根本目标是地球管理，促进人类向着可持续利用地球的方向发展。国际社会正在全面落实2030年可持续发展议程，涵盖17个可持续发展目标，其中在气候变化、自然灾害、水资源、清洁能源、农业与粮食安全、生物多样性、海洋与海岸带乃至社会治理等方面的多个具体目标与地球系统科学前沿直接相关。地球系统科学的成果、认识与进一步发展将有助于落实和监测这些可持续发展目标，推动全球和区域可持续发展议程。

地球系统科学研究需要从交叉科学的角度来研究整个地球系统，需要建立协同的国际计划。全球和区域大型研究计划成为地球系统科学研究的重要组织形式。如："耦合模式比较计划"（CMIP）旨在认识地球系统对外胁迫的响应以及模式系统偏差的来源和影响，评估未来气候变化。"未来地球"（Future Earth）计划承载了将全球环境变化研究和可持续发展行动推向新高度的历史使命，其2025年愿景指出："使人类生活在可持续发展、平等的世界是未来地球计划的愿景"[49]。"全球气候观测系统"（GCOS）国际计划强调对气候系统整体进行观测，它推动、鼓励、协调并促进不同国家、国际组织和国际机构在获取满足自己所需观测的同时，通过提供一个有效的框架，集成和加强实地和空基观测系统，观测范围涵盖大气、海洋、水文、冰雪和陆地过程及其物理、化学和生物特性。国际大洋钻探是目前地球科学领域规模最大、历时最久的国际合作研究计划之一，所取得的科学成果证实了海底扩张、大陆漂移和板块构造理论，推动了地球科学的革命，加深了人类对地球多圈层相互作用的理解。2013年开始的"国际大洋发现计划"（IODP）[49]的目标是打穿大洋壳，揭示地震机理，调查大洋深部生物圈和天然气水合物等多圈层的耦合系统，揭示地球表层与地球内部的连接，研究导致灾害的海底过程。我国科学家主导的"第三极环境"（TPE）及"泛第三极环境与一带一路协同发展"国际研究计划[50~52]，强调以地球系统科学为指导思想，对资源环境宏观格局、演变规律与机制、发展潜力与制约因素等进行深入研究，进而开展资源、环境与灾害风险评估，为区域协同发展面临的重大资源环境问题提供科学决策支持。

五、中国地球系统科学发展展望

中国地球系统科学发展应着眼于多圈层、多尺度、定量化、跨学科、集成化的研究手段，揭示全球资源-生态-环境-社会多要素协同过程与机理，为我国可持续发展与生态文明建设及全球生态环境保护提供科学支撑。

1. 适应全球变化与人类世的地球系统科学发展战略

在全球变暖、人类活动剧烈改变地球的大背景下，中国科学家和全球科学家一样，需要认真研究经济社会的发展所面临的矿产和能源资源消费量庞大、水土资源问题严峻、环境污染加剧、生态系统退化、自然灾害频发等资源生态环境方面的巨大压力，为经济和社会的可持续发展以及人民群众的健康和安全服务。

应对这一形势，应推进适应全球变暖与人类世的地球系统研究，定位于构建生态环境可持续性体系。在中国要重点发展典型陆地生态退化机理与生态恢复技术、生态系统对全球气候变化响应与应对方案、典型污染物与复合污染物分异规律及净化治理新技术、可持续发展调控与决策支持系统、山水林田湖草系统治理的技术体系、"绿色中国"生态环境可持续性的系统解决方案等。

2. 从区域到广域和全球的地球系统科学发展战略

地球系统科学发展需要建立从区域到广域和全球的地球系统研究战略，以地球系统科学为指导思想，对资源环境宏观格局、演变规律与机制、发展潜力与制约因素等进行深入研究，基于科学认识开展资源、环境与灾害风险评估，为区域协同发展面临的重大资源环境问题提供科学决策支持，服务于国家科技外交和全球化大局。"一带一路"是我国面对世界发展新格局提出的一个具有突破性、全局性、长远性的 21 世纪国家重大倡议，地球系统科学要服务这一国家战略需要。

地球系统科学研究要定位于构建从区域到广域和全球的资源生态环境保护利用的科技体系、重点发展区域构造域地质演化与资源时空分布规律、重点国家和重点地区的资源环境问题、资源勘查开发利用过程中的生态环境保护、全球可持续发展路径、资源生态环境大数据平台、三大构造域形成演化动力学机制及其资源环境效应、深地资源勘查利用的技术和方法体系、从区域到广域和全球发展的环保技术与方法体系。

要定位于构建三极空-地-海综合观测体系，揭示三极多圈层相互作用与气候变化机理，发展地球系统科学理论，提高预测和预估三极环境与气候变化的水平，形成适应和减缓并重的引领全球应对气候变化的新理念，为全球生态环境保护做出贡献。

3. 从深部到海洋和陆表的多圈层相互作用地球系统科学发展战略

从深部到海洋和陆表包含着地质、动力、生物和化学等不同时空尺度的各种过程。深部和海洋不但是资源开发利用和战略基地，也是了解地球深部层圈的构成和动力学过程的基本平台。揭示内陆地质过程和浅表地质作用对资源形成、环境演变和自然灾害的控制具有重要意义。从深部到海洋和地表多圈层相互作用的科学研究是国家长期可持续发展的必然需求。

要定位于保障能源安全，为"向地球深部进军"提供技术、理论支撑。要重点建立深部立体观测体系信息共享与监测平台，透视地球、拓展空间；发展深远海生物资源与矿产资源开发技术，为社会可持续发展提供保障。

要研究深部生命现象及其与环境系统的演化过程，推动人与地球和谐发展。

4. 从观测到模拟和仿真的综合集成地球系统科学发展战略

在新技术新手段下以全新的地球系统科学方法论，发展从观测到模拟和仿真的综合集成战略，建设地基、空基、星基、月基构成的密集立体网络化观测系统，发展地球大数据科学平台，建设地球环境数值模拟装置，建立三极新型探测技术体系，建成全球资源环境要素的无缝监测、高精度模拟和动态分析能力。建设并高质量运行大科学装置集群，建成支撑重大资源环境研究的技术平台。揭示地球系统从深部到海洋到地表的多圈层相互作用，预测地球系统未来变化，为人类发展服务。

致谢：本文由中国科学院学部学科发展战略研究项目"地球系统科学学科发展战略研究"和"泛第三极环境变化与绿色丝绸之路建设"A类战略性先导科技专项支持，地球系统科学发展战略咨询组专家和地球系统科学发展战略工作组专家参加多次研讨会，并提出了全面的指导意见和修改意见。咨询组成员包括：安芷生、陈宜瑜、程国栋、丁仲礼、冯宗炜、符淙斌、傅伯杰、郭华东、蒋有绪、李文华、刘昌明、刘丛强、陆大道、秦大河、苏纪兰、孙鸿烈、孙枢、汪品先、王浩、吴国雄、袁道先、郑度、钟大赉、周秀骥。工作组成员包括：崔鹏、郭正堂、吴福元、夏军、陈大可、丁林、陈德亮、艾丽坤、陈曦、丁永建、樊杰、范蔚茗、方小敏、葛全胜、侯一筠、侯增谦、刘时银、陆雅海、马耀明、欧阳华、朴世龙、施建成、孙松、王宁练、邬光剑、阳坤、张镱锂、赵俊猛、赵新全、周天军、朱立平。感谢中国科学院地质与地球物理研究所林杨挺研究员和中国科学院兰州文献情报中心郑军卫研究员的帮助。

参考文献

［1］National Research Council. New Research Opportunities in the Earth Sciences. Washington D C：National Academies Press. 2012.

［2］Earth System Sciences Committee，NASA Advisory Council. Earth System Science：A Closer View. Washington D C：National Aeronautics and Space Administration. 1988.

［3］NASA. Earth Science Enterprise(ESE)Technology Strategy for 2002-2012. 2002. Washington D C：National Aeronautics and Space Administration. 1-20.

［4］NASA. Strategic Plan. Washington D C：National Aeronautics and Space Administration. 2003.

［5］钱学森. 谈地理科学的内容及研究方法. 地理学报，1991，(3)：257-265.

［6］任美锷，陈述彭，施雅风. 开展"地理科学系统理论"研究. 见：中国科学院学部联合办公室. 中国科学院院士建议，2003，(1).

［7］周秀骥. 对地球系统科学的几点认识. 地球科学进展，2004，19(4)：513-515.

［8］叶笃正，季劲钧，严中伟，等. 简论人类圈(Anthroposphere)在地球系统中的作用. 大气科学，2009，

33(3):409-415.

[9] 中国科学院地学部地球科学发展战略研究组. 21 世纪中国地球科学发展战略报告. 北京:科学出版社. 2009.

[10] 国家自然科学基金委员会,中国科学院. 未来 10 年中国学科发展战略:地球科学. 北京:科学出版社. 2012.

[11] 张瑶,赵美训,崔球,等. 近海生态系统碳汇过程、调控机制及增汇模式. 中国科学:地球科学, 2017,47(4):438-439.

[12] Haber H. Our blue planet:The story of earth's evolution. London Angus & Robertson,1971,146 (3):265-274.

[13] Regnier P,Friedlingstein P,Ciais P,et al. Anthropogenic perturbation of the carbon fluxes from land to ocean. Nature Geoscience,2013,6(8):597.

[14] IPCC. 2014. IPCC Fifth Assessment Report:Climate Change 2014. http://www. ipcc. ch/pdf/assessment-report/ar5/syr/SYR_AR5_FINAL_full_wcover. pdf[2018-03-01].

[15] Nolan C,Overpeck J T,Allen J R,et al. Past and future global transformation of terrestrial ecosystems under climate change. Science,2018,361(6405):920-923.

[16] 朱兆良,邢光熹. 氮循环:维系地球生命生生不息的一个自然过程. 北京:清华大学出版社. 2002.

[17] Houlton B Z,Morford S L,Dahlgren R A. Convergent evidence for widespread rock nitrogen sources in Earth's surface environment. Science,2018,360(6384):58-62.

[18] Galloway J N,Townsend A R,Erisman J W,et al. Transformation of the nitrogen cycle:recent trends,questions,and potential solutions. Science,2008,320(5878):889-892.

[19] Jaeglé L,Steinberger L,Martin R V,et al. Global partitioning of NO_x sources using satellite observations:Relative roles of fossil fuel combustion,biomass burning and soil emissions. Faraday Discussions,130407,2005.

[20] Cui S,Shi Y,Groffman P M,et al. Centennial-scale analysis of the creation and fate of reactive nitrogen in China(1910-2010). Proceedings of the National Academy of Sciences,2013,110(6): 2052-2057.

[21] Rockström J,Steffen W,Noone K,et al. A safe operating space for humanity. Nature,2009,461 (7263):472.

[22] Elser J,Bennett E. Phosphorus cycle:A broken biogeochemical cycle. Nature,2011,478(7367): 29.

[23] Wang R,Balkanski Y,Boucher O,et al. Significant contribution of combustion-related emissions to the atmospheric phosphorus budget. Nature Geoscience,2015,8(1):48.

[24] Brimblecombe P. The Global Sulfur Cycle. In:An introduction to environmental chemistry. UK: John Wiley & Sons,2013:560-591.

[25] Manahan S. Environmental Chemistry. Boca Raton:CRC Press. 2017.

[26] Gruber N,GallowayJN. An Earth-system perspective of the global nitrogen cycle. Nature,2008,

451(7176):293.

[27] Peñuelas J, Poulter B, Sardans J, et al. Human-induced nitrogen-phosphorus imbalances alter natural and managed ecosystems across the globe. Nature Communication, 42934. 2013.

[28] Vitousek P M, Porder S, Houlton B Z, et al. Terrestrial phosphorus limitation: mechanisms, implications, and nitrogen-phosphorus interactions. Ecological Applications, 2010, 20(1):5-15.

[29] Geng L, Alexander B, Cole-Dai J, et al. Nitrogen isotopes in ice core nitrate linked to anthropogenic atmospheric acidity change. Proceedings of the National Academy of Sciences, 2014, 111(16): 5808-5812.

[30] Bell D R, Rossman G R. Water in Earth's Mantle: The role of nominally anhydrous minerals. Science, 1992, 255(5050):1391-1397.

[31] 秦大河. 冰冻圈科学概论. 北京:科学出版社. 2017.

[32] Vaughan D G, Comiso J C, AllisonI, et al. Observations: Cryosphere. Climate Change, 2013:317-382.

[33] Dieng H B, Cazenave A, Meyssignac B, et al. New estimate of the current rate of sea level rise from a sea level budget approach: Sea level budget. Geophysical Research Letters, 2017, 44.

[34] Chambers D P, Cazenave A, Champollion N, et al. Evaluation of the global mean sea level budget between 1993 and 2014. Surveys in Geophysics, 2017, 38(1):1-19.

[35] Bamber J L, Westaway R M, Marzeion B, et al. The land ice contribution to sea level during the satellite era. Environmental Research Letters, 2018, 13(6):063008.

[36] Mikhail S, Sverjensky D A. Nitrogen speciation in upper mantle fluids and the origin of Earth's nitrogen-rich atmosphere. Nature Geoscience, 2014, 36(5):1164-1167.

[37] Javoy M, Pineau F, Allègre C J. Carbon geodynamic cycle. Nature, 1982, 300(5888):171.

[38] 李曙光. 深部碳循环的 Mg 同位素示踪. 地学前缘, 2015, 22(5):143-159.

[39] Li S G, Yang W, Ke S, et al. Deep carbon cycles constrained by a large-scale mantle Mg isotope anomaly in eastern China. National Science Review, 2017, 4(1):111-120.

[40] 王风平, 陈云如. 深部生物圈研究进展与展望. 地球科学进展, 2017, 32(12):1277-1286.

[41] Crutzen P J, Stoermer E F. The Anthropocene. Global Change Newsletter, 2000. 4117.

[42] Lewis S L, Maslin M A. Defining the anthropocene. Nature, 2015, 519(7542):171-180.

[43] Waters C N, Zalasiewicz J, Summerhayes C, et al. The Anthropocene is functionally and stratigraphically distinct from the Holocene. Science, 2016, 351(6269):aad2622.

[44] 李新, 程国栋, 康尔泗, 等. 2010. 数字黑河的思考与实践 3:模型集成. 地球科学进展, 25(8):851-865.

[45] 胡永云, 田丰, 钟时杰, 等. 比较行星学研究进展——第三届地球系统科学大会比较行星学分会场综述. 地球科学进展, 2014, 29(11):1298-1302.

[46] 汪品先. 地球系统与演变. 北京:科学出版社. 2018.

[47] Priscu J C, Hand K P. Microbial habitability of icy worlds. Microbe, 2012, 7167-172.

[48] Reid W V, Chen D, Goldfarb L, et al. Earth system science for global sustainability: Grand challenges. Science, 2010, 330(6006): 916-917.

[49] IODP(International Ocean Discovery Program). The international ocean discovery program science plan for 2013-2023. http://www.iodp.org/Science-Plan-for-2013-2023 [2011-06-02].

[50] 姚檀栋. "第三极环境(TPE)"国际计划——应对区域未来环境生态重大挑战问题的国际计划. 地理科学进展, 2014, 33(7): 884-892.

[51] Yao T, Wu F, Ding L, et al. Multispherical interactions and their effects on the Tibetan Plateau's earth system: A review of the recent researches. National Science Review, 2015, 2(4): 468-488.

[52] 姚檀栋, 陈发虎, 崔鹏, 等. 2017. 从青藏高原到第三极和泛第三极. 中国科学院院刊, 32(9): 924-931.

Development and Prospect of Earth System Science

Yao Tandong, Liu Yongqin, Chen Fahu, Zhang Renhe, Wang Chengshan, Li Xing, Lv Yonglong, Zhang Zhiqiang, Qu Jiansheng, Zhang Linxiu

Earth system science studies the earth system ranging from processes to functions and mechanisms in various spheres to forecast its future. The latest strategic foci include six aspects: 1) multi-sphere interactions of the earth system and coupling of deep earth dynamic processes, 2) driving mechanisms by the earth system to environmental changes, 3) planets suitable for human habitation and the origin of life, 4) westerly-monsoon interplay and water resources, 5) spatial and temporal evolution features of the earth system and the impacts on human wellbeing, and 6) coupling, integration and sustainable development of multiple factors within the earth system. In China, the future development of earth system science aims to serve five strategies, i.e., to adapt to global changes and Anthropocene, to study regional to large-scale and global picture, to contribute to the establishment of a common destiny around the world, to evolve from deep earth dynamics to multi-sphere interactions, and to realize integration from observation to model and simulation.

第二章

科学前沿

Frontiers in Sciences

2.1　暗物质间接探测的一些主要进展

范一中　袁　强　冯　磊

（中国科学院紫金山天文台）

一、背　　景

天文学家们在进行星系的旋转曲线[1]、星系团中星系的运动速度[2]、引力透镜等测量时发现了严重的"质量缺失"现象。如果现有的引力理论正确，那么宇宙中除了"看得见"的普通物质，还必然存在着大量"看不见"的物质，科学家们称其为暗物质。暗物质总质量约为宇宙中普通物质总质量的 5 倍。如果暗物质是以一种粒子的形式存在，现有的天文观测表明它们彼此间的相互作用极其微弱且不带电，寿命至少是当今宇宙年龄（约 137 亿年）的数个量级以上。我们现在已知的粒子都不能完全满足暗物质粒子所需的特征，所以物理学家们普遍相信暗物质应该是一类全新的粒子，相关研究有望引发物理学的革命。尚需指出的是，国际上依然有少部分科学家猜测暗物质并不存在，天文观测中发现的"质量缺失"现象本质上是因为现有的引力理论不完善、需要改进。因此，如果能确定暗物质粒子的存在，不但将打开新物理世界的大门，还将为标准宇宙学模型提供关键支撑。

鉴于暗物质探测的重大科学意义，世界各国的科学家争先恐后地开展了大量的实验研究。这些实验可以分成三大类。第一类是加速器探测，通过高能粒子的对撞模拟宇宙大爆炸时的情形将暗物质创造出来；碰撞产生的暗物质粒子尽管不易探测，但会带走能量、动量。因此分析加速器数据中的能量动量丢失信号就可以用来探测暗物质。第二类是直接探测，也就是探测暗物质粒子在穿越实验仪器时与普通物质的碰撞过程。第三类是间接探测，也就是寻找暗物质粒子湮灭或衰变所产生的稳定粒子（包括伽马射线、宇宙线、中微子等）。我国自主开展的暗物质探测研究起步于 2010 年，其中暗物质的直接探测研究主要在四川的中国锦屏地下实验室开展[3,4]，间接探测研究主要是依托"悟空号"暗物质粒子探测卫星进行[5]。

二、暗物质间接探测

暗物质间接探测的一个关键性假设是暗物质粒子会发生湮灭或者衰变。由于电中性的暗物质湮灭或衰变通常会产生正、反粒子对，如正负电子对、正反质子对、光子对、正反中微子对等，暗物质分布在宇宙空间中，因此其湮灭或衰变的产物会在太空中运动，成为宇宙线、伽马射线、中微子辐射的组成部分。对于暗物质间接探测的信号搜寻而言，所有普通天体物理过程起源的宇宙线、伽马射线以及中微子辐射都是背景，需要被可靠地剔除。

普通天体过程起源的宇宙线也包含正反物质，其中绝大部分是正物质。反物质宇宙线主要是通过高能的质子、氦核等在星系中传播时与星际介质发生碰撞产生，也就是通常所说的次级产物。反物质宇宙线的流量和正物质相比较低；并且由于在磁场中的扩散传播效应，宇宙线反物质粒子随着能量的衰减显著地快于正物质宇宙线。所以暗物质间接探测最好是在反物质宇宙线（主要是反质子、正电子）中进行，其对应的天体物理背景更低。但区分正、反粒子需要磁谱仪，而空间磁谱仪实验技术复杂，费用高昂，探测器有效面积相对小，且由于磁场强度以及探测器尺寸的限制，所测量的粒子最大磁刚度目前只能达到几太伏（TV）。

尽管正电子宇宙线是搜寻暗物质信号的理想对象，但负电子宇宙线的流量只比正电子宇宙线流量高约1个量级。如果正电子能谱中有显著的结构，那么也会体现在总电子能谱中。因此可以用量能器来高精度地测量电子宇宙线总能谱并搜寻暗物质。量能器实验的一个优点是其工作能段可以很高，并且探测器有效面积可以达到平方米级。这对于在宽能段搜寻暗物质信号具有关键意义。

此外，伽马射线的数据中也可能携带着暗物质信号。伽马射线中可能存在的暗物质信号可分为两类，一类是吉电子伏（GeV）至太电子伏（TeV）（类）线谱信号，该类信号是暗物质的特征信号，一旦发现将是暗物质的决定性判据。第二类是连续谱信号，由于普通天体物理过程也会产生连续的伽马射线辐射能谱，因此需要借助暗物质的空间分布信息来认证该类信号。一个代表性的例子是银河系中普通物质集中在银盘上，而暗物质是球对称分布，因此人们所观测的暗物质伽马射线信号应该具有旋转对称分布，这将显著区别于普通天体物理过程产生的伽马辐射。由于伽马射线直接示踪其辐射源，因此人们可以根据已知的暗物质空间分布信息选取一些预期信噪比高的区域来重点开展探测研究。由于光子不带电，不需要磁谱仪予以测量，在空间卫星上主要也是通过量能器进行探测。对于100GeV以上的伽马射线，地面切连科夫望远镜也可以高效率地进行探测。这类探测的主要优点是探测器有效面积大，但缺点是区分伽马射线和带电宇宙线的能力较差，要借助辐射的方向性来剔除宇宙线本底，通常只能观测伽马射线点源。

暗物质湮灭也可产生中微子信号。相较于伽马射线和宇宙线，对中微子，尤其是低能中微子的探测很困难。无论如何，经过多年的努力，基于中微子的暗物质探测也取得了一些可喜的进展[6]。限于篇幅，本文后面不再讨论基于中微子的暗物质间接探测。

三、基于宇宙线的暗物质间接探测进展

前面已经指出基于宇宙线的暗物质信号搜寻主要是在正电子、反质子以及总电子宇宙线能谱中进行。实验物理学家通过高精度地测量这些宇宙线的能谱并与理论模型进行比较，发现"异常"。理论家们则深入探讨这些异常的物理起源，尤其是暗物质起源的可能性。

2009 年年初，PAMELA（Payload for Antimatter Matter Exploration and Light-nuclei Astrophysics）实验组发现正电子宇宙线在 20GeV 以上能区与银河系宇宙线模型预言差别显著[7]（图 1）。这一发现立刻引发广泛关注，并被很多科学家解释为暗物质信号[8]。AMS-02 的正电子能谱数据证实了该异常现象[9,10]。然而，结合多波段观测数据的深入研究发现，正电子超出的暗物质起源模型受到了很强的限制[11]。

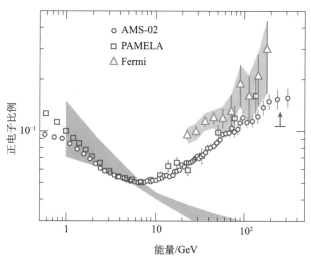

图 1　AMS-02、PAMELA、Fermi 等实验测得的正电子比例与宇宙线背景模型预言（阴影）的比较[7,9]

2016 年 AMS-02 发布了高精度的宇宙线数据，尤其包括质子、反质子以及硼碳比例的数据[12,13]。基于质子能谱与硼碳比例数据，Cui 等[14]准确限制了银河系宇宙线

模型参数,进而计算了反质子的预期能谱,并发现预期的反质子能谱需要在 GeV 能区加入额外成分才能符合观测数据。他们将此额外部分解释为暗物质湮灭的贡献[14,15]。让人吃惊的是所推断的暗物质模型参数空间与下一节将要介绍的银心 GeV 伽马射线辐射超出现象的参数空间高度一致(图 2)。

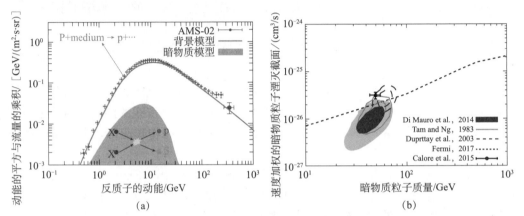

图 2 　(a) AMS-02 反质子流量与背景模型及暗物质模型预期的比较;
(b) 解释反质子"超出"的暗物质模型对应的暗物质质量和湮灭截面[14]

2017 年"悟空号"合作组基于其前 530 天的观测数据发布了高精度的电子宇宙线能谱[16]。他们直接测量到了电子宇宙线能谱在 1TeV 附近的拐折,并发现了 1.4TeV 处能谱存在异常的初步迹象。对于后者已有很多的科学家提出各种暗物质模型来解释。但现有的数据统计量还有限,需要更长的观测时间来确认该信号的真实性。

四、基于伽马射线的暗物质间接探测进展

暗物质粒子湮灭产生的伽马射线的流量将正比于视线方向上的暗物质粒子数密度平方的积分。因此对一些暗物质致密区域的伽马射线观测将有望发现信号。尽管目前对于银河系中心区域的暗物质分布尚不完全清楚,但理论上银心区域的暗物质密度较高。又考虑到银心离太阳系的距离仅约为 8.5kpc[①],银心方向的暗物质伽马射线信号将是最为可观的。所以银心方向成了通过伽马射线开展暗物质间接探测的首选天区。

---

① pc 表示秒差距(parsec),是天文学上的一种长度单位。秒差距是一种最古老的,同时也是最标准的测量恒星距离的方法。它建立在三角视差的基础上。从地球公转轨道的平均半径(一个天文单位,AU)为底边所对应的三角形内角称为视差。当这个角的大小为 1 秒时,这个三角形的一条边的长度(地球到这个恒星的距离)就称为 1 秒差距。8.5kpc 是国际天文学联合会 1985 年推荐值。

但是银心方向的数据分析很有挑战性。因为太阳系处在银盘上，所以在银心区域的视线方向上充斥着诸多的高能辐射源，并且高能宇宙线和星际介质作用也产生了大量的伽马射线，所以银心区域背景辐射极其复杂，导致所证认的信号与暗物质的关系难以最终确认。事实上自 2009 年开始 Dan Hooper 等就宣称在 Fermi-LAT 数据中发现了 GeV 伽马射线超出（图 3）[17~19]，该信号的空间分布与预期的银河系暗物质分布一致，其能谱可以解释为暗物质湮灭到夸克或者是 τ 轻子。随后的系列数据处理研究，尤其是 Zhou 等[20]、Calore 等[21]以及 Huang 等[22]发现，虽然选择不同的背景辐射模板会得到不同的信号结果，但是这些信号的共同点是在 GeV 能段都存在重要的超出。2016 年 Fermi-LAT 合作组[23]的分析也证实了上述结论。因此银心方向存在 GeV 伽马射线超出这个现象得到公认。但银心 GeV 超出是否来自暗物质湮灭？目前科学界尚未达成一致，多种天体物理起源模型先后被提出，限于篇幅在这里不展开讨论。前面已经提到，2017 年 Cui 等[14]及 Cuoco 等[15]发现 AMS-02 的数据中可能存在 GeV 的反质子超出，值得指出的是，该超出与银心 GeV 伽马射线超出可以通过相同的暗物质模型自洽地予以解释（如图 2 所示）。这也使得对 GeV 超出的研究近几年一直是物理领域的热点之一。

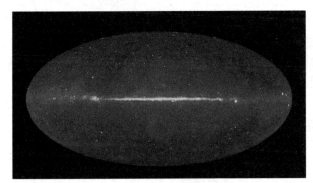
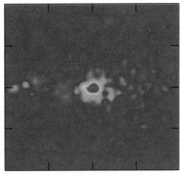

图 3　Fermi 全天伽马射线天图（左，来自 NASA）和银心 GeV 超出（右）[19]

　　银心方向的暗物质信号预期较强，但是背景非常复杂，难以得到确定的结论。值得庆幸的是银河系还有成百上千个矮椭球星系，这些星系虽然质量小（典型区间为 1 百万到 1 亿太阳质量），但由暗物质绝对主导（某些矮椭球星系的暗物质质量是恒星质量的上千倍），几乎没有产生伽马射线辐射的高能天体物理过程。部分矮星系在天球面上分布于高银纬区域，周围没有明亮的伽马射线源。因此矮星系方向被认为是搜寻暗物质信号背景最为干净的区域，一直被寄予厚望。迄今，尚没有在任何一个矮星系方向探测到显著的伽马射线辐射[24]。最近 Li 等[25]对距离太阳系 50 kpc 之内的矮星系进行了系统的分析，发现现阶段最强的疑似伽马射线辐射信号来自 Ret II（Reticulum Ⅱ矮星系)[26]，尽管置信度依然不足以宣称为一个确定的探测，但是信号的强度在随着时间线性增长。如果解释为暗物质湮灭，该疑似伽马射线信号所需的参数空间也大致与银心 GeV 光子超出、AMS-02 的 GeV 反质子超出一致。Fermi-LAT 目前工作状态良好，正在持续地产出数据，联合其他空间探测设备，可望最终确认 Ret Ⅱ 是否是一个伽马射线辐射源，并厘清其与暗物质的关系。

在介绍了基于连续谱信号的暗物质间接探测的进展后，下面简单地介绍在伽马射线线谱搜寻方面的一些工作。2012 年 Bringmann 等[27]与 Weniger[28]发现在银心方向存在能量约 130GeV 的线谱疑似信号。Su 和 Finkbeiner[29]进一步分析认为该区域可能存在两条谱线。这些工作立即引发了广泛的关注，不过后续的细致分析发现这个疑似信号应该来自仪器的系统误差[24]。2016 年 Liang 等[30]对邻近的 16 个大质量星系团进行了分析，发现这些星系团的叠加能谱约在 43GeV 处存在线谱疑似信号。如果将其解释为暗物质线谱，那么需要星系团的暗物质的分布有很多子结构，它们使得暗物质湮灭信号的强度显著增强（暗物质湮灭率正比于密度平方）。目前的数值模拟表明增强因子在 100 倍左右，而解释这个结果所需要的增强因子在 1000 左右，因此这个结果解释为暗物质湮灭尚有困难。星系团的暗物质间接探测的前景并不明朗。

上面的这些工作都是为搜寻"弱相互作用大质量粒子"（weakly interacting massive particles，WIMPs）。尽管该类粒子目前依然是暗物质的最主要候选体，但迄今缺乏确定性观测证据的现实又促使越来越多的科学家考虑其他粒子（尤其是类轴子粒子和惰性中微子）的可能性。对惰性中微子的间接探测研究目前主要集中在 X 射线波段，颇吸引人的一个疑似信号是星系团方向的 3.55keV 谱线[31]，它可能来自于质量为 7.1keV 的惰性中微子的衰变。在类轴子方面，尽管它们的质量可能非常轻，但对它们的探测可以在伽马射线波段进行[32]。这是因为类轴子粒子在磁场中可以与伽马光子相互转化。而太空中充斥着磁场，因此一些伽马射线源辐射的光子会被转化成类轴子粒子，造成能谱中存在一些奇特的"精细"结构。所以我们可以通过观测一些明亮的伽马射线源，并结合该方向上的磁场分布信息来探测类轴子粒子。现有的研究已经对类轴子的参数空间予以强烈的限制[33,34]。最近 Liang 等[35]对 H. E. S. S.（the High Energy Stereoscopic System）探测到的银河系的 TeV 辐射源的研究进一步排除了"通过类轴子粒子-光子转化以增加宇宙对 TeV 光子的透明度"这类模型。但对银河系的一些明亮超新星遗迹[36]、脉冲星[37]的研究发现了一些可疑信号，不过这些信号的参数空间与地面实验的结果相矛盾，尚待进一步研究。

五、总结与展望

目前大量的天文观测表明了暗物质的存在。它们有可能由新的基本粒子组成，但也可能是因为引力理论的不完善。如果一旦暗物质粒子被探测到，那么不但将打开新物理世界的大门，还将为标准宇宙学模型奠定更加坚实的基础。目前国际上开展了大量的暗物质实验，但尚无可靠的暗物质信号被发现。本文中我们扼要介绍了基于宇宙线和伽马射线的暗物质间接探测的进展。现阶段的暗物质疑似信号主要包括"正电子在 10GeV 以上能区的流量异常"与"银心 GeV 光子超出"。其他已经得到较多讨论的可能信号包括"AMS-02 的 GeV 反质子宇宙线的疑似超出"、"个别矮星系方向上的微弱伽马射线辐射"及"DAMPE 数据中可能的 1.4TeV 能谱异常"等。这些可能的信号与前面提到的两例疑似信号的最大不同是尚需进一步的观测或研究以确定其真实性。尽管如此，银心 GeV 光子超出、AMS-02 的 GeV 反质子宇宙线的疑似超出、个别矮星系方向上的微弱伽马射线辐射可能能够自洽地在同一暗物质框架下得以解释，因此值得深入研究。

目前几乎所有的实验都主要致力于某一类暗物质粒子的探测研究，但事实上暗物质粒子也可能有多种。未来在设计暗物质探测实验时应该对此予以考虑。为了降低信号的不确定性，人们可以从多信使信号（尤其是伽马射线、宇宙线）入手，但反物质宇宙线的空间探测耗资巨大。考虑到高温超导技术的蓬勃发展，也许在未来这一局面会得以改变。对于基于同一信使尤其是伽马射线的研究，突破口是在多个暗物质密度高的区域发现自洽的信号，或者是在同一个区域中发现暗物质湮灭/衰变的多通道辐射信号。当然，为了确定性地发现暗物质粒子，间接探测的结果还需要得到地面直接探测、加速器探测结果的佐证。

就暗物质间接探测而言，目前国际上最好的高能伽马射线空间望远镜 Fermi-LAT 处于超期服役期，AMS-02 积累了高精度的 1TeV 以下的正电子、反质子宇宙线数据，我国的"悟空号"在电子宇宙线探测方面有望取得新的突破。不仅如此，我国科学家正在规划我国下一代的空间探测设备，例如，"悟空号"团队已考虑研发具有卓越 GeV 至 TeV 伽马射线探测能力的"悟空 2 号"，中国科学院高能物理研究所正研发能测量 PeV 宇宙线的 HERD 空间站探测器。因此我国的暗物质间接探测将保持强大的国际竞争力。

参考文献

[1] Zwicky F. On the masses of nebulae and of clusters of nebulae. The Astrophysical Journal, 1937, 86:217.

[2] Rubin V C, Ford W K J. Rotation of the andromeda nebula from a spectroscopic survey of emission regions. The Astrophysical Journal, 1970, 159:379-403.

[3] Kang K J, Cheng J P, Li J, et al. Introduction to the CDEX experiment. Frontiers of Physics, 2013,

.8:412-437.

[4] Cao X G,Chen X,Chen Y H,et al. PandaX:A liquid xenon dark matter experiment at CJPL. Science China(Physics,Mechanics & Astronomy),2014,57:1476-1494.

[5] Chang J,Ambrosi G,An Q,et al. The Dark matter particle explorer mission. Astroparticle Physics, 2017,95:6-24.

[6] Aartsen M G, Abraham K, Ackermann M,et al. First search for dark matter annihilations in the Earth with the IceCube detector. European Physical Journal C,2017,77(2):82.

[7] Adriani O,Barbarino G C,Bazilevskaya G A,et al. An anomalous positron abundance in cosmic rays with energies 1. 5-100 GeV. Nature,2009,458:607-609.

[8] Feng J L. Dark matter candidates from particle physics and methods of detection. Annual Review of Astronomy & Astrophysics,2010,48:495-545.

[9] Aguilar M S,Alberti G,Alpat B,et al. First result from the alpha magnetic spectrometer on the international space station:Precision measurement of the positron fraction in primary cosmic rays of 0. 5-350 GeV. Physical Review Letters,2014,113:121101.

[10] Caroff S. High statistics measurement of the positron fraction in primary cosmic rays of 0.5-500 GeV with the alpha magnetic spectrometer on the international space station. Physical Review Letters,2014,113:121101.

[11] Yuan Q,Feng L,Yin P F,et al. Interpretations of the DAMPE electron data. arXiv:1711. 10989.

[12] Aguilar M,Ali C L,Alpat B,et al. Antiproton flux,antiproton-to-proton flux ratio,and properties of elementary particle fluxes in primary cosmic rays measured with the alpha magnetic spectrometer on the international space station. Physical Review Letters,2016,117(9):091103.

[13] Aguilar M,Ali C L,Ambrosi G,et al. Precision measurement of the boron to carbon flux ratio in cosmic rays from 1. 9 GV to 2. 6 TV with the alpha magnetic spectrometer on the international space station. Physical Review Letters,2016,117(23):231102.

[14] Cui M Y,Yuan Q,Tsai Y S,et al. Possible dark matter annihilation signal in the AMS-02 antiproton data. Physical Review Letters,2017,118(19):191101.

[15] Cuoco A,Krämer M,Korsmeier M. Novel dark matter constraints from antiprotons in light of AMS-02. Physical Review Letters,2017,118(19):191102.

[16] DAMPE collaboration. Direct detection of a break in the teraelectronvolt cosmic-ray spectrum of electrons and positrons. Nature,2017,552(7683):63-66.

[17] Hooper D,Goodenough L. Dark matter annihilation in the galactic center as seen by the fermi gamma ray space telescope. Physics Letters B,2011,697:412-428.

[18] Hooper D,Slatyer T R. Two emission mechanisms in the fermi bubbles:a possible signal of annihilating dark matter. Physics of the Dark Universe,2013,2:118-138.

[19] Daylan T,Finkbeiner D P,Dan H,et al. The characterization of the gamma-ray signal from the central Milky Way:A case for annihilating dark matter. Physics of the Dark Universe,2016,12:1-23.

［20］Zhou B,Liang Y F,Huang X,et al. GeV excess in the Milky Way:the role of diffuse galactic gamma-ray emission templat. Physical Review D,2015,91(12):123010.

［21］Calore F,Cholis I,Mccabe C,et al. A tale of tails:Dark matter interpretations of the fermi GeV excess in light of background model systematics. Physical Review D,2015,91(6):063003.

［22］Huang X Y,Enßlin T,Selig M,et al. Galactic dark matter search via phenomenological astrophysics modeling. JCAP,2016,1604(04):030.

［23］Ajello M,Albert A,Atwood W B,et al. Fermi-LAT observations of high-energy γ-ray emission toward the galactic center. Astrophysical Journal,2016,819(1):44.

［24］Charles E,Sanchezconde M,Anderson B,et al. Sensitivity projections for dark matter searches with the Fermi large area telescope. Physics Reports,2016,636:1-46.

［25］Li S,Duan K K,Liang Y F,et al. Search for gamma-ray emission from the nearby dwarf spheroidal galaxies with 9 years of Fermi-LAT data. Physical Review D,2018,97:122001.

［26］Geringer-Sameth A,et al. Zndication of Gamma-Ray Emission from the newly disovered dwarf galaxy reticulum Ⅱ. Phisical Review Letters,2015,115(8):081101.

［27］Bringmann T,Huang X,Ibarra A,et al. Fermi LAT search for internal bremsstrahlung signatures from dark matter annihilation. JCAP,2012,07:054.

［28］Weniger C. A tentative gamma-ray line from dark matter annihilation at the Fermi large area telescope. JCAP,2012,08:007.

［29］Su M,Finkbeiner D P. Strong evidence for gamma-ray line emission from the inner galaxy. arXiv:1206.1616

［30］Liang Y F,Shen Z Q,Li X,et al. Search for a gamma-ray line feature from a group of nearby galaxy clusters with Fermi-LAT Pass 8 data. Physical Review D,2016,93(10):103525.

［31］Bulbul E,et al. ,Detection of an unidentified emission line in the stacked X-ray spectrum of galaxy clusters. Astrophysical Journal,2014,789:13

［32］Hooper D,Serpico P D. Detecting axion-like particles with gamma ray telescopes. Physical Review Letters,2007,99:231102.

［33］Ajello M,Albert A,Anderson B,et al. Search for spectral irregularities due to photon-axionlike-particle oscillations with the Fermi large area telescope. Physical Review Letters,2016,116(16):161101.

［34］Montanino D,Vazza F,Mirizzi A,et al. Enhancing the spectral hardening of cosmic TeV photons by mixing with axionlike particles in the magnetized cosmic web. Physical Review Letters,2017,119(10):101101.

［35］Liang Y F,Zhang C,Xia Z Q,et al. Constraints on axion-like particle properties with very high energy gamma-ray observations of Galactic sources. arXiv:1804.07186.

［36］Xia Z Q,Zhang C,Liang Y F,et al. Searching for spectral oscillations due to photon-axionlike particle conversion using the Fermi-LAT observations of bright supernova remnants. Physical Review

D,2018,97(6):063003.

[37] Majumdar J,Calore F,Horns D. Gammaray spectral modulations of Galactic pulsars caused by photon-ALPs mixing. Journal of Cosmology and Astroparticle Physics,2018,4:048.

Progresses of Indirect Detection of Dark Matter

Fan Yizhong, *Yuan Qiang*, *Feng Lei*

Large amount of astronomical observations have showed that our Universe is made of $\sim$25% dark matter, $\sim$70% dark energy, and only $\sim$5% ordinary matter. It is postulated that dark matter is most likely a kind of new particles beyond the standard model of particle physics. Probing the nature of dark matter is one of the most important questions in modern physics and cosmology. Proposed experimental methods to detect dark matter particles, presumably a class of weakly interacting massive particles, include the accelerator production, the direct detection of dark-matter-nucleus scattering, and the indirect detection of annihilation or decay products. Significant progresses have been achieved in past years in the indirect detection of dark matter, thanks to the efforts of several successful space missions of cosmic rays and gamma-rays. Several very interesting anomalies have been found, including the positron excess above $\sim$10 GeV and the Galactic center gamma-ray excess, which stimulated quite a lot of discussion on their physical origins and the possible dark matter connections. Furthermore, some tentative excesses/anomalies have been also revealed in cosmic ray antiprotons, electrons plus positrons, and gamma-rays from dwarf spheroidal galaxies and Galaxy clusters. With continuous operation of a few space high-energy particle and gamma-ray detectors and the construction of a few next generation facilities, it is expected that some of the above mentioned anomalies will get finally clarified.

2.2 摩擦纳米发电机研究进展与趋势

王中林 张 弛

（中国科学院北京纳米能源与系统研究所；
中国科学院大学纳米科学与技术学院）

摩擦起电是一种众所周知的现象，是由接触引发的带电效应，即在一种材料与另一种材料发生摩擦的过程中，它们会带上电荷。具有较强摩擦起电现象的材料一般导电性较差或是绝缘体。因此，这些材料会捕获转移电荷，并保持相当长的一段时间，持续积累静电荷。这种现象在人们的生活和生产中通常被当作一种不良效应。例如，飞机在飞行中，骨架与空气摩擦产生的静电荷会干扰射频信号发射；运输可燃性气体和液体以及易爆化学品的过程中，要防止静电荷积累引起的燃烧、爆炸等安全隐患；某些电子器件会被手套上的静电荷放电产生的高电压破坏；等等。因此，大多数摩擦起电在人们的生活中被当作负面效应，直到最近才被广泛应用到机械能采集和自驱动机械传感器中[1]。

纳米能源，作为一个全新的研究领域，是指利用新技术和微纳米材料高效收集和储存环境中的能量，即为微纳系统提供持久的、不需维护的、自驱动的能源[2]。随着可移动电子设备的数量激增，关于能源存储的研发显得更加重要，而目前的技术大多由电池实现。虽然每个电子器件本身消耗的能量很小，但是器件的整体数目非常巨大。世界上有超过 30 亿人拥有移动电话，如果全球都安装了传感器网络，数目巨大的传感器会遍布世界各个角落；而用电池来驱动这种数目惊人的、数以万亿计的传感器是不大可能的，因为人们需要不时地寻找电池的位置、更换电池以及检测电池是否正常工作。在这种情况下，一个可能的替代方案就是收集传感器所在环境中的能量。

摩擦纳米发电机（triboelectric nanogenerator，TENG）是一种基于摩擦起电与静电感应效应耦合的新能源技术，由中国科学院院士王中林教授于 2012 年首次提出，可广泛应用于可穿戴电子器件、物联网、环境、基础设施、医疗、安全等领域。近年来，TENG 的基础研究和技术应用方面都取得了飞速进展，成为全球学术界的研究热点。截至 2018 年 6 月，全世界关于 TENG 的论文共有 1068 篇，发表刊物多达 134 种，引用高达 26 392 次，涉及国家与地区 41 个，研究机构 416 个，作者人数 2124

人，展现了其很高的科学研究价值和广阔的技术应用前景。

一、理论源头：麦克斯韦位移电流

1861 年，当麦克斯韦根据当时掌握的实验证据推导方程式时，如高斯定理、法拉第电磁感应定律、安培定律等，他发现电荷的连续性方程没有得到满足，于是他就大胆地在方程组里引进了位移电流的概念。根据这个完全由理论构想出来的"电流"，麦克斯韦预言了电磁波的存在。而在 1886 年，相关实验证明了其理论的正确性，随后英国人提出广播"radio"的概念，并于 1901 年首次利用无线电波实现了跨越大西洋的通信。如果要追根溯源的话，现代人类社会快速发展所需的通信和微电子技术其实都来自麦克斯韦方程组。现在人们普遍所知的电磁波谱，其波段包括 X 射线、紫外线、可见光、红外线、微波、太赫兹波及无线电波，这一切都归功于麦克斯韦方程组给出的理论支撑，从而才有现代的收音机、电视、雷达和无线通信等技术和设备。

物理学历史上认为牛顿的经典力学打开了机械时代的大门，而麦克斯韦电磁学理论则为信息时代奠定了基石。1931 年，爱因斯坦评价麦克斯韦的建树"是牛顿以来，物理学最深刻和最富有成果的工作"。麦克斯韦方程组以其完美、对称和准确震撼了世世代代的科学家，它在电磁学中的地位，如同牛顿运动定律在力学中的地位一样。

麦克斯韦的位移电流由两项组成：

$$J_D = \frac{\partial D}{\partial t} = \varepsilon \frac{\partial E}{\partial t} + \frac{\partial P_s}{\partial t}$$

位移电流不同于人们常规观察到的自由电子传导的电流，而是由于时间变化的电场（第一项）再加上随时间变化的原子束缚电荷的微小运动和材料中的电介质极化（第二项）。位移电流的第一项不但统一了电场和磁场，同时预言了电磁波的存在，奠定了无线通信的物理基础。在一般各向同性的介质中，第二项和第一项合并起来，位移电流就变为$J_D = \varepsilon \partial E / \partial t$，因此，一般人就把第二项给"忘记"了，而且教科书中也不再讨论由极化引起的电流。然而对于具有表面极化电荷材料存在的介质，如压电材料和摩擦起电材料，第二项最近被发现是纳米发电机的根本理论基础和来源，由此可引导出位移电流在能源和传感方面的重大应用。

如果说从 1886 年到 20 世纪 30 年代，由位移电流第一项推导出的电磁波理论催生出天线广播、电视电报、雷达微波、无线通信和空间技术，以及在 20 世纪 60 年代，电磁统一产生光的理论，又给激光的发明和光子学的发展提供了重要的物理理论基础，那么从 2006 年至今，位移电流第二分量基于媒介极化的特点催生出压电纳米发电机和摩擦纳米发电机，这将极大地推动新能源技术和自供电传感器技术的发展，使纳米发电机能源系统在物联网、传感器网络、蓝色能源甚至大数据等影响未来人类发展的重大方面得到广泛的应用。在可以预见的未来，这棵汲取物理学第一大方程组营养的大树，将愈发茁壮成长，有可能引领技术革新，深刻改变人类社会（图1）。

图1　从麦克斯韦位移电流的两个分量导出的主要基础科学、技术和工业

二、四种基本工作模式

当两种不同材料相接触时，它们的表面由于接触起电作用会产生正负静电荷；而当两种材料由于机械力的作用分离时，接触起电产生的正负电荷也发生分离，这种电荷分离会相应地在材料的上下电极上产生感应电势差；如果在两个电极之间接入负载或者处于短路状态，这个感应电势差会驱动电子通过外电路在两个电极之间流动——这就是王中林教授团队于2012年首次发明的TENG，主要目标是收集小尺度的机械能[3~6]。TENG具有如图2所示的四种基本工作模式。

1. 垂直接触—分离模式

以TENG的最简单设计为例［图2(a)］[7,8]，在这个结构中，两种不同材料的介电薄膜面对面堆叠，它们各自的背表面锁有金属电极。这两层介电薄膜相互接触，会

图 2　摩擦纳米发电机的四种基本工作模式

在两个接触表面形成符号相反的表面电荷。当这两个表面由于外力作用而发生分离时，中间会形成一个小的空气间隙，并在两个电极之间形成感应电势差。如果两个电极通过负载连接在一起，电子会通过负载从一个电极流向另一个电极，形成一个反向的电势差来平衡静电场。当两个摩擦层中间的空气间隙闭合时，由摩擦电荷形成的电势差消失，电子会发生回流。

2. 水平滑动模式

这种模式初始的结构和垂直接触—分离模式相同。当两种介电薄膜接触时，两个材料会沿着与表面平行的水平方向相对滑移，这样也可以在两个表面上产生摩擦电荷[图 2(b)][9,10]。这样，在水平方向就会形成极化，可以驱动电子在上下两个电极之间流动，以平衡摩擦电荷产生的静电场。通过周期性的滑动分离和闭合可以产生一个交流输出。这就是滑动式 TENG 的基本原理。这种滑动可以以多种形成存在，包括平面滑动、圆柱滑动和圆盘滑动等。我们对这些结构进行相关研究，从而更全面地理解滑动模式以及其中更复杂的栅格结构。

3. 单电极模式

前面介绍的两种工作模式都有通过负载连接的两个电极。在某些情况下，TENG 的某些部分是运动部件（如人在地板上走路的情况），所以并不方便通过导线和电极进行电学连接。为了在这种情况下更方便地收集机械能，我们引入了一种单电极模式的 TENG，即只有底部有电极且接地［图 2(c)］。如果 TENG 的尺寸有限，上部的带电物体接近或者离开下部物体，都会改变局部的电场分布，这样下电极和大地之间会发生电子交换，以平衡电极上的电势变化。这种基本工作模式可以用在垂直接触-分离模式[11]和水平滑动模式中[12,13]。

4. 独立层模式

在自然界中，运动物体由于和空气或其他物体的接触，通常会带电，就像人们的鞋子在地板上走路也会带电。因为材料表面的电荷密度会达到饱和，而且这种静电荷会在表面保留至少几小时，所以在这段时间并不需要持续的接触和摩擦。如果在介电层的背面分别锁两个不相连的对称电极，电极的大小及其间距与移动物体的尺寸在同一量级，那么这个带电物体在两个电极之间的往复运动会使两个电极之间产生电势差的变化，进而驱动电子通过外电路负载在两个电极之间来回流动，以平衡电势差的变化［图 2(d)］[14]。电子在这对电极之间的往复运动可以形成功率输出。这个运动的带电物体不一定需要直接和介电层的上表面接触。例如，在转动模式下，其中一个圆盘可以自由转动，不需要和其他部分有直接的机械接触，就可以在很大程度上降低材料表面的磨损，这对于提高 TENG 的耐久性非常有利。

三、四大主要应用方向

TENG 的发明是机械能发电和自驱动系统领域的一个里程碑式的发现。这为有效收集机械能（无论是用有机材料还是无机材料）提供了一个全新的模式。迄今，TENG 的面功率密度可达 500 瓦/米^2（W/m^2），而瞬时的能源转化效率高达 70% 左右[15]。对于低频的机械触发，如果剩余振动的机械能都可以被收集到，那么通过实验验证，可以得到高达 85% 的完全能源转换效率[16]。例如，通过有机聚合物和金属薄膜制备了一种可压缩的六边形摩擦纳米发电机可以被很好地密封在汽车的轮胎中，通过轮胎的微小形变就可以产生稳定的能量。经过计算，如果发电机安装在行驶速度为 100 千米/时的汽车轮胎上，将会产生至少 1.2 瓦的功率，足够来驱动小型的汽车电子器件[17]。TENG 可以用来收集我们生活中原本浪费掉的各种形式的机械能，包括人体活动、走路、振动、机械触发、轮胎转动等过程中产生的能量，以及风能、水能等诸多形式的能量[4~6]。这些是 TENG 作为微纳能源的首要应用［图 3(a)］。

同时，如果把多个 TENG 单元集成到网络结构中，它可以用来收集海洋中的水能，可以为大尺度的"蓝色能源"提供一种全新的技术方案［图 3(b)］[18]。通过采用众多摩擦发电球构建大型的海洋能量采集网络，这种采集波浪能的纳米发电球在海水

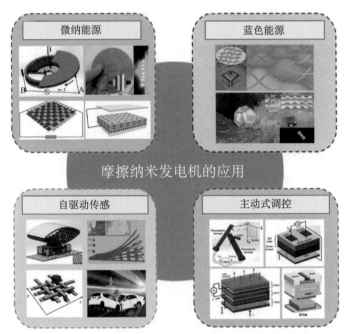

图 3　摩擦纳米发电机的四个主要应用方向[22]

中浮动，其中一种电介质材料制成的球在另一个球体内滚动产生摩擦电荷。当海波带动其中的小球每秒晃动两至三次，即可产生 1～10 毫瓦（mW）的功率[19]。相比于传统的电磁感应发电机，同体积的 TENG 在低频机械能的收集上具有超高的效率，所以它在海洋能源即"蓝色能源"的收集上具有极大的优势和独特的应用，这有可能为整个世界的能源可持续发展做出重大贡献。

另外，TENG 还可以用作自驱动传感器来检测机械信号［图 3(c)］。其中，可以用开路电压信号来进行静态测量，用短路电流信号来进行动态测量。这种机械传感器在触屏和电子皮肤等领域具有潜在应用[20]。例如，采用基于单电极 TENG 阵列，通过外部接触起电产生的电压可实现对外部空间的感知。在实际应用中，阵列中每个像素点均展示出很好的灵敏度和响应时间，并可在互不干扰的情况下正常工作，具有良好的耐久性、独立性和同时性，可实现多点接触传感、动态运动检测、实时轨迹追踪以及空间触觉成像[21]。这种传感器也不需要外部电源来驱动，因为它是靠机械触发所产生的电学输出作为检测的信号。

除此之外，TENG 还可以作为控制源用来调控电子器件［图 3(d)］，例如，它摩擦产生的电压可作为场效应晶体管（MOSFET）的栅极电压来控制晶体管两端的输出电流[22]；将其与有机薄膜晶体管结合，采用高透光柔性材料，可贴附在任意形状的表面，通过滑动接触起电可调控各种电子器件的工作[23]。这种控制方式在人机交互界面[24,25]、可穿戴器件[26]、化学检测[27]等领域具有重大的应用价值。通过这种方法，电子设备可以具备类似生理学中感受机械刺激的响应机制，与外界环境只需要通过接触就可以进行直接交互，衍生出摩擦电子学（tribotronics）新方向[28]。

总结起来，正如图 3 所示，TENG 有四大应用方向：微纳能源、自驱动传感、蓝色能源和主动式调控。从微观尺度的能源收集到宏观高能量密度的发电，从微小的机械感知到智能化的人机交互，TENG 的能源与传感系统为实现集成纳米器件和大规模能源供应打下了坚实的理论和技术基础，并将应用于物联网、卫生保健、医药科学、环境保护、国防安全乃至人工智能等诸多领域，有可能影响人类社会生活的方方面面。

四、展望：信息领域的"四化"与新时代能源

21 世纪以来，基于移动互联技术的快速发展，物联网（Internet of Things，IoT）成为新一代信息技术的重要组成部分和发展阶段。物联网通过智能感知、识别技术与普适计算等通信感知技术，广泛应用于网络的融合中，也因此被称为继计算机、互联网之后世界信息产业发展的第三次浪潮。物联网是将互联网和世界各地的任何东西（如航运对象、货物运输商和人等）链接起来的技术驱动力，它需要广泛分布的传感器如射频识别、红外感应器、全球定位系统、激光扫描器、气体感应器等信息传感设备，用于健康监测、平安家居、智能交通、物流供应、环境保护、基础设施监测和安全等领域。而驱动这些数以亿计传感器的能源供应是亟待解决的问题。考虑到传统电池技术有限的寿命、高维护成本和环境问题，它不是物联网供能的最佳解决方案，因此，需要通过从工作环境（如风、摩擦、声波、超声波、生物活动、流体）收集能量使设备自供电，并可持续地操作和运转。基于位移电流时变电场和比电/静电感应原理的 TENG 有以下优点：低频下的高能量转化效率、小体积、低成本、多种工作模式、材料多样、多领域应用等，并将在微纳能源收集、小型化传感器和未来物联网等方面得到广泛的应用。

通过对现阶段移动互联发展趋势的深刻认识和总结，回顾历史总结未来，王中林教授首次提出了信息科学和物联网领域的"四化"（图4）[29]：微小集成化（1958年开始至今）、无线移动化（1973年开始至今）、功能智能化（约2000年开始至今）、自驱动化（2006年开始至今），其中"第四化"可为前"三化"提供支撑。首先，在过去的半个世纪中，电子产品的小型化一直遵循摩尔定律，即芯片上的器件数量每18个月就翻倍。固态电子器件使得在单个芯片上集成许多组件成为可能。集成电路为提高

可靠性、减小尺寸、提高计算速度、降低功耗等提供了基础。其次,下一次革命性的进步是无线移动通信技术的发展。通过基于光纤的信息传输和计算机科学相结合,互联网的发展已经改变了世界的每一个角落。从 1973 年摩托罗拉公司推出的第一部手提电话到目前全球许多国家几乎人手一部的手机以及 GPS 定位系统的普及,人们的生活中无处没有移动通信。再次,在过去几十年中,通过向移动设备中添加与个人医疗保健密切相关的功能,如随时检查心跳、测量血糖和血液、及时报道雾霾和紫外线等,人们可以充分利用现代传感器技术获得更加安全和健康的生活。近年来的人工智能和大数据的出现,更使我们进入了功能和智能的时代。最后,有一点可以确信,那就是没有能源供给,所有的电子设备都无法工作。因此,使移动电子设备自供电,使系统可以连续地、无中断地操作,这既是物联网的迫切需要,又是现代信息科学一个巨大的驱动力。早在 2006 年,王中林教授就首次提出了"自驱动"的概念[30],紧接着在 2008 年,他又进一步阐述了"全自驱动化"的理论基础、实验模型和应用展望[31],是未来物联网发展微小集成化、无线移动化、功能智能化的重要技术支撑和理论基础。通信设备从有线到无线是一个革命性的进展,而传感从无源到有源(自驱动)将是下一个颠覆性的进展。

图 4　信息科学和物联网领域的"四化"[29]

2017 年 3 月,王中林教授首次提出了新时代能源(the energy for the new era)的概念[32],指出 TENG 作为电磁感应发现 180 年后出现的技术,所提供的能量不仅是与风能和太阳能并列的新能源,更重要的是,它是新时代(即物联网、传感器网络与大数据时代）的能源。电磁感应发电机是 20 世纪唯一可用的机械能收集技术，而现在 TENG 的发明可以互补地用来解决未来微型网络和宏观网络的能源需求。宏观网络仍由成熟的电磁感应发电技术驱动，而微网和小型电子器件由 TENG 提供分布式能源。TENG 的发明将使得技术方法的选择有所不同，物联网时代的能源将由 TENG 来供给。

参考文献

[1] 王中林,林龙,陈俊,等. 摩擦纳米发电机. 北京:科学出版社,2017.

[2] Wang Z L,Wu W. Nanotechnology-enabled energy harvesting for self-powered micro-/nanosystems. Angewandte Chemie International Edition,2012,51(47):11700-11721.

[3] Fan F R,Tian Z Q,Wang Z L. Flexible triboelectric generator. Nano Energy,2012,1(2):328-334.

[4] Wang Z L. Triboelectric nanogenerators as new energy technology for self-powered systems and as active mechanical and chemical sensors. ACS Nano,2013,7(11):9533-9557.

[5] Wang Z L,Chen J,Lin L. Progress in triboelectric nanogenerators as a new energy technology and self-powered sensors. Energy & Environmental Science,2015,8(8):2250-2282.

[6] Chen J,Huang Y,Zhang N,et al. Micro-cable structured textile for simultaneously harvesting solar and mechanical energy. Nature Energy,2016,1(10):16138.

[7] Zhu G,Pan C,Guo W,et al. Triboelectric-generator-driven pulse electrodeposition for micropatterning. Nano Letters,2012,12(9):4960-4965.

[8] Wang S,Lin L,Wang Z L. Nanoscale triboelectric-effect-enabled energy conversion for sustainably powering portable electronics. Nano Letters,2012,12(12):6339-6346.

[9] Wang S,Lin L,Xie Y,et al. Sliding-triboelectric nanogenerators based on in-plane charge-separation mechanism. Nano Letters,2013,13(5):2226-2233.

[10] Zhu G,Chen J,Liu Y,et al. Linear-grating triboelectric generator based on sliding electrification. Nano Letters,2013,13:2282-2289.

[11] Yang Y,Zhou Y S,Zhang H,et al. A single-electrode based triboelectric nanogenerator as self-powered tracking system. Advanced Materials,2013,25(45):6594-6601.

[12] Niu S,Liu Y,Wang S,et al. Theoretical investigation and structural optimization of single-electrode triboelectric nanogenerators. Advanced Functional Materials,2014,24(22):3332-3340.

[13] Yang Y,Zhang H,Chen J,et al. Single-electrode-based sliding triboelectric nanogenerator for self-powered displacement vector sensor system. ACS Nano,2013,7(8):7342-7351.

[14] Wang S,Xie Y,Niu S,et al. Freestanding triboelectric-layer-based nanogenerators for harvesting energy from a moving object or human motion in contact and non-contact modes. Advanced Materials,2014,26(18):2818-2824.

[15] Tang W,Jiang T,Fan F R,et al. Liquid-metal electrode for high-performance triboelectric nanogenerator at an instantaneous energy conversion efficiency of 70.6%. Advanced Functional Mate-

rials,2015,25(24):3718-3725.

[16] Xie Y,Wang S,Niu S,et al. Grating-structured freestanding triboelectric-layer nanogenerator for harvesting mechanical energy at 85% total conversion efficiency. Advanced Materials,2014,26 (38):6599-6607.

[17] Guo T,Liu G,Pang Y,et al. Compressible hexagonal-structured triboelectricnanogenerators for harvesting tire rotation energy. Extreme Mechanics Letters,2018,18:1-8.

[18] Chen J,Yang J,Li Z,et al. Networks of triboelectric nanogenerators for harvesting water wave energy:A potential approach toward blue energy. ACS Nano,2015,9(3):3324-3331.

[19] Wang Z L. Triboelectric nanogenerators as new energy technology and self-powered sensors-principles,problems and perspectives. Faraday Discuss. ,2014,176:447-458.

[20] Wang S,Lin L,Wang Z L. Triboelectricnanogenerators as self-powered active sensors. Nano Energy, 2015,11:436-462.

[21] Yang Z W,Pang Y,Zhang L,et al. Tribotronic transistor array as an active tactile sensing system. ACS Nano,2016,10(12):10912-10920.

[22] Zhang C,Tang W,Zhang L,et al. Contact electrification field-effect transistor. ACS Nano,2014,8 (8):8702-8709.

[23] Pang Y,Li J,Zhou T,et al. Flexible transparent tribotronic transistor for active modulation of conventional electronics. Nano Energy,2017,31:533-540.

[24] Zhou T,Yang Z W,Pang Y,et al. Tribotronic tuning diode for active analog signal modulation. ACS Nano,2017,11(1):882-888.

[25] Xue F,Chen L,Wang L,et al. MoS_2 tribotronic transistor for smart tactile switch. Advanced Functional Materials,2016,26(13):2104-2109.

[26] Li J,Zhang C,Duan L,et al. Flexible organic tribotronic transistor memory for a visible and wearable touch monitoring system. Advanced Materials,2016,28(1):106-110.

[27] Pang Y,Chen L,Hu G,et al. Tribotronic transistor sensor for enhanced hydrogen detection. Nano Research,2017,10(11):3857-3864.

[28] Zhang C,Wang Z L. Tribotronics—A new field by coupling triboelectricity and semiconductor. Nano Today,2016,11(4):521-536.

[29] Wang Z L. On Maxwell's displacement current for energy and sensors:The origin of nanogenerators. Materials Today,2017,20(2):74-82.

[30] Wang Z L,Song J. Piezoelectric nanogenerators based on zinc oxide nanowire arrays. Science, 2006,312(5771):242-246.

[31] Wang Z L. Self-powered nanotech. Scientific American,2008,298(1):82-87.

[32] Wang Z L,Jiang T,Xu L. Toward the blue energy dream by triboelectric nanogenerator networks. Nano Energy,2017,39:9-23.

Progress and Prospect of Triboelectric Nanogenerators

Wang Zhonglin, Zhang Chi

Triboelectrification is one of the most common effects in our daily life, but it is usually taken as a negative effect with very limited positive applications. Here, we invented a triboelectric nanogenerator (TENG) based on organic materials that was used to convert mechanical energy into electricity. The TENG is based on the conjunction of triboelectrification and electrostatic induction. In this short review, the basic theory of the TENG-Maxwell displacement current is first introduced. Subsequently, the four fundamental modes of TENG have been summarized, as well as four application fields of TENG including micro-scale energy harvesting, self-powered sensors, mega-scale energy harvesting, and active modulation. Moreover, four major technological drives toward systems are demonstrated with: miniaturized integratebility, wireless portability, functionality, and self-powerbility, in which the self-powerbility serves as the base of the other three fields. The TENG is not only new energy, but also more importantly, the energy for the new era—the era of internet of things.

2.3　合成科学 2.0

——合成化学与合成生物学的融合

李　昂　刘　文　杨慧娜　丁奎岭

（中国科学院上海有机化学研究所）

合成化学作为以化学为载体的分子创制科学，对人类社会的发展做出了巨大的贡献，其理论和技术也达到了空前的水平。合成生物学作为一门新兴的现代生物合成科学，正呈现出快速发展的趋势。在合成科学的新格局中，合成生物学和合成化学需要打破某一方充当另一方工具的主次分明的格局，寻求从理念到技术全方位的融合，构建下一代合成科学（合成科学 2.0）的框架。这将助力合成科学家在分子创制领域产出变革性的科学成果，将合成科学发展提升到一个新的高度。

一、合成科学的内涵

合成科学是目标导向的创造物质的科学[1]。目前，合成科学主要包括合成化学和合成生物学这两个既相互独立又密切关联的领域[2]。合成化学利用简单易得的化学化工原料，通过化学反应获得特定目标分子[3]。合成生物学是一门在现代生物学、系统科学和合成科学基础上发展起来的、融入工程学思想和策略的新兴交叉学科。它采用标准化表征的生物学部件，是在理性设计指导下，重组乃至从头合成新的、具有特定功能的人造生命的系统知识和专有理论构架以及相关的使能技术与工程平台[4]。合成化学的优势在于可设计性强、灵活多变，善于运用简单的催化体系和反应试剂构建复杂分子[5]，且不局限于自然界存在的官能团和结构基元，能够获得自然界稀缺的分子。而合成生物学的优势则是在生物合成认知的基础上利用设计并改造过的细胞作为合成工厂[2]，对特定目标分子的合成效率极高，成本较低；通常目标分子的结构越复杂，其优势越明显。

二、合成科学的发展趋势

合成化学作为以化学为载体的物质创造科学，在过去两百余年的发展历程中，对人类社会的发展做出了巨大的贡献，其自身的理论和技术也达到了很高的水平。过去的 100 年中，人类合成了上千万种化合物，为化工、石油、农业、材料、电力和药物等众多领域提供了物质基础[6]。这反映出合成化学在创造新物质方面的强大生命力和无限创造力。在与人类健康息息相关的药物研发领域，合成化学作为提供生物活性分子和药物先导物的主要手段之一[7]，起到了关键的推动作用。在世界范围内，对于活性分子特别是活性天然产物的合成化学研究在过去半个世纪中经历了高速发展的黄金时期。1972 年，哈佛大学的 Woodward 和苏黎世联邦理工学院的 Eschenmoser 领衔的团队合作完成维生素 B_{12} 的全合成[8,9]。这项由 100 多位化学家参加的工作是合成化学历史上的一个里程碑，标志着人类具备了利用合成化学按照人的意图创制复杂分子的能力。1994 年，美国哈佛大学 Kishi 等合成了具有 64 个手性中心、结构庞大又复杂的海葵毒素[10]，这极大地鼓舞了世界合成化学界，合成化学家开始产生了"如果给定足够的时间和资源，几乎没有合成不出来的分子"的观念。此后 20 多年来，合成化学的目的和方式发生了深刻的变化。从目的上看，由最初的结构验证为主，转向后期的理解有机化合物反应特性为主，再转到目前的创制功能物质为主[11]。从方式上看，由对孤立复杂分子的艺术式合成转向对分子集群的高效、大量、快速合成和创制[12]，周期大大缩短，资源消耗大大降低。在这种变化的过程中，一些新理念开始定义下一代的合成化学。哈佛大学的 Schreiber 提出"多样性导向的合成"；斯坦福大学的 Wender 提出"功能导向的合成"；哥伦比亚大学的 Danishefsky 提出"转向的合成"；德国马普分子生理研究所的 Waldmann 提出"生物学导向的合成"；斯坦福大学的 Trost 提出"原子经济性"；斯克里普斯研究所的 Baran 提出了"无保护基合成"，等等。这些先进理念体现了在大量优秀研究成果基础上的对于合成化学发展方向的深入思辨。我国在活性分子的化学合成领域具有深厚的底蕴，结晶牛胰岛素[13]和酵母丙氨酸转运 RNA[14]的化学合成在当时产生了巨大的国际影响；近年来在该领域表现出蓬勃的发展趋势[15]。

进入 21 世纪以来，合成生物学开始了突飞猛进。合成生物学与合成化学在"物质创制"的内涵上具有高度的一致性。合成生物学以化学反应原理为基础，以设计为核心，将工程化的概念引入生物学研究，强调人工控制的生物学功能性。合成生物学家充分利用了生物技术的变革性发展，力图改造、重建或创制生物分子、生物体部件、生物反应体系、代谢途径乃至整个细胞和生物个体。合成生物学这一名词最早提出于 1911 年，其内容仍在不断演化，并一直与合成化学密切相关。1968 年诺贝尔生理学或医学奖得主 Khorana 开创了基因合成的先河[16]。2002 年 Wimmer 等合成了脊髓灰质炎病毒的 cDNA，并反转录成有感染活性的病毒 RNA，开辟了不需天然模板而直接从化学单体合成感染性病毒的蹊径[17]。2008 年，Venter 等合成了生殖道支原体的基因组[18]；2010 年，他们进一步合成了蕈状支原体基因组，并植入受体细胞，创制出由人造基因组控制的并可自我复制的细菌细胞[19]。这项突破证明了人工合成生命的可行性，成为合成生物学发展历程中的一个里程碑。2017 年，元英进、杨焕明、戴俊彪等设计、合成了四条真核生物酿酒酵母染色体[20~23]；2018 年，覃重军、赵国屏等创制了首个人造单染色体真核细胞[24]。此外，合成生物学也被广泛应用于天然药物的生物创制、生物能源、生物基化学品等诸多领域。例如，Keasling 等将改造的青蒿素生物合成基因导入大肠杆菌和酵母菌中，均生成青蒿酸[25]；通过对代谢网络的不断优化，实现了若干数量级的产量提升，并结合化学半合成手段，为工业生产打下了坚实基础[26]。合成生物学的突飞猛进，将为人类面临的能源、化工、医药、健康和环境等挑战所涉及的物质基础问题，带来全新的思考方式和解决途径。

三、合成科学的机遇

合成化学和合成生物学研究在世界范围内具有重要的战略地位，对经济建设和社会发展均有重大作用。合成化学作为化学的核心方向之一一直是世界各国重点发展的方向，特别是在与人类性命攸关的制药领域中具有难以替代的地位。合成生物学作为异军突起的新兴学科也得到了各国的强力支持，近年来在生物制药和生物能源等重要领域中的突破十分引人注目。上文提到的天然抗疟药物青蒿素案例是一个合成生物学的成功应用。合成生物学家在改换的底盘细胞中异源合成了植物天然化合物青蒿酸，并通过代谢网络的优化实现高效产出，体现了合成生物学对分子创制的革命性影响；随后，融合合成化学的优势，实现了从青蒿酸到青蒿素的高效化学转化。在一系列深入的基础研究之后，西方国家近期宣布可以低成本、方便快捷地实现整个青蒿素制备过程，在非洲地区疟疾治疗计划中迈出了关键性一步。这个例子已经充分显现了合成科学未来的机遇——合成生物学和合成化学的深度融合。这种融合蕴含了超越二者自身的巨大物质创制能力，为人类生活和健康的改善，以及科技创新驱动的经济发展和社会进步提供了重要助力。

四、合成科学的新格局——合成科学 2.0

合成化学具有设计性强、灵活多变、体系简单的优势；合成生物学具有精确、高效、化繁为简的优势。二者各自的局限性都需要对方的融入才能充分克服，各自的优势也都需要对方的支撑才能充分发挥。在合成科学的新格局中，合成生物学和合成化学需要打破某一方充当另一方工具的主次分明的格局，寻求从理念到技术的全方位融合。这种融合具体体现在以下两个方面。一方面，合成生物学能够从合成化学中获得多样性底物和结构鉴定方法，并借助合成化学解析生物合成途径及酶促反应中的化学规律（即原子水平上的机制），充分利用合成化学在复杂分子后修饰上的精准性，大大拓展了合成生物学的适用范围；依据化学原理指导生物大分子的定向进化以扩展反应类型、提高反应效率并适应各种用途。另一方面，合成化学从合成生物学获得复杂中间体作为便捷反应原料，以及工具酶作为高效反应催化剂，根据生物合成途径和机制设计高效、仿生的化学合成路线，建立仿生的协同催化体系，以突破目前最限制其发展的效率瓶颈。在这种深度融合的基础上，合成科学的解决问题能力将得到最大程度的提升。聚焦功能分子创制这一核心问题，以化学键活化、断裂和重组的本质规律认识为基础，建立合成生物学和合成化学深度融合的通用性战略模式，构建下一代合成科学（合成科学2.0）的框架，将助力合成科学家在物质创制领域产出变革性的科学成果，为应对健康、环境、能源等挑战提供持续的发展动力。

参考文献

[1] Noyori R, Synthesizing our future. Nature Chemistry, 2009, 1:5.

[2] Keasling J D, Mendoza A, Baran PS. Synthesis: A constructive debate. Nature 2012, 492:188.

[3] Corey E J, Cheng X M. The Logic of Chemical Synthesis. New York: Wiley, 1989.

[4] 赵国屏, 合成生物学——革命性的新兴交叉学科, "会聚"研究范式的典型. 中国科学: 生命科学, 2015, 45:905.

[5] Nicolaou K C, Sorensen E J. Classics in Total Synthesis: Targets, Strategies, Methods. New York: Wiley, 1996.

[6] Seebach D. Organic Synthesis—Where now? Angewandte Chemie International Edition, 1990, 29: 320.

[7] Schreiber S L. Target-oriented and diversity-oriented organic synthesis in drug discovery. Science, 2000, 287:1964.

[8] Woodward R B. The total synthesis of vitamin B12. Pure and Applied Chemistry 1973, 33:145.

[9] Eschenmoser A, Wintner C E. Natural product synthesis and vitamin B12. Science, 1977, 196:1410.

[10] Suh E M, Kishi Y. Synthesis of palytoxin from palytoxin Carboxylic Acid. Journal of the American Chemical Society, 1994, 116:11205.

[11] Wender P A, Miller B L. Synthesis at the molecular frontier. Nature, 2009, 460:197.

[12] Wender P A, Verma V A, Paxton T J, et al. Function oriented synthesis, step economy, and drug Design. Accounts of Chemical Research, 2008, 41:40.

[13] 龚岳亭, 杜雨苍, 黄惟德, 等结晶牛胰岛素的全合成. 科学通报, 1965, 10, 941.

[14] 中国科学院上海生物化学研究所, 等酵母丙氨酸转移核糖核酸的全合成, 科学通报, 1982, 27: 106.

[15] Ball P. Synthetic organic chemistry in China: building on an ancient tradition—an interview with Qi-Lin Zhou and XiaomingFeng. National Science Review, 2017, 4:437.

[16] Khorana H G. Total synthesis of a gene. Science, 1979, 203:614.

[17] Cello J, Paul A V, Wimmer E. Chemical synthesis of poliovirus cDNA: generation of infectious virus in the absence of natural template. Science, 2002, 297:1016.

[18] Gibson D G, Benders G A, Andrews-Pfannkoch C, et al. Complete chemical synthesis, assembly, and cloning of a mycoplasma genitaliumfenome. Science, 2008, 319:1215.

[19] Gibson D G, Glass J I, Lartigue C, et al. Creation of a bacterial cell controlled by a chemically synthesized genome. Science, 2010, 329:52.

[20] Xie Z X, Li B Z, Mitchell L A, et al. "Perfect"designer chromosome V and behavior of a ring derivative. Science, 2017, 355:eaaf4704.

[21] Wu Y, Li B Z, Zhao M, et al. Bug mapping and fitness testing of chemically synthesized chromosome X. Science, 2017, 355:eaaf4706.

[22] Shen Y, Wang Y, Chen T, et al. Deep functional analysis of synII, a 770-kilobase synthetic yeast chromosome. Science, 2017, 355:eaaf4791.

[23] Zhang W, Zhao G, Luo Z, et al. Engineering the ribosomal DNA in a megabase synthetic chromosome. Science, 2017, 355:eaaf3981.

[24] Shao Y, Lu N, Wu Z, et al. Creating a functional single-chromosome yeast. Nature, 2018, 560:331.

[25] Ro D K, Paradise E M, Ouellet M, et al. Production of the antimalarial drug precursor artemisinic acid in engineered yeast. Nature 2006, 400, 940.

[26] Paddon C J, Westfall P J, Pitera D J, et al. High-level semi-synthetic production of the potent antimalarial artemisinin. Nature, 2013, 496:528.

Synthetic Sciences 2.0: Integration of Synthetic Chemistry & Synthetic Biology

Li Ang, Liu Wen, Yang Huina, Ding Kuiling

Synthetic chemistry generates molecules utilizing chemistry tools, which has made a tremendous contribution to the life of human beings. From the scientific and technological perspectives, synthetic chemistry has reached an incredibly high level. Synthetic biology is an emerging science based on the combination of multiple disciplines including chemistry, biology, biotechnology, engineering, etc., which starts to show unparalleled power for making useful molecules. In the roadmap of next generation synthesis science, synthetic chemistry and synthetic biology need to merge from both conceptual and technological perspectives, which would ultimately lead to synthesis science 2. 0. This could drastically change the current territories of synthetic chemistry and synthetic biology and thus accelerate the revolutionary development of synthetic sciences.

2.4 大脑微观神经联接图谱研究进展与前景

孙　乐　李福宁　杜久林

（中国科学院神经科学研究所，中国科学院脑科学与智能技术卓越创新中心，神经科学国家重点实验室，中国科学院大学未来技术学院）

大脑是宇宙中最复杂的系统之一，探寻大脑奥秘是科学发展过程中一个永恒的主题。在大脑中，具有不同基因表达、形态千差万别、电生理特征各异的数目庞大的神经细胞（即神经元）通过突触结构，形成错综复杂的结构联接网络，从而行使大脑的各种功能。探究神经元之间进行信息交流、协作以实现整体脑功能的微观结构基础，是神经科学领域的重要科学问题，也是未来相当长一段时期内脑科学发展亟须攻克的难关。近年来，随着电子显微镜（简称电镜）等相关技术的快速发展，对脑微观联接规律的研究越来越受到重视，从结构层面上大大加深了人们对大脑工作神经机理的认识。

一、脑微观联接图谱的研究进展

18世纪以前，由于成像技术的缺乏，人们主要通过对脑损伤患者的临床观察，建立损伤脑区与功能缺陷之间的关联。西班牙科学家圣地亚哥·拉蒙·卡哈尔（Santiago Ramón y Cajal）利用高尔基染色法（铬酸钾-浸银法），对神经元进行稀疏标记，并手工描绘了多种类型神经元的轴突与树突形态，并于1888年提出了"神经元学说"（the neuron doctrine），即神经系统由独立的神经元组成，不同神经元之间通过相互接触来进行信息交流。此后，英国科学家查尔斯·斯科特·谢灵顿（Charles Scott Sherrington）将神经元之间联系的结构命名为"突触"（synapse）。这些科学发现使得人们可以从微观角度认识大脑功能的结构基础。随着越来越多神经元类型的发现，人们认识到，绘制大脑的"线路图"（wiring diagram），即神经元之间的突触联接网络，对于理解神经元之间如何协作、解析大脑的工作原理至关重要。

21世纪以来，各种神经元标记技术和光学、电镜成像技术的迅速发展，使人们能够以更高的时空分辨率观察神经元的形态与活动。用于观察神经元之间突触联接的方法主要包括：基于光学显微镜（简称光镜）的跨突触病毒示踪[1]、跨突触结构重组绿色荧光蛋白对（GFP reconstitution across synaptic partners，GRASP）[2]、超分辨光学显微成像、基于体电子显微镜（volume electron microscopy）连续采集突触水平分辨率电镜图像以重构神经环路[3]等技术。借助特定生物学标记方法，光镜下能够观察到突触前与突触后结构，但相较而言，电镜成像技术具有分辨率高、可在同一样品上密集成像和重构的优势，因而电镜是获取突触水平神经联接图谱的主流成像方法。

目前，应用于神经环路重构的体电镜成像技术主要基于透射电镜（transmission electron microscopy，TEM）和扫描电镜（scanning electron microscopy，SEM）。近几年发展起来的透射电镜相机阵列（TEM camera array，TEMCA）成像速度较传统的连续切片透射电镜（serial section TEM，ssTEM）显著提高[4]，其中 TEMCA2 成像速度可达传统 ssTEM 的 40 倍[5]。而扫描电镜包括自动收集条带扫描电镜（auto-mated tape-collecting ultra-microtome SEM，ATUM-SEM）、连续块面扫描电镜（serial block-face SEM，SBF-SEM）和聚焦离子束扫描电镜（focused ion beam SEM，FIB-SEM）。其中，ATUM-SEM 具有能够多尺度反复成像的优势；SBF-SEM 和 FIB-SEM 在成像时原位切割样品，图像配准容易。值得一提的是，近几年由哈佛大学和德国马普研究所共同开发的多电子束（可多达 61 束）并行成像 SEM[6]，其成像速度较单电子束 SEM 提高近两个数量级。

图像处理方面，近几年以德国马普研究所、哈佛大学等为主的几个研究团队对连续切片电镜图像的配准[7]、分割[8]、重构[9]、突触结构识别[10]等算法进行了加速与优化，虽然目前 3D 电镜图像的重构仍需大量人工投入，但整体上成像与重构过程势必向更快速、自动化的方向发展。解决重构大数据的另一个方法是众包（crowd-sour-cing）策略，普林斯顿大学的 Sebastian Seung 团队开发了 Eyewire 游戏[11]，利用人工智能将电镜图像预先进行"过度分割"（over segmentation）成为"超像素"（super-voxel），再由大众在游戏中将属于同一神经元的超像素归为一类，以简化繁重的人工追踪与校验工作。

借助成像技术特别是电镜技术的发展，多种模式生物特定核团或脑区的微观结构重构工作取得突破。早在 1986 年，Sydney Brenner 团队耗时近十年完成线虫（Caenorhabditis elegans）神经系统全部 302 个神经元之间近 7000 个突触联接的绘制[12]，开创了大尺度微观神经联接图谱研究的先河。2005 年，"联接组学"（connec-tome）的概念第一次正式提出，定义为"大脑中各种成分与突触联接网络的完整结构"[13]。Ian Meinertzhagen 团队于 2016 年完成了海鞘（Ciona intestinalis）[14]中枢神经系统约 330 个神经元中具有轴突和突触前结构的全部 117 个神经元的突触联接绘制。此外，目前已完成全脑电镜成像的模式动物包括：沙蚕（Platynereis dumerilii，3 天大小）[15]（马普发育生物学研究所 Gaspar Jekely 团队，2015 年）、果蝇（Dro-

sophila melanogaster）幼虫（L1 期）[16]（珍利亚农场研究园区的 Marta Zlatic 团队，2015 年）、成年果蝇（7 天大小）[5]（珍利亚农场研究园区的 Davi Bock 团队，2018年）、斑马鱼（*Danio rario*）幼鱼（4.5 天大小）[17]（哈佛大学 Florian Engert 团队，2017 年）。局部脑区的重建方面，以德国马普发育生物学研究所、哈佛大学、珍利亚农场研究园区等研究机构为主的若干团队相继开展了包括果蝇的蕈状体（mushroom body）[18]与视觉系统[19]、斑马鱼幼鱼的嗅球[20]、小鼠的视觉系统（包括视网膜[21,22]、外侧膝状体[23]、初级视皮层[4]）等脑区的电镜重构工作。

2016 年，美国"高级智能研究计划"（Intelligence Advanced Research Projects Activity，IARPA）发起"皮层网络的机器智能计划"（Machine Intelligence from Cortical Networks，MICrONS，又称"大脑阿波罗计划"），旨在电镜成像并密集重构小鼠视皮层中 1mm³ 的脑组织，进一步挖掘其微观结构联接规律，进行逆向工程，为机器学习与人工智能提供启发。此工程由 Allen 脑研究所、哈佛大学、普林斯顿大学、贝勒医学院协作开展，其策略为在光镜钙成像获取神经元的视觉刺激方向选择性信息后进行电镜制样，并将光镜与电镜下神经元进行配准，据此将神经元的反应特征与结构联接规律结合起来。但由于重构的体积有限，此项目的缺陷在于仅包含小鼠脑体积的约千分之一，会丢失对于全脑水平上信息处理至关重要的神经元长程联接信息。目前，在全脑水平解析微观联接组，较为可行的是采用无脊椎模式动物果蝇和脊椎模式动物斑马鱼幼鱼。

二、脑微观联接图谱的科学意义

相较于光镜图像，电镜图像能够提供更加丰富的结构信息，包括轴突和树突的分支形态、各种细胞器的亚细胞分布、精细的突触结构、特定神经元上游输入与下游输出等，能够更为翔实全面地反映神经系统的微观网络结构，为全面解析神经系统结构功能关系提供了可能。

1. 神经元类型分类

大脑中不同神经元的形态与功能各异，且相互形成错综复杂的联接，因而合理的神经元分类对于研究大脑工作机理至关重要。在过去的研究中，大多根据功能反应特征将神经元分为兴奋性或抑制性神经元，或是根据基因表达将神经元分为谷氨酸能神经元、GABA（γ-氨基丁酸）能神经元、多巴胺能神经元等，但仅考虑单一特征对结构和功能都极为复杂的神经元分类来说是十分粗糙的。目前较为公认的分类标准是将神经元基因表达谱、电生理功能特征、形态与突触联接规律结合[24]，根据所研究科学问题的需要对神经元进行更为精细的分类。例如，已有研究根据轴突和树突形态与突触联接模式，发现了新的神经元类型。Helmstaedter 等[21]通过密集重构小鼠视网膜内网状层（inner plexiform layer，IPL）的 950 个神经元［包含 459 个双极细胞（bipolar cell，BC）］，分析树突分支形态和联接，发现了一种不同于已知的 10 种双极细胞类型的新类型——XBC。此外，在近期发表的成年果蝇全脑电镜成像工作中，研究人员重构了投射到蕈状体凯尼恩细胞（Kenyon cell，KC）的突触前神经元，根据突触联接关系鉴定了一种新的神经元类型（mushroom body calyx pedunculus ♯2，MB-CP2），其向 5 种 KC 均有投射[5]。

2. 神经环路的上下游联接规律

当能在电镜下鉴定具有突触前后联接关系的两种或以上神经元类型时，就可根据其突触联接情况分析特定神经环路的联接规律，进而为解释特定功能提供结构基础。例如，对于视觉通路这一细胞类型、联接关系较为明确且神经元功能易于描述的系统，Briggman 等[25]在钙成像得到视网膜方向选择性神经节细胞（direction-selective retinal ganglion cell，DSGC）的方向选择性功能特征后，电镜重构得到星爆无长突细胞（starburst amacrine cell，SAC）与具有不同方向偏好的 DSGC 之间突触联接的空间分布，发现 SAC 输出到 DSGC 的突触空间分布与其突触后 DSGC 的方向选择性呈反向平行关系，这在结构上解释了视觉神经元的方向选择性特征。

3. 验证神经科学领域已提出的假说

运动检测（motion detection）是对于动物捕食猎物、逃避天敌极为重要的视觉功能。早在 20 世纪 60 年代，科学家们就提出了 Hassenstein-Reichardt 初级运动检测器（Hassenstein-Reichardt elementary motion detector，HREMD）模型，以及 Barlow-Levick 初级运动检测器（Barlow-Levick-like elementary motion detector，BLEMD）模型，两者的核心为偏好方向一侧或相反一侧的视觉信息在向下一级神经元传递时有延迟。Takemura 等[26]密集重构了果蝇视叶的 379 个神经元，并识别出其突触前和突触后位点，根据突触联接数量推测 L1、Mi1、Tm3、T4 四种类型的神经元形成 L1-Mi1/Tm3-T4 通路，结合 T4 神经元输入和输出的方向性得出 Mi1 和 Tm3 分别为 HR/BL 模型的两条臂，并预测代谢型离子受体介导的突触传递是 HR/BL 模型中不同方向信息传递延迟的原因所在，以此找到 HR/BL 模型中各个元件的结构内涵，在以往众多功能研究基础之上为 HR/BL 模型提供了结构证据。

4. 大脑神经联接的整体组织规律

对神经系统的大范围重构，能够建立脑神经联接组织结构框架，进而能够揭示一些整体的神经网络组织规律，如大脑左右对称性、小世界网络特征、不同神经元群体之间的信息流向[27]、通过和数学建模相结合能够建立联接模式与神经元群体维度表征等功能之间的关系，进而得到最优化的神经联接网络特征[28]，揭示进化过程中神经系统的演变路径。微观神经联接是所有大脑功能的结构基础，揭示其组织规律，将加速我们对大脑功能研究的步伐。

三、脑微观联接图谱研究的难点与发展方向

（一）脑微观联接图谱研究的难点

1. 神经元类型信息

相较于光学显微镜能够对同一样品上利用多种荧光蛋白标记的多种结构进行同时成像的优势，电镜图像仅包含灰度信息，因而较难对多种神经元进行"身份信息"（identity）的识别。神经系统构造较为简单的模式动物如线虫、海鞘等，其执行相同功能的神经元数量少、不同神经元形态差异明显，因而可相对容易地从其联接图谱中梳理出特定神经环路中上下游神经元的联接关系与功能特征[29]。但在脊椎动物尤其是哺乳动物复杂得多的大脑中，仅有少数系统如视网膜中神经元排列规则、细胞组成较为明确、神经元形态特征明显，但其他绝大多数脑区很难通过形态对神经元类型加以区分，而在缺乏神经元分类的联接图谱数据库中也很难得到明晰的结论[23]。

2. 结构与功能的关联

基于电镜的微观联接图谱仅包含结构信息，且光镜与电镜下神经元之间的一一对应存在较大难度，因而现有许多微观结构联接图谱研究得到的结论更多是基于联接特征推测其可能的功能，很难对结构联接与功能之间的关系进行因果关系验证。此外，联接图谱提供的信息为神经元之间的"高速公路"即结构联接，但"公路"上是否有车辆行驶、是否受到门控，即生理状态下神经元之间是否存在功能联接及其可能的调控，仍需要借助电生理、钙成像等方法进行验证。

3. 研究范围的局限性

对脑组织样品进行纳米级分辨率的连续切片成像，动辄就会产生 TB 乃至 PB 量级的"大数据"，虽然近些年电镜成像和图像处理能力得到了显著提高，但目前能够精细重构的样品体积仍然远小于 $1mm^3$，不足小鼠大脑体积的千分之一，因而对体型较大的哺乳动物大脑中长程投射的研究仍然具有相当大的难度。

（二）脑微观联接图谱研究的发展方向

1. 更强大的图像处理能力

与高分辨率、大尺度电镜图像相伴生的"大数据"挑战正在推动与此相关的多个学科共同发展与相互合作，电镜成像技术和微观重建图像处理技术正向更快速、更准确、更自动化的方向迈进。

2. 电镜下对神经元"身份信息"的识别

目前虽然小型模式动物如果蝇、斑马鱼的全脑电镜成像数据库已有发布，但由于其中缺少神经元类型标记，我们能够从中提炼的信息较为有限。因而需要发展电镜样品中不同类型神经元同时标记的技术。目前，免疫电镜是一项广泛应用的经典技术，基于抗原抗体结合原理用金颗粒标记目的蛋白，从而在电镜下产生电子密度。另外，辣根过氧化物酶（horseradish peroxidase，HRP）、抗坏血酸过氧化物酶（ascorbate peroxidase，APEX）等能够催化二氨基联苯胺（diaminobenzidine，DAB）成为嗜锇酸的多聚物，进而标记特定类型的神经元[30]。

3. 光镜与电镜关联

光镜功能成像与电镜精细结构成像相结合，为电镜下的神经元赋予功能信息，是建立结构与功能之间关系的重要途径。目前可应用于光镜与电镜关联（correlative light and electron microscopy，CLEM）的方法主要有两种：①利用特定的标记技术，如在感兴趣的细胞类型中表达荧光蛋白（光镜）和过氧化物酶（电镜）的融合蛋白，或是自身兼具荧光蛋白和过氧化物酶两种性质的蛋白（如 miniSOG）[31]；②利用感兴趣神经元与周边形态特征明显的结构（如血管、人为损毁的结构等）的空间位置进行光电配准，此方法主要适用于神经元排列较疏松的区域。神经联接图谱研究正沿着行为学、电生理、钙成像、光遗传等功能学神经活动记录与操纵方法以及包含突触联接信息的微观结构相结合的方向发展，进而揭示特定功能的结构基础[16]。

4. 模式动物的选择

由于目前能够密集重建的脑组织体积仍十分有限，小型模式动物，如脑组织结构与脊椎动物具有高度保守性的斑马鱼幼鱼在全脑微观结构与功能联接图谱研究中具有独特的优势。斑马鱼幼鱼全脑体积"微小"，5～8 日龄的幼鱼仅有约 0.5 毫米×0.5 毫米×0.6 毫米，现有计算能力能够解析其全脑微观结构联接。此外，斑马鱼幼鱼全脑透明，便于全脑尺度的钙成像、神经调质释放成像、光遗传等功能研究。因此，斑马鱼幼鱼是十分适宜在全脑尺度上搭建介观功能与微观结构之间桥梁的模式动物。

参考文献

[1] Lo L, Anderson D J. A cre-dependent, anterograde transsynaptic viral tracer for mapping output pathways of genetically marked neurons. Neuron, 2011, 72: 938-950.

[2] Kim J, Zhao T, Petralia R S, et al. mGRASP enables mapping mammalian synaptic connectivity with light microscopy. Nature Methods, 2011, 9: 96-102.

[3] Briggman K L, Bock D D. Volume electron microscopy for neuronal circuit reconstruction. Current Opinion in Neurobiology, 2012, 22: 154-161.

[4] Bock D D, Lee W C, Kerlin A M, et al. Network anatomy and *in vivo* physiology of visual cortical neurons. Nature, 2011, 471: 177-182.

[5] Zheng Z, Lauritzen J S, Perlman E, et al. A complete electron microscopy volume of the brain of adult drosophila melanogaster. Cell, 2018, 174: 730-743. e22.

[6] Eberle A L, Mikula S, Schalek R, et al. High-resolution, high-throughput imaging with a multibeam scanning electron microscope. Journal of Microscopy, 2015, 259: 114-120.

[7] Wetzel A W, Bakal J, Dittrich M, et al. Registering large volume serial-section electron microscopy image sets for neural circuit reconstruction using FFT signal whitening. 2016 IEEE Applied Imagery Pattern Recognition Workshop(AIPR), 2016: 1-10.

[8] Jain V, Seung H S, Turaga S C. Machines that learn to segment images: a crucial technology for connectomics. Current Opinion in Neurobiology, 2010, 20: 653-666.

[9] Januszewski M, Kornfeld J, Li P H, et al. High-precision automated reconstruction of neurons with flood-filling networks. Nature Methods, 2018, 15: 605-610.

[10] Staffler B, Berning M, Boergens K M, et al. SynEM, automated synapse detection for connectomics. eLife, 2017, pii: e26414.

[11] Kim J S, Greene M J, Zlateski A, et al. Space-time wiring specificity supports direction selectivity in the retina. Nature, 2014, 509: 331-336.

[12] White J G, Southgate E, Thomson J N, et al. The structure of the nervous system of the nematode Caenorhabditis elegans. Philosophical transactions of the Royal Society of London. Series B, Biological Sciences, 1986, 314: 1-340.

[13] Sporns O, Tononi G, Kotter R. The human connectome: a structural description of the human brain. PLoS Computational Biology, 2005, 1: e42.

[14] Ryan K, Lu Z, Meinertzhagen I A. The CNS connectome of a tadpole larva of *Ciona intestinalis* (L.)highlights sidedness in the brain of a chordate sibling. eLife, 2016, 5: e16962.

[15] Randel N, Shahidi R, Veraszto C, et al. Inter-individual stereotypy of the *Platynereis* larval visual

connectome. eLife,2015,4:e08069.

[16] Ohyama T,Schneider-Mizell C M,Fetter R D,et al. A multilevel multimodal circuit enhances action selection in *Drosophila*. Nature,2015,520:633-639.

[17] Hildebrand D G C,Cicconet M,Torres R M,et al. Whole-brain serial-section electron microscopy in larval zebrafish. Nature,2017,545:345-349.

[18] Takemura S Y,Aso Y,Hige T,et al. A connectome of a learning and memory center in the adult *Drosophila* brain. eLife,2017,pii:e26975.

[19] Takemura S Y. Connectome of the fly visual circuitry. Microscopy,2015,64:37-44.

[20] Wanner A A,Genoud C,Masudi T,et al. Dense EM-based reconstruction of the interglomerular projectome in the zebrafish olfactory bulb. Nat Neurosci,2016,19:816-825.

[21] Helmstaedter M,Briggman K L,Turaga S C,et al. Connectomic reconstruction of the inner plexiform layer in the mouse retina. Nature,2013,500:168-174.

[22] Bae J A,Mu S,Kim J S,et al. Digital museum of retinal ganglion cells with dense anatomy and physiology. Cell,2018,173:1293-1306. e19.

[23] Morgan J L,Berger D R,Wetzel A W,et al. The fuzzy logic of network connectivity in mouse visual thalamus. Cell,2016,165:192-206.

[24] Zeng H,Sanes J R. Neuronal cell-type classification:challenges,opportunities and the path forward. Nature Reviews Neuroscience,2017,18:530-546.

[25] Briggman K L,Helmstaedter M,Denk W. Wiring specificity in the direction-selectivity circuit of the retina. Nature,2011,471:183-188.

[26] Takemura S Y,Bharioke A,Lu Z,et al. A visual motion detection circuit suggested by *Drosophila* connectomics. Nature,2013,500:175-181.

[27] Varshney L R,Chen B L,Paniagua E,et al. Structural properties of the Caenorhabditis elegans neuronal network. PLoS Computational Biology,2011,7:e1001066.

[28] Litwin-Kumar A,Harris K D,Axel R,et al. Optimal degrees of synaptic connectivity. Neuron,2017,93:1153-1164. e7.

[29] Jarrell T A,Wang Y,Bloniarz A E,et al. The connectome of a decision-making neural network. Science,2012,337:437-444.

[30] Joesch M,Mankus D,Yamagata M,et al. Reconstruction of genetically identified neurons imaged by serial-section electron microscopy. eLife,2016,pii:e15015.

[31] Shu X,Lev-Ram V,Deerinck T J,et al. A genetically encoded tag for correlated light and electron microscopy of intact cells,tissues,and organisms. PLoS Biology,2011,9:e1001041.

Progress and Future of Brain Microscopic Connectomics

Sun Le , Li Funing , Du Jiulin

As the most complex system in the universe, the human brain comprises hundreds of billions of neurons that communicate through myriads of synaptic connections. These connections enable the neurons to cooperate with each other to generate overall functions. Mapping the wiring diagrams of the brain at synaptic resolution offers special insight for elucidating principles of information flow and neural computation. Over the past decade, with the advances of large-scale, high-resolution imaging methods together with image processing techniques, conventional neuroanatomy has evolved to a nanoscopic era, which has greatly facilitated our understanding of neural network organization. Here we review recent advances in electron microscopy-based microscale neural connectivity studies, as well as future directions of connectomics.

2.5　我国土壤污染与修复研究进展与展望

周东美

（中国科学院南京土壤研究所）

土壤是万物之母，其之于地球生态系统维持和人类生存的重要性不言而喻。可是土壤污染从 20 世纪中期已成为重要的环境问题之一，并备受关注。我国在 20 世纪 70 年代就出现张士灌区土壤污染问题，而随后由于缺少环境保护措施的矿山开采和冶炼更是导致越来越多的农田被污染，特别是重金属土壤污染问题，而近 20 年来场地污染问题又日益凸显。

针对这些突出的土壤环境问题，我国的土壤修复研究队伍也日益发展壮大，越来越多的学者开始关注并投身于相关研究之中。国家相关部门从 21 世纪初也逐渐加强对土壤污染防治方面的政策实施和科技研究等的投入，并出台了一系列相关研究计划和管理条例。例如，2016 年 5 月出台了《土壤污染防治行动计划》（简称"土十条"）；2018 年 8 月开始实施两项新的土壤环境质量标准；2018 年 8 月全国人大常委会通过了《中华人民共和国土壤污染防治法》。另外科学技术部也相继组织实施了"农业面源和重金属污染农田综合防治与修复技术研发"及"场地土壤污染成因与治理技术"的专项，投入科研资金约 25 亿元左右。

一、主要科学问题

1. 土壤环境监测和评估方法

包括土壤采样布点方法、样品保存方法、土壤污染物分析及数据处理方法、污染土壤评价方法、土壤环境阈值与基准等。

2. 新型污染物的土壤环境界面过程及其环境效应

在传统污染物如重金属和有机污染物的基础上，目前又出现了一些新型污染物，如纳米材料、抗性基因或微塑料等，人们过去对这些污染物关注不多，对其在土壤中的环境过程与效应知之甚少。

3. 土壤污染修复机制研究亟须进一步深入

经过广泛实践与田间验证，现业已形成了多种实用的农田修复技术，可对这些技术的许多相关作用机制并不十分清楚，如利用水分调节来控制土壤中 Cd 的形态并降低其生物有效性，但目前对于其形态转化的土壤条件以及分子存在形态仍缺少深入研究。目前我们对土壤改良作用机制也不甚清楚，一种在某一地方有效的土壤改良剂在其他地方使用后其效果难以重现的问题时常发生。

4. 土壤修复设备研究及相关后评价技术严重不足

产地土壤修复是近十多年来才在国内开展起来的，时间短、技术储备明显不足。目前国内很多修复企业在开展的场地修复工程中使用的技术多是通过购买国外设备或者引进国外技术来实现的，而我国具有自主知识产权的技术明显落后。另外，针对修复土壤的后评估方法并不完善，引用国外的多，经自己研究和反复验证的少。

二、研究现状

1. 土壤环境调查及评估

生态环境部、自然资源部及农业农村部自 2000 年左右就已陆续开展我国土壤环境调查方面的工作，其全国的布点方法和检测指标均有所不同。这些调查倾注了大量的人力和财力，获得了很多数据。样点数初步估计超过 150 万个，相关分析数据已累计超过千万个，但仍然存在以偏概全、由点到面的拓展上难以支撑的问题。另外，在监测指标方面也不够全面，分析的指标偏少，且存在只有土壤而缺少农作物数据的问题。在土壤环境质量标准方面，国家在 1995 年颁布实施的《土壤环境质量标准》（GB 15618—1995）基础上，目前已完成修订并试行实施了《土壤环境质量　农用地土壤污染风险管控标准（试行）》GB 15618—2018）和《土壤环境质量　建设用地土壤风险管控标准（试行）》（GB 36600—2018）。但由于我国幅员辽阔，土壤资源丰富、类型众多，一个土壤环境质量标准在具体实施过程中难免会出现偏紧和偏松的问题。针对土壤标准和基准问题，国家也布置了一些项目，例如，农业农村部曾立项行业项目"主要农产品产地土壤重金属污染阈值研究与防控技术集成示范"、科技部专项"农田系统重金属迁移转化和安全阈值研究"、生态环境部行业项目"现行土壤环境质量标准中镉元素标准值的合理性论证"等，开展了很多基础性的工作，得到了一些典型土壤中重金属的阈值或基准，这对于将来进一步开展区域土壤环境质量基准和标准制定工作提供了重要的数据支撑。

2. 土壤中新型污染物的环境行为与效应研究

随着人们对土壤环境问题认知的不断深入，越来越多的新型污染物被大家所关注，包括人工纳米材料、抗性基因以及微塑料等。

（1）人工纳米材料方面。随着人工纳米材料在各种工农业生产和生活中的广泛应用，大部分最终进入人们赖以生存的土壤环境并发生着复杂的环境过程和效应。以纳米银为例，其因为具有很好的抗菌效果而成为目前使用最为广泛的人工纳米材料。研究发现，纳米银在土壤中的吸附过程与银离子表现出显著不同，通过同步辐射技术可明显观察到纳米银在土壤中会发生复杂的物理化学转化过程，能被氧化成银离子并最终转化为硫化银和氯化银等。应用同位素和单粒子-电感耦合等离子体质谱法（SPICP-MS）技术，观察到纳米银的植物吸收过程，且从根部吸收的纳米银较叶面吸收的纳米银更容易在植物体内转运。研究还发现，在土壤—植物—动物的食物链传递过程中，动物具有很强的同化纳米银的能力，同化率可高达80%以上。

（2）抗性基因方面。有机肥在农田中的大量使用引起土壤中抗生素类化学物质含量的积累并引发土壤中微生物产生抗性基因。近年来，人们已开始关注土壤中抗性基因与施肥间的关系问题，以及其在土壤-植物系统中的迁移过程等。抗性基因可以在植物体内被积累和分解。研究发现，有机肥使用可显著提高土壤中抗性基因的种类和数量，且可发生跨区域、远距离传输。

（3）微塑料方面。我国有大面积的设施农业土壤，长期应用塑料农膜会引起土壤中微塑料颗粒的增加，并呈现负面效应。研究发现，微塑料表面还可吸附有机污染物，它们能够进一步进行土壤中的共迁移，并被植物吸收和转运。微塑料可以在土壤中引起微生物群落结构或组成的变化，进而影响土壤功能。另外，微塑料也可以作为小颗粒物质被生物直接吸收。

3. 土壤污染修复原理与技术

土壤修复是解决土壤污染问题、减少土壤环境污染和人体健康风险的有效方法。我国土壤修复研究从20世纪80年代就已开始，90年代以后陆续开展了不同的土壤修复技术研究，如植物修复、化学淋洗、农艺措施及主要针对有机污染物的微生物修复技术等。但目前尚显不足的是人们缺少对相关修复技术背后原理的认识，而这恰恰严重制约了土壤修复技术的发展。例如，人们在寻找能够降低土壤重金属有效性的材料时，大多采用实验筛选的方法，通过不同材料的比较得到具有改良效果的材料，但对其作用机制并不十分了解，这也导致将这一材料应用于另外一块污染农田时，效果可能不如预期，即对材料的使用条件等方面尚缺少深入分析。目前已有一些工作在开展不同材料选择性地固定土壤重金属的分子模拟研究，这将从基本原理方面来支撑改良材料的筛选问题。

在植物修复方面，目前已经寻找到一些能够高效吸收或阻止重金属吸收的植物，并系统研究了其根际过程对土壤重金属的活化规律，探讨了植物在响应土壤重金属过程中的生理响应过程。在有机污染农田修复方面已经筛选了一些有机污染物的高效降解微生物，并探明了其降解机制。以生物炭作为载体，这些微生物可以很好地在土壤中定殖。另外还发现，通过微生物-植物的联合修复，经过几季植物的种植后，土壤中有机污染物含量显著下降。

4. 污染场地修复设备及后评估

《土壤污染防治行动计划》规定，目前所有工业企业搬迁后遗留的场地必须进行调查评估并修复达标后才能使用，所以近十年来已启动了不少土壤修复工程，每年土壤修复的市场规模大约为几十亿元，一些企业如北京建工集团有限责任公司（简称北京建工）、北京高能时代环境技术有限公司、中科鼎实环境工程有限公司（简称中科鼎实）等也开展了相当多的工作，在这些修复过程中也不断通过自主创新搭建了一些平台和设备。例如，北京建工研发了异位淋洗设备和技术，并成功用于青海的一个铬盐厂的污染土壤修复，取得了很好的效果；中科鼎实等研发了热脱附的设备，在北京焦化厂和苏州化工厂等产地上予以应用。

在污染土壤电动修复方面，中国科学院南京土壤研究所开展了大量研究工作，但仍是小试和中试规模的研究，优化了一些相关技术参数和条件，系列成果也曾获得江苏省环境保护科学技术奖二等奖等；在化学还原氧化方面，国内许多团队均开展了相关研究，特别是通过自由基的定性和定量分析，揭示了其相关机制（图1），发表了大量研究论文；获得了一些性能良好的修复药剂，所得药剂也已成功用于有机污染场地的修复示范和工程之中。

修复后土壤是否达标必须进行第三方的评估和验收，目前针对污染场地修复已有一些验收规范，但针对农业污染土壤的修复方面尚缺少相关依据，尚未形成统一的验收和评估方法，农业农村部也正在组织编制相关的技术规范，有望近期发布和实施。

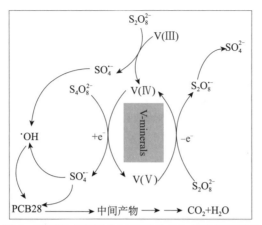

图1 不同形态钒活化过硫酸盐产生硫酸根的路径

三、未来展望

1. 加强理论与实践的结合，将理论成果积极应用于实际的土壤污染评价和修复当中

目前从事土壤方面研究的主要是科研单位，而应用这些成果于修复工程中的则多是相关企业，两者之间缺少必要的联系，信息并不互通。科研人员做的并不一定是企业需要的技术，而企业急需解决的技术问题科研人员也不清楚。国家也已注意到这些问题，所以新启动实施的土壤专项就包括从基础研究到技术研发再到工程应用等三方面的项目，打造基础—技术—示范三者的贯通。

2. 形成团队力量，协同攻关

过去很长时间与土壤环保相关的科研项目都是零散的，没有形成集中优势，也未对一些问题开始系统研究。近年来，随着专项的实施，已就土壤污染防治领域的重要科学技术和应用问题开展了顶层设计和集中研究，近期已启动或即将启动的千万元以上的土壤专项项目将超过50个，将集中约1500人次的科研骨干，有望取得重要突破。

3. 建立政策引导、科技支撑的大好局面

近几年来国家已经出台了《土壤污染防治行动计划》，颁布了农用地和建设用地的管控标准，也已开始实施最新的《中华人民共和国土壤污染防治法》，我国的土壤管控将越来越规范和严格。但是，在实现相关设定目标的要求上仍需科研支撑，因为土壤修复与管控不同于一般的土石方工程，而是需要先进的技术和管理措施等满足其经济性和科学性。

4. 借鉴发达国家的先进技术和管控管理经验，提升我国的土壤管控水平

发达国家在土壤污染管控方面起步早、经验多，有很多可为我们借鉴的技术，需要引进、消化和吸收。目前国际学术交流日益频繁，国外专家也经常来中国讲学，介绍相关技术和管理经验；一些咨询或修复公司也在中国开展相关业务。但发达国家对中国的技术转让壁垒仍然存在。我国的土壤环境科学工作者应当在虚心学习和消化吸收的同时，要想方设法突破瓶颈，发展具有自主知识产权的土壤管控技术措施，使我们的天更蓝、水更清、地更洁。

参考文献

[1] Li M, Wang P, Dang F, et al. The transformation and fate of silver nanoparticles in paddy soil: effects of soil organic matter and redox conditions. Environmental Science-Nano, 2017, 4(4): 919-928.

[2] Li C C, Dang F, Li M, et al. Effects of exposure pathways on the accumulation and phytotoxicity of silver nanoparticles in soybean and rice. Nano Toxicology, 2017, 11(5): 699-709.

[3] Rillig M C. Microplastic in terrestrial ecosystems and the soil? Environmental Science & Technology, 2012, 46(12): 6453-6454.

[4] Zhu B K, Chen Q L, Chen S C, et al. Does organically produced lettuce harbor higher abundance of antibiotic resistance genes than conventionally produced? Environment International, 2017, 98: 152-159.

Research Progress and Prospect of Soil Pollution and Remediation in China

Zhou Dongmei

Soil pollution is a serious environmental problem in China. Chinese soil scientists have carried out a lot of research on related processes, mechanisms and remediation, and the government has also issued relevant policies and regulations. However, we still need to further strengthen the comprehensive understanding of basic research-technology development-application demonstration in the field of soil environment, and develop soil remediation and management technologies with independent intellectual property rights.

2.6　探测引力波：捕捉时空的"涟漪"

——2017 年诺贝尔物理学奖评述

蔡一夫

（中国科学技术大学）

　　2017 年的诺贝尔物理学奖授予三位杰出的物理学家雷纳·韦斯（Rainer Weiss）、巴里·巴里什（Barry Barish）和基普·索恩（Kip Thorne），以表彰他们"对激光干涉引力波天文台（Laser Interferometer Gravitational-wave Observatory，LIGO）探测器及引力波探测的决定性贡献"（图 1）。雷纳·韦斯，1932 年出生于德国柏林，1962 年于麻省理工学院获得博士学位，1964 年加入麻省理工学院任教；巴里·巴里什，1936 年生于美国内布拉斯加州的奥马哈，1962 年于加利福尼亚大学伯克利分校获得博士学位，1963 年加入加州理工学院任教；基普·索恩，1940 年出生于美国犹他州的洛根，1965 年获得普林斯顿大学的博士学位，1967 年加入加州理工学院任教。另外值得一提的是，雷纳·韦斯、基普·索恩与另一位已逝的引力波研究先驱罗纳德·德雷福（Ronald Drever，1931～2017）于 2016 年一起分享了基础物理学突破特别奖、邵逸夫奖、格鲁伯宇宙学奖以及卡弗里天体物理学奖。

雷纳·韦斯　　　　　　巴里·巴里什　　　　　　基普·索恩

图 1　2017 年度诺贝尔物理学奖获奖者

爱因斯坦在发表了他的广义相对论之后的 1916 年预言了引力波，100 年来，物理学家竭力寻找引力波并深入研究了其性质。2015 年 9 月 14 日，人类终于第一次直接捕获到了引力波的信号——来自遥远的双黑洞并合所产生的时空"涟漪"传播到了地球并被 LIGO 探测器捕获[1]。

一、何为引力波

关于引力波的认知要从 1916 年说起，在这一年以前，年仅 37 岁的爱因斯坦完成了一项改变人类历史进程的研究工作，即提出了广义相对论。这一优雅的引力理论创造性地提出引力是时空弯曲的效应，阐述了物质与时空密不可分的联系。这一理论成功解释了水星近日点进动异常的现象，并预言了引力红移、引力透镜等现象，而这些都在后来蓬勃发展的天文观测中逐一得以验证。1916 年，爱因斯坦正式提出了关于引力波的理论假说。如同随时间变化的电场分布会产生电磁波，引力场是否也有类似的行为呢？这个看起来很自然的类比，研究起来却困难重重。尽管引力理论简洁优美，但随之而来的是数学求解上的复杂性。这是因为广义相对论的引力场方程是一个高度非线性且有十个独立分量的偏微分方程组，对它的求解无比困难。为此，爱因斯坦采用线性近似的处理方法，得到了一类引力场的波动行为，即引力波。简单来说，引力波可以看成是空间本身不断循环往复的拉伸和挤压，因而被誉为时空的"涟漪"。

这些远远超越时代的理论想象在相当长的时间里备受争议。根据广义相对论的观点，普适的物理现象不依赖于特定的参考系选择，而应当在所有参考系下都成立。那么爱因斯坦通过线性近似后得到的引力波解到底是坐标变换所导致的假象，还是物理上客观存在的真相呢？在接下来的近半个世纪里，理论物理学家围绕这一问题进行了旷日持久的争论，很多引力理论的先驱都曾公开质疑过引力波的存在。例如，第一个通过日全食观测验证广义相对论的爱丁顿就对引力波持怀疑态度，并笑称"引力波以思想的速度传播"；就连爱因斯坦本人也曾两度否定自己的预言，笼罩引力物理的迷雾可见一斑。历经数十年的争论和发展，越来越多数学物理学家投身于此领域反复钻研，终于在理论上确认了线性近似中的波动解存在特定组分是不依赖于参考系选取的。这就意味着，广义相对论中的引力波应当是客观存在的！

当引力波的客观存在性和它的物理性质被确定之后，实验物理学家们就紧锣密鼓地展开了对引力波探测的尝试。然而出师未捷，却又发现一座高峰挡住前路。尽管广义相对论告诉人们引力波无处不在，凡是有质量分布的改变就能够产生引力波，但由于引力相互作用实在太弱以至于整个太阳系内可能产生的引力波都可忽略不计。因此，既然常规天体运动的引力波无法被探测到，那么物理学家们就寄希望于宇宙中那些最为猛烈壮观的天文事件了，如黑洞、中子星等致密天体的碰撞，甚至于宇宙的大爆炸创生。

二、获奖成果介绍

首例被捕获的引力波信号按照探测时间命名为 GW150914，它是由位于美国华盛顿州汉福德区及路易斯安那州利文斯顿的两台先进 LIGO 激光干涉引力波探测器于 2015 年 9 月 14 日的 09：50：45（世界标准时间，UTC）探测到（图 2）。信号持续了超过 0.2 秒，引力波频率从 35 赫兹增长到 250 赫兹，其置信度超过 5.1 个标准差，被确认是对引力波的一次直接观测。计算表明，该信号产生于一次双黑洞并合的天文现象，而这个天文现象描述了，距离地球约 13 亿光年、红移约 0.09 的两颗质量分别约为太阳质量 36 倍和 29 倍的双黑洞发生并合，之后形成了一个约 62 倍太阳质量的新黑洞。

图 2　汉福德探测器（左）和利文斯顿探测器（右）

先进 LIGO 是第一代 LIGO 的升级版本，它们采用了第二代干涉仪。经过 2010～2015 年的改造，先进 LIGO 的灵敏度比初代 LIGO 高出一个量级，它们的探测半径和探测范围分别增加一个和三个数量级，探测频率下限从 40 赫兹降至 10 赫兹。两台先进 LIGO 探测器相距约 3000 千米，GW150914 到达利文斯顿的探测器之后又以光速传播了约 7 毫秒才到达汉福德的第二台探测器（图 3）。

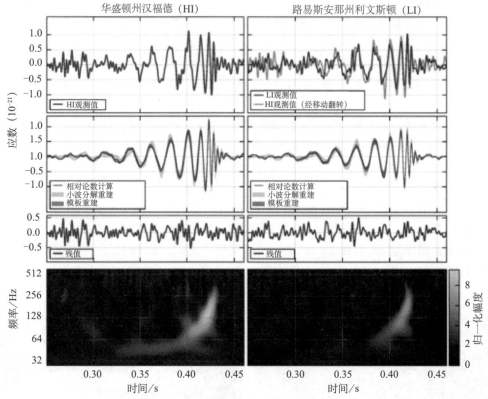

图 3　两台先进 LIGO 探测器分别独立捕获到的引力波观测信号[1]

三、引力波的百年研究与探测

1915 年爱因斯坦发表的广义相对论彻底革新了人类对引力的认知，在广义相对论框架下，他阐述了引力波的存在[2]。然而，他最初的结果依赖于所选取的特殊坐标系，因此并不能精准地刻画引力波的物理性质——事实上有关引力波计算的坐标系问题困扰了物理学家很多年，以至于爱因斯坦本人甚至曾经撰文论证广义相对论下引力波的不可探测性——幸亏匿名的评审同行指出了他所担忧的坐标奇异性并非物理的，使他最后改变了论文中"引力波不存在"的错误论点[3]。

20 世纪 60 年代，坐标选取的规范问题和引力波是否能够传播能量的问题都得到了正面的解决，实验物理学家积极设计精密的实验寻找来自宇宙深处的"引力波"。约瑟夫·韦伯（Joseph Weber）设计了圆柱形的实心铝制引力波探测器——韦伯棒，期待利用引力波穿过探测器时引发的谐振效应来探测引力波。1969 年韦伯声称观测到了真实的引力波信号，引发了巨大的轰动，但是随后新建的韦伯棒探测器都没能得到肯定的结果。

1974 年拉塞尔·赫尔斯（Russell Hulse）和约瑟夫·泰勒（Joseph Taylor）第一次发现了双脉冲星系统[4]，随后的长期观测证明它们的轨道周期损耗率与广义相对论中由于引力辐射所给出的理论预言十分精确地吻合，这成了引力波存在的第一个间接观测证据。这两位物理学家也因此分享了 1993 年诺贝尔物理学奖。

2014 年，哈佛-史密松天体物理中心的天文学家宣布利用 BICEP2 探测器在宇宙微波背景中观测到 B 模偏振[5]，但随后的数据分析表明无法排除星际尘埃的污染[6]。如果后续实验能够观测到来自宇宙创生时期的时空张量扰动，这将成为来自宇宙创生时期原初引力波的强有力的观测证据。

激光干涉引力波天文台（LIGO）是加州理工学院和麻省理工学院合作建设的高频引力波探测项目，由基普·索恩、罗纳德·德雷福与雷纳·韦斯共同主持该计划。该项目于 1984 年提出，1990 年获得美国国家科学基金会批准，1994 年巴里·巴里什被任命为 LIGO 主任，在他的领导下第一代 LIGO 于 1999 年完工，2002 年正式进行第一期的引力波探测。2015 年 9 月，升级后的先进 LIGO 开启了第二期探测，并预计于 2021 年才会达到最佳灵敏度。

四、未来发展方向展望

引力波与物质的相互作用极其微弱，一旦产生，它们几乎可以在宇宙中自由地传播。另外，在浩瀚的宇宙里存在着大量的引力波波源，利用引力波探测器观测引力波信号将成为非常重要的天文学研究手段，它将成为传统的电磁波天文学的重要补充。

引力波也如电磁波一样，具有广泛的频段，可以设计不同类型实验装置来对它们进行观测。如 LIGO、Virgo 这样的地面激光引力波干涉仪，探测频率在几赫兹到几千赫兹之间，主要用来探测恒星质量的双黑洞、双中子星并合产生的引力波信号；激光干涉空间天线（Laser Interferometer Space Antenna，LISA）则属于空间激光引力波干涉仪，它们能够探测 $10^{-4} \sim 1$ 赫兹频率的引力波信号，比如来自超大质量的双黑洞，或者超大质量黑洞及其俘获的致密天体的绕转的信号；脉冲星计时阵列能够探测 $10^{-9} \sim 10^{-6}$ 赫兹的引力波；最低频的引力波信号来自极早期宇宙的时空量子涨落，即原初引力波，它们的频率低至 $10^{-17} \sim 10^{-16}$ 赫兹，这种极低频的引力波信号可以通过其在宇宙微波背景辐射上所留下的 B 模式偏振信号来观测。

地面引力波干涉仪方面，先进 LIGO 的灵敏度会一直提升，并于 2021 年左右达到设计的最佳灵敏度；LIGO-India、KAGRA 低温引力波探测器、爱因斯坦望远镜也将在不远的将来成为现实。空间引力波干涉仪除了 LISA，还有我国的太极计划、天琴计划，以及日本的分赫兹干涉引力波天文台（DECIGO）。脉冲星计时阵列包括 PTA、SKA，以及我国的 500 米口径球面射电望远镜（FAST）、110 米口径全可动射电望远镜（QTT）等。国际上宇宙微波背景辐射偏振探测实验目前主要集中在南极和南美阿塔卡马沙漠等地区，如南极望远镜项目（SPT）、阿塔卡马宇宙学望远镜上的偏振计相机项目（ACT Pol）、第 2 代、第 3 代宇宙泛星系偏振背景成像项目（BICEP2、BICEP3）、宇宙背景辐射偏振射电望远镜项目（Polarbear）以及第 4 代地面宇宙微波背景实验项目（CMB-S4）等项目；与此同时，北半球的第一个宇宙微波背景辐射偏振探测实验站——原初引力波观测站正在我国西藏阿里地区有条不紊地建设[7]。我们期待这些多波段、多信使的引力波实验探测最终能为我们彻底揭开引力波的神秘面纱，并使其成为人类进一步认知宇宙的新观测窗口（图 4）。

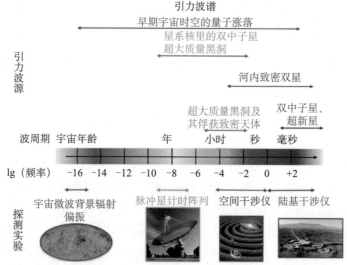

图 4　分布在不同频率波段的引力波谱以及相应的最佳探测方案[8]

参考文献

[1] Abbott B P, Abbott R, Abbott T D, et al. GW151226: Observation of gravitational waves from a 22-Solar-Mass Binary Black Hole coalescence. Physical Review Letters, 2016, 116(24): 241103.

[2] Einstein A. Näherungsweise Integration der Feldgleichungen der Gravitation. Sitzungsberichte der Königlich Preussischen Akademie der Wissenschaften, Berlin. part 1, 1916: 688-696.

[3] Einstein A, Rosen N. On gravitational waves. Journal of The Franklin Institute, 1937, 223: 43-54.

［4］ Hulse R A,Taylor J H. Discovery of a pulsar in a binary system. Astrophysical Journal,1975,195：L51-L53.

［5］ Ade PAR,Aikin R W,Barkats D,et al. Detection of B-mode polarization at degree angular scales by BICEP2. Physical Review Letters,2014,112(24),241101.

［6］ Adam R,Ade P A R,Aghanim N,et al. Planck intermediate results. XXX. The angular power spectrum of polarized dust emission at intermediate and high Galactic latitudes. Astronomy & Astrophysics,2016,586：A133.

［7］ Li H,Li S Y,Liu Y,et al. Probing primordial gravitational waves：Ali CMB polarization telescope. National Science Review,2018：nwy019.

［8］ NASA. Gravitational Astrophysics Laboratory. https：//science. gsfc. nasa. gov/663/research/index. html. 2016.

Detection of Gravitational Waves：
Hunting Ripples of the Spacetime
——Commentary on the 2017 Nobel Prize in Physics

Cai Yifu

The 2017 Nobel Prize in physics was awarded to three renowned physicists Rainer Weiss,Barry Barish and Kip Thorne,"for decisive contributions to the Laser Interferometer Gravitational-wave Observatory (LIGO) detector and the observation of gravitational waves". On Sep. 14th in 2015,the LIGO captured the gravitational wave signals arising from the merging of the binary black holes with an extremely high precision,which implies that the human beings have for the first time performed the direct detection of the gravitational waves,and thus,a new era of the gravitational wave astronomy has been initiated. After the hard and continuous efforts in the past century,physicists have made fruitful achievements and we expect that,in the near future more and more multi-band and multi-messenger gravitational wave experiments with high precision will provide a brand-new window for us to explore the mysteries of our Universe.

2.7 生物冷冻电镜技术

——2017 年诺贝尔化学奖评述

台林华　孙　飞

（中国科学院生物物理研究所）

北京时间 2017 年 10 月 4 日下午，2017 年诺贝尔化学奖颁给了瑞士洛桑大学教授雅克·杜波切特（Jacques Dubochet）、美国哥伦比亚大学教授乔基姆·弗兰克（Joachim Frank）和英国剑桥大学教授理查德·亨德森（Richard Henderson）三位科学家（图 1），以表彰他们在生物冷冻电镜成像技术的建立、发展以及应用方面做出的巨大贡献，这也是继 2014 年诺贝尔化学奖颁给了超高分辨率光镜技术之后，又一次花落生物物理学领域。

雅克·杜波切特　　　　　乔基姆·弗兰克　　　　　理查德·亨德森

图 1　2017 年度诺贝尔化学奖获得者

一、早期电镜技术的应用

透射电子显微镜于 1931 年由德国工程师鲁斯卡（Ruska）首次发明。与另一种常被用来观察微观世界的工具——光学显微镜相比，二者本质的区别在于光学显微镜利用可见光波成像，而电子显微镜利用的是经高压电场加速的高能电子，其波长极短，因而透射电子显微镜的理论分辨率比光学显微镜高几个数量级。自此，透射电子显微镜作为人类观察微观世界的有力工具，得到了越来越多的利用与发展。由于生物样品主要由碳、氢、氧等"轻"元素组成，对电子的散射能力差，不耐受电子轰击，在电子照射下容易产生辐照损伤，导致结构被破坏，故而早期结构生物学家观察的样品多需要经过种种前处理，如化学试剂固定、树脂包埋、重金属染料染色等。这些前处理会造成生物材料的脱水失活，一定程度上会造成生物材料的破坏，从而导致成像失真，结构生物学亟须一种可以降低辐射损伤的成像技术。

二、本次诺贝尔奖得主的贡献

在 20 世纪 80 年代，一种革命性的生物样品电子显微镜成像技术——冷冻电子显微镜（cryo-electron microscopy，cryo-EM）技术（简称冷冻电镜技术）出现了，顾名思义，冷冻电镜技术指在液氮温度下对包埋在玻璃态冰中的生物样品进行成像的透射电镜技术，这种技术可以有效降低高能电子对生物样品的辐照损伤。经过几十年的发展，冷冻电镜技术目前主要拥有两种成像手段，一种是通过将大量具有不同取向的全同蛋白质分子加和平均，再重构为三维结构的冷冻电镜单颗粒重构技术（cryo-electron microscopy single paiticle analysis，cryo-EM SPA）；另一种是类似于电子计算机断层成像（computed tomography，CT）技术的，通过旋转样品收集蛋白质分子各角度二维投影像重构为三维结构的电子断层成像技术（cryo-electron tomography，cryo-ET）。本次诺贝尔化学奖的三位得主在单颗粒冷冻电镜技术的早期开发、发展与成熟方面做出了极大的贡献。

雅克·杜波切特是早期诸多致力于解决生物样品在高能电子轰击下辐照损伤问题的科学家中非常突出的一位。他通过研究不同冷冻条件下受电子辐照的含水生物样品的表现，确立了以液态乙烷冷冻形成玻璃态冰保存生物样品的形态，在液氮温度下成像以增强生物样品对电子轰击的耐受能力的一整套方法[1]。这一方法即使在冷冻电镜已经得到长足发展的现在，依旧没有大的改变。

另外，即使在冷冻玻璃态冰中对生物分子进行成像，样品所能忍受的电子剂量依旧很低，造成的结果是冷冻电镜照片的信噪比极低，成像所得的生物大分子几乎不可辨认，与此同时，还存在着如何从拍摄到的二维照片重构出大分子三维结构的问题。乔基姆·弗兰克在低信噪比下生物样品图像的信号增强与提取，乃至三维重构方法研究方面有极大的贡献，他编写了早期冷冻电镜重构的通用软件 Spider，建立了现在常用的单颗粒图像分析技术的基本流程[2]。在这些工作的基础上，他也利用冷冻电镜技术解析了原核和真核生物的蛋白质合成的细胞器——70S 核糖体和 80S 核糖体在一系列功能态下的电镜结构等。

理查德·亨德森则在冷冻电镜技术的基础理论研究上做出了极大的贡献。亨德森的兴趣涉及冷冻电镜技术的方方面面，他是第一个利用透射电镜技术解析出膜蛋白侧链结构的科学家，在冷冻电镜技术出现之后，他基于自身深厚的理论知识做出了冷冻电镜技术具有极大应用潜力的判断，并且早在二十多年前，他已经用理论计算证明了冷冻电镜技术达到原子分辨率的可能性，预言了达到原子分辨率需要的图像数量[3]。除此之外，他对于诸如辐照损伤产生的机理、成像探测器的设计、重构结果分辨率评估、多种图像分析技术等都有着自己独到的见解。

正是在三位前辈科学家的努力下，冷冻电镜技术经过多年发展，终于在 2013 年产生了革命性的成果——加利福尼亚大学旧金山分校的程亦凡教授与合作者发表了近原子分辨率 TRPV1 离子通道结构[4]，由是冷冻电镜技术被越来越多的人所知晓。

三、目前的研究情况和我国在世界上的地位

目前，有能力建造用于生物样品的冷冻透射电镜的制造商只有日本电子株式会社和美国 FEI 公司（已被 ThermoFisher 收购）两家公司，其中，绝大部分用于生物研究的冷冻透射电镜是 FEI 公司制造的（图2）。自从 2013 年程亦凡教授等发表 TRPV1 离子通道结构以来，已发表的冷冻电镜结构数以百计，涌现了一大批重要的蛋白质分子结构，如 G 蛋白偶联受体、HIV 衣壳蛋白结构、核孔复合体结构等。我国的结构生物学家在这一股浪潮中并没有落后于人，在 21 世纪的第一个十年，我国已有两家单位（清华大学和中国科学院生物物理研究所）构建了自己的高端冷冻电镜平台，并展开了相关的结构生物学研究。已发表的重要成果有 30 纳米染色质螺线管结构、菠菜捕光复合体结构、人剪接体结构、葡萄糖转运蛋白结构等。近年来，国内的其他高校和科研院所如浙江大学、复旦大学、南方科技大学等，也陆续拥有了自己的电镜平台。

但我们应当注意到，开始于 2013 年的这一场分辨率革命（图3），归根结底，源于无数前辈科学家对冷冻电镜方法学开发的付出。现如今冷冻电镜研究者常用的软件包，如 Relion、EMAN、IMOD 等，几乎都是在 2013 年这一场分辨率革命之前开发的。国外研究机构相对宽松的科研环境，不以影响因子论英雄的态度，以及对于技术方法开发的偏好促成了一大批实用算法和软件的开发。在这一方面，我国起步较晚，只有少数研究组有相关文章发表，例如，中国科学院生物物理研究所孙飞研究员与中国科学院计算技术研究所张法副研究员在电子断层成像方面做出的一系列工作[5~7]，孙飞研究员在冷冻光电关联技术方面做出的工作[8]，清华大学生命科学学院王宏伟教

图 2 目前常用的 300 千伏冷冻电镜——FEI TitanKrios

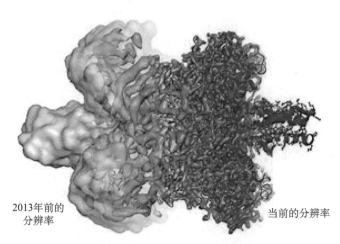

2013年前的
分辨率

当前的分辨率

图 3 "分辨率革命"示意图

资料来源：http：//www.nobelprize.org/uploads/2018/advanced-chemistryprize2017.pdf.

授在相位板与球差矫正装置在单颗粒方法成像方向的一些努力，等等[9]。高分辨率结构的解析最终依赖于方法学研究的进步，国外著名的冷冻电镜中心，如英国剑桥大学的MRC实验室、德国的马普研究学会，对于冷冻电镜方法学研究的投入和支持力度与结构生物学研究不相伯仲，在这一方面，国内的研究机构尚有欠缺。为了今后抢占冷冻电镜技术这一结构生物学研究的制高点，国内相关的研究机构需要在这一方面奋起直追。

四、冷冻电镜技术未来的发展与展望

结构生物学研究的最终目标是通过解析生物大分子的高分辨率结构，结合各种分析手段，解释生物体实现各种功能的微观机理。上文提到的单颗粒冷冻电镜技术是将蛋白质纯化，再进行冷冻成像，在这一过程中，不免对蛋白质的结构有所影响。而最近发展的基于扫描电镜的离子减薄技术，可以将冷冻后的细胞或组织减薄至透射电镜成像可以接受的厚度，结合冷冻电子断层成像技术，使得直接在蛋白质原位解析其结构成为可能。这一方法相比单颗粒冷冻电镜技术的最大优势在于其避免了纯化过程对于蛋白质的伤害，可以解析冷冻状态下生物大分子在细胞或组织内不同功能态的结构，从而可以更好地解释生物大分子实现功能的机理。而目前离子减薄技术效率低，减薄过程中很难定位蛋白质分子，使得产出样品的良品率低，一定程度上限制了这一方法的大规模应用。近期有多篇利用这一方法解析的生物大分子结构的重要文章发表[10~12]，俨然成了人们眼中的下一个热点。

另外，如上文所述，生物样品对电子辐照非常敏感，使得目前生物冷冻电镜成像只能使用较低的剂量，导致得到的图像信噪比非常低。对于这个问题，一种可能的解决方案是材料科学中已经得到应用的超快电子显微镜技术，其基本原理是利用一束从激光发生器中发出的极短极亮的激光，经过分束器分为两束后，前一束激光激发样品，后一束激光激发电子枪，使电子枪在极短时间内产生亮度很高的电子脉冲束成像。理论估算在液氮温度下生物样品发生辐照损伤的时间尺度大约为 10 纳秒，电子枪受激产生电子脉冲的时间可以达到飞秒甚至皮秒级别，因此理论上超快电镜可以在样品发生辐照损伤前就将样品的结构信息记录下来，并得到高信噪比的图像。另外，超快电镜中前一束激光可以激发样品提供能量，这为生物中涉及能量转换的生物分子，如捕光蛋白等的动态结构解析提供了可能性。但迄今超快电镜只在材料科学领域有一些研究发表，生物领域尚属空白，这应当是结构生物学家下一个努力的方向。

随着近年来我国在科研、教育领域不断加大投入，我国各方面的科学研究取得了举世瞩目的成就，冷冻电镜方向也不例外，在这样一股国内外都大力发展冷冻电镜技术的热潮中，我国科学家没有落后于人，取得了极大的成绩。随着科研体制改革以及国内对于科研领域的持续投入，相信我国的冷冻电镜研究最终会从伴跑者变为领域内的领跑者。

参考文献

[1] Dubochet J, Mcdowall A W. Vitrification of pure water for electron microscopy. Journal of Microscopy, 1981, 124(3): RP3-RP4.

［2］ Frank J. Three-Dimensional Electron Microscopy of Macromolecular Assemblies. New York: Oxford University Press Inc,2006.

［3］ Henderson R. The potential and limitations of neutrons,electrons and X-rays for atomic resolution microscopy of unstained biological molecules. Quarterly Reviews of Biophysics,1995,28:171-193.

［4］ Liao M,Cao E,Julius D,et al. Structure of the TRPV1 ion channel determined by electron cryo-microscopy. Nature,2013,504(7478):107-112.

［5］ Deng Y,Chen Y,Zhang Y,et al. ICON:3D reconstruction with 'missing-information' restoration in biological electron tomography. Journal of Structural Biology,2016,195(1):100-112.

［6］ Chen Y,Zhang Y,Zhang K,et al. FIRT:filtered iterative reconstruction technique with information restoration. Journal of Structural Biology,2016,195(1):49-61.

［7］ Han R,Wang L,Liu Z,et al. A novel fully automatic scheme for fiducial marker-based alignment in electron tomography. Journal of Structural Biology,2015,192:403-17.

［8］ Li S,Ji G,Shi Y,et al. High-vacuum optical platform for cryo-CLEM(HOPE):a new solution for non-integrated multiscale correlative light and electron microscopy. Journal of Structural Biology, 2018,201(1):63-75.

［9］ Fan X,Zhao L,Liu C,et al. Near-atomic resolution structure determination in over-focus with volta phase plate by Cs-corrected cryo-EM. Structure,2017,25:1623-1630.

［10］ Guo Q,Huan B,Cheng J,et al. The cryo-electron microscopy structure of huntingtin. Nature, 2018,555(7694):117-120.

［11］ Guo Q,Lehmer C,Martinez-Sanchez A,et al. *In situ* structure of neuronal C9orf72 poly-GA aggregates reveals proteasome recruitment. Cell,2018,172(4):696-705.

［12］ Mahamid J,Pfeffer S,Schaffer M,et al. Visualizing the molecular sociology at the HeLa cell nuclear periphery. Science,2016,351(6276):969-972.

Cryo-Electron Microscopy
——Commentary on the 2017 Nobel Prize in Chemistry

Tai Linhua，Sun Fei

The 2017 Noble Prize in Chemistry was awarded to Jacques Dubochet, Joachim Frank and Richard Henderson to honor their contribution of Cryogenic Electron Microscopy(Cry-EM). In recent years,Cryo-EM has been proved to be a powerful tool which can solve high resolution details of biomacromolecules. Nowadays,using Cryo-EM technique,a lot of new structures has been studied,more and more structural biologists has denoted themselves into Cryo-EM world. Using this technique,we will have further understandings of what is life.

2.8 昼夜节律生物钟的分子机制

——2017 年诺贝尔生理学或医学奖评述

朱 岩

（中国科学院生物物理研究所脑与认知国家重点实验室）

2017 年的诺贝尔生理学或医学奖授予三位美国科学家，杰弗理·霍尔（Jeffrey C. Hall）、迈克尔·罗斯巴希（Michael Rosbash）、迈克尔·杨（Michael W. Young），获奖理由为发现昼夜节律生物钟的分子机制[1]（图 1）。

杰弗理·霍尔　　　　　　　迈克尔·罗斯巴希　　　　　　迈克尔·杨

图 1　2017 年度诺贝尔生理学或医学奖获得者

一、生物钟研究的突破口[2]

人类一直都是日出而作，日落而息。这种 24 小时的活动-休眠的昼夜节律（circadian rhythm）在自然界的动植物中普遍存在，又称近日节律。Circadian 来源于拉丁文的 circa（大约）和 dies（日或天）。昼夜节律就像呼吸一样，是生物体的基本功能。许多证据表明，昼夜节律是由生物体"自带的时钟"所控制的，而外在因素（如光照、温度等）对这个时钟有调节作用。有实验把志愿者放在屏蔽外界的洞穴里，在没有外界因素提示时间的情况下，他们的起居还是基本保持了 24 小时的节律。跨洲旅行的人们经历的时差反应（jet lag），是校准于出发地的机体（内在时钟）不适应目的地环境（外在时钟）的表现；而生活一段时间后，身体内源性时钟会调整到新环境。和机械表或电子表等计时器相比，生物钟是如何工作的呢？

对动物生物节律的遗传学研究起始于 20 世纪 70 年代加州理工学院的西蒙·本哲（Seymour Benzer，1921—2007）实验室。和当时主流的想法不同，本哲认为单个基因能够决定行为，并用正向遗传学（forward genetics）方法筛选影响行为突变的果蝇，开创了果蝇行为的遗传学领域。本哲和学生罗纳德·科诺普卡（Ronald Konopka，1947—2015）设计了巧妙的实验，于 1971 年在果蝇中找到了影响生物钟的基因[3]。他们通过观察果蝇羽化的节律，筛选到了三个节律异常的突变品系，表型分别是：没有节律，节律周期变短（19 小时）和节律变慢（28 小时）。进一步遗传实验提示这三种节律异常是同一个基因的不同突变所导致。他们把这个基因命名为 *period*（简写为 *per*）。但是分子生物学手段在当时尚未成熟，*per* 基因的存在无法得到直接验证，遭到了质疑。

到了 1980 年，基因克隆技术逐渐推广，当时洛克菲勒大学的科学家迈克尔·杨和布兰迪斯大学的杰弗理·霍尔与迈克尔·罗斯巴希，都对 *per* 基因感兴趣，开始在这一领域展开激烈竞争。杰弗理·霍尔曾在本哲教授的实验室做博士后，到了布兰迪斯大学后常与同事迈克尔·罗斯巴希一起打篮球，更衣室的闲谈开启了两人合作克隆 *per* 的故事。在当时，他们三人还在各自领域内进行着其他研究工作。1984 年，两个团队都接近了 *per* 基因位点，并随后获得了 *per* 基因的 DNA 序列。对本哲实验室最初鉴定的三种节律突变品系进行分析，果然发现 *per* 基因位点上分别有不同的碱基突变。通过转基因将正常序列的 *per* 基因放入这些 *per* 基因突变的果蝇中，可以使其昼夜节律恢复正常。*per* 基因的克隆成为打开生物钟密盒的钥匙（图 2）。

当时对 *per* 基因如何驱动生物钟有多种假说。这两组科学家又深入探究 *per* 基因及其产物的生理过程。一个重大的突破是他们发现在头部的神经元中，PER 蛋白的丰度呈现昼夜周期性变化，另外 *per* 基因转录的 mRNA 量也呈现昼夜节律。此外，过量表达 PER 蛋白能大幅降低 *per* 基因转录的 mRNA 水平。根据这些线索，他们提出了一个全新的模型，即生物钟的转录-翻译反馈回路模型（transcription-translation feedback loop，TTFL）：PER 蛋白可以抑制 *per* 基因自身的转录，导致 PER 蛋白产量减少；PER 蛋白的减少解除了对 *per* 基因的转录抑制，引起 PER 蛋白的含量升高。这个自稳定的循环性升高-降低的周期恰好是 24 小时[4]。

生物钟不只是 *per* 基因的自我反馈的振荡，多个生物钟相关基因随后被陆续发

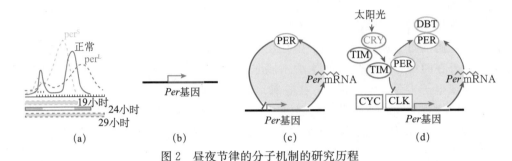

图 2　昼夜节律的分子机制的研究历程

（a）从果蝇遗传学研究中获得了活动节律异常的果蝇突变体，提示了 *per* 基因的存在，正常果蝇昼夜节律为 24 小时，短节律（*per*ˢ）和长节律（*per*ᴸ）突变果蝇的节律则分别为 19 小时和 29 小时；（b）通过分子克隆找到 *per* 基因，这是第一个被确定影响节律的基因；（c）早期的生物钟模型，*per* 基因的产物可以抑制其产量，进而解除抑制，这个作用于自身的负反馈产生周期性的振荡；（d）目前的生物钟模型，更多生物钟相关分子被发现，它们协同作用使振荡的周期为 24 小时（此为简化版，省略了很多调控分子和通路）

现，包括 *timeless*（*tim*）和 *cryptochrome*（*cry*）基因。TIM 与 PER 两个蛋白相互作用，引起二者表达水平有节律地振荡。光可以通过 CRY 来调节 TIM 蛋白的稳定性，日照调准生物钟的分子机理也得到了解释。至此，果蝇中生物钟的基本分子机制模型建立了起来。

二、生物钟机制的保守性和一致性

在探索生物钟的基因过程中，人们在其他物种中也有很多重要发现。由于果蝇生长周期短，遗传操作工具丰富，又有可观测及定量的行为表现，以果蝇为模式生物的研究在这场竞争中暂时地胜出了，2017 年的诺贝尔生理学或医学奖也表彰了这些研究的重要性。

发现果蝇 *per* 基因之后的十多年间，人们并没能通过序列相似性在哺乳动物中找到类似的生物钟基因。1994 年，美国西北大学的日裔科学家高桥（Joseph S. Takahashi）通过遗传筛选，揭示了小鼠中生物钟基因的存在，并将其命名为"钟"（*clock*）。随后，高桥实验室克隆出小鼠 *clock*（*clk*）基因[5]。

那么生物钟分子机制在进化上是否保守？*per* 基因在进化上是否保守？在小鼠和人类的研究中发现，哺乳动物基因组里有三个 *per* 基因：*per* 1～3。有趣的是，哺乳动物的 *per* 基因表达在脑中特定核团 SCN 的神经元中，其表达水平随昼夜节律而变化，而该节律受 *clock* 基因的调节[6]。此外，迈克尔·罗斯巴希和杰弗理·霍尔合作在果蝇中继续筛选生物钟基因，找到了 *jrk* 基因，结果发现果蝇的 *jrk* 基因就是小鼠

clock 基因的同源基因[7,8]。另一个筛选到的果蝇生物钟基因 *cycle*（*cyc*），在小鼠中有类似基因 *bmal*。类似地，迈克尔·杨实验室在果蝇中进行的另一个筛选找到了 *doubletime*（*dbt*）基因，编码 CKI 激酶[9]。2 年后，高桥实验室从节律异常的叙利亚仓鼠中找到一个新的调控哺乳动物节律的基因，发现它原来也是 CKI 激酶。

这些研究结果反复表明，从昆虫到哺乳类都通过同样的组织（主要是中枢神经系统）、同样的机制（以 24 小时为周期的负反馈自持续振荡，辅以外部光照的校准）和同样的基因来实现生物钟的主要功能。CLK 和 CYC 形成复合物，能够结合到 *per* 和 *tim* 基因的上游的 E boxes 区域来促进转录，提高 PER 和 TIM 蛋白产量；而 PER 和 TIM 蛋白反过来又抑制 CLK 的转录活性，从而降低 PER 和 TIM 蛋白产量。DBT 磷酸化 PER 蛋白，促进其降解，在"开始产生 PER 蛋白"和"CLK 转录受抑制"这两个事件之间提供了关键的延迟，保证了近 24 小时的振荡周期［图 2(d)］。

目前我们知道，从果蝇到哺乳动物都有主时钟，主要在脑中发挥功能；其他主要器官中也存在着局部时钟，甚至身体内多数细胞里都有 PER 和 TIM 呈 24 小时往复振荡。这些大大小小的时钟不止控制着动物的活动-休眠周期，也影响着生物体的其他指标，如血糖、血压、体温、激素分泌、进食和代谢甚至情绪等多种重要的机体指标。

三、生物钟研究的意义

比较有意思的是，本次授奖原因是表彰揭示生物钟分子机制的基础工作，而非表彰其直接或实用的价值。三位科学家的获奖工作代表了 20 世纪神经生物学一个令人兴奋的发展方向，带动了一个领域——时间生物学（chronobiology）的兴起。尽管这三个实验室及其他学者发现和揭示了众多基因或分子和复合物在生物钟机制中的功能，但到目前为止还没有直接实现疾病的治愈，也没有指导临床药物的产生，甚至连药物靶点也还在探讨中。

作为基本生命事件，生物钟关联着生物体的神经、内分泌、代谢等系统。解密生物钟的机制只是一个开端，之后需要探索的路途还很漫长。最直接的应用包括帮助生物钟紊乱人群（如睡眠相位后移症候群）修正到正常规律的节律，以及促进跨时区旅行者快速适应新环境。

人的智力和体能也有节律，通常认为一天中人的智力和体育类竞技能力的高峰，分别出现在上午和下午。那么能否有药物调整生物钟使智力在下午也能提高，甚至整个白天都保持在智力的巅峰状态，或者调整运动员的生物钟使其在比赛时达到最佳竞技状态？免疫细胞也有生物钟，其主要活动和功能也有周期性。如果可以从生物钟入手增强免疫能力，是否能够实现持续高效的对外界病源的抵抗力？此外，药物的药效和副作用与身体的代谢状态紧密相关，而后者自然也受生物钟调节。那么能否利用生物钟机制，达到比在最佳时刻吃药更好的效果？

生物钟和细胞周期在分子事件上有交集，有些受生物钟影响的细胞周期基因是决定细胞正常增殖还是癌变的关键分子。例如，在小鼠中激活 *per2* 导致 *myc* 过表达，将增加肿瘤风险。有 *cry* 基因突变的小鼠不仅节律失常，还伴有肿瘤的快速生长。流行病学调查表明，夜班职工的生物钟紊乱，会增加其癌症发病概率。研究生物钟和癌症发生之间的关系，有效降低相关肿瘤的发病率显然也十分重要。

此外，生物钟和情绪失调乃至精神疾病的关系、生物钟和衰老过程的关系、生物钟和人体共生菌群的关系也开始引起关注，生物钟相关研究将催生出多个新领域和应用。

四、对果蝇研究的展望

诺贝尔奖委员会的决定表明其对基础科研的理解和尊重。科学家对人类的贡献不一定必须是治愈某种疾病，能够揭示自然界深藏的简单而完美的规律同样令人敬仰。驱动这些没有"功利"因素的自由探索的动力，是科学家探索生命奥秘的好奇心。某个重要问题的解决可能就会是这些发现的（也许原本没有预期到的）延伸。例如，在1905 年发表质能方程时，爱因斯坦本人也没有想到由此催生的原子弹，以及其对战争形势和世界格局的巨大影响。

这是以果蝇为模式生物的研究第五次获诺贝尔奖（也有人认为是第六次）。人类对果蝇的研究已有超过百年的历史。除了这些诺贝尔奖工作，对果蝇的研究还贡献了难以胜数的杰出成果：科学家们发现和鉴定了新基因、基因互作及信号通路，多次突破传统观念，催生和引领了遗传学、细胞生物学、发育生物学及神经生物学等现代生命科学的基本学科。

生物钟研究进展不仅是一系列激动人心的故事，还包括一长串科学家名单。在揭示生物钟机制的早期研究中，杰弗理·霍尔和迈克尔·罗斯巴希的实验室就先后有数位中国留学生参与并做出贡献。目前，国内有十几个专门研究生物钟的实验室，研究的方向包括寻找新的生物钟基因，细胞内生物钟与其他信号通路的交互作用，生物钟的内部调节和外部调节机制，主时钟与局部时钟的偶联，生物钟对生理过程的调控，以及对辅助倒时差药物的筛选等。此外，还有 50～60 个实验室的研究与生物钟相关，包括精神类疾病、肿瘤发生和代谢失调等，研究的对象包括果蝇、哺乳动物和植物。

果蝇个体小，易繁殖，基因组紧凑，遗传背景清楚，研究手段齐备。这些特点使得果蝇和遗传筛选成为绝配。用还原论的观点来看，一个复杂机器，弄清其工作原理的最佳方法是筛选，即逐一尝试去掉某些部件，确定关键成分并验证其充分性和必要性。以此为基础提出并验证假说，来逐步整合乃至还原整个机器的工作原理。在生物钟机制的解析过程中，这一策略得到很好体现。首先，本哲和科诺普卡筛选由基因突变引发的节律异常品系，提示 *per* 是生物钟关键基因。后来，三位诺贝尔奖得主克隆 *per* 基因使得在分子水平进行分析成为可能，提出自持续负反馈振荡模型。在此基本框架下，更多的分子被整合进来，逐步描绘出了多种不同功能分子参与的周期性振荡机理。

果蝇的脑比芝麻还小，神经元数量仅为 3×10^5 个，约是人脑的百万分之一。但是这个"迷你"脑表现出令人惊讶的智能，支配着多种行为。从躲避蝇拍到自由飞行，从找水、觅食、求偶到打架，样样不少。近年来，在探究行为的神经环路机制和脑连接组等前沿热点课题上，果蝇也是首选模式动物之一。例如，在解析感知觉的神经机制方面，果蝇已经做出重要贡献。而更为复杂的脑科学问题，如睡眠、进食、飞行控制、学习记忆和抉择行为、求偶、打架和社会行为等，在果蝇中的研究也取得了长足进步。

迈克尔·罗斯巴希在获奖致辞中强调，生物钟研究的过程带有"盲目而愚蠢的运气"（blind，dumb luck）。生命科学是对自然存在的生物现象的探究，许多突破性发现都兼具创造性、盲目性和戏剧性。这种不可预见性或不确定性意味着科学研究很难像工程项目那样操作和管理。在我们对生命本身还缺乏足够了解之前，看似无关或无用的自由探索可能敲开另一座宝殿的大门而另有所获。例如，1993 年通过遗传学筛选找到果蝇胚胎神经索规律排布的决定因子，由 *roundabout*（*robo*）编码，是在神经系统早期发育中起重要作用的信号受体。后来 *robo* 同源分子被发现在哺乳动物的神经发育中介导轴突导向和细胞迁移，也参与肿瘤组织的血管生成。有趣的是，*robo* 在上皮细胞中既是原癌基因又是抑癌基因，参与肿瘤细胞的迁移及扩散。而常见的 5 类癌症都是源于上皮细胞的癌变。目前已经基于 *robo* 研发出针对多种肿瘤的治疗方案。*robo* 的故事起始于果蝇神经生物学，在肿瘤和免疫生物学上得到转化而走向临床，近 30 年的研究历程耐人寻味。

看似基础且"无用"的果蝇研究，整体上正在并已经给人类带来对自然更深入全面的认识，推动着现代医学诊治和预防能力的发展。此外，随着对果蝇脑的生物计算机制的深入解析，可以预见小小的果蝇将为类脑仿生和自主智能等方面提供新的腾飞起点。笔者也衷心希望，在果蝇相关领域，我国的基础科学研究不落人后，努力进取，为人类的科学事业做出自己应有的贡献。

致谢：感谢北京大学饶毅教授，华中科技大学张珞颖教授，中国科学院郭爱克院士、刘力教授、李岩教授、周传教授阅读初稿并给出建议。

参考文献

［1］Ibáñez C P. Scientific Background Discoveries of Molecular Mechanisms Controlling the Circadian Rhythm. Sweden,2017.

［2］饶毅. 勇气和运气：生物钟的分子研究. 知识分子,2017.

［3］Konopka R J,Benzer S. Clock mutants of Drosophila melanogaster. Proceedings of the National Academy of Sciences of the United States of America,1971,68(9):2112-2116.

［4］Hardin P E,Hall J C,Rosbash M. Feedback of the Drosophila period gene product on circadian cycling of its messenger RNA levels. Nature,1990,343(6258):536-540.

［5］Vitaterna M H,King D P,Chang A M,et al. Mutagenesis and mapping of a mouse gene,*Clock*,essential for circadian behavior. Science,1994,264(5159):719-725.

［6］Ko C H,Takahashi J S. Molecular components of the mammalian circadian clock. Handbook of Experimental Pharmacology,2013,15(217):271-277.

［7］Allada R,Kadener S,Nandakumar N,et al. A recessive mutant of *Drosophila* Clock reveals a role in circadian rhythm amplitude. Embo Journal,2014,22(13):3367-3375.

［8］Allada R,White N E,So W V,et al. A mutant Drosophila homolog of mammalian *Clock* disrupts circadian rhythms and transcription of period and timeless. Cell,1998,93(5):791-804.

［9］Syed S,Saez L,Young M W. Kinetics of doubletime kinase-dependent degradation of the *Drosophila* period protein. Journal of Biological Chemistry,2011,286(31):27654-28662.

Molecular Mechanisms of Biological Clock
——Commentary on the 2017 Nobel Prize in Physiologyor Medicine

Zhu Yan

The 2017 Nobel Prize in Physiology or Medicine was awarded to Jeffrey C. Hall,Michael Rosbash and Michael W. Young for their discoveries on the molecular mechanisms underlying circadian rhythms. As fundamental property of most organisms,the internal biological clock anticipates day/night cycles and regulates physiological process and behavior. Staring from the *Drosophila per* mutants,they identified and characterized the gene controlling circadian rhythms,and subsequently established a complex network of molecular events that drive an autonomous oscillation with a period of~24 hours. Revealing the conserved physiological mechanisms of biological clock opens the doors to revealing the mystery of numerous life phenomena with great implications for human health and disease.

第三章

2017年中国科研代表性成果

Representative Achievements of Chinese Scientific Research in 2017

3.1 "悟空号"精确测量宽能段电子宇宙线能谱

常　进

（中国科学院紫金山天文台）

天文学家们发现在宇宙中除了人类所熟悉的普通物质，还有大量的不发光、也不反射光，却具有引力相互作用的未知物质，科学家们称之为暗物质。一般认为暗物质由一类全新的未知粒子构成，发现暗物质有望引发基础物理学的革命。尽管暗物质本身不发光，然而一旦两个暗物质粒子碰在一起，并产生伽马射线辐射，可能会湮灭而产生正反粒子对，如正负电子对、正反质子对、正反中微子对等。这些暗物质湮灭的产物在宇宙空间中运动，成为宇宙线的一部分。因此高精度地观测电子宇宙线、反质子宇宙线以及伽马射线，有可能发现暗物质粒子。我国于 2015 年 12 月 17 日成功发射的"悟空号"暗物质粒子探测卫星的主要科学目标之一就是在电子宇宙线和伽马射线数据中寻找暗物质粒子存在的证据[1]。

"悟空号"是我国的首颗天文卫星，它的设计基于中国科学院紫金山天文台科学家于 1999 年提出的一种新的数据处理方法[2]，其核心探测器单元由中国科学院研制。作为中国空间科学卫星系列的首发星，"悟空号"的成功发射受到了社会各界的高度关注，《自然》也在它的焦点新闻栏中以"暗物质探测器开启了中国空间科学时代"为题及时予以了报道。"悟空号"自 2015 年 12 月 24 日开机工作后顺利工作至今，各子探测器皆工作正常[3]。"悟空号"在轨运行的前 530 天共采集到约 28 亿个高能宇宙线事例，科学团队对它们进行了详尽的分析并从中"筛选"出约 150 万例 25 GeV 以上的电子宇宙线。基于这些数据，科研人员成功获取了目前国际上精度最高的 TeV 电子宇宙线探测结果[4]。"悟空号"的结果与之前结果相比，首先是其能量测量范围比起国外的空间探测设备（AMS-02，Fermi-LAT）有显著提高，拓展了我国观察宇宙的窗口（图 1）；其次是"悟空号"测量到的 TeV 电子的"纯净"程度最高（也就是其中混入的质子数量最少），能谱的准确性高。"悟空号"首次直接测量到了电子宇宙线能谱约在 1 TeV 处的拐折，该拐折反映了宇宙中高能电子辐射源的典型加速能力，其精确的下降行为对于判定部分低能电子宇宙线是否来自暗物质起着重要作用[5]。"悟空号"的科学成果于 2017 年 11 月 30 日在《自然》杂志在线发表的同时，《科学》杂志以"'悟空号'发现了一个诱人的信号"为题发表了新闻评论，认为"该成果标志着中国空间科学的崛起"。

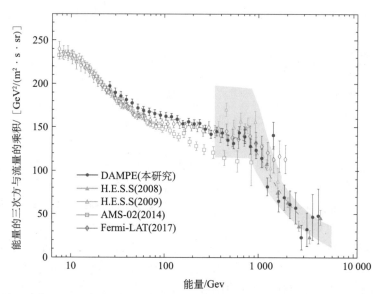

图1 "悟空号"工作 530 天得到的高精度电子宇宙线能谱（红色数据点），以及其和美国费米卫星测量结果（蓝色数据点）、丁肇中先生领导的阿尔法磁谱仪的测量结果（绿色数据点）的比较

"悟空号"的电子宇宙线能谱公布后，很多理论家对于约 1.4TeV 处可能存在的流量"异常"予以了极大的关注，提出了一些暗物质模型来予以解释。这是因为高能电子在银河系中传播时会通过同步辐射或者逆康普顿散射快速损失能量，因此 TeV电子不能传播很远，也就是其辐射源应该离我们比较近。此外，经过远距离传播后的电子宇宙线能谱会因为能量损失等而变得平滑，而现有的数据中的疑似结构非常尖锐。如果这个结构为真，那么辐射源所产生的电子宇宙线能谱将更为"尖锐"，目前尚不清楚天体物理过程是否真的能够产生如此奇特的结构[5]。尽管 1.4TeV 处的数据点引发了广泛的关注，但由于"悟空号"的首批科学数据的统计量在 TeV 能区依然较小，还无法排除是统计涨落的可能性。当前"悟空号"运行状态良好，超期服役几成定局。目前已经决定延寿两年，其持续采集的数据将可靠地检验该数据点处是否真的存在流量异常。此外，尽管"悟空号"的伽马射线探测面积显著小于 Fermi-LAT，但其能量分辨率显著优于后者，因此其仍有望在基于伽马射线线谱的暗物质探测方面取得重要成果[1]。由中国科学院紫金山天文台领衔的科学团队正在全面分析"悟空号"的数据，希望能够早日发现暗物质的踪迹。

参考文献

[1] Chang J,Ambrosi G,An Q,et al. The dark matter particle explorer mission. Astropartical Physics,2017,95:6.

[2] Chang J. On the detection and identification of cosmic gamma-rays in a cosmic ray detector. BMJ,1999,1(2):136-137.

[3] DAMPE collaboration. The on-orbit calibration of Dark Matter Particle Explorer. 2019,Astropart. Phys,106(1):18 − 34.

[4] DAMPE collaboration. Direct detection of a break in the teraelectronvolt cosmic-ray spectrum of electrons and positrons. Nature,2017,552(7683):63-66.

[5] Yuan Q,Feng L,Yin P F,et al. Interpretations of the DAMPE electron data. 2018,arXiv:1711.10989.

Precise Measurement of Cosmic Ray Electron and Positron Spectrum in a very Wide Energy Range with DAMPE

Chang Jin

Dark Matter Particle Explorer (DAMPE),the first Chinese astronomical satellite, was successfully launched on 17 December 2015. Based on the data collected in the first 530 days of operation,the DAMPE collaboration has identified about 1.5 million cosmic ray electrons and positrons (CREs) above 25 GeV and reported the spectrum up to 4.6 TeV. The DAMPE result,characterized by its unprecedentedly low background and the smallest errors,significantly extends the energy reach of previous space measurements and opens a new observation window in space. The main part of the CRE spectrum can be well fitted by a smoothly broken power-law model rather than a single power-law model. This is the first time to directly detect such a spectral break,which is crucial to revealing the physical origin of high energy CREs. The most intriguing tentative feature displaying in the DAMPE spectrum may be the flux enhancement at ∼1.4 TeV and more events are definitely needed to check whether it is a statistical fluctuation or not.

3.2 研发新一代高密度纳米共格析出增强超高强钢

蒋虽合 王 辉 吴 渊 刘雄军 吕昭平

（北京科技大学新金属材料国家重点实验室）

超高强钢一般指强度高于 1500 兆帕（MPa）的钢铁材料，其由于具有突出的力学性能，因此作为结构材料应用于如航空航天、交通运输、先进核能等极具挑战性的国民经济和国家安全等重大领域。然而对于在严苛条件下服役的结构材料，不仅需要高的强度，还要求一定的韧塑性，从而确保服役安全性和可靠性，特别是对于强度超过 2000MPa 的高性能钢铁材料，在合金设计上不可避免地面临着高强度和高韧塑性等性能的要求。

自 1960 年德克尔（R. F. Decker）发明超高强度马氏体时效钢以来[1]，高强合金的设计始终是基于在高合金含量的过饱和马氏体基体上通过时效来促进纳米半共格第二相弥散析出的设计理念[2~4]。虽然各高强钢种的强化相种类不同[5~7]，但是其变形抗力均源自析出相长大时逐渐增强的共格畸变场，而提高析出相强度和最小化析出相间隙却难以平衡和两全。半共格析出产生的畸变不仅会降低析出相平衡体积分数，而且会促进不均匀析出[8,9]，这些都会极大限制最小化粒子间距的要求，破坏组织均匀性。因此，通过发展新的合金设计理念来获得高抗力第二相的高密度弥散析出对于进一步提升强度具有重要的科学意义和实用价值。20 世纪以来，国际上多个研究组尝试不同的合金设计思想，以期在低成本前提下获得力学性能的突破。

北京科技大学吕昭平教授带领由蒋虽合、王辉、吴渊、刘雄军等组成的研究团队从 2007 年展开对新一代高性能钢铁材料的攻关，通过反复实验，在经过大量合金尝试后，在 Fe-Ni-Al 基合金体系中展开了系统的研究工作，创新性地提出通过共格有序析出强化位错马氏体的设计思想，发现在最小化共格析出相与基体错配度的同时，共格有序析出不仅实现了超高密度均匀弥散析出，而且该有序析出相高的反相畴界在小尺寸时仍能产生极高的强度。这种将高密度纳米共格有序析出与位错马氏体结合的微观组织在产生显著强化的同时具有较好的塑性，解决了长期以来困扰结构材料的强塑性矛盾，并突破"共格析出强化合金低强低塑"的传统认识，研发出新一代低成本高性能超高强钢，弥补了我国在高端钢铁行业自主创新上的不足。

图 1 是新型超高强钢的微观组织[10]。可以看出，密度高、尺寸在 2~4nm 的析出

相均匀分布在高密位错基体上，同时析出与基体保持完全共格关系。图 2 展示了 Fe-Ni-Al 基合金的拉伸力学性能及其和传统超高强钢的比较[10]。可以看到单一析出相在产生显著强化的同时，塑性几乎保持不变，而传统高强钢塑性则随强度提升急剧下降，证实了新合金设计能够获得优异的力学性能。该成果在《自然》上发表，审稿人给予了高度评价，认为这一研究工作"以完美的超强马氏体钢设计思想，为研发具有优异的强度、塑性和低成本相结合的结构材料提供了新的途径"。

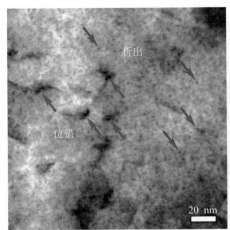

(a) STEM明场像　　　　　　(b) 高分辨HAADF STEM原子像

图 1　新型超高强钢的微观组织

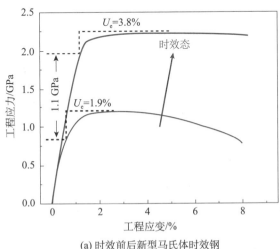

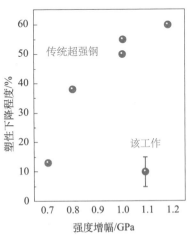

(a) 时效前后新型马氏体时效钢
的拉伸工程应力应变曲线

(b) 时效后传统及新型
高强钢强度和塑性的变化

图 2　新型超高强钢的力学性能

　　新一代共格纳米有序析出增强马氏体时效钢的研发初步实现了低成本、高性能和简化工艺的研究目标，拓展了超高强钢等高端钢铁材料的实际应用领域，更重要的是，其合金设计思想也为其他结构材料的强韧化打开了新思路，可广泛应用于其他金属材料的高性能研究。目前共格析出增强超高强钢的挑战在于钢材不突出的断裂韧性，下一步的研究工作将集中在进一步提高其断裂韧性。

参考文献

［1］Decker R F, Floreen S. Maraging steel the first 30 years. In: Wilson R K. Maraging Steels: Recent Developments and Applications. TMS-AIME, 1988: 1-38.

［2］Hu Z F, Wu X F. High resolution electron microscopy of precipitates in high Co-Ni alloy steel. Micron, 2003, 34: 19-23.

［3］Hu Z, Wu X, Li X, et al. Study on the precipitation of M2C in high Co-Ni alloy steel. J Mater Eng Perform, 2001, 10: 493-495.

［4］Yoo C H, Lee H M, Chan J W, et al. M2C precipitates in isothermal tempering of high Co-Ni secondary hardening steel. Metall Mater Trans A, 1996, 27: 3466-3472.

［5］Pardal J M, Tavares S S M, Terra V F, et al. Modeling of precipitation hardening during the aging and overaging of 18Ni-Co-Mo-Ti maraging 300 steel. J Alloys Compd, 2005, 393: 109-113.

［6］Tewari R, Mazumder S, Batra I S, et al. Precipitation in 18 wt% Ni maraging steel of grade 350. Acta Mater, 2008, 48: 1187-1200.

［7］Ayer R, Machmeier P M. Transmission electron microscopy examination of hardening and toughening phenomena in Aermet 100. Metall Trans A, 1993, 24: 1943-1955.

［8］Raabe D, Herbig M, Sandlöbes S, et al. Grain boundary segregation engineering in metallic alloys: a pathway to the design of interfaces. Curr Opin Solid State Mater Sci, 2014, 18: 253-261.

［9］Raabe D, Ponge D, Dmitrieva O, et al. Nanoprecipitate-hardened 1. 5 GPa steels with unexpected high ductility. Scr Mater, 2009, 60: 1141-1144.

［10］Jiang S H, Wang H, Wu Y, et al. Ultrastrong steel via minimal lattice misfit and high-density nanoprecipitation. Nature, 2017, 544: 460-464.

Ultrastrong Steel via Minimal Lattice Misfit and High-density Nanoprecipitation

Jiang Suihe，Wang Hui，Wu Yuan，Liu Xiongjun，Lü Zhaoping

Next-generation high-performance structural materials are required for light-weight design strategies and advanced energy applications. Traditional ultrahigh-strength steels exploit strength from semi-coherent precipitates, which unavoidably exhibit a heterogeneous distribution that creates large coherency strains, which in turn may promote crack initiation under load. This work reports a counterintuitive strategy for the design of ultrastrong steel alloys by high-density nanoprecipitation with minimal lattice misfit. These highly dispersed, fully coherent precipitates, showing high anti-phase energy, strengthen alloys without sacrificing ductility. Strengthening of this class of steel alloy is based on minimal lattice misfit to achieve maximal precipitate dispersion and high cutting stress, and we envisage that this lattice misfit design concept may be applied to many other metallic alloys.

3.3 氢气的低温制备和存储

马 丁

（北京大学化学与分子工程学院）

氢能是一种公认的高热值清洁能源，热值达 1.42×10^2 兆焦/千克（MJ/kg），约是汽油热值的三倍，因此被称为"能源货币"[1]。在 20 世纪 70 年代第一次石油危机期间，氢经济（Hydrogen Economy）的概念被首次提出并推广，目标是希望在不远的将来利用氢气作为支撑全球经济的主要能源，将目前能源循环所依赖的高污染、高排放的碳循环，逐步过渡成清洁、高效、低排放的氢循环[2]。氢能应用循环主要包括三个环节：①氢燃料的制备；②氢燃料的存储和输运；③通过氢燃料电池实现化学能到电能的转变。其中，如何实现氢气安全高效的存储和运输成为限制氢能经济和氢燃料电池发展的关键问题。

一种解决方案是将氢气存储到液体产品（如甲醇）中，例如，二氧化碳和氢气合成甲醇，通过甲醇-水催化重整原位释放氢气。甲醇-水重整产氢具有温度低、能耗少、氢气纯度高、价廉易得等优点。这种氢气的储存和输运策略既可以供城市加氢站使用：把运输相对危险的高压气态或者液态氢气改变为运输甲醇，能量密度大大提升；而在加氢站、通信基站等地既可通过现场甲醇水相重整装置供氢，也可以和燃料电池汽车结合，整合为车载重整制氢装置，变燃料电池汽车的加氢为加甲醇。也可以完美地解决氢气的高效存储和运输这一大难题。而实现上述目标的基础在于高效甲醇水重整制氢催化剂的开发。

为实现上述理想目标，结合甲醇-水重整产氢反应的特点，本研究团队（包括北京大学化学与分子工程学院马丁课题组、中国科学院大学周武课题组、中国科学院山西煤炭化学研究所/中科合成油技术有限公司温晓东课题组以及大连理工大学石川课题组等）提出构建一种双功能结构的催化剂，在反应过程中催化剂的表面同时活化水和甲醇。经过大量的前期探索和详细的实验研究，包括催化剂载体的筛查、金属活性中心的选择、催化剂结构及反应过程的设计和优化等，我们设计了一种新的铂-碳化钼双功能催化剂，能够在低温（150～190℃）条件下实现对水和甲醇的高效液相重整产氢。在 190℃，每摩尔铂催化产氢速率可达 18 046 摩/时（mol/h），活性较传统铂基催化剂提升了两个数量级（图 1 和图 2）。如此高的原位催化产氢过程不仅可以与燃料电池联用为之高效地直接供氢，而且可以大规模现场制氢供加氢站和基站等使用。目前该研究工作已发表在国际著名期刊《自然》上[3]。

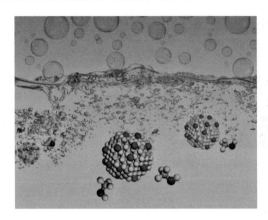

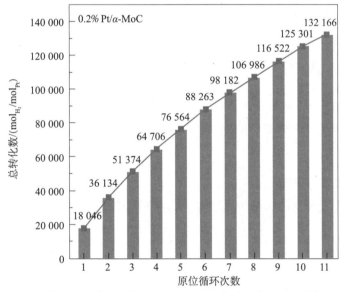

图 1　模拟的原子级分散 Pt/α-MoC 催化体系中液相甲醇水低温
重整产氢过程和循环产氢活性

以目前甲醇市场价格计算，采用此技术路径储放氢气，氢燃料电池汽车每百千米燃料价格仅需约 13 元，而加 60～80 升甲醇可供家用小轿车行驶 600～1000 千米[4]。本研究工作被国内外多家科学媒体和权威人士报道并高度评价。美国化学会《化学工程新闻》（*C&E News*）杂志和英国皇家化学会《化学世界》（*Chemistry World*）杂志分别以"氢能源：制备氢燃料新过程"（*New process for generating hydrogen fuel*）和"催化剂点亮氢能汽车未来"（*Catalyst fuels hydrogen car vision*）为题进行了亮点报道。

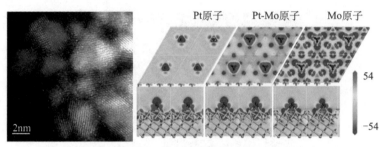

Pt原子　　　Pt-Mo原子　　　Mo原子

2nm

图2　原子级分散的 Pt/α-MoC 催化剂的高分辨电镜照片及
催化活性中心的电荷密度分布

参考文献

[1] Schlapbach L, Zuttel A. Hydrogen-storage materials for mobile applications. Nature, 2001, 414 (6861):353-358.

[2] Steele B C, Heinzel A. Materials for fuel-cell technologies. Nature,2001,414:345-352.

[3] Lin L,Zhou W,Gao R,et al. Low-temperature hydrogen production from water and methanol using Pt/α-MoC catalysts. Nature,2017,544:80-83.

[4] US Department of Energy. Compare Fuel Cell Vehicles. http://www. fueleconomy. gov/feg/fcv_ sbs. shtml[2017-12-18].

The Efficient Low-Temperature Hydrogen Production and Storage

Ma Ding

Hydrogen,an energy-intensive and clean power source,has been treated as an ideal energy carrier to replace the coal and oil based global energy system for the more sustainable economic development. However,the bottle-neck for the bursting of hydrogen economy lies in the efficient and safe hydrogen storage and transportation. To overcome this,methanol can be used as a material for the storage of hydrogen. With the reforming of methanol and water, hydrogen with a high gravimetric density of 18.8 percent by weight can be *in situ* released. Here we report that platinum (Pt) atomically dispersed on α-molybdenum carbide (α-MoC) enables low-temperature hydrogen production throughaqueous-phase reforming of methanol, with an average turnover frequency reaching 18 046 moles of hydrogen per mole of platinum per hour at 190℃. The excellent performance of our catalytic system provide a new strategy for the efficient low-temperature hydrogen production and storage.

3.4 全氮超高能含能材料研究取得重大突破

——世界首个全氮阴离子（N_5^-）化合物的成功合成

胡炳成

（南京理工大学化工学院）

含能材料是发射药（火药）、炸药、推进剂等的主要成分，对武器装备和航空航天工程发展起着关键支撑和制约作用。当前的常规含能材料均是以硝基等作为致爆基团的 CHON 类化合物，其极限爆炸能量为 7.25×10^3 焦/克（J/g），相当于 1.73 倍 TNT 当量（TNT 的爆炸能量为 4.19×10^3 焦/克），且使用后可能会产生有毒有害物质，污染环境[1]。因此，能量更高的环保型超高能含能材料一直是各军事强国在含能材料领域重点发展的核心技术。

超高能含能材料是指能量比常规含能材料至少高一个数量级的新型高能物质。其中一类是基于化学能的高能物质，主要通过迅速的化学反应来释放分子其内所存储的能量，其能量水平为 $10^4 \sim 10^5$ 焦/克。全氮类物质作为当前世界重点研究的一种基于化学能的超高能含能材料，能量水平可达 $6 \sim 8$ 倍 TNT 当量，分解产物为极其稳定的氮气，具有高生成焓、超高能量及爆轰产物清洁、无污染等优点，很有希望作为新一代超高能含能材料应用于炸药、发射药和推进剂等领域[2]。

在全氮类物质中，离子型全氮物质是最可能首先获得应用的一类。全氮阴离子（N_5^-）和全氮阳离子（N_5^+）是目前世界各国研究最热门的两种全氮离子。理论研究表明，具有芳香性、环状结构的 N_5^- 比 "V" 形结构的 N_5^+ 稳定性更好，N_5^- 自身带有负电荷且化学反应活性较高，便于与其他含能阳离子组装形成高能化合物。因此，N_5^- 的合成一直是国际含能材料领域的研究热点[3]。

关于 N_5^- 的研究，最早是德国科学家汉奇（Hantzsch）在 1903 年试图利用苯基重氮基与叠氮重排反应来制备苯基五唑或 N_5^-，但没有获得成功[4]。随后在 1915 年，利夫希茨（Lifschitz）首次报道制备了五唑银盐，但很快遭到了反驳和否定[5]。直到 1956 年，德国科学家胡伊斯根（Huisgen）和乌吉（Ugi）成功利用苯基重氮盐与叠氮化钠合成了中间态 "苯基重氮基叠氮"，然后在低温下闭环转变成苯基五唑[6]，这也是目前唯一确定含五元氮环结构的一类母体物质。由于芳基五唑只能在低温条件下存在很短的时间，而且其分子中 N—N 键的键能远小于 C—N 键的键能，这就意味着芳基五唑分子的 N—N 键远比 C—N 键更易于断裂，因此，直接打断芳基五唑分子中的 C—N 键会导致五唑环的破碎而无法获得 N_5^-，再加上 N_5^- 自身的稳定性较差，致使通过切断芳基五唑分子中的 C—N 键来获得完整的 N_5^- 成为需要解决的国际性技术难题之一。自 1956 年芳基五唑被首次合成以来，制备稳定存在的 N_5^- 及其盐的研究工作一直没有取得实质性进展。

近年来，本研究组围绕芳基五唑的合成方法、稳定机制及其分解产生 N_5^- 的机理以及 N_5^- 的稳定机制等课题开展了深入研究，取得重大的突破性进展，创造性地采用间氯过氧苯甲酸（m-CPBA）和甘氨酸亚铁［Fe(Gly)$_2$］组成切断体系，选择性地切断芳基五唑分子中的 C—N 键（图 1），首次制备得到室温下稳定、分解温度高达 116.8 ℃的含有 N_5^- 离子的盐 $(N_5)_6(H_3O)_3(NH_4)_4Cl$[7]（图 2）。

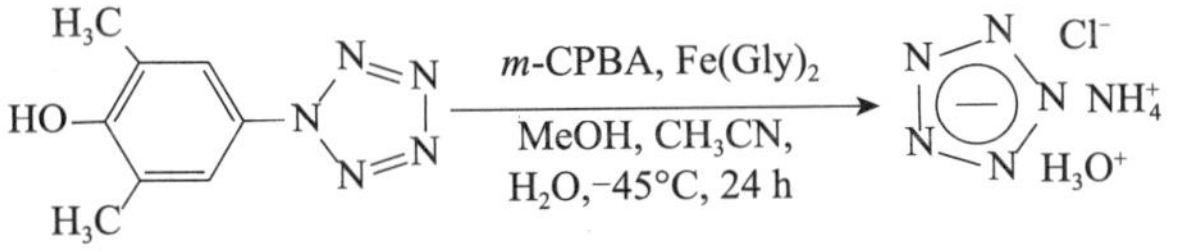

图 1　全氮阴离子（N_5^-）盐 $(N_5)_6(H_3O)_3(NH_4)_4Cl$ 的合成示意图

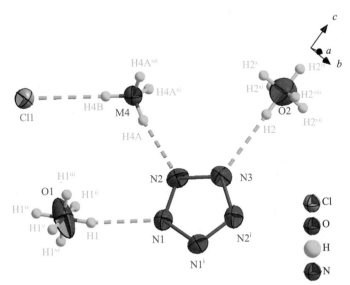

图 2　全氮阴离子（N_5^-）盐 $(N_5)_6(H_3O)_3(NH_4)_4Cl$ 的晶体结构图

2017 年 1 月 27 日，国际著名学术期刊《科学》发表了上述研究成果，《科学》杂志在同一期专门发表一篇来自世界著名的含能材料科学家、"全氮之父"克里斯特

（Christe）教授对该论文的评述，他详细介绍和分析了本研究组的论文，认为我们的研究成果是全氮类物质研究领域的一个历史性突破，并且展望了此项研究的重要性及科学意义[8]。论文被《科学》期刊报道之后，美国、俄罗斯、英国等世界主要军事强国纷纷报道了这一新闻，英国《化学世界》网站更是评论这一成果"打开了制造新型高能火箭燃料和爆炸物的大门"。

参考文献

[1] 董海山. 高能量密度材料的发展及对策. 含能材料, 2004, 12(Z1):1-12.

[2] 李玉川, 庞思平. 全氮型超高能含能材料研究进展. 含能材料, 2012, 35(1):1-8.

[3] Vij A, Pavlovich J G, Wilson W W, et al. Experimental detection of the pentaazacyclopentadienide (pentazolate) anion, cyclo-N_5^-. Angewandte Chemie Internation Edition, 2002, 41(16):3051-3054.

[4] Hantzsch H. Ueber diazoniumazide, Ar. N_5. Berichte der Deutschen Chemischen Gesellschaf, 1903, 36(2):2056-2058.

[5] Lifschitz J. Synthese der Pentazol-Verbindungen. I. Berichte der Deutschen Chemischen Gesellschaf, 1915, 48(1):410-412.

[6] Huisgen R, Ugi I. Zur Lösung eines klassischen problems der organischen stickstoff-chemie. Angewandte Chemie, 1956, 68(22):705-706.

[7] Zhang C, Sun C G, Hu B C, et al. Synthesis and characterization of the pentazolate anion cyclo-N_5^- in $(N_5)_6(H_3O)_3(NH_4)_4$Cl. Science, 2017, 355:374-376.

[8] Christe K O. Polynitrogen chemistry enters the ring. Science, 2017, 355:351.

A Major Breakthrough in All-nitrogen Ultrahigh-Energetic Materials

——Successful Synthesis of the First Pentazolate Anion（N_5^-）Compound

Hu Bingcheng

High-energy density materials(HEDMs) and even ultrahigh-energy energetic materials as energy earner are long-term goals to pursue for modern weaponry and aerospace engineering. Polynitrogen complexes have attracted wide interest because of their high density, ultrahigh energy and environmentally benign detonation products. Due to the preparation method limitations, all attempts to prepare

N_5^- anion via the cleavage of the C—N bond from arylpentazoles have proven unsuccessful. In our research, we first succeeded in synthesizing and isolating a stable salt, $(N_5)_6(H_3O)_3(NH_4)_4Cl$, by the rupture of the C—N bond of arylpentazole in the presence of m-chloroperbenzoic acid (m-CPBA) and ferrous bisglycinate $[Fe(Gly)_2]$. This achievement is a historic breakthrough in the research field of all-nitrogen compounds, which is of great scientific significance for the development of ultrahigh-energetic materials.

3.5 二氧化碳加氢直接高选择性合成汽油燃料

高 鹏 孙予罕

（中国科学院上海高等研究院，中国科学院低碳转化科学与工程重点实验室）

随着人类社会的不断发展，人们对自然资源的依赖程度逐渐增大，其消耗速度也在不断增长。然而，不断增长的能源消费也给环境带来了诸多的负面影响，其中二氧化碳（CO_2）的排放问题越来越受到政府、公众、企业界以及学术界的关注。同时，CO_2也是一种自然界大量存在的"碳资源"，若能借助太阳能和风能等可再生能源获取电能分解水制得的氢气（H_2），将CO_2转化为化学品或燃料，不仅能实现温室气体的减排，而且有助于解决对化石燃料的过度依赖以及可再生能源的存储问题[1,2]。作为一类高碳烃类化合物（$C_5 \sim C_{11}$，碳原子数为5～11），汽油是重要的运输燃料，在世界范围内应用广泛。然而，由于CO_2分子的化学惰性，将其转化为含有两个以上碳原子的化合物仍然是一项巨大的挑战[3]。

由CO_2加氢直接合成高碳烃的成功研究很少，这主要是由于缺乏有效的催化剂体系。现有的研究主要围绕改性的铁基费-托催化剂开展，然而，受限于安德森-舒尔茨-弗洛里（Anderson-Schulz-Flory）分布，费-托产物中$C_5 \sim C_{11}$组分的选择性最高为48%，同时甲烷（CH_4）的选择性高达6%[4,5]。最近，中国科学院上海高等研究院孙予罕、钟良枢与高鹏团队通过成功设计氧化铟/分子筛（In_2O_3/HZSM-5）双功能催化剂，在CO_2加氢一步转化高选择性合成汽油方面取得新突破。该双功能催化剂可"身兼数职"，省却中间环节，帮助CO_2"一步到位"，直接转化为汽油高碳烃（图1）。在双功能催化剂上，CO_2加氢烃类产物中汽油组分的选择性高达80%，而CH_4仅有1%，且烃类组分以高辛烷值的异构烃为主。另外，在优化的反应条件下，利用该技术得到的液体燃料接近93号汽油的品质。相关结果发表在《自然·化学》（Nature Chemistry）上[6]。

中国科学院上海高等研究院团队利用In_2O_3表面的高度缺陷结构来活化CO_2与H_2分子，催化CO_2首先加氢生成甲醇，随后甲醇分子传递至分子筛孔道中的酸性位点上发生选择性C—C（碳—碳）偶联反应，转化成特定的烃类化合物[6,7]。其中，功能组分的选择非常重要，分子筛上的C—C偶联反应需要较高的温度（约350℃），而CO_2

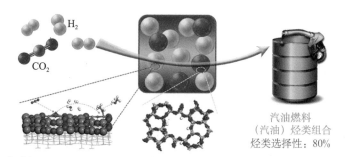

氧化铟(In₂O₃)活化CO₂　　HZSM-5分子筛上进行C–C偶联

图 1　双功能催化剂上二氧化碳加氢直接合成汽油燃料

加氢生成甲醇是低温有利的反应，温度的升高会促进逆水煤气变换（reverse water-gas shift，RWGS）反应。相对于传统的铜基催化剂，生成甲醇的关键中间物种在氧化铟表面的氧缺陷位上更加稳定，从而抑制了 CO 的生成。通过耦合分子筛，中间体甲醇快速转化为汽油烃类组分，突破了生成甲醇高温不利的热力学障碍。研究进一步发现，精密调控双功能活性位间的距离对抑制 RWGS 反应、提高汽油烃类组分的选择性起着至关重要的作用。

　　研究团队还进一步探究了该催化剂体系的工业应用前景。研究人员将催化剂放大制备成了工业尺寸颗粒，在带有尾气循环系统的工业装置上进行了测试，其性能与小试类似，且尾气循环可有效促进汽油组分的生成。因而，该催化剂具备示范应用的条件。该技术今后的工业化应用与推广还取决于廉价、清洁氢气获取技术的发展。现阶段该技术可用于钢铁厂、电厂和水泥厂等高碳排放行业的烟气利用，为相关行业提供减排方案；还可用于富含二氧化碳合成气（如焦炉、转炉、高炉煤气等）及富含二氧化碳天然气（如南海天然气）的转化利用，提高相关企业的经济效益。在国家即将征收碳税（指针对二氧化碳排放所征收的税）的大背景下，该技术的优势更加明显。

参考文献

[1] Olah G A, Prakash G K S, Goeppert A. Anthropogenic chemical carbon cycle for a sustainable future. Journal of the American Chemical Society, 2011, 133: 12881-12898.

[2] He M Y. Direct and highly selective conversion of CO₂ into gasoline fuels over a bifunctional catalyst. Science China Chemistry, 60(9): 1145-1146.

[3] Sakakura T, Choi J C, Yasuda H. Transformation of carbon dioxide. Chemical Reviews, 2007, 107: 2365-2387.

[4] Dorner R W, Hardy D R, Williams F W, et al. Heterogeneous catalytic CO₂ conversion to value-added hydrocarbons. Energy and Environmental Science, 2010, 3: 884-890.

[5] Yang H Y, Zhang C, Gao P, et al. A review of the catalytic hydrogenation of carbon dioxide into value-added hydrocarbons. Catalysis Science and Technology,2017,7:4580-4598.

[6] Gao P,Li S G,Bu X N,et al. Direct conversion of CO_2 into liquid fuels with high selectivity over a bifunctional catalyst. Nature Chemistry,2017,9:1019-1024.

[7] 王野. 二氧化碳直接高选择性合成液体燃料. 物理化学学报,2017,33(12):2319-2320.

Direct CO_2 Hydrogenation to Gasoline Fuels with High Selectivity

Gao Peng , *Sun Yuhan*

Although considerable progress has been made in carbon dioxide (CO_2) hydrogenation to various C_1 chemicals, it is still a great challenge to synthesize value-added products with two or more carbons, such as gasoline, directly from CO_2 because of the extreme inertness of CO_2. Recently, we present a bifunctional catalyst composed of reducible indium oxides (In_2O_3) and zeolites that yields high selectivity to gasoline-range hydrocarbons (about 80%) with very low methane selectivity (1%). The oxygen vacancies on In_2O_3 surfaces activate CO_2 and H_2 to form methanol, and carbon-carbon coupling subsequently occurs inside zeolite pores to produce gasoline-range hydrocarbons with high octane number. The proximity of these two components plays a crucial role to suppress undesired reverse water gas shift reaction and obtain a high selectivity to gasoline. Moreover, the pellet catalyst exhibits a much better performance during an industry-relevant test, which suggests promising prospects for industrial applications.

3.6 用离子精确调控氧化石墨烯膜的有序性用于离子筛分等应用

方海平

（中国科学院上海应用物理研究所水科学与技术研究室，
中国科学院微观界面物理与探测重点实验室）

将大量碳基纳米片（氧化石墨烯单原子片层）有序化，使石墨烯膜的片平整并且层间距精确可控，不仅是将石墨烯用于水处理、离子/分子分离和高容量/快速响应电池/超级电容等的关键，也对挖掘和展示石墨烯的力学、电学等物理性质非常重要[1~3]。研究者们即使付出了大量努力，包括利用纳米技术封装操控[4]、膜间修饰小分子[5]等技术，依然不能如愿。这主要是要将纸一样的石墨烯片稳定、精确"装订"成石墨烯膜，使石墨烯膜片的层间距达到水合离子直径（1 纳米）水平、精度小于1 埃（Å）以分辨离子，困难重重。

最近，中国科学院上海应用物理研究所方海平团队、上海大学吴明红团队、南京工业大学金万勤团队和浙江农林大学学者多方合作，从水合阳离子和多芳香环体系的相互作用新原理入手，提出并在实验中实现了用水合离子自身精确控制石墨烯膜的层间距，并用一种离子控制层间距后的氧化石墨烯膜可以有效地、选择性地截留其他水合离子体积较大的、需要更大层间距才能通过的离子，展示了其出色的离子筛分性能[6]。

该工作的关键是溶液中水合阳离子与石墨烯片上的芳香环之间存在强水合离子-π作用的新理论[7,8]。阳离子与芳香环（富含 π 电子）之间的离子-π 作用在 20 世纪 80 年代被发现。但是，在溶液中，由于离子被水分子水合后形成了水壳层的屏蔽，阳离子与芳香环之间的离子-π 作用从 20 世纪末起在国际上被普遍认为比较小甚至可以忽略不计[9]。我们考虑到石墨烯片上的多苯环结构，通过理论计算提出了水合阳离子与碳基表面依然具有相当强的相互作用（水合离子-多芳香环相互作用），并根据这个新理论解释了为什么到目前为止碳纳米管难以在盐水脱盐方面取得实验进展[10]。对于石墨烯膜片，水合离子会较强地吸附上下两片氧化石墨烯片，进而控制石墨烯膜内的片层间距。而这个石墨烯片层间距是由离子自身来控制的，所以层间距就直接和水合离子直径相关，可以小到 1nm 左右；精度就是不同水合离子的分辨间距，达 1Å，如图 1

所示。而且水合离子-π作用还减少了膜内部的波纹起伏，提高了膜的二维取向性，形成更平整的二维片层堆叠的结构。有意思的是，将这样的石墨烯膜烘干后，能得到平整且层间距由离子直径控制的石墨烯膜。这种由离子控制的石墨烯膜兼具良好的通道尺寸精确性和结构稳定性。实验上，当石墨烯膜先与水合直径小的离子溶液作用后，具有更大水合直径的离子就难以进入该膜，展现了出色的离子筛分性能。相关研究结果发表在2017年10月9日出版的学术期刊《自然》上，同时本文作者还申请了相应的国内和PCT专利。

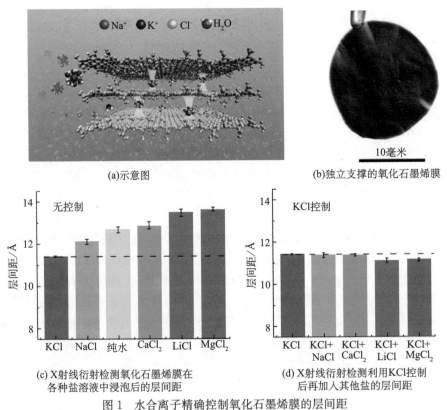

(a)示意图

(b)独立支撑的氧化石墨烯膜

(c) X射线衍射检测氧化石墨烯膜在各种盐溶液中浸泡后的层间距

(d) X射线衍射检测利用KCl控制后再加入其他盐的层间距

图1 水合离子精确控制氧化石墨烯膜的层间距

参考文献

[1] Dikin D A,Stankovich S,Zimney E J,et al. Preparation and characterization of graphene oxide paper. Nature,2007,448(7152):457.

[2] Joshi R K,Carbone P,Wang F C,et al. Precise and ultrafast molecular sieving through graphene oxide membranes. Science,2014,343(6172):752.

［3］ Elimelech M,Phillip W A. The future of seawater desalination:energy,technology,and the environment. Science,2011,333(6043):712.

［4］ Abraham J,Vasu K S,Williams C D,et al. Tunable sieving of ions using graphene oxide membranes. Natural Nanotechnology,2017,12(6):546.

［5］ Sun P,Wang K,Zhu H. Recent developments in graphene-based membranes:structure,mass-transport mechanism and potential applications. Advanced Materials,2016,28(12):2287.

［6］ Chen L,Shi G S,Shen J,et al. Ion sieving in graphene oxide membranes via cationic control of interlayer spacing. Nature,2017,550(7676):380-383.

［7］ Shi G S,Liu J,Wang C L,et al. Ion enrichment on the hydrophobic carbon-based surface in aqueous salt solutions due to cation-π interactions. Scientific Reports,2013,3(3):3436.

［8］ Shi G,Shen Y,Liu J,et al. Molecular-scale hydrophilicity induced by solute:molecular-thick charged pancakes of aqueous salt solution on hydrophobic carbon-based surfaces. Scientific Reports,2014,4(4):6793.

［9］ Mahadevi A S,Sastry G N. Cation-π interaction:Its role and relevance in chemistry,biology,and material science. Chemical Reviews,2013,113(3):2100.

［10］ Liu J,Shi G S,Guo P,et al. Blockage of water flow in carbon nanotubes by ions due to interactions between cations and aromatic rings. Physical Reviews Letter,2015,115(16):164502.

Ion Sieving in Graphene Oxide Membranes via Cationic Control of Interlayer Spacing

Fang Haiping

Graphene oxide membranes—partially oxidized,stacked sheets of graphene—can provide ultrathin,high-flux and energy-efficient membranes for precise ionic and molecular sieving in aqueoussolution. However,the pores of graphene oxide membranes—that is,the interlayer spacing between graphene oxide sheets—are of variable size. Furthermore,it is difficult to reduce the interlayer spacing sufficiently to exclude small ions and to maintain this spacing against the tendency of graphene oxide membranes to swell when immersed in aqueous solution. Here,our density functional theory computations show a strong noncovalent hydrated cation-π interactions between hydrated cations and the aromatic ring,which is considered negligible in conventional view. And we further experimentally demonstrate cationic control of the interlayer spacing of graphene oxide membranes with ångström precision using K^+, Na^+, Ca^{2+}, Li^+ or Mg^{2+} ions, based on the theory. Moreover, membrane spacings controlled by one type of cation can efficiently and selectively exclude other cations that have larger hydrated volumes, showing an excellent performance for ion sieving.

3.7　左甲状腺素治疗对甲状腺
自身免疫女性 IVF-ET 妊娠结局的影响

洪天配　乔　杰

（北京大学第三医院内分泌科、生殖医学中心）

甲状腺自身免疫（thyroid autoimmunity，TAI）指甲状腺自身抗体阳性的状态，在育龄女性中的患病率为 5%～15%。甲状腺自身抗体包括抗甲状腺过氧化物酶抗体（TPOAb）和抗甲状腺球蛋白抗体（TGAb）。队列研究显示，甲状腺功能正常的 TAI 女性自然妊娠或体外受精-胚胎移植（IVF-ET）妊娠后的流产风险较非 TAI 女性显著升高[1]，其机制可能与 TAI 女性妊娠期甲状腺储备功能不足相关，故有学者尝试使用左甲状腺素（LT_4）对这类患者进行干预，评估其能否降低流产风险。小型临床研究显示，LT_4 治疗可能降低 TAI 女性妊娠后的流产风险。由于上述临床研究的证据级别较低，大多数国内外专业学会制定的指南均指出：对于妊娠或计划妊娠的 TAI 女性，究竟是否应推荐预防性应用 LT_4 目前尚无定论[2,3]。尽管如此，在临床实践中，很多甲状腺功能正常的 TAI 女性都会被动或主动接受 LT_4 治疗。然而，这样的预防性治疗有无必要呢？是否存在无效干预的可能性呢？这些问题的回答都亟须更高级别的临床研究证据。

为了明确 LT_4 治疗能否改善甲状腺功能正常的 TAI 不孕症女性 IVF-ET 的妊娠结局，北京大学第三医院内分泌科的洪天配教授和生殖医学中心的乔杰院士共同领导成立了由内分泌科、生殖医学中心、临床流行病学研究中心等组成的跨学科研究团队，开展了迄今国际上相关研究领域样本量最大的随机对照试验（randomized controlled trial，RCT），即"甲状腺功能正常的甲状腺自身免疫状态女性接受左甲状腺素治疗后的妊娠结局研究"（Pregnancy outcome study in enthyroid women with thyroid auto-immunity after levothyroxine，简称 POSTAL 研究）。

该研究筛查了 3 万余例不孕症女性，最终入组 600 例 TPOAb 阳性但甲状腺功能正常的不孕症女性，随机分为干预组和对照组，每组各 300 例。干预组给予 LT_4 治疗，初始治疗剂量为 25 μg/d 或 50 μg/d，并根据孕期促甲状腺激素（TSH）水平调整 LT_4 剂量；对照组未给予 LT_4 治疗。两组患者均采用标准的 IVF-ET 操作流程和相同的随访方案。结果显示，干预组和对照组在流产率（10.3% *vs* 10.6%）、临床妊娠率（35.7% *vs* 37.7%）、活产率（31.7% *vs* 32.3%）等研究终点中均未见显著差异（图1）。上述结果提示，在甲状腺功能正常的 TAI 不孕症女性中，LT_4 治疗并不能改善 IVF-ET 妊娠结局。因此，对于这类人群而言，预防性应用 LT_4 治疗是不必要的。

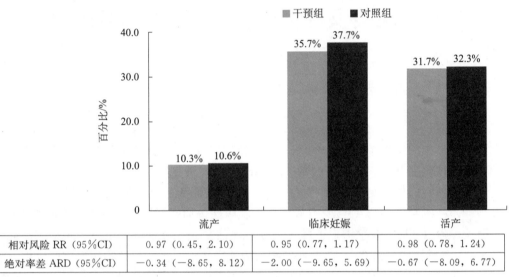

	流产	临床妊娠	活产
相对风险 RR（95%CI）	0.97（0.45，2.10）	0.95（0.77，1.17）	0.98（0.78，1.24）
绝对率差 ARD（95%CI）	−0.34（−8.65，8.12）	−2.00（−9.65，5.69）	−0.67（−8.09，6.77）

图 1　干预组和对照组不孕女性的 IVF-ET 妊娠结局

POSTAL 研究于 2017 年 12 月 12 日在国际著名医学期刊《美国医学会杂志》（*The Journal of the American Medical Association*，*JAMA*）上以 Original Investigation 形式发表[4]，表明我国 RCT 研究得到了国际学术界的认可。该研究回答了临床实践中的热点问题，具有较高的学术和临床指导价值，可作为高级别循证医学证据为相关国际性指南的修订提供重要参考。同时，该研究也为探索我国跨学科临床研究提供了重要借鉴。

参考文献

[1] Thangaratinam S, Tan A, Knox E, et al. Association between thyroid autoantibodies and miscarriage and preterm birth. British Medical Journal, 2011, 342: d2616.

[2] Lazarus J, Brown R S, Daumerie C, et al. European thyroid association guidelines for the management of subclinical hypothyroidism in pregnancy and in children. European Thyroid Journal, 2014, 3(2): 76-94.

[3] Alexander E K, Pearce E N, Brent G A, et al. 2017 Guidelines of the American Thyroid Association for the diagnosis and management of thyroid disease during pregnancy and the postpartum. Thy-

roid,2017,27(3):315-389.

[4] Wang H,Gao H,Chi H,et al. Effect of levothyroxine on miscarriage among women with normal thyroid function and thyroid autoimmunity undergoing *in vitro* fertilization and embryo transfer:A randomized clinical trial. The Journal of the American Medical Association,2017,318(22):2190-2198.

Effect of Levothyroxine on Miscarriage among Women with Normal Thyroid Function and Thyroid Autoimmunity Undergoing IVF-ET

Hong Tianpei，*Qiao Jie*

Presence of thyroid autoantibodies in euthyroid women is associated with increased risk of miscarriage. To determine the effect of levothyroxine (LT_4) on miscarriage among women undergoing *in vitro* fertilization and embryo transfer (IVF-ET), we performed a randomized clinical trial involving 600 women who tested positive for antithyroperoxidase antibody and were treated for infertility. The women in intervention group ($n=300$) received LT_4 that was titrated according to thyroid-stimulating hormone level during pregnancy, while the women in control group ($n=300$) did not. All participants received the same IVF-ET and follow-up protocols. Results showed that miscarriage rate,clinical pregnancy rate and live-birth rate were similar between the intervention and control groups. Our study indicates that among euthyroid women who have positive antithyroperoxidase antibodies,treatment with LT_4 does not reduce miscarriage rates or increase live-birth rates. This interdisciplinary study provides new and important evidence for the management of women with thyroid autoantibodies undergoing IVF-ET.

3.8 胰高血糖素受体全长蛋白的结构生物学研究

张浩楠 吴蓓丽

（中国科学院上海药物研究所）

G 蛋白偶联受体（G protein-coupled receptor，GPCR）是人体内最大的膜受体蛋白家族，包含 800 多个成员，分布在人体内各个组织和器官中，在细胞信号转导中发挥关键作用。GPCR 与人体疾病密切相关，是最大的药物靶标蛋白家族，目前 40% 以上的上市药物以 GPCR 为作用靶点。B 型 GPCR 与糖尿病、偏头痛和抑郁症等疾病的发生发展相关，这类受体包含胞外结构域和跨膜结构域，两者共同参与识别细胞信号。由于获得稳定的完整 B 型 GPCR 蛋白的难度极大，其全长结构一直未被解析，因此成为国内外 GPCR 研究领域的焦点和热点。

胰高血糖素受体 GCGR 是 B 型 GPCR 的一员，主要分布在肝脏细胞中，与胰高血糖素（glucagon）结合后被激活，最终导致血糖含量升高。GCGR 功能下降或紊乱会造成体内血糖含量降低甚至糖代谢失衡，严重者会引发糖代谢相关的疾病，如糖尿病、肥胖症等，因此 GCGR 是公认的治疗 2 型糖尿病药物的靶点[1,2]，但是目前尚无靶向 GCGR 的糖尿病治疗药物成功上市。

为了阐明 GCGR 对细胞信号的识别、转导和调控机制，推动靶向 GCGR 的药物研发，本文作者所在的研究团队与中国科学院上海药物研究所蒋华良研究员和王明伟研究员带领的研究团队合作，同时联手国际伙伴，通过多学科的紧密合作与艰苦攻关，成功解析了全长 GCGR 蛋白同时与一种小分子变构抑制剂（NNC0640）和拮抗性抗体（mAb1）抗原结合片段结合的复合物晶体结构（图 1）[3]。该项研究首次在较高分辨率水平呈现了全长 B 型 GPCR 蛋白的三维结构，极大地增进了对于 GPCR 胞外结构域与跨膜结构域之间相互协调机制的认识。

研究发现，GCGR 连接胞外结构域和跨膜结构域的肽段通过其构象变化在受体活化调控中扮演关键角色。该连接肽通过与跨膜结构域的胞外环区相互接触，并和胞外结构域紧密结合，将受体的分子构象稳定在非活化状态；而当 GCGR 的胞外结构域与多肽配体结合时，该连接肽与受体其他区域分离，通过可能发生的二级结构转变促使胞外和跨膜结构域之间相对构象产生变化，从而协助多肽配体与跨膜结构域紧密结合，最终导致受体激活（图 2）。在测定全长 GCGR 三维结构的基础上，研究团队还运用氢氚交换、二硫键交联、受体-配体竞争结合、细胞信号转导和计算机模拟等多种技术手段开展了一系列功能研究，充分验证 GCGR 不同结构域之间的作用模式及其动态变化，阐明这些构象变化对受体功能的影响和意义。

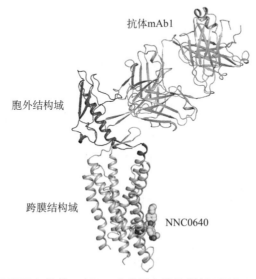

图 1　胰高血糖素受体 GCGR 与抗体 mAb1、小分子变构抑制剂 NNC0640 结合的复合物晶体结构

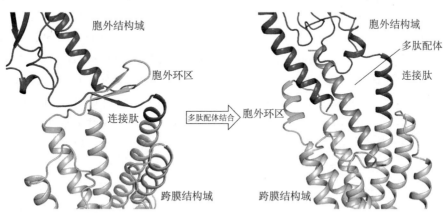

图 2　连接肽在 GCGR 激活过程中的构象变化

当未结合多肽配体时，连接肽和胞外环的相互作用限制了胞外结构域的构象变化；当受体与多肽配体结合时，连接肽和胞外环分离，并伴随胞外结构域的构象变化，促进多肽配体与跨膜结构域结合

该项研究于 2017 年 5 月在国际著名期刊《自然》上以长文（article）形式发表[3]。审稿人评价："该研究为我们呈现了首个全长 B 型 GPCR 的三维结构，这是一项重大的

研究成果"，"对于整个 GPCR 研究领域是一项极为重要的贡献，极大地促进了我们对于 GPCR 胞外结构域与跨膜结构域之间相互联络机制的理解"。《自然》同期刊载评述，认为 GCGR 全长蛋白结构"为研发调控人体血糖平衡的治疗方案带来了新的契机"。

参考文献

[1] Jiang G, Zhang B B. Glucagon and regulation of glucose metabolism. American Journal of Physiology, Endocrinology and Metabolism, 2003, 284: E671-678.

[2] Bagger J I, Knop F K, Holst J J, et al. Glucagon antagonism as a potential therapeutic target in type 2 diabetes. Diabetes, Obesity & Metabolism, 2011, 13: 965-971.

[3] Zhang H, Qiao A, Yang D, et al. Structure of the full-length glucagon class B G-protein-coupled receptor. Nature, 2017, 546: 259-564.

Structural Studies of the Full-length Human Glucagon Receptor

Zhang Haonan, Wu Beili

The human glucagon receptor (GCGR) belongs to the class B G-protein-coupled receptor family and plays a key role in glucose homeostasis and the pathophysiology of type 2 diabetes. We determined the crystal structure of the full-length GCGR in complex with an inhibitory antibody (mAb1) and a negative allosteric modulator (NNC0640) at 3.0Å resolution. The structure, combined with hydrogen-deuterium exchange, disulfide crosslinking and molecular dynamic simulation, reveals that the stalk region that connecting the extracellular domain and transmembrane domain plays an important role in modulating peptide ligand binding and receptor activation. These findings deepen our understanding of the signaling mechanismof class B GPCRs and should enable drug discovery for the treatment of type 2 diabetes.

3.9　诱　饵　模　式
——病原菌致病的全新机制

王源超

（南京农业大学）

疫霉菌有 160 余种，能危害几乎所有双子叶植物，引起的病害通常被称为"植物疫病"。疫病严重威胁着全球粮食安全和生态安全，每年导致我国的大豆、马铃薯、棉花及蔬菜等作物直接经济损失超过 160 亿元。疫霉与霜霉、腐霉等动植物重要病原菌亲缘关系较近，属于卵菌门，在进化和分类上属于茸鞭生物界，许多杀菌剂对疫霉菌无效。作物疫病的控制存在缺少高效杀菌剂、病原菌易产生抗药性、作物抗性容易丧失等问题。南京农业大学作物疫病研究团队以发展作物疫病防控新策略新技术为目标，长期聚焦于我国重要作物疫病菌的致病分子机理研究，在作物对疫霉菌的基础抗性、疫霉菌利用效应子攻击植物的分子机理、植物对疫霉菌的特异抗性及效应子变异导致的植物抗性丧失机制等方面取得了一系列重要进展。

我们在研究大豆疫霉菌致病机理的过程中，鉴定了一个重要的胞外致病因子XEG1，它具有糖基水解酶活性，能够破坏植物的免疫系统[1]，深入研究发现植物可以分泌水解酶抑制子 GIP1 来抑制 XEG1 的水解酶活性，以抵抗病原菌的侵染；作为"反防御"，疫霉菌在侵染过程中还向植物胞间分泌丧失酶活性的 XEG1 突变体——XLP1，由于 XLP1 对 GIP1 的结合活性是 XEG1 的 5 倍，XLP1 充当了分子"诱饵"来掩护 XEG1 的"攻击"；XEG1 和 XLP1 对于疫霉菌的致病性缺一不可，表明二者通过相互协作来攻击植物抗病性（图 1）。这种"诱饵模式"在多种疫霉菌中存在，表明该模式是疫霉菌攻击植物的一种广泛存在的致病机制，这也是在动植物病原菌中首次发现的一种全新致病机制。

该成果于 2017 年 1 月 12 日在《科学》期刊以 "A paralogous decoy protects *Phytophthora sojae* apoplastic effector PsXEG1 from a host inhibitor" 为题发表长文后[2]，《自然·化学生物学》（*Nature Chemical Biology*）副主编 Grant Miura 教授随即在该期刊以 "Plant infection：A decoy tactic" 为题对本文进行了亮点评述[3]；牛津大学 van der Hoorn 教授在《植物科学进展》（*Trends in Plant Science*）上撰文，认

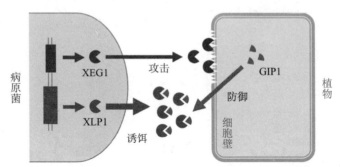

图1 疫霉菌分泌失去酶活性的 XEG1 突变体——XLP1 作为分子"诱饵"吸引抑制蛋白，
掩护 XEG1 对植物的攻击

为该研究发现的"诱饵模式"是病原菌趋同进化形成的一种共有的致病模式，对植物抗病工程的分子设计具有重要指导意义[4]；《分子植物》（*Molecular Plant*）等期刊也进行了亮点评述、综述或引用[5]；该文入选了"ESI 热点论文"和"ESI 高被引论文"。

"诱饵模式"的发现是国际植物-微生物互作领域近年来的一次重大理论突破。由于所发现的现象在多种动植物病原菌中均具有普遍性，该成果不但对改良农作物持久抗病性具有重要指导意义，也为未来开发新型生物农药提供了新材料与新线索，在农作物安全生产领域具有较为广阔的潜在应用前景。相关成果入选了 2017 年度"中国农业重大科学进展"与"中国高等学校十大科技进展"。

参考文献

[1] Ma Z, Song T, Zhu L, et al. A *Phytophthora sojae* Glycoside Hydrolase 12 protein is a major virulence factor during soybean infection and is recognized as a PAMP. Plant Cell, 2015, 27(7): 2057-2072.

[2] Ma Z, Zhu L, Song T, et al. A paralogous decoy protects *Phytophthora sojae* apoplastic effector PsXEG1 from a host inhibitor. Science, 2017, 355(6326): 710-714.

[3] Miura G. Plant infection: A decoy tactic. Nature Chemical Biology, 2017, 13: 243.

[4] Paulus J K, Kourelis J, van der Hoorn R A L. Bodyguards: Pathogen-derived decoys that protect virulence factors. Trends in Plant Science, 2017, 22(5): 355-357.

[5] Cummins M, Huitema E. Effector-decoy pairs: another countermeasure emerging during host-microbe co-evolutionary arms races? Molecular Plant, 2017, 10(5): 662-664.

A Paralogous Decoy Protects *Phytophthora sojae* Apoplastic Effector PsXEG1 from a Host Inhibitor

Wang Yuanchao

The extracellular space(apoplast) of plant tissue represents a critical battleground between plants and attacking microbes. Here we show that a pathogensecreted apoplastic xyloglucan—specific endoglucanase, PsXEG1, is a focus of this struggle in the *Phytophthora sojae*—soybean interaction. We show that soybean produces an apoplastic glucanase inhibitor protein, GmGIP1, that binds to PsXEG1 to block its contribution to virulence. *Phytophthora sojae*, however, secretes a paralogous PsXEG1-like protein, PsXLP1, that has lost enzyme activity but binds to GmGIP1 more tightly than does PsXEG1, thus freeing PsXEG1 to support *Phytophthora sojae* infection. The gene pair encoding PsXEG1 and PsXLP1 is conserved in many *Phytophthora* species, and the *Phytophthora parasitica* orthologs PpXEG1 and PpXLP1 have similar functions. Thus, this apoplastic decoy strategy may be widely used in *Phytophthora* pathosystems.

3.10 痒觉的中枢环路机制

穆 迪 邓 娟 孙衍刚

（中国科学院神经科学研究所）

痒是一种令人不愉快的感觉，通常引起抓挠行为。皮肤病、肝病等患者经常出现慢性瘙痒症状，并且与其相伴的长期搔抓行为可导致严重的皮肤和组织损伤。慢性瘙痒还经常引起睡眠障碍等，严重影响患者的生活质量[1]。但是，痒的机制尚不清楚，致使针对慢性瘙痒治疗的药物开发严重滞后。痒觉机制的研究已经成为目前医学与神经科学领域的热点之一。近年来，我们对脊髓水平的痒觉信息处理的分子和细胞机制已经有了较为深入的认识。然而，对于痒觉信息如何从脊髓传递到大脑并不清楚。这是痒觉研究领域的核心问题之一。为解决这一核心问题，本文作者所在的团队研究了脊髓水平的痒觉细胞是如何将痒觉信息传递到大脑的。以往的研究发现脊髓中的一类痒觉细胞表达胃泌素释放肽受体（gastrin-releasing peptide receptor，GRPR）[2,3]。由于大脑脑干部位的臂旁核在痒觉信息处理过程中被激活，我们推测，脊髓水平这些GRPR阳性的神经元可能通过与直接投射到臂旁核的神经元形成突触联系，从而间接地将痒觉信息传递到大脑。为了验证这一假说，我们构建了GRPR转基因小鼠，并在GRPR阳性神经元中表达光敏感通道。光激活脊髓中的GRPR阳性神经元可以在投射到臂旁核的细胞中诱导产生兴奋性突触后电流［图1(a)和(b)］。这一结果说明脊髓水平GRPR阳性神经元可以通过激活投射到臂旁核的神经元间接地向臂旁核传递痒觉信息。通过光遗传学技术操控脊髓到臂旁核环路的活性，我们发现抑制该环路可以减少痒觉诱发的抓挠行为［图1(c)和(d)］，进一步表明脊髓到臂旁核环路对于痒觉信息处理至关重要。利用在体光纤钙成像、胞外电生理记录等技术，我们发现臂旁核细胞的活性在痒觉诱发抓挠行为的过程中显著升高［图1(e)］。此外，我们也从行为学水平证实了抑制臂旁核同样可以减少痒觉抓挠行为［图1(f)和(g)］。这说明臂旁核对痒觉诱发抓挠行为是必要的。

该项研究工作首次揭示了一条从脊髓向大脑传递痒觉信息的长程神经环路（图2），证明了臂旁核是痒觉信息处理环路中的关键节点，并且进一步阐明了该脑区在慢性痒和过敏性痒中的重要作用。该研究为深入解析痒觉信息在大脑中如何进行加工处理奠

　　定了基础，并为寻找慢性痒潜在治疗靶点提供了新的方向。

　　该发现于 2017 年 8 月 18 日发表在国际知名期刊《科学》上[4]，并入选了由中国科学技术协会生命科学学会联合体评选的 2017 年度"中国生命科学领域十大进展"。

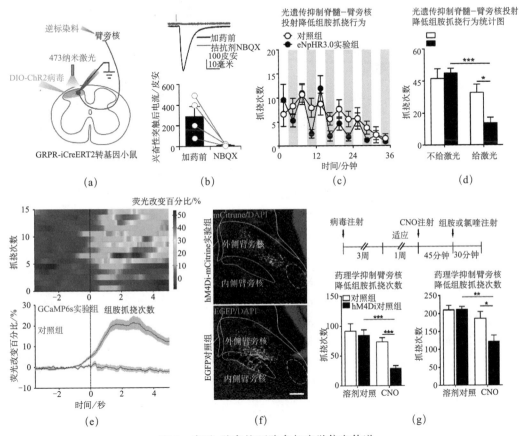

图 1　脊髓–臂旁核环路参与痒觉信息传递

（a）脊髓电生理记录示意图；（b）电生理记录显示光诱发的兴奋性突触后电流，上图黑色为加药前，红色为加入拮抗剂后电流减小，下图为统计图；（c）和（d）显示了光遗传学抑制脊髓到臂旁核投射降低组胺引起抓挠行为；（c）为 36 分钟抓挠行为，黄色区域数据点为给予黄色激光抑制的抓挠行为，eNpHR3.0 实验组明显低于对照组；（d）图为统计结果；（e）在组胺模型中，光纤钙成像记录臂旁核神经元的兴奋性与抓挠行为有相关性；（f）在臂旁核中注射实验组与对照组腺相关病毒的表达情况；

　　（g）药理遗传学抑制臂旁核对痒觉诱发的抓挠行为的影响，上图为实验流程图，下图为抑制臂旁核明显降低组胺或氯喹诱发的抓挠行为

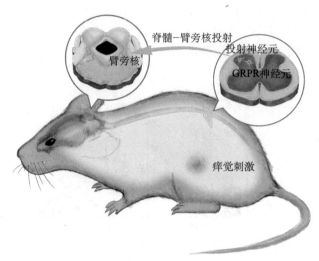

图 2　痒觉信息从脊髓到大脑传递通路示意图

脊髓中介导痒觉信息的 GRPR 阳性神经元通过兴奋性突触将痒觉信息传递给脊髓投射神经元，
再由这些兴奋性投射神经元传递到臂旁核脑区

参考文献

［1］ Weisshaar E. Epidemiology of itch. Current Problems in Dermatology,2016,50:5-10.

［2］ Sun Y G,Chen Z F. A gastrin-releasing peptide receptor mediates the itch sensation in the spinal cord. Nature,2007,448(7154):700-703.

［3］ Sun Y G,Zhao Z Q,Meng X L,et al. Cellular basis of itch sensation. Science,2009,325(5947): 1531-1534.

［4］ Mu D,Deng J,Liu K F,et al. A central neural circuit for itch sensation. Science,2017,357(6352): 695-699.

Central Circuitry Mechanisms of Itch Sensation

Mu Di，Deng Juan，Sun Yangang

Itch is an unpleasant sensation that triggers scratching behaviors. Much progress has been made in understanding itch at the spinal level. However, how itch information is transmitted to the brain remains largely unknown. We found that the spinoparabrachial pathway was activated during itch processing, and that opto-genetic suppression of this pathway impaired itch-induced scratching behaviors. Itch-mediating spinal neurons, are di-synaptically connected to parabrachial nucle-us(PBN). In addition, we found that the activity of PBN neurons was elevated during itch processing. Inhibition of the PBN neurons or blockade of synaptic release of glutamatergic neurons in the PBN suppressed pruritogen-induced scratc-hing behavior and relieved chronic itch, suggesting that PBN was important for itch processing. In summary, we demonstrated that the spinoparabrachial pathway played a key role in transmitting itch signals from the spinal cord to the brain, and identified the PBN as a first central relay for the itch signal processing.

3.11 解析强者恒强的神经机制

周亭亭 胡海岚

（浙江大学医学院）

社会等级广泛存在于各种社会性动物中并深深地影响着动物的生存和繁殖[1]，因而理解其神经机制非常重要。社会地位同时受到内在和外在因素的调控。内在因素包括动物的身体大小和肌肉力量，以及精神和内分泌因素，如勇气、信心、坚持力和压力水平等；外在因素包括先前的胜利/失败经历、资历、同盟和之前的领地等。

作为一种内在因素，神经细胞的活动性会调控社会等级地位。先前的研究证明钻管测试可以用来检测社会等级，并揭示背侧中央前额叶皮层（dorsal medial prefrontal cortex，dmPFC）参与小鼠中社会等级的调控[2]。为了研究 dmPFC 神经元活动性在社会等级地位决定过程中的瞬时参与，本文作者所在研究团队在小鼠钻管测试过程中对 dmPFC 神经元的活动性进行了记录，结合精确到秒的行为学分析发现，dmPFC 中的一部分神经元会被小鼠钻管测试中付诸努力的行为（推挤和抵抗）激活。基于化学遗传学方法对 dmPFC 进行抑制，可以减少社交竞争中的推挤和抵抗，从而导致社交失败。另外，该研究借助光遗传学技术发现瞬时地激活 dmPFC 的神经元使小鼠在竞争中发出并维持更多的努力，从而提升其社会等级。重要的是，dmPFC 的瞬时激活并不影响小鼠的运动能力、焦虑水平、社交记忆、攻击性、肌肉力量或雄性激素。这意味着基于 dmPFC 的认知过程，如勇气或者竞争动力，也许是决定社会地位的基础（图1）。

作为调控社会等级的外在因素，先前的胜利经历会增加个体在后续竞争中的胜利概率，这种现象称为"胜利者效应"[3]。多数关于胜利者效应机制的研究集中于神经内分泌系统，然而在哺乳动物中对该效应的神经环路的解析几乎是一片空白。该研究第一次发现重复的胜利经历可以使中央背侧丘脑（medial dorsal thalamus，MDT）-dmPFC 突触连接强度增加。使用光遗传学的方法诱导该连接产生长时程突触增强（long-term potentiation，LTP）或者长时程突触减弱（long-term depression，LTD）可以直接诱导胜利或消除胜利者效应。这是在哺乳动物中第一次证明，MDT-dmPFC 是胜利者效应的神经环路基础（图2）。更有趣的是，该研究还发现在一种形式的竞争中获得的胜利经历可以转移到其他形式的竞争中去，说明胜利经历不仅使动物习得在特定环境下的竞争技巧，也会重塑动物在竞争中的个性。这种不同形式社会竞争中的胜利经历的互相转移，有可能是社会等级形成和稳定的基础。

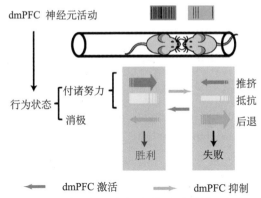

图 1　钻管测试中决定胜利/失败的神经机制

图中钻管测试中两只小鼠的行为学模式用灰色阴影中不同的色块表示。dmPFC 神经元活动性更高的小鼠在钻管测试中会发出更多的付诸努力行为（包括推挤和抵抗）以及更少的消极行为（后退），并最终成为胜利的一方。激活/抑制 dmPFC 神经元活动性可以相应增加/减少付诸努力行为从而导致胜利/失败

图 2　MDT-dmPFC 的突触可塑性介导"胜利者效应"

重复的胜利可以增强 MDT 到 dmPFC 的突触连接强度，在 MDT-dmPFC 环路上
光遗传诱导 LTP/LTD 可以直接诱导胜利或消除胜利者效应

　　该研究首次揭示了 dmPFC 活动性瞬时参与决定社会竞争中输赢的机制，以及哺乳动物中介导胜利者效应的神经环路基础，为社会等级的形成和稳定提供了理论基础，并为社会行为相关疾病的研究提供了潜在的靶向位点。

参考文献

［1］Sapolsky R M. The influence of social hierarchy on primate health. Science,2005,308:648-652.

［2］Wang F,Zhu J,Zhu H,et al. Bidirectional control of social hierarchy by synaptic efficacy in medial prefrontal cortex. Science,2011,334:693-697.

［3］Hsu Y,Earley R L,Wolf L L. Modulation of aggressive behaviour by fighting experience:mechanisms and contest outcomes. Biological Reviews of the Cambridge Philosophical Society,2006,81:33-74.

Revealing the Neural Mechanism for
Social Dominance Determination

Zhou Tingting , Hu Hailan

Mental strength and history of winning play an important role in the determination of social dominance. However, the neural circuits mediating these intrinsic and extrinsic factors have remained unclear. Working in mice, we identified a dorsomedial prefrontal cortex (dmPFC) neural population showing "effort"-related ring during moment-to-moment competition in the dominance tube test. Activation or inhibition of the dmPFC induce instant winning or losing, respectively. *In vivo* optogenetic-based long-term potentiation and depression experiments establish that the mediodorsal thalamic input to the dmPFC mediates long-lasting changes in the social dominance status that are affected by history of winning. The same neural circuit also underlies transfer of dominance between different social contests. This study provides a framework for understanding the circuit basis of adaptive and pathological social behaviors.

3.12　解析病毒感染调控的关键分子机制

王　品　曹雪涛

（海军军医大学免疫学研究所暨医学免疫学国家重点实验室）

　　病毒感染是人类健康的极大威胁，深入研究病毒感染的分子机理以寻找防治病毒感染的新方法和新药物已经成为生物医学领域研究的前沿热点。一般而言，病毒感染机体后可以通过天然免疫受体加以识别以触发机体产生干扰素，分泌的干扰素通过激活下游信号诱导一系列效应基因的表达，发挥机体抗病毒功能[1~3]。然而，对于病毒是如何从免疫系统监控下逃逸并在体内完成复制增殖的分子机制，目前还知之甚少。作为一种非细胞体生物，病毒不能完成独立增殖和复制，必须依赖宿主细胞的物质合成原料和代谢能量系统。因此病毒入侵细胞后需要借助宿主细胞的代谢网络来促进自身复制和感染。然而，病毒如何调控宿主细胞代谢完成自身增殖和感染的机制研究一直以来没有取得重要进展。

　　近十年来，医学免疫学国家重点实验室曹雪涛院士和王品副教授的研究团队一直在该领域深入探索。2014 年该研究团队在应用新一代高通路检测全基因组表达谱的数据分析中，发现病毒感染可以诱导宿主细胞表达大量的非编码蛋白的 RNA（简称非编码 RNA），而其中一部分的表达是非干扰素依赖的，提示这部分非编码 RNA 很可能参与了病毒复制或逃逸的相关过程。随后利用 RNA 干扰进行功能筛选，发现其中一个长链非编码 RNA（lncRNA-ACOD 1）可以显著地提高感染细胞中病毒的拷贝数。后续机制研究发现，病毒诱导表达的 lncRNA-ACOD1 在胞质中能够直接结合一个重要的代谢酶，即谷草转氨酶（GOT2），并且可以促进 GOT2 的酶催化活性，提高宿主细胞的代谢水平，从而为病毒复制提供原料和能量。这证实病毒能够诱导宿主细胞表达 lncRNA-ACOD1，促进 GOT2 酶活性影响代谢，从而帮助病毒复制和增殖。而这一调控过程的发生是不依赖于干扰素信号通路的，这对于传统认知的干扰素调控体系是一个重要补充和完善，为临床上病毒感染相关疾病的诊治提供了新的策略和靶标。同时，这也是首次发现一个长非编码 RNA 可以直接结合代谢酶类调控细胞代谢以促进病毒感染复制，为 RNA 研究和病毒感染调控增添了新的认知。

　　如图 1 所示，一方面，病毒侵入机体后会被免疫系统识别，机体产生干扰素，启动抗病毒应答，清除病毒。另一方面，病毒需要增殖存活，该研究显示病毒可以通过非干扰素依赖的方式诱导机体表达非编码 RNA lncRNA-ACOD1，该 RNA 在胞质中结合 GOT2 促进其酶活性调控细胞内代谢，从而帮助病毒增殖，扩大感染。

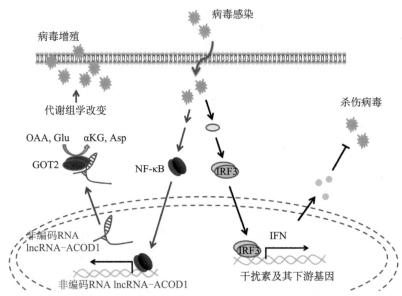

图 1　在病毒感染中 lncRNA-ACOD1 结合并调控 GOT2 以促进病毒复制

该发现于 2017 年 11 月 24 日正式发表于《科学》期刊[4]。美国宾夕法尼亚大学教授 Jorge Henao-Mejia 在同期《科学》期刊上为该工作发表评述文章，称"该研究打开了非编码 RNA 调控代谢酶活性的大门"。2017 年 12 月国际著名期刊《免疫》（Immunity）配发美国斯坦福大学教授李元豪（Howard Y. Chang）的评述文章，称"该工作揭示了宿主非编码 RNA 通过调控代谢酶活性促进病毒感染的新途径"。

参考文献

［1］ Hornung V, Ellegast J, Kim S, et al. 5'-Triphosphate RNA is the ligand for RIG-I. Science, 2016, 314:994-997.

［2］ Wang Y, Shaked I, Stanford S M, et al. The autoimmunity-associated gene PTPN22 potentiates toll-like receptor-driven, type 1 interferon-dependent immunity. Immunity, 2013, 39:111-122.

［3］ Chen W, Han C, Xie B, et al. Induction of Siglec-G by RNA viruses inhibits the innate immune response by promoting RIG-I degradation. Cell, 2013, 152:467-478.

［4］ Wang P, Xu J, Wang Y, ea al. An interferon-independent lncRNA promotes viral replication by modulating cellular metabolism. Science, 2017, 358:1051-1055.

Revealing the Key Mechanism for Regulation of Viral Infection Through lncRNA and Metabolism

Wang Pin, *Cao Xuetao*

Viral infection is one of the major threats for human health nowadays. However, the under lying mechanism of viral infection, especially how viruses hijack host cell metabolic network for their replication, is still largely unknown. Through screening transcriptome of host cell, we identified a group of noncoding RNA induced by virus infection via an interferon independent manner, of which an lncRNA, named lncRNA-ACOD1 by us, is vital for virus replication. lncRNA-ACOD1 interacts with a key metabolic enzyme, aminotransferase GOT2, to promote its catalytic activity to produce more metabolites as the material of viral replication. LncRNA-ACOD1 expression is NF-κB dependent while its expression and function is interferon/IRF3 independent, which is an alternative pathway of virus infection regulation. This study provides an attractive new drug target for the treatment of viral infection diseases and also opens a new field for studying metabolic regulation and noncoding RNA function in viral infection.

3.13 人源线粒体呼吸链超超级复合物的结构与功能

杨茂君

（清华大学生命科学学院）

生物体最迷人的地方就在于形形色色的生命活动，无论是宏观层面的运动过程还是微观层面的生化反应全都离不开充足的能量供应。在真核生物中，生命活动的能量来源主要包括细胞质基质内发生的无氧呼吸和线粒体内发生的有氧呼吸，而相对于无氧呼吸对碳水化合物的不彻底氧化，有氧呼吸对底物的彻底氧化会产生 15～20 倍数量的 ATP 能量分子。因此，有氧呼吸是所有生命活动最为重要的能量来源，而线粒体氧化磷酸化系统则是完成有氧呼吸生化反应的物质基础。

氧化磷酸化系统由呼吸链和 ATP 合酶两部分组成。线粒体呼吸链利用将电子从还原型烟酰胺腺嘌呤二核苷酸（NADH）或者还原型黄素腺嘌呤二核苷酸（FADH）上传递至分子态氧的过程中所释放出来的能量，将质子从线粒体基质转运至线粒体膜间隙，形成了跨线粒体内膜的电化学梯度，而 ATP 合酶则利用这一电化学梯度，在质子通过其回流的过程中，消耗 ADP 和磷酸合成 ATP。1978 年，彼得·米切尔（Peter D. Mitchell）因提出线粒体呼吸链的化学渗透假说而获得了诺贝尔化学奖；1997 年，约翰·沃克（John E. Walker）又因对线粒体复合物 V（ATP 合酶）的结构生物学研究而获得诺贝尔化学奖。由此可见，对有氧呼吸的研究一直是生物学领域最重要的热门领域之一。

科学家们对线粒体呼吸链的研究已经有一百多年的历史，经历了一个由局部到整体，由粗略到精细的漫长过程。早期，科学家们认为呼吸链是由四种蛋白质复合物（复合物I～IV）依次排列组成的，它们各自负责电子传递和质子转运的一部分过程，相互之间通过辅酶 Q 和细胞色素 c 相互联系，并从 20 世纪 90 年代开始相继解析了它们的晶体结构以及一部分电镜结构，对其电子传递通路和质子转运机制提出了众多的模型。2000年，赫尔曼（Hermann Schägger）等通过 Blue-Native PAGE 的方法首次分离出了由复合物I、III、IV相互结合组成的超级复合物 $I_1III_2IV_1$，人们开始认识到复合物I～IV不是独立存在的，而是相互结合以形成结构更加稳定、功能更加高效的大分子机器，而且还能有效地减少超氧自由基的形成。2016 年，清华大学杨茂君教授课题组在世界范围内首次解析了哺乳动物超级复合物 $I_1III_2IV_1$ 的高分辨率结构[1,2]，证实了超级复合物的理论，在结构中首次鉴定出大量的磷脂分子和各类辅基，首次鉴定出复合物I的全部蛋白亚基，建立了整体 95% 以上的氨基酸的侧链结构，并且提出了全新的电子传递模型。这一奠基性的成果为后续的药物设计和生化实验提供了坚实的基础。

　　在超级复合物的纯化过程中，杨茂君教授发现超级复合物 $I_1III_2IV_1$ 存在不完善的情况，进而通过创造性的思维猜想，发现了一类更高级的聚合形式——超超级复合物 $I_2III_2IV_2$ 的存在，首次尝试从体外培养的人源细胞中提取超超级复合物并取得了重大突破（图 1）。研究组首次获得了人源超级复合物的 $I_1III_2IV_1$ 高分辨率结构（整体 3.9Å），以及人源超超级复合物 $I_2III_2IV_2$ 的中等分辨率结构（整体 17.4Å），作为局部的复合物I和复合物III则取得了 3.7Å 和 3.4Å 的高分辨率。人源超级复合物的高分辨率结构与之前的猪源超级复合物相比，提供了更加精确的药物靶点信息，之前报道过的致病突变都已经被定位在人源超级复合物的结构里（图 2）。通过对超超级复合物 $I_2III_2IV_2$ 的结构分析，研究组认为所发现的复合物III的两个单体都是有活性的，并且提出了一套全新的更加合理的超超级复合物内的电子传递通路。通过计算机模拟和实验数据的分析，课题组认为复合物II也结合在超超级复合物上有待发现，并且复合物I、II、III围绕成一个相对封闭的 Q 池，为底物通道理论提供了物质基础。

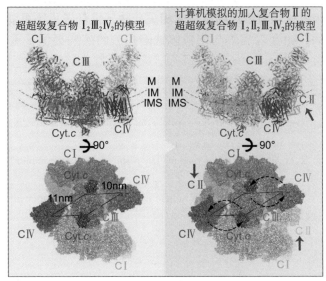

图 1　呼吸链超超级复合物模型

M：线粒体基质；IM：线粒体内膜；IMS：线粒体膜间隙；

CI：复合物I；CII：复合物II；CIII：复合物III；CIV：复合物IV

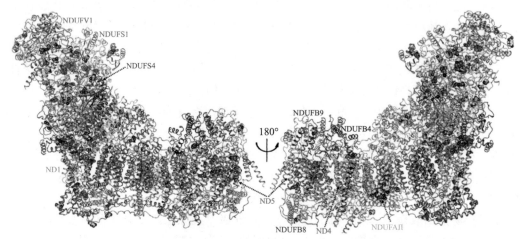

图2　复合物Ⅰ上人类疾病相关的突变位点

复合物Ⅰ的各个亚基用不同颜色的螺旋模型来显示；与人类疾病相关的氨基酸突变位点用球状模型来显示

　　该项研究取得了世界领先的成果，相关结果在 2017 年 9 月发表在国际顶级期刊《细胞》(Cell)[3]上。这一系列研究成果为科学家正确理解线粒体的功能提供了坚实的基础，是当前结构生物学乃至生物学研究领域所取得的重大突破性进展，为我们逐步揭开了线粒体呼吸链工作的分子机制。人源超级复合物的大量纯化及高分辨率结构信息使针对人源呼吸链这一重要药物靶点的相关药物开发任务由不可能变成了可能，为攻克阿尔兹海默病、帕金森病等与线粒体缺陷相关的疾病提供了重要的技术和理论支持。

参考文献

[1] Gu J,Wu M,Guo R,et al. The architecture of the mammalian respirasome. Nature,2016,537:639-643.

[2] Wu M,Gu J,Guo R,et al. Structure of mammalian respiratory supercomplex $I_1III_2IV_1$. Cell,2016,167:1598-1609.

[3] Guo R,Zong S,Wu M,et al. Architecture of human mitochondrial respiratory megacomplex $I_2III_2IV_2$. Cell,2017,170:1247-1257.

Architecture of Human Mitochondrial Respiratory Megacomplex $I_2III_2IV_2$

Yang Maojun

Mitochondrial respiratory megacomplex $I_2III_2IV_2$ is the highest assembly form of respiratory chain complexes identified till now, and solving its structure provides solid basis for future biochemistry research and medicine design. Compared with previous porcine supercomplex structure, the structures of supercomplex and megacomplex from cultured human cells could present more accurate target sites for medicine design. After analyzing the structural data, Prof. Yang inferred a more reasonable pathway of electron transfer, and suggested that both monomers of complex III are active. Using computer stimulation, the research group assumed that complex II could also assemble into the megacomplex to form $I_2II_2III_2IV_2$.

3.14　Ⅵ型 CRISPR-Cas 系统切割 RNA 的结构基础及分子机制

刘　亮　王艳丽

（中国科学院生物物理研究所，中国科学院核酸生物学重点实验室）

原核生物的基因组中成簇有规律的间隔短回文重复序列（CRISPR）及其辅助蛋白（Cas 蛋白）一同构成 CRISPR-Cas 系统[1]。CRISPR-Cas 系统是古菌和细菌的抵抗病毒及质粒侵染的重要免疫防御系统。CRISPR-Cas 系统划分为两大类，第一大类 CRISPR-Cas 系统由多亚基组成的效应复合物发挥功能；第二大类是由单个效应蛋白（如 Cas9、Cpf1、C2c1 等）来发挥功能。其中，Cas9、Cpf1、C2c1 均具有 RNA 介导的 DNA 核酸内切酶活性[2~4]。目前，Cas9 和 Cpf1 蛋白作为基因组编辑工具得到广泛应用，克服了传统基因编辑技术步骤烦琐、耗时长、效率低等缺点，以其较少的成分、便捷的操作以及较高的效率满足了大多数领域的基因编辑需求，并有着潜在且巨大的临床应用价值。

2015 年，一种全新的第二类 CRISPR-Cas 系统——Ⅵ型系统被发现，该系统中的效应蛋白被命名为 C2c2[5]。而后的研究进一步发现，Ⅵ型 CRISPR-Cas 系统是一种新型靶向 RNA 的 CRISPR 系统，而 C2c2 是一种以 RNA 为导向靶向和降解 RNA 的核酸内切酶，有望被开发作为 RNA 研究的工具，扩展 CRISPR 系统在基因编辑方面的运用[6]。

2017 年 1 月，国际顶尖期刊《细胞》报道了中国科学院生物物理研究所王艳丽研究员所带领的研究团队的成果[7]。他们运用 X 射线晶体学的研究手段和方法，分别获得了分辨率为 3.5Å 的沙氏纤毛菌（*Leptotrichia shahii*）的 C2c2 蛋白以及分辨率为 3.5Å 的 C2c2 蛋白与向导 RNA（crRNA）的二元复合物的衍射数据，解析了 C2c2 与 crRNA 的二元复合物的晶体结构以及 C2c2 蛋白在自由状态下的晶体结构（图 1），揭示了 C2c2 包含一个 crRNA 识别的叶片即 REC 叶片（REC Lobe）和一个核酸酶叶片即 NUC 叶片（NUC Lobe）。REC 叶片包含 NTD（N-terminal domain）结构域和 Helical-1 结构域，NUC 叶片包含了两个 HEPN 结构域、一个 Helical-2 结构域，以及连接两个 HEPN 结构域的连接结构域（Linker）。负责切割前体 crRNA 和靶标 RNA 的活性口袋分别位于 Helical-1 和 HEPN 结构域上。crRNA 的结合会引起 C2c2 蛋白的构象变化，这种变化很可能会稳定 crRNA 的结合，进而对识别靶标 RNA 起着重要作用。

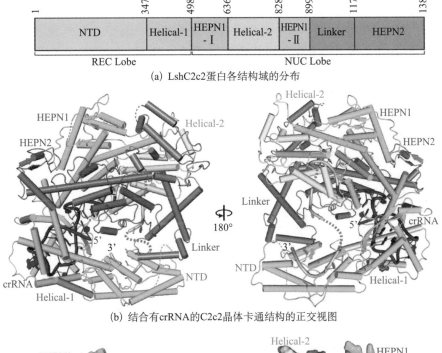

(a) LshC2c2蛋白各结构域的分布

(b) 结合有crRNA的C2c2晶体卡通结构的正交视图

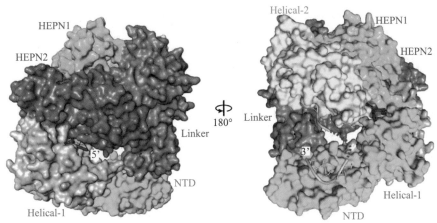

(c) 结合有crRNA的C2c2晶体表面结构的正交视图

图 1　LshC2c2-crRNA 的二元复合物的晶体结构

C2c2 是目前发现的能够高效降解 RNA 的 Cas 蛋白，并且基于 C2c2 而开发的核酸检测工具在埃博拉、登革热等致命性病毒的检测，以及病原菌的筛选和肿瘤相关突变的检测中已逐渐崭露头角。这项研究对进一步开发研究 RNA 工具，扩展 CRISPR 系统在基因编辑方面的运用具有重大价值。

该研究通过结构和生化研究揭示了 C2c2 剪切前体 crRNA 以及切割靶标 RNA 的分子机制，对认识细菌抵抗 RNA 病毒入侵的分子基础具有十分重要的意义；也为改造 CRISPR-C2c2 系统，为其在基因编辑领域的进一步开发运用提供了可靠的结构设计图纸；同时对科学家们深入理解细菌抵御病毒入侵的分子机制提供了极为强有力的证据，并将对病毒引起的疾病的预防、检测、控制和治疗具有极为重大的意义。

参考文献

[1] Ishino Y, Shinagawa H, Makino K, et al. Nucleotide sequence of the iap gene, responsible for alkaline phosphatase isozyme conversion in Escherichia coli, and identification of the gene product. Journal of Bacteriology, 1987, 169: 5429-5433.

[2] Jinek M, Chylinski K, Fonfara I, et al. A programmable dual-RNA-guided DNA endonuclease in adaptive bacterial immunity. Science, 2012, 337: 816-821.

[3] Zetsche B, Gootenberg J S, Abudayyeh O O, et al. Cpf1 is a single RNA-guided endonuclease of a class 2 CRISPR-Cas system. Cell, 2015, 163: 759-771.

[4] Liu L, Chen P, Wang M, et al. C2c1-sgRNA complex structure reveals RNA-Guided DNA cleavage mechanism. Molecular Cell, 2017, 65: 310-322.

[5] Shmakov S, Abudayyeh O O, Makarova K S, et al. Discovery and functional characterization of diverse class 2 CRISPR-Cas systems. Molecular Cell, 2015, 60: 385-397.

[6] Abudayyeh O O, Gootenberg J S, Konermann S, et al. C2c2 is a single-component programmable RNA-guided RNA-targeting CRISPR effector. Science, 2016, 353: aaf5573.

[7] Liu L, Li X, Wang J, et al. Two distant catalytic sites are responsible for C2c2 RNase activities. Cell, 2017, 168: 121-134.

Structural and Mechanistic Basis of RNA Cleavage in Type VI CRISPR-Cas Systems

Liu Liang, Wang Yanli

C2c2, the effector of type VI CRISPR-Cas systems, has two RNase activities-one for cutting its RNA target and another for processing the CRISPR RNA (crRNA). Here we report the structures of *Leptotrichia shahii* C2c2 in its crRNA-free and crRNA-bound states. While C2c2 has a bilobed structure reminiscent of all other class 2 effectors, it also exhibits different structural characteristics. It contains the REC Lobe with a Helical-1 domain and the NUC Lobe with two HEPN domains. The two RNase catalytic pockets responsible for cleaving pre-crRNA and target RNA are independently located on Helical-1 and HEPN domains, respectively. crRNA binding induces significant conformational changes that are likely to stabilize both crRNA and target RNA binding. These structures provide important insights into the molecular mechanism of dual RNase activities of C2c2 and establish a framework for its future engineering as a RNA editing tool.

3.15　基于信息论的高准确度 DNA 纠错码测序技术

周文雄　黄岩谊

（北京大学，生物动态光学成像中心，北京未来基因诊断高精尖创新中心，生命科学联合中心，生命科学学院，工学院）

过去十年兴起的下一代 DNA 测序技术（next-generation sequencing，NGS）极大地降低了 DNA 的测序成本，由此带来的广泛应用极大地深化了人们对生物学和医学的认识。当前主流的 NGS 技术所采用的策略均为"边合成边测序"（sequencing-by-synthesis，SBS），即利用 DNA 聚合酶以待测单链 DNA 为模板进行半保留复制，并通过检测复制过程中产生的信号来推断 DNA 序列[1]。而 SBS 策略在实验流程上又可分为两种：以美国 Illumina 测序仪为代表的循环可逆终止技术和以 Ion Torrent 及 454 测序仪为代表的单核苷酸添加技术。前者检测的是化学荧光信号，信噪比高，因此准确度高，但会在复制出的 DNA 链上留下化学"伤疤"，影响测序读长；后者复制出的是原生 DNA，具有较长的测序读长，但检测的是瞬时信号，信噪比低，因此准确度也较低。由于存在一定的不足，现有的 NGS 技术还有很多根本缺陷。例如，在测序的原始准确率的控制上，上述两种方法都不够理想。但由于 NGS 技术具有多学科交叉和高度集成的特性，往往需要从根本的科学问题入手寻求突破，才能带来仪器设备的真正革新。

近年来，本文作者所在研究团队发展了一种全新的测序方法，从化学原料出发，结合信息论的特点，实现了高准确率的测序实验，并具备进一步应用于 NGS 的前景[2]。该工作是基于谢晓亮等于 2011 年报道的荧光发生测序技术[3]。这个化学反应体系既具有检测高信噪比的化学荧光的优点，又具有复制原生 DNA、读长较长的优点，报道后引起学界关注。我们团队在这一基础上反复优化荧光发生测序的化学原理并不断提高染料的荧光性能[4]，同时借鉴并引入了编码理论中纠错码的概念，从而在理论上预测并在实验上验证可以显著提高 DNA 测序的准确度。首先，不同于每次循环加入一种核苷酸的单核苷酸添加技术，我们提出了对偶碱基进样流程，即每次循环中交替式加入两种不同的核苷酸，如凡奇数次循环加入腺嘌呤（A）和鸟嘌呤（C）、凡偶数次循环加入胞嘧啶（G）和胸腺嘧啶（T）。总共有 3 种不同的对偶碱基进样流

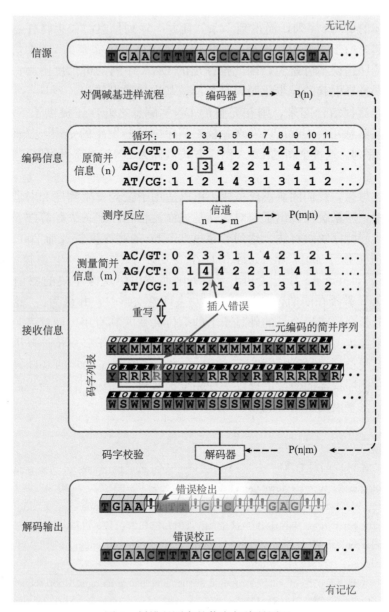

图 1　纠错码测序的信息与编码原理

待测 DNA 作为信源，被编码成三种简并信息，若在信息传递（测序反应）过程中发生错误，则在将接收信息重写成二元编码的简并序列并作字校验时可以发现并校正该错误，从而提高测序准确度

程：AC/GT，AG/CT 和 AT/CG。每一种进样流程仅能提供待测 DNA 一半的信息，无法推断具体的 DNA 序列，而得到一条"简并"序列信息。如果将任意两种进样流程结合在一起，由于二者相互正交，理想情况下刚好提供完整的 DNA 信息，但由于实际情况中测序错误不可避免，因此推断出的 DNA 序列的可信度不高；还可能由一个碱基的错误推导引起的异步化而导致大量碱基出现推导错误，不具备实用性。而如果将三种进样流程结合起来，则在完整的 DNA 信息之外，还提供了 50% 的额外信息，利用这些信息冗余，就可以发现并校正测序中可能发生的错误，从而推断出高准确度的 DNA 序列。这种全新的 DNA 测序方式被称为 DNA 纠错码测序，简称 ECC-seq（图 1）。

基于上述思想，我们团队不仅搭建了可以适用于荧光发生测序和对偶碱基反应流程的原型装置，还系统性提出了与对偶碱基进样流程相匹配去失相算法及结合三轮简并序列的纠错码测序解码算法，达到了超过 250 bp 的测序读长及前 200 bp 无错的高准确度。该项工作于 2017 年 11 月 6 日在线发表于《自然·生物技术》（*Nature Biotechnology*），并于 12 月正式刊出[2]。美国西奈山伊坎医学院的罗伯特·赛博拉（Robert Sebra）教授在同期杂志为该工作发表评论文章[5]，并认为："这一无错的测序读长将对分析全长或近全长的外显子上的等位突变尤其有用，而后者当前仅通过增加测序深度来实现……他们所提出的算法将会使宏基因组学、多倍体基因组学和异质性体系的研究受益。"我们团队的 ECC-seq 方法，将给测序化学的基础科学研究带来新的认识，在测序仪器的研发上提供一种完全拥有自主知识产权的新思路，对于冲破现有的测序技术垄断具有重要意义。

参考文献

[1] Goodwin S, McPherson J D, McCombie W R. Coming of age: ten years of next-generation sequencing technologies. Nature Reviews Genetics, 2016, 17(6): 333-351.

[2] Chen Z, Zhou W, Qiao S, et al. Highly accurate fluorogenic DNA sequencing with information theory-based error correction. Nature Biotechnology, 2017, 35(12): 1170-1178.

[3] Sims P A, Greenleaf W J, Duan H, et al. Fluorogenic DNA sequencing in PDMS microreactors. Nature Methods, 2011, 8(7): 575-580.

[4] Chen Z, Duan H, Qiao S, et al. Fluorogenic sequencing using halogen-fluorescein-labeled nucleotides. ChemBioChem, 2015, 16(8): 1153-1157.

[5] Sebra R. DNA sequencing at ultra-high fidelity. Nature Biotechnology, 2017, 35(12): 1143-1144.

Highly Accurate Fluorogenic DNA Sequencing with Information Theory-based Error Correction

Zhou Wenxiong，Huang Yanyi

Eliminating errors in next-generation DNA sequencing has proved challenging. Borrowing ideas from information and coding theory，we presented error-correction code(ECC) sequencing，a method to greatly improve sequencing accuracy by combining fluorogenic sequencing-by-synthesis(SBS) with an error-correction algorithm. ECC embeds redundancy in sequencing reads by creating three orthogonal degenerate sequences，generated by alternate dual-base reactions. We not only built a prototype for fluorogenic sequencing，but also proposed the corresponding dephasing algorithm for dual-base flowgrams and decoding algorithm for ECC sequencing，achieving a read length of over 250 bp with the first 200 bp error-free. ECC sequencing should enable accurate identification of extremely rare genomic variations in various applications in biology and medicine.

3.16 主龙型动物胎生的发现

刘 俊

（合肥工业大学资源与环境工程学院）

众所周知，哺乳动物产崽，爬行动物下蛋。胎生是除鸭嘴兽等少数几种动物之外所有其他哺乳动物的一大典型特征。在这些哺乳动物中，母亲通过胎盘给胎儿提供营养。但事实上，胎生在蜥蜴和蛇类中也较常见。在有些蜥蜴和蛇类中，胚胎在母体中直接成长孵化，出生时就与外界环境有了直接接触。在现生的大约 9400 种蜥蜴和蛇类中，约有 20% 的物种采用胎生的方式。主龙型动物是指包含现生的鳄鱼和鸟类以及灭绝的恐龙和翼龙等在内的爬行动物，目前有超过 10 000 种现生种类。但是在这一类群中，胎生从未被发现[1]。

2008 年，成都地质矿产研究所于云南罗平国家地质公园组织的大规模野外发掘中[2]，采集了两万多件标本（图 1）。其中一件长 2 米左右的标本被静置在成都地质矿产研究所的标本库里，直到 2011 年，经过专业的化石修理人员的不懈努力，才露出了它的真面目。

图 1 恐头龙化石的发掘现场

这种新发现的恐龙化石长 3～4 米，是一种不同寻常的长脖海怪，其脖子长度可达到躯干的两倍，外形上有点像传说中的尼斯湖水怪（图 2）。此化石属于先期报道过的一种名为恐头龙（*Dinocephalosaurus*）的海生爬行动物。恐头龙属于原龙类，比现生主龙类更为原始，主要生活在中三叠世特提斯洋东岸的浅海区域，也就是现在的华南地区。恐头龙主要通过其长脖子伏击鱼类为食。

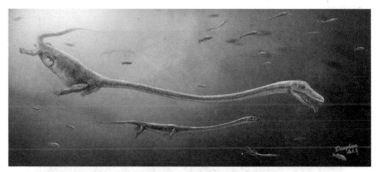

图 2　怀孕的恐头龙捕食鱼类的复原图

新发现的胚胎化石位于母体的内部，躯干整体指向母体的前方（图 3），而一般被捕食的猎物在未被消化之前于体腔内部头朝后，这证明了此胚胎化石为母体内部正在成长的胎儿，而不是同类相食的结果。胚胎化石呈卷曲状，这是脊椎动物胚胎的典型姿势；胚胎化石骨化较好，显示其处于比较高级的胚胎发育阶段，而卵生的主龙类在

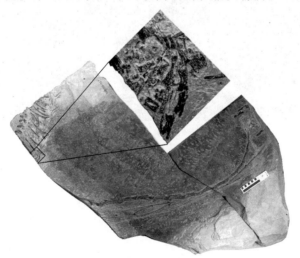

图 3　本研究发现的恐头龙化石

放大的部分为胚胎骨骼；比例尺为 10 厘米

这一阶段都已经下蛋；在胚胎周围，也没有找到钙化的蛋壳。这些证据都指示恐头龙应为胎生，这也和恐头龙高度适应水生的形态特征相吻合，因为带着长长的脖子以及鳍状四肢的恐头龙在陆地上爬行将非常不便，且易于受到攻击。

对化石进一步的研究以及全新的谱系发育分析的结果（图4）首次证实了胎生在主龙型动物中的存在。这一发现使得我们对主龙型动物生殖方式的了解从侏罗纪前推到了三叠纪，往前跨越了5000万年。

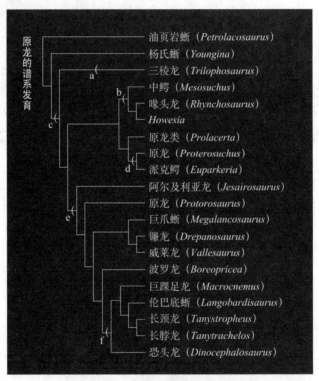

图4 原龙的谱系发育

a：三棱龙类；b：喙头龙类；c：主龙型动物；d：主龙型动物；e：原龙类；f：长颈龙科

一些现生的爬行动物，如鳄鱼，它们的后代性别由外界的环境温度决定。而鸟类和哺乳动物的后代性别则由基因决定。后代性别的决定机制已经被证实和中生代海生爬行动物的辐射演化密切相关[3]。为了判定恐头龙的性别决定机制，本研究以现生羊膜卵动物的性别决定机制和生殖方式的相互关系为基础，利用它们相互之间的亲缘关系以及恐头龙所显示的胎生为依据（图5），通过谱系模拟，推测已灭绝的恐头龙后代性别由基因决定的可能性超过了95%。考虑到和恐头龙关系最为密切的现生类群，包括龟类及鳄鱼，其后代的性别都由外界环境温度决定，揭示该研究是一项非同寻常的发现。

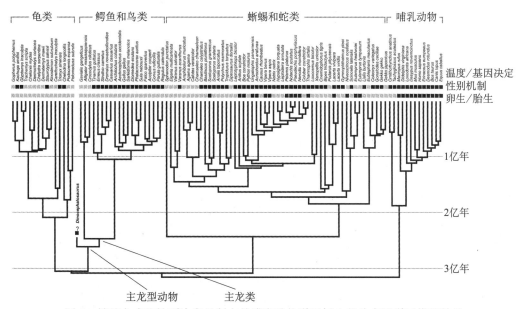

图 5 繁殖方式和性别决定机制在羊膜卵动物谱系树上的分布及谱系模拟结果

在低纬度地区的广海环境中，温度相对比较稳定，这种环境对性别由外界温度决定的羊膜卵动物来说不具有优势。与此同时，爬行动物的蛋不能在水里孵化。这是因为蛋里的胚胎需要从外界的空气呼吸氧气，而这一交换过程在海水中极为缓慢。上述推论似乎意味着同时具有胎生和性别基因决定机制的爬行动物应该更为适应广海生活。本研究中所进行的谱系模拟支持了上述假设，这些特征帮助像恐头龙这样的爬行动物成为统治中生代海洋的霸主。

对于现生的主龙为什么没有演化出胎生的现象，现代生物学家有一些猜测，提出的假说也较多。但是本研究显示在主龙型动物中没有内在的遗传或者发育机制阻止胎生在这一类群中的演化。这一发现将使得学界目前的研究重心从什么因素限制了胎生在主龙型动物中的出现转移到探讨自然选择在主龙型动物演化中所扮演的角色。

2017年2月出版的《自然·通讯》（*Nature Communications*）发表了上述研究成果[1]。《自然·通讯》评审人认为"这一非常重要的发现为相关研究开辟了新的方向，将使得学界目前的研究重心从探讨什么因素限制了胎生在主龙型动物中的演化转移到探讨自然选择在主龙型动物生殖方式演化中所扮演的作用，是一项具有跨学科意义的一流成果"。上述成果被《自然》选为当周科学界研究亮点进行正面评述［*Nature*，542（7642）：395］，同时入选了《科学》编委会推荐研究［*Science*，355（6328）：922］并得到正面评价。

参考文献

[1] Liu J,Organ C L,Benton M J,et al. Live birth in an archosauromorph reptile. Nature Communications,2017,8(14445):1-8.

[2] Liu J, Hu S X, Rieppel O, et al. A gigantic nothosaur(Reptilia:Sauropterygia)from the Middle Triassic of SW China and its implication for the Triassic biotic recovery. Scientific Reports,2014,4(7142):1-9.

[3] Organ C L,Janes D E,Meade A,et al. Genotypic sex determination enabled adaptive radiations of extinct marine reptiles. Nature,2009,461(7262):389-392.

Live Birth in an Archosauromorph Reptile

Liu Jun

Reptiles are generally taken as egg-laying animals. A recent discovery of fossil marine reptile from South China shows the evidence of live birth and suggests that there is no genetic barrier for live birth in a group including crocodilians and birds. The result indicates that viviparity and genotypic sex determination together promoted the radiation of amniotes in the marine realm.

3.17 核幔分异过程的铁同位素分馏

林俊孚[1] 杨 宏[1,2]

（1. 德克萨斯大学奥斯汀分校；2. 中国科学院北京高压科学研究中心）

地球的化学组成提供了研究地球起源的基本参考参数。在各种化学指标中，同位素比值相对稳定，又对特定的地质过程响应敏感，因此成为目前地球化学研究的热点。目前一般认为，地球的组成物质应主要来源于碳质球粒陨石。然而对于地球岩石（以洋中脊玄武岩为代表）和球粒陨石的铁同位素测量发现，洋中脊玄武岩的$^{56}Fe/^{54}Fe$铁同位素比值比球粒陨石高[1]。虽然是微小的差别，但这已经足够用来质疑地球物质来源于球粒陨石。目前有一种假说可以调和这个矛盾：洋中脊玄武岩可能不能代表全地球的铁同位素组成，有一部分轻铁同位素可能在核幔分异时进入了地核，因此导致地幔部分铁同位素组成偏重[2]。但是这样一个猜想并没有得到验证，主要困难在于核幔分异发生在地球深部很高压力条件下，对于同位素分配的模拟实验很难进行。

我们研究小组采用特殊的实验设计解决了这个问题。由于同位素在地幔地核之间的分配受铁原子的震动行为控制，更确切地说受铁原子所处的化学环境及矿物相的结构的控制[3,4]，因此如果我们能够很好地测量铁原子的震动行为，就可以通过比较地幔地核之间铁原子震动的差异得到铁同位素分配的结果。我们与法国巴黎索邦大学、美国芝加哥大学、美国阿贡国家实验室的科学家合作，通过金刚石对顶砧挤压样品，产生相当于地球内部的高压，再用同步辐射光源的 X 射线对样品的铁原子震动行为进行测量，得到了地幔和地核矿物在高压下的震动力常数。在实验中，我们用测量了玄武岩的硅酸盐玻璃来代表地幔，铁硅、铁硫以及铁镍硅合金来代表地核。

实验结果表明，核幔分异条件下的铁同位素分异有限——地幔比地核略微重 0.01‰～0.03‰，而洋中脊玄武岩的铁同位素比值比球粒陨石大约重 0.1‰。因此核幔分异过程并不能产生观测到的玄武岩铁同位素组成偏重的现象。我们的实验结论排除了高压下核幔分异带来地幔岩石铁同位素偏重的可能，其他的解释如星云物质凝聚导致的同位素分馏、地球早起陨石撞击引起的蒸发分馏[5]等应该被更多地考虑。

该研究结果发表在 2017 年 2 月的《自然·通讯》（*Nature Communications*）[6]上。著名学术新闻网站 Phys. org，Spacedaily. com 分别以"实验质疑了地球铁的来源"和"研究提出了地球中铁的新理论"为题报道了该研究。

参考文献

[1] Teng F Z, Dauphas N, Huang S, et al. Iron isotopic systematics of oceanic basalts. Geochim Cosmochim Acta, 2013, 107: 12-26.

[2] Polyakov V B, 2009, Equilibrium iron isotope fractionation at core-mantle boundary conditions. Science, 2009, 323: 912-914.

[3] Urey H C. The thermodynamic properties of isotopic substances. Journal of the Chemical Society, 1947, 562-581.

[4] Dauphas N, Roskosz M, Alp E E, et al. A general moment NRIXS approach to the determination of equilibrium Fe isotopic fractionation factors: application to goethite and jarosite. Geochim. Cosmochim. Acta, 2012, 94: 254-275.

[5] Poitrasson F, Halliday A N, Lee D C, et al. Iron isotope differences between Earth, Moon, Mars and Vesta as possible records of contrasted accretion mechanisms. Earth and Planetary Science Letters, 2004, 223: 253-266.

[6] Liu J, Dauphas N, Roskosz M, et al. Iron isotopic fractionation between silicate mantle and metallic core at high pressure. Nature Communications, 2017, 8: 14377.

Iron Isotopic Fractionation during Core-Mantle Differentiation

Lin Junfu, Yang Hong

The 0.1‰ elevated $^{56}Fe/^{54}Fe$ in mid ocean ridge basalts relative to chondrites was proposed to be from the process of core-mantle differentiation. We experimentally investigated into the consequence of iron isotope exchange between core and mantle under core formation conditions using high pressure diamond anvil cells together with synchrotron nuclear resonant inelastic X-ray scattering. The results revealed that there was limited iron isotopic fractionation between core and mantle. This implies that the core-mantle differentiation is not responsible for the heavy iron isotopic composition in the terrestrial basalts.

3.18 全球内流河流域无机碳库

李 育

（兰州大学资源环境学院）

干旱半干旱地区占陆地表面积的 47%[1]，在全球碳循环中扮演着重要角色，被认为是全球陆地碳预算的重要组成部分[2,3]。但是，对这一地区碳循环机制的研究还存在争议，干旱半干旱地区实际碳库的大小尚不明确。尽管近年来得到了相当多的关注，对干旱半干旱地区无机碳汇的大小和过程研究并未取得共识，同时由于土壤碳损失的计算依赖于实际碳库的大小，因此对这一问题的定量估算有助于加深对干旱区陆地碳循环过程的理解。内流河流域约占全球陆地面积的 21%，大多分布于干旱、半干旱地区[4]，对气候变化和环境改变极度敏感，由于拥有相对封闭的地理条件和一个相对独立完整的碳循环系统，内流河流域是研究区域陆地碳循环过程和区域环境演变情况的理想对象（图 1）。

我们以石羊河流域中全新世 8 个沉积剖面共计 584 个矿物成分分析数据，132 个总碳酸盐含量数据和 92 个放射性碳/光释光（radiocarbon/optically stimulated luminescence）测年数据为依据，提出"终端区域评价模式"，定量计算石羊河流域中全新世无机碳库（图 1），并在此基础上，配合流域千年尺度环境定量重建结果，验证了石羊河流域有机碳库与无机碳库的相对重要性。在充分了解石羊河流域长时间尺度碳循环过程和无机碳库大小的基础上，进一步选取全球不同位置 49 个内流河流域（图 2），根据其终端湖面积和湖水理化性质，通过定义权重系数来计算不同类型湖泊［碳酸盐型（carbonate）、硫酸盐型（sulfate）和岩盐型（chlorine）］无机碳库占全球内流河流域无机碳库的比例；最后运用"终端区域评价模式"，通过计算全球内流河流域总面积和全球不同类型 11 个内流河流域终端湖中全新世无机碳含量及现代无机碳沉积速率，定量估算全球内流河流域全新世千年尺度和现代无机碳库大小，并评估其在全球碳循环中的重要性[5]。

2017 年 6 月《自然·地球科学》（*Nature Geoscience*）期刊发表了以上研究成果，并被推荐为当期首页亮点文章，气候中心组织（Climate Central）和《科学美国人》（*Scientific American*）等对这一成果作了特别报道，认为其对全球碳失汇研究来说相当重要。在深入理解区域碳循环过程及其与环境演变反馈机制的基础上，估算和评价

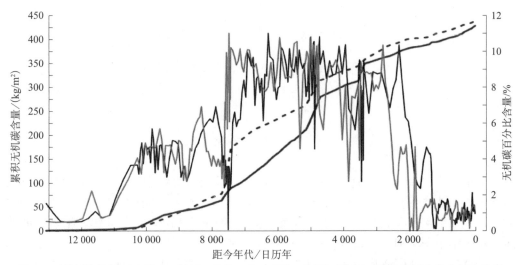

图1　石羊河终端湖区 QTH01 剖面（蓝色）和 QTH02 剖面（绿色）无机碳百分比含量变化及对应累积无机碳含量（分别以红色实线和红色虚线表示）

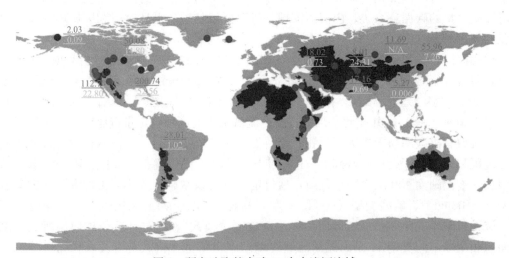

图2　研究选取的全球 60 个内流河流域

图中阴影部分为全球内流河流域范围，蓝色实心圆表示 49 个定义权重系数的流域，红色实心圆则代表 11 个拥有全新世无机碳沉积记录的流域，旁边的数值分别代表全新世中期无机碳含量（绿色，千克/米²）和现代无机碳沉积速率［黄色，克/（米²·年）］

全球内流河流域无机碳库，有助于实现全球碳循环定量化，确立现代全球碳预算，理解和预测未来碳循环与气候、环境演变的相互关系，对全球政治经济稳定和人类社会可持续发展有重要意义。

参考文献

[1] Lal R. Carbon sequestration in dryland ecosystems. Journal of Environmental Management,2004, 33:528-544.

[2] Schimel D S,House J I, Hibbard K A,et al. Recent patterns and mechanisms of carbon exchange byterrestrial ecosystems. Nature,2001,414:169-172.

[3] Evans R D,Koyama A,Sonderegger D L,et al. Greater ecosystem carbon in the Mojave Desert after ten years exposure to elevated CO_2. Nature Climate Change,2014,4:394-397.

[4] Meybeck M. Global analysis of river systems:from Earth system controls toanthropocene syndromes. Philosophical Transactions Biological Sciences,2003,358:1935-1955.

[5] Li Y,Zhang C Q,Wang N A,et al. Substantial inorganic carbon sink in closed drainage basins globally. Nature Geoscience,2017,10(7):501-506.

Substantial Inorganic Carbon Sink in Closed Drainage Basins Globally

Li Yu

Arid and semi-arid ecosystems are increasingly recognized as important carbon storage sites. In these regions,extensive sequestration of dissolved inorganic carbon can occur in the terminal lakes of endorheic basins—basins that do not drain to external bodies of water. However,the global magnitude of this dissolved inorganic carbon sink is uncertain. We use estimates of dissolved inorganic carbon storage based on sedimentary data from 11 terminal lakes of endorheic basinsuround the world as the basis for a global extrapolation of the sequestration of dissolved organic carbon in endorheic basins. We estimate that 0.152 pg of dissolved inorganic carbon is buried per year today,compared to about 0.211 pg C per year during the mid-Holocene. We conclude that endorheic basins represent an important carbon sink on the global scale,with a magnitudesimilar to deep ocean carbon burial.

3.19 弧前盆地的形成和早期演化过程

王建刚[1] 胡修棉[2] Eduardo Garzanti[3] 安 慰[4] 刘小驰[1]

（1. 中国科学院地质与地球物理研究所；2. 南京大学地球科学与工程学院；3. 意大利比克卡大学地球与环境科学学院；4. 合肥工业大学资源与环境学院）

弧前盆地发育于活动大陆边缘，主要被源自岩浆弧（火山岩和侵入岩）的碎屑物质所充填。弧前盆地位于岩浆弧和俯冲增生杂岩之间，因此免受与俯冲相关的构造作用以及与弧岩浆活动有关的变质作用的影响，是我们了解活动大陆边缘演化的重要沉积储库。在过去几十年中，科学家们对弧前盆地的充填过程及其与俯冲有关的构造-岩浆活动的耦合关系进行了大量的研究工作，但目前我们对于弧前盆地这一重要盆地类型的形成过程和机制仍了解较少。这主要是因为缺乏良好的弧前盆地地质记录——现今的弧前盆地的基底常被覆盖在数千米的浊积岩之下，而地质历史时期的弧前盆地常被卷入后期的碰撞造山作用过程中而遭受严重破坏。

西藏日喀则弧前盆地形成于白垩纪时期新特提斯洋向亚洲大陆俯冲的过程中。其盆地充填地层从深海浊积岩到浅海陆棚再到河流三角洲沉积物保存完整，是目前地球上保存、出露最好的弧前盆地，因此成为研究活动大陆边缘演化、弧前盆地沉积与俯冲构造-岩浆活动耦合关系的理想对象。针对弧前盆地的形成和早期演化问题，我们对西藏南部日喀则弧前盆地的基底地层——冲堆组进行了详细的地层学、离子探针年代学和物源分析研究（图1）。相关的研究成果发表在国际地学著名期刊《地球与行星科学快报》（*Earth and Planetary Science Letters*）上[1]。

研究表明，日喀则弧前盆地沉积于日喀则蛇绿岩之上。在蛇绿岩形成 [131～124百万年（Ma）] 之后，盆地接受远洋硅质岩、硅质页岩沉积，陆源输入非常有限。11～14Ma之后，源自亚洲大陆边缘岩浆弧的浊积岩开始沉积（始于113～110Ma）（图1）。对拉萨地体之上的下白垩统当雄砾岩的研究表明，拉萨地体地貌初始隆起的时间为阿尔布期（Albian）最早期（约111Ma）[2]，对应于日喀则弧前盆地浊积岩的初始沉积时间。

基于沉积记录和其他区域地质资料，我们初步构建了新特提斯俯冲体系早期演化模型（图2）：131～124Ma，初始俯冲阶段，弧前拉张形成雅江蛇绿岩，作为日喀则

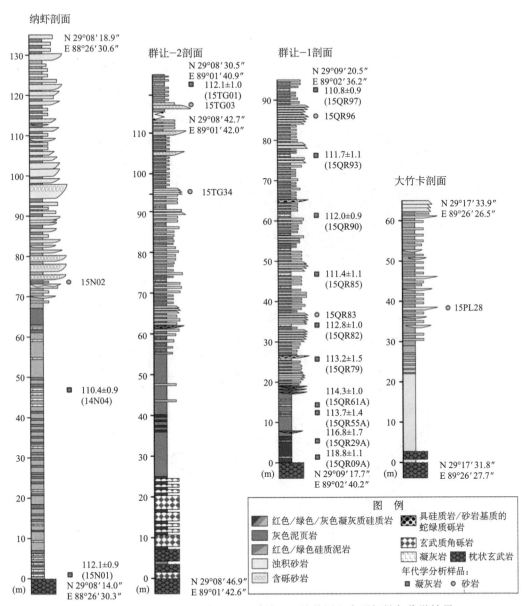

图 1　日喀则弧前盆地基底地层（冲堆组）柱状图和离子探针年代学结果

弧前盆地的基底；124～113Ma，不成熟俯冲阶段，弧岩浆作用不发育，弧前盆地沉积硅质岩，活动大陆边缘浅水区沉积碳酸盐岩；113～110Ma，成熟的俯冲带形成，弧岩浆作用大量发育，活动大陆边缘隆起，弧前盆地浊积岩大量沉积。

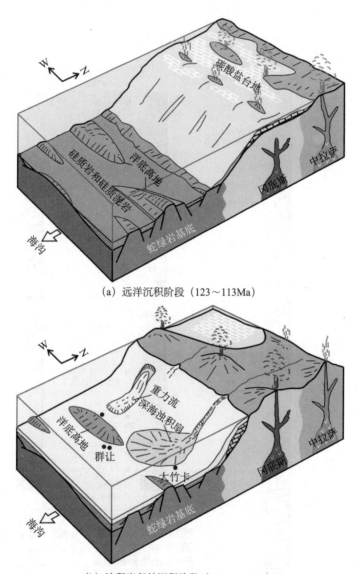

（a）远洋沉积阶段（123～113Ma）

（b）浊积岩起始沉积阶段（113～110Ma）

图 2　日喀则弧前盆地形成的沉积古地理模型

　　研究结果表明，日喀则蛇绿岩的形成为弧前盆地形成提供可容纳空间，亚洲活动大陆边缘的地貌生长为弧前盆地提供物源，二者共同控制了日喀则弧前盆地的形成和早期演化。而这些地表过程可能都受控于新特提斯洋壳的早期俯冲过程。有趣的是，地球上许多弧前盆地［如美国西海岸的大峡谷（Great Valley）弧前盆地[3]、菲律宾的吕宋中央峡谷（Luzon Central Valley）弧前盆地[4]] 的早期演化历史与日喀则弧前盆地非常相似，都是在蛇绿岩基底形成之后，经历 10～15Ma 的饥饿沉积阶段（远洋沉积岩＋火山灰），然后源自岩浆弧的浊积岩开始沉积。这暗示日喀则弧前盆地的形成模型可能具有普适性。

参考文献

[1] Wang J G, Hu X, Garzanti E, et al. The birth of the Xigaze forearc basin in southern Tibet. Earth and Planetary Science Letters, 2017, 465: 38-47.

[2] Wang J G, Hu X, Garzanti E, et al. Early cretaceous topographic growth of the Lhasaplano, Tibetan plateau: Constraints from the Damxung conglomerate. Journal of Geophysical Research: Solid Earth, 2017, 122, doi: 10. 1002/2017JB014278.

[3] Hopson C A, Mattinson J M, Pessagno Jr, et al. California coast range ophiolite: Composite middle and Late Jurassic oceanic lithosphere. The Geological Society of America, Special Paper, 2008, 438: 1-101.

[4] Schweller W J, Roth P H, Karig D E, et al. Sedimentation history and biostratigraphy of ophiolite-related Tertiary Sediments, Luzon, Philippines. Geological Society of America Bulletin, 1984, 95: 1333-1342.

The Birth of the Xigaze Forearc Basin in Southern Tibet

*Wang Jiangang, Hu Xiumian, Eduardo Garzanti,
An Wei, Liu Xiaochi*

The stratigraphic succession of a forearc basin provides crucial information on the history of a convergent plate margin. This study illustratesstratigraphic, geochronological and isotopic data from the Chongdui Formation, representing the very base of the Xigaze forearc-basin succession, and reconstructs when and how the basin was formed. The Chongdui Formation deposited directly on top of pillow basalts of the Xigaze ophiolite. Its deposition was subdivided into two stages: the early stage pelagic sediments comprise chert and siliceous shales, lasting for 11-14 Ma. During this stage, carbonate platform developed on the south arc-delated margin of Asia deposited, prevented terrigenous detrital influx to the forearc. The late stage turbidites include abundant volcanic clasts, coeval with the initial topographic growth on the Gangdese arc. The new results indicated that formation of the ophiolitic basement during the early stage of subduction and the subsequent topographic growth of the arc source induced by subduction-related magmatism are two critical factors for the birth of the Xigaze forearc basin. Our model from the Xigaze forearc basin may be Common to many other forearc basins worldwide.

3.20　环境微生物的大规模迁徙

朱永官

（中国科学院生态环境研究中心）

　　随着城市化和高强度集约化农业的发展，人类正以前所未有的速度和规模改变着微生物的全球迁徙和分布。2017 年 9 月 15 日《科学》期刊刊登了中国科学院城市环境研究所及其国际团队的论文，系统阐述了微生物通过人与动物、污水及其他物质的流通（包括贸易）在全球范围的迁徙及其环境与生态效应[1]。

　　几十亿年来，微生物及其所携带的基因主要在空气和水等自然驱动下发生迁移。然而在过去的 100 年中，人们通过废弃物排放、旅游、全球运输以及改变微生物定殖点选择压力（即化学污染物的同时排放）等可以将大量微生物及其基因带入新的环境从而逐渐改变原来微生物群落的动态。总之，我们正处于微生物生物地理学的实质性改变中。这种巨变以一种不可预估的方式改变生态系统服务和生物地球化学过程。

　　文章分析指出，污水处理和排放促进了微生物和微生物携带基因的共同扩散。全球约有 359 000 平方公里的耕地依赖城市污水的灌溉，而 80% 的污水都只经过了简单处理甚至没有处理。农业中污水和粪肥的使用导致了微生物通过植物和动物流通而在全世界传播和扩散。废水含有高密度的微生物和可交换的基因，也含有大量化学污染物，包括金属、抗生素和消毒剂等。这些污染物作为选择压力，促进细菌应急响应并增加细菌中的基因突变率。细菌和化学污染物的共同迁移使得细菌能够在新的环境中通过一些突变和基因横向转移等获得适应性的优势来主动地响应逐渐变化的环境。

　　人和动物在世界范围内的空前流动导致了微生物的流动和部分微生物的富集。人和集约化养殖的牲畜所含的生物量是野生陆地哺乳动物的 35 倍。因此肠道微生物主要是来自人类、牛、羊、猪和鸡等。自 20 世纪以来，这些特定的肠道微生物在环境中的丰度和分布迅速增加。每年高达 12 亿人次的国际旅游促进了肠道微生物的扩散，抗性基因的洲际扩散也证明了这一现象。

　　物质的流动同样也促进了微生物的扩散。例如，航运的压载水可使得不同微生物在全球范围内流动。据估计每年有 1 亿吨的压载水排放到美国港口。由人类活动导致的土、沙、石的移动远高于所有自然过程所带来的。由于每克土壤含有高达 10 亿个微生物，因此水土流失可导致大量细菌的流动。这种大规模的细菌流动可能会影响人类的健康以及农业和生态系统的功能，如可能会增加人类致病菌的扩散和威胁农业的可持续生产。

人类活动对微生物大规模迁徙可以进一步以临床一类整合子为例加以展开。它源于 20 世纪初，由于人类大量使用抗生素等而获得单一来源的外来基因，其对抗性基因在致病菌之间的传播中扮演重要角色。现在人类和家畜的每克粪便里含有百万到数十亿拷贝的整合子，每天高达 10^{23} 拷贝的整合子流入环境中。这一惊人的丰度和广泛的分布与抗生素的环境污染密切相关，人口的增加以及全球运输带来的扩散进一步驱动长期距离的迁徙。

由于人类活动改变了微生物的分布和丰度，因此与微生物相关的生物地球化学循环也会受到影响。开展微生物多样性和生物地球化学循环的关系研究，以及地下生态系统的相关研究将有助于精准地预测未来生物地球化学循环的变化。本文指出，未来需要不断推进环境基因组学和生物地球化学模型的融合，基因组学和生物地球化学的耦合是探究全球环境变化与功能微生物的时空分布的第一步。

人类活动对看不到的微生物的影响与对看得到的宏观生物的影响是一样的：如生物分布均质性增加，地方物种的灭绝以及生态系统不稳定性增加等。运用模型模拟微生物活性、细胞和基因的分布和自然选择之间的复杂反馈，以及物理、化学、地理和人类过程的相互关系，可以更好地预测未来生物圈的变化。微生物活性对生物地球化学循环和人类健康起着重要的作用，但是目前的模型还不能对其进行模拟。生物和地球化学数据的融合可以更好地在全球尺度阐明复杂和多基因的微生物表型及其在生物地球化学过程中的作用。

环境中与人类和动物健康相关的一些基因（微生物）的分布是目前研究的优先领域，特别是人类活动带来的选择压力下的抗性基因。在全球范围内阐明这些基因元件的分布以及携带这些基因的微生物，能够有效促进更多的全球性的认知。这些研究可以包括微生物的入侵、灭绝和对微生物生态系统的扰动。未来需要特别重视监督和提高废水和动物粪便的处理。微生物对生态功能所起的重要作用是肉眼无法察觉的，但如果因此而忽略微生物的作用将会给人类带来灾难。

参考文献

[1] Zhu Y G, Gillings M, Simonet P, et al. Microbial mass movements. Science, 2017, 357(6356): 1099-1100.

Large Scale Transport of Microbes in the Environment

Zhu Yongguan

Microbes are ubiquitous, and can transport with no boundaries. Naturally, microbes can be carried by air, water, soil and wild animals. However, in the era of Anthropocene, the scale and speed of microbial movements have been great accelerated due to human activity, such as discharge of wastewater and animal manure. The movement of microbes is further complicated by the simultaneous release of toxic chemicals, which will induce resistance elements, such as antibiotic resistance genes (ARGs), and ARGs can be acquired by human pathogens thus posing direct risks to human health. This paper discusses the future science needs in understanding and harnessing the microbial mass movement for planetary health.

第四章

科技领域发展观察

Observations on Development of Science and Technology

4.1 基础前沿领域发展观察

黄龙光 边文越 张超星 冷伏海

（中国科学院科技战略咨询研究院）

2017 年基础前沿领域取得多项突破："多信使天文学"跨入新时代，量子信息、暗物质、凝聚态物理等领域取得重大突破，化学继续向绿色、经济、高效方向发展，普适性和批量制备纳米材料的方法不断推陈出新，新型纳米材料不断出现。欧美等布局空间引力波探测、量子科技、核物理和纳米等前沿领域，以在未来基础研究的重大突破和技术进步中抢占先机。

一、重要研究进展

1."多信使天文学"跨入新时代，量子信息、粒子物理和凝聚态物理领域取得系列重大突破

"多信使天文学"跨入新时代。包括中国科学院紫金山天文台、南极昆仑站的望远镜、"慧眼"天文卫星在内的全球 70 余台地面及空间望远镜首次直接探测双中子星并合产生的引力波及其伴随的电磁信号[1,2]，标志着"多信使天文学"跨入新时代。美国激光干涉引力波天文台（laser interferometer gravitational-wave observatory，LIGO）等先后三次探测到双黑洞并合产生的引力波[3~5]。

量子通信与量子计算取得突破性进展。我国"墨子号"卫星实现了世界上首次千公里级的量子纠缠分发和量子力学非定域性检验[6]，随后，在国际上首次成功实现从卫星到地面的量子密钥分发[7]和从地面到卫星的量子隐形传态[8]。中国科学技术大学在国际上首次通过实验实现没有实物粒子交换的反事实量子通信，并演示了图像的反事实传输[9]。中国科学技术大学制造出世界首台超越早期经典计算机的光量子计算机原型机[10]。IBM 公司利用其研发的全新算法模拟了氢化铍（BeH_2）分子[11]，这是迄今量子系统模拟的最大、最复杂分子。IBM 公司建成全球首台 50 个量子比特的量子计算机原型[12]。

暗物质、粲物理和中微子研究稳步推进。中国科学院暗物质粒子探测卫星（dark

matter particle explorer，DAMPE）"悟空号"获得了世界上迄今最精确的高能电子宇宙线能谱[13]。大型强子对撞机底夸克实验（LIICb）团队首次发现含两个重夸克的双粲重子[14]，清华大学等中国研究机构对该粒子的发现做出了重要贡献。美国橡树岭国家实验室研制出可随身携带的小型中微子探测器[15]。

凝聚态物理促进新材料的发现。美国马里兰大学[16]和哈佛大学[17]首次用不同方法同时制造出时间晶体，为人类研究物质特性打开了全新的思维方式。美国哈佛大学宣布制造出了首块金属氢[18]却引起质疑，随后由于操作失误该金属氢样本消失[19]。中国科学院物理研究所首次发现了突破传统分类的新型费米子——三重简并费米子[20]，为固体材料中电子拓扑物态研究开辟了全新的方向。美国加利福尼亚大学洛杉矶分校和上海科技大学等首次在二维空间发现了马约拉纳费米子存在的证据[21]。

2. 合成化学继续向绿色、经济、高效方向发展

合成化学继续向绿色、经济、高效方向发展。美国国家可再生能源实验室的科学家设计了一条从可再生生物质原料出发生产丙烯腈的新工艺[22]。美国礼来公司的研究人员探索使用连续流动合成方法制备药物，日产量达到千克级[23]。英国曼彻斯特大学的科学家巧妙地利用分子机器合成分子，可完成硫醇、烯烃对 α,β-不饱和醛的立体选择性加成反应[24]。美国斯克里普斯研究所等机构的研究人员引领碳氢键活化反应前沿研究，开发了一系列针对不同类型碳氢键的活化新策略[25]。南开大学的科学家高效合成抗癌天然产物 BE-43547A$_2$[26]。

化学为发展清洁能源和低碳社会提供助力。韩国蔚山国立科技学院等机构的研究人员合作将钙钛矿太阳能电池的能量转化效率提高到 22.1%[27]。美国加利福尼亚大学的科学家使锂电池在 $-60℃$ 还能保持高效运行，展现了其在高空极冷环境中应用的潜力[28]。世界首座直接从大气中捕集 CO_2 的工业装置在瑞士投入运行，每年可捕集 900t CO_2，相当于 200 辆轿车一年的排放量[29]。北京大学、中国科学院山西煤炭化学研究所以及大连理工大学的科学家合作发明了一种甲醇液相重整催化剂，可高效制取氢燃料，超过了国外水平，创造了新的纪录[30]。

化学为国防科技发展提供坚实基础。美国麻省理工学院和加利福尼亚大学的科学家合作利用金属有机框架化合物开发了一种从空气中制取饮用水的新型技术，适用于沙漠等干燥环境，具有潜在军用价值[31]。中国南京理工大学的科学家合成世界首个全氮阴离子盐，意味着我国占领了新一代超高能含能材料研究的国际制高点，有助于我国核心军事能力的提升[32]。

力化学、机器学习等方向正在兴起。美国斯坦福大学的科学家通过超声方法对梯烯聚合物施加机械力，成功将其转化为全反式聚乙炔[33]。西班牙巴塞罗那大学和德国

莱比锡大学的研究人员从力学角度计算最优化学键断裂点，从而以最小的力诱导化学反应发生[34]。美国华盛顿大学的科学家采用机器学习方法预测了 600 种蛋白质的三维结构[35]。美国 IBM 公司和比利时鲁汶大学等机构的研究人员合作通过机器学习分子结构数据，成功预测化合物香味[36]。

传统认识不断被打破。美国康奈尔大学的科学家发现聚合物链增长过程是由等待与跃进步骤交替组成[37]。英国巴斯大学和法国图卢兹第三大学的科学家合作首次实现了苯的碳氢键亲核取代反应[38]。德国柏林自由大学的科学家首次合成并证实，存在能与 6 个原子结合的碳原子[39]。

3. 纳米材料普适性和批量制备方法不断推陈出新，新型纳米材料不断出现

普适性和批量制备方法不断推陈出新。湖南大学及加利福尼亚大学洛杉矶分校通过改性气相沉积的方法，在温度浮动期间加以反向气流的方式实现了各种不同的二维异质结、二维多元异质结以及二维原子晶体超晶格等材料的精确、稳定制备[40]。美国南卡罗来纳大学基于强静电吸附原理，发明了一种 SiO_2 负载超小、超均匀双金属纳米颗粒的普适性策略[41]。澳大利亚墨尔本皇家理工大学团队研究发现利用液态镓合金作为溶剂，可以在室温下合成 HfO_2、Al_2O_3 及 Gd_2O_3 等系列金属氧化物二维纳米材料[42]。中国国家纳米科学中心和中国科学院纳米科学卓越创新中心通过引入主导控制力概念，突破了一直以来八面体金棒只能是形状依赖的六方对称结构的实验结果，首次实现了金纳米棒的四方对称性组装，这一结果也在八面体银和钯纳米棒上得到了实现[43]。美国佐治亚理工学院采用将反应边界应变能最小化的策略，在不需要催化剂或者外部条件的情况下，实现了直接将体相的合金材料转变为系列氧化物纳米线的制备[44]。中国哈尔滨工业大学采用一系列封装技术将石墨纳米片加入高分子材料聚氨酯内成功制备了高柔性、高灵敏度的"电子皮肤"，突破了石墨纳米片的制备技术、石墨纳米片与高分子均匀分散技术、成膜技术三大难题，为电子皮肤的批量生产提供了可借鉴的工艺[45]；武汉理工大学和厦门大学采用低温热解金属有机框架结构的策略获得了比表面积高、掺杂量可控、多级孔隙且稳定性较高的多种形态碳纳米管定向组装结构[46]。

新型材料的出现为纳米科学开启了新的思路。西安交通大学和新加坡南洋理工大学联合团队在实验中成功合成中国科学院大学 6 年前通过理论计算预言的一种新型三维碳结构 T-碳，该材料可与石墨和金刚石比肩，成为碳家族的新成员[47]。哥伦比亚大学与普林斯顿大学、普渡大学合作使用传统芯片技术中的工具，采用纳米光刻、蚀刻刻画砷化镓的方法得到了人造石墨烯[48]。

钙钛矿型材料的研究持续攻坚，打破传统，进入新阶段。美国雪城大学制备了迄

今水稳定性最好的无机壳全无机钙钛矿纳米晶 $CsPbBr_3/TiO_2$，克服了该类材料水稳定性差的难题。美国普渡大学、阿贡国家实验室及罗格斯大学联合发现钙钛矿型稀土金属镍酸盐材料在模拟海水的环境中具有独特的与鲨鱼相似的灵敏弱电感知能力，这一发现将大幅提升人类探索以及监测海洋的能力[49]。三星尖端技术研究所和韩国成均馆大学发现采用全溶液处理制备的可印刷式多晶钙钛矿检测器可以实现低剂量 X 射线成像，并且还可以用于光电导装置实现放射成像、感测和能量收集[50]。

纳米粒子不断解决生物医药领域的挑战性难题。中南大学创新性地将黑磷纳米片用于神经退行性疾病的治疗，有效降低了神经细胞内氧化压力，且对正常组织无明显毒副作用[51]。中国深圳大学研究者将金纳米棒与全氟戊烷同时负载到介孔二氧化硅中，得到光响应纳米摇铃，实现了对癌症的诊断治疗一体化[52]。日本国家先进工业科学技术研究所合成了一种可近红外刺激响应的镓铟液态金属纳米囊，在产生热量和活性氧物质的同时还能观察到纳米囊发生变形直至破裂，解决了药物非接触可控释放难题[53]。日本国立材料科学研究所等以硼氮纳米球作为可降低前列腺癌致病风险的硼储存库，在增强其抗肿瘤功效的同时降低了该药品的副作用[54]。

纳米材料持续致力于 CO_2 的高效转化。新加坡南洋理工大学制备了 In_2S_3-$CdIn_2S_4$ 分级异相结构纳米管，在无贵金属助催化剂的可见光还原 CO_2 体系中显示出 $825\mu mol/(h \cdot g)$ 的高 CO 产率[55]。哈尔滨工业大学和美国加州理工学院研究者采用理论计算与实验相结合的方式成功制备了催化还原 CO_2 活性高于金纳米粒子近 100 倍的 Au-Fe 核壳结构，且在 $-0.4V$ 的电压下几乎完全抑制了析氢反应[56]。法国巴黎第七大学在室温、常压可见光驱动下，利用三甲基铵基团功能化的铁四苯基卟啉络合物催化剂实现了 CO_2 高效催化还原，总选择性高达 82%[57]。

二、重要战略规划

1. 引力波研究布局从高频走向中低频

2017 年 6 月，欧洲空间局（ESA）正式确立预算为 10 亿欧元的"激光干涉仪空间天线"（LISA）任务[58]，这意味着欧洲在竞争激烈的中低频引力波探测领域率先迈出了关键一步。美国国家航空航天局（NASA）也将参与 LISA 任务的设计、开发、运行和数据分析工作。

2. 美日积极备战国际量子竞争

日本文部科学省《关于量子科学技术的最新推动方向》报告提出了日本未来应重

点发展的方向[59]，主要包括量子信息处理和通信，量子测量、传感器和影像技术，最尖端光电和激光技术。美国能源部新增了量子信息科学计划，并被确定为国家优先方向[60]。美国众议院听证会的代表呼吁应发起"国家量子计划"[61]，聚焦量子传感、光子量子通信网络和量子计算机三大支柱领域。

3. 核物理和天体物理规划瞄准重大科学问题

欧洲核物理合作委员会（NuPECC）《2017 欧洲核物理长期计划》将重点研究强子物理学、强相互作用物质相、核结构与动力学、核天体物理学、对称性与基本相互作用等领域[62]。欧洲天体粒子物理联盟（APPEC）《欧洲天体粒子物理战略 2017～2026 年》提出了未来 10 年要实现高能伽马射线、高能中微子等 13 个科学目标[63]。英国科学技术设施委员会（STFC）未来 4 年重点资助暗物质的性质、极端条件下的物理学定律、宇宙起源及演化、夸克-胶子等离子体的性质、重元素的起源等方面的实验和理论核物理研究[64]。

4. 中国调整化学分类资助和管理方式

2017 年 12 月，国家自然科学基金委员会宣布 2018 年度化学科学部进行全面的学科调整，以化学的主要研究方向进行分类资助和管理，将传统的无机化学、有机化学、物理化学等资助方向调整为新的 8 个项目资助方向：合成化学、催化与表界面化学、化学理论与机制、化学测量学、材料与能源化学、环境化学、化学生物学、化学工程与工业化学，从而更好适应国际化学发展的趋势和促进中国化学研究的转型发展[65]。

5. 欧盟注重纳米材料和技术的产业转型

2017 年 10 月，欧盟发布了"地平线 2020"纳米技术、先进材料、生物技术和先进制造和加工（NMP）的 2018～2020 年工作计划[66]。针对纳米材料和技术，提出要开发适合生物纳米材料和制备，纳米医药制造，轻量的、多功能纳米复合材料和组分的测试床，开发用于实时的纳米表征技术，加强对纳米技术的监管，以及基于科学的危险评估和管理等未来三年的工作计划。

三、发展启示建议

1. 统筹建设和自主研发大科学装置

物理学发展的基础在于科研仪器设备的进步，近年来物理学多个重大突破都与大科学装置分不开,如引力波、中微子、希格斯玻色子等。国家通过全局统筹建设大科学装置,将汇集相关领域的人才,促进相关物理学科的高速发展,催生重大突破和高水平科研人才。而且,还可以围绕大科学装置开展自主研发,推动我国实验研究技术的发展,培养实验人才,从而促进我国科技发展。

2. 高度重视化学的基础性作用,积极布局自动合成等前沿研究

作为一门以物质合成为主的学科,化学为物理、生物、材料、能源、环境、信息等学科的发展提供了坚实基础。合成化学又是化学的基础。传统的人工、间歇式合成方法正在遭受自动化、流动化合成的挑战。机器学习的兴起也将使合成化学更加智能。合成化学一旦实现智能化、自动化、流动化,将极大提高科学研究水平,推动生产力发展。因此,建议我国积极布局自动合成研究,采取跨学科(信息、自动化、化学等)协作研究机制,重点研究合成路线智能设计、高效化学反应、连续流动过程等关键技术。

3. 对纳米科技产业化进行全面评估

我国的纳米科学和技术的基础研究已经发展到一定的水平和阶段,但商业化和产业化表现较其他国家明显滞后,建议国家对纳米技术进行全面评估,制定专门针对纳米技术商业化和产业化的战略计划,设立商业化和产业化专项资金,扶植初创企业,给予其稳定、持续的政策和资金支持。

4. 对纳米材料的安全性进行研究和评估

我国纳米科学和技术发展很快,同时纳米材料污染(对人体健康和环境)也很严重。但目前针对纳米技术的安全性研究还相对较少,相关机构对此领域的关注度不够高。国家应设立专项资金对纳米材料和纳米技术的安全性进行研究和评估,规范纳米材料和纳米科技产品,建立纳米材料的安全研究和使用法规。

致谢:中国科学院化学研究所张建玲研究员对本文初稿进行了审阅并提出了宝贵的修改意见,特致感谢!

参考文献

[1] Abbott B P, Abbott R, Abbott T D, et al. GW170817: observation of gravitational waves from a binary neutron star inspiral. Physical Review Letters, 2017, 119: 161101.

[2] Abbott B P, Abbott R, Abbott T D, et al. Multi-messenger observations of a binary neutron star

merger. The Astrophysical Journal Letters,2017,848:1.

［3］ Abbott B P,Abbott R,Abbott T D,et al. GW170104:observation of a 50-solar-mass binary black hole coalescense at redshift 0. 2. Physical Review Letters,2017,118:221101.

［4］ Abbott B P,Abbott R,Abbott T D,et al. GW170608:observation of a 19 solar-mass binary black hole coalescence. The Astrophysical Journal Letters,2017,119:141101.

［5］ Abbott B P,Abbott R,Abbott T D,et al. GW 170608:Observation of a 19 Solar-mass Binary Black Hole Coalescence. The Astrophysical Journal Letters,2017,851:L35.

［6］ Yin J,Cao Y,Li Y H,et al. Satellite-based entanglement distribution over 1200 kilometers,Science,2017,356(6343):1140-1144.

［7］ Liao S K,Cai W Q,Liu W Y,et al. Satellite-to-ground quantum key distribution. Nature,2017,549:43-47.

［8］ Ren J G,Xu P,Yong H L,et al. Ground-to-satellite quantum teleportation. Nature,2017,549:70-73.

［9］ Cao Y,Li Y H,Cao Z,et al. Direct counterfactual communication via quantum Zeno effect. PNAS,2017,114(19):4920-4924.

［10］ Wang H,He Y,Li Y H,et al. High-efficiency multiphoton boson sampling. Nature Photonics,2017,11:361-365.

［11］ Kandala A,Mezzacapo A,Temme K,et al. Hardware-efficient variational quantum eigensolver for small molecules and quantum magnets. Nature,2017,549:242-246.

［12］ Gil D. The future is quantum. https://www. ibm. com/blogs/research/2017/11/the-future-is-quantum/?utm_source＝ibmqwebsite&utm_medium＝web&utm_campaign＝ibmq&utm_content＝2050qubit[2017-12-12].

［13］ Collaboration D,Ambrosi G,An Q,et al. Direct detection of a break in the teraelectronvolt cosmic-ray spectrum of electrons and positrons. Nature,2017,552:63-66.

［14］ Collaboration L. Observation of the doubly charmed baryon Ξ_{cc}^{++}. Physical Review Letters,2017,119:112001.

［15］ Akimov D,Albert J B,An P,et al. Observation of coherent elastic neutrino-nucleus scattering. Science,2017,357(6356):1123.

［16］ Zhang J,Hess P W,Kyprianidis A,et al. Observation of a discrete time crystal. Nature,2017,543:217-220.

［17］ Choi S,Choi J,Landig R,et al. Observation of discrete time-crystalline order in a disordered dipolar many-body system. Nature,2017,543:221-225.

［18］ Dias R P,Silvera I F. Observation of the Wigner-Huntington transition to metallic hydrogen. Science,2017,355(6326):715-718.

［19］ Johnston I. World's only piece of a metal that could revolutionise technology has disappeared,scientists reveal. https://www. independent. co. uk/news/science/metallic-hydrogen-disappearstechnology-revolutions-superconductor-faster-computers-super-efficient-a7593481. html［2017-12-13］.

［20］Lv B Q,Feng Z L,Xu Q N,et al. Observation of three-component fermions in the topological semi-metal molybdenum phosphide. Nature,2017,546:627-631.

［21］He Q L,Pan L,Stern A L,et al. Chiral Majorana edge modes in a quantum anomalous Hall insula-tor-superconductor structure. Science,2017,357(6348):294-299.

［22］Karp E M,Eaton T R,Sànchez I NoguéV,et al. Renewable acrylonitrile production. Science,2017,358(6368):1307-1310.

［23］Cole K P,McClary G J,Johnson M D,et al. Kilogram-scale prexasertib monolactate monohydrate synthesis under continuous-flow CGMP conditions. Science,2017,356(6343):1144-1150.

［24］Kassem S,Lee A T L,Leigh D A,et al. Stereodivergent synthesis with a programmable molecular machine. Nature,2017,549(7672):374-378.

［25］Wu Q F,Shen P X,He J,et al. Formation of α-chiral centers by asymmetric β-C(sp3)-H arylation, alkenylation,and alkynylation. Science,2017,355(6324):499-503.

［26］Sun Y J,Ding Y H,Li D M,et al. Cyclic depsipeptide BE-43547A2:synthesis and activity against pancreatic cancer stem cells. Angewandte Chemie International Edition, 2017, 56 (46): 14627-14631.

［27］Yang W S,Park B W,Jung E H,et al. Iodide management in formamidinium-lead-halide-based per-ovskite layers for efficient solar cells. Science,2017,356(6345):1376-1379.

［28］Rustomji C S,Yang Y Y C,Kim T K,et al. Liquefied gas electrolytes for electrochemical energy storage devices. Science,2017,356(6345):4263.

［29］Science. In Switzerland,a giant new machine is sucking carbon directly from the air. http://www. sciencemag. org/news/2017/06/switzerland-giant-new-machine-sucking-carbon-directly-air［2017-06-01］.

［30］Lin L L,Zhou W,Gao R,et al. Low-temperature hydrogen production from water and methanol using Pt/α-MoC catalysts. Nature,2017,544(7648):80-83.

［31］Kim H,Yang S,Rao S R,et al. Water harvesting from air with metal-organic frameworks powered by natural sunlight. Science,2017,356(6336):430-434.

［32］Zhang C,Sun C G,Hu B C,et al. Synthesis and characterization of the pentazolate anion cyclo-N_5^- in$(N_5)_6(H_3O)_3(NH_4)_4$Cl. Science,2017,355(6323):374-376.

［33］Chen Z X,Mercer J A M,Zhu X L,et al. Mechanochemical unzipping of insulating polyladderene to semiconducting polyacetylene. Science,2017,357(6350):475-479.

［34］Bofill J M,Ribas-Ariño J,García S P,et al. An algorithm to locate optimal bond breaking points on a potential energy surface for applications in mechanochemistry and catalysis. The Journal of Chemical Physics,2017,147(15):152710.

［35］Ovchinnikov S, Park H, Varghese N, et al. Protein structure determination using metagenome sequence data. Science,2017,355(6322):294-298.

[36] Keller A,Gerkin R C,Guan Y F,et al. Predicting human olfactory perception from chemical features of odor molecules. Science,2017,355(6327):820-826.

[37] Liu C M,Kubo K,Wang E D,et al. Single polymer growth dynamics. Science,2017,358(6361): 352-355.

[38] Wilson A S S,Hill M S,Mahon M F,et al. Organocalcium-mediated nucleophilic alkylation of benzene. Science,2017,358(6367):1168-1171.

[39] Malischewski M,Seppelt K. Die molekülstruktur des pentagonal-pyramidalen Hexamethylbenzol-Dikations $C_6(CH_3)_6^{2+}$ im Kristall. Angewandte Chemie,2017,129(1):374-376.

[40] Zhang Z W,Chen P,Duan X D,et al. Robust epitaxial growthof two-dimensional heterostructures, multiheterostructures,and superlattices. Science,2017,357(6353):788-792.

[41] Wong A,Regalbuto J R,Liu Q,et al. Synthesis of ultrasmall, homogeneouslyalloyed, bimetallic nanoparticles on silica supports. Science,2017,358(6369):1427-1430

[42] Zavabeti A,Kalantar-Zadeh K,Daeneke T,et al. A liquid metal reaction environment for the room-temperature synthesis of atomically thin metal oxides. Sciecne,2017,358:332-335.

[43] Liang Y,Xie Y,Chen D,et al. Symmetry control of nanorod superlattice driven by a governing force. Nature Communications,2017,8:1410

[44] Lei D,Benson J,Yushin G,et al. Transformation of bulk alloys to oxidenanowires. Science,2017, 355:267-271.

[45] Wu J F,Wang H T,Su Z W,et al. Highly flexible and sensitive wearable e-skin based on graphite nanoplatelet and polyurethane nanocomposite films in mass industry production available. Acs Applied Materials & Interfaces,2017,9(44):38745-38754.

[46] Meng J S,Niu C J,Xu L H,et al. General oriented formation of carbon nanotubes from metal-organic frameworks. Journal of the American Chemical Society,2017,139(24):8212-8221.

[47] Xu K,Fu Y B,Zhou Y J,et al. Cationic nitrogen-doped helical nanographenes. Angewandte Chemie International Edition,2017,56(50):15876-15881.

[48] Wang S,Scarabelli D,Du L J,et al. Observation of Dirac bands in artificial graphene in small-period nanopatterned GaAs quantum wells. Nature Nanotechnology,2017,13(1):29-33.

[49] Zhang Z,Schwanz D,Narayanan B,et al. Perovskitenickelates as electric-field sensors in salt water. Nature,2017,553(7686):68-72.

[50] Kim Y C,Kim K H,Son D Y,et al. Printable organometallic perovskite enables large-area,low-dose X-ray imaging. Nature,2017,550(7674):87-91.

[51] Chen W S,Jiang O Y,Yi X Y,et al. Black phosphorus nanosheets as a neuroprotective nanomedicine for neurodegenerative disorder therapy. Advanced Materials,2017,30(3):1703458.

[52] Li C X,Zhang Y F,Li Z M,et al. Light-responsive biodegradable nanorattles for cancer theranostics. Advanced Materials,2017:1706150

［53］Chechetka S A, Yu Y, Zhen X, et al. Light-driven liquid metal nanotransformers for biomedical theranostics. National Communications, 2017, 8: 15432.

［54］Li X, Wang X, Zhang J, et al. Hollow boron nitride nanospheres as boron reservoir for prostate cancer treatment. National Communications, 2017, 8: 13936.

［55］Wang S B, Guan B Y, Lu Y, et al. Formation of hierarchical In_2S_3-$CdIn_2S_4$ heterostructured nanotubes for efficient and stable visible light CO_2 reduction. Journal of the American Chemical Society, 2017, 139(48): 17305-17308.

［56］Sun K, Cheng T, Wu L N, et al. Ultrahigh mass activity for carbon dioxide reduction enabled by gold-iron core-shell nanoparticles. Journal of the American Chemical Society, 2017, 139(44): 15608-15611.

［57］Rao H, Schmidt L C, Bonin J, et al. Visible-light-driven methane formation from CO_2 with a molecular iron catalyst. Nature, 548: 74-77.

［58］ESA. Gravitational wave mission selected, planet-hunting mission moves forward. http://www.esa. int/Our_Activities/Space_Science/Gravitational_wave_mission_selected_planet-hunting_mission_moves_forward[2017-12-05].

［59］日本文部科学省基礎前沿研究会. 量子科学技術(光・量子技術)の新たな推進方策について, http://www. mext. go. jp/b_menu/shingi/gijyutu/gijyutu17/010/houkoku/1382234. htm[2017-04-05].

［60］Will Thomas. Leaders in High Energy Physics Identify Priorities amid Budgetary Uncertainty. https://www. aip. org/fyi/2017/leaders-high-energy-physics-identify-priorities-amid-budgetary-uncertainty[2017-07-05].

［61］Christopher Monroe. Subcommittee on Research & Technology and Subcommittee on Energy Hearing-American Leadership in Quantum Technology. https://science. house. gov/legislation/hearings/american-leadership-quantum-technology[2017-07-06].

［62］European Science Foundation. Nupecc-esf launches the 5th European long-range plan for nuclear physics. http://www. esf. org/fileadmin/user_upload/esf/Nupecc-LRP2017. pdf[2017-07-05].

［63］APPEC. European Astroparticle Physics Strategy 2017—2026. http://www. appec. org/wp-content/uploads/Documents/Current-docs/APPEC-Strategy-Book-Proof-13-Oct. pdf[2017-09-05].

［64］Becky Parker-Ellis. UK invests £16million in frontier nuclear physics research. http://www. stfc. ac. uk/news/uk-invests-16million-in-frontier-nuclear-physics-research/[2017-10-05].

［65］国家自然科学基金委员会. 2018 年国家自然科学基金委员会化学科学部申请领域与代码调整情况材料. https://mp. weixin. qq. com/s?__biz=MzA5NjUyNjc5Ng%3D%3D&idx=3&mid=2651388038&sn=999d8fa09efc8ab98d7e57168eaee8fd[2017-12-05].

［66］European Commission. Horizon 2020—Work Programme 2018-2020: Nanotechnologies, Advanced Materials, Biotechnology and Advanced Manufacturing and Processing. http://ec. europa. eu/research/participants/data/ref/h2020/wp/2018-2020/main/h2020-wp1820-leit-nmp_en. pdf[2017-12-05].

Basic Sciences and Frontiers

Huang Longguang，Bian Wenyue，Zhang Chaoxing，Leng Fuhai

A number of breakthroughs have been made in basic and frontier science in 2017. The multi-messenger astronomy begins. Major breakthroughs have been achieved in quantum information，dark matter，and condensed matter physics. Chemistry continues to develop in a green，economic，and efficient manner. Great achievements have been got in universal and bulk preparation of nanomaterials. New nanomaterials continue to emerge. Europe and the United States have deployed prior areas to seize opportunities in achieving major breakthroughs in basic research and technological advancement in the future，such as space gravitational wave detection，quantum science and technology，nuclear physics，and nanotechnology.

4.2 人口健康与医药领域发展观察

徐 萍 王 玥 许 丽 李祯祺 苏 燕 施慧琳 于建荣

（中国科学院上海生命科学信息中心）

人口健康是重要的社会民生问题，关乎国家经济发展和社会进步。科技是健康管理的有力保障，颠覆性技术的发展、跨学科技术的深度融合、学科会聚正在改变生命科学与医学研究范式、疾病诊疗模式、健康产业业态。

一、研究趋势与进展

1. 大数据、人工智能深刻影响生命科学研究，全面赋能健康与医疗

随着大数据技术的快速发展，生命科学研究正向基于数据的科学发现范式转变。这种范式表现为通过开展生命组学、图谱绘制、大型队列等研究解析生命体，并产生大量数据；利用计算生物学、生物信息学、大数据、人工智能等技术进行数据分析，继而进行建模和预测；在解析生命体的基础上，通过合成生物学、脑机接口技术、组织工程、3D打印等技术完成对生命体的仿制和创制。在健康与医疗领域，大数据、互联网、可穿戴设备、人工智能的结合带来了全新的智慧医疗模式，正在改善医疗供给模式，重构健康服务体系。以市场化应用最为突出的 IBM Watson 为代表，人工智能已快速渗透医疗健康领域，用于疾病诊断和病理分析，在脑癌、皮肤癌[1]、肺癌、乳腺癌、胃癌等癌症的分析诊断与辅助治疗，以及心脏病发病风险预测[2]中表现出应用潜力。

2. 生物技术的突破提高人类系统认识和解析生命的能力

物理学、材料学、计算科学等多学科与生命科学交叉融合的发展，推动了生物成像、基因编辑技术、单细胞技术、生命组学等技术不断革新，大大提高了人类认识和解析生命的能力。生命科学正逐渐走向成熟，其标志为逐渐向数字化、平台化、工程化发展。

生物成像技术正在向精确、深度、实时、活体方向发展。2017年，冷冻电子显微

镜技术获得诺贝尔化学奖。

基因编辑技术大大提高了操控和改造生命的效率和准确性，正在生命科学全领域中进行应用研究。该技术更加精准，已经实现点对点的编辑，精准靶向编辑 DNA[3] 和 RNA[4] 中的单个突变，为治疗点突变遗传疾病提供了重要工具，这一突破入选《科学》杂志评选的 2017 年"年度十大突破"。基因编辑技术已初步用于进行疾病治疗领域的探索，基于基因编辑技术的临床试验也正在持续开展。

单细胞测序新技术不断改进，北京大学与哈佛大学开发的通过转座子的线性放大技术（Linear Amplification via Transposon Insertion，LIANTI)[5]、美国俄勒冈健康与科学大学开发的 SCI-seq[6]、奥地利科学院等机构开发的 CROP-seq[7] 技术提高了通量、保真性、基因覆盖率等技术性能。多重组学单细胞测序技术也是开发重点，北京大学建立的 single-cell COOL-seq[8] 技术实现了单细胞多组学，以及基因组和表观基因组的同时高通量测序。

新一代生命组学技术水平进一步提高。基因组测序技术和设备向高精度、长读长、低成本、便携式方向发展，助力高质量基因组图谱的绘制，为解析生命铺平道路，美国加利福尼亚大学联合英国伯明翰大学等机构合作利用纳米孔测序仪 MinION 首次对人类基因组进行了组装[9]。单细胞 RNA 测序技术、表观转录组、空间转录组等转录组分析技术的进步，为绘制更为精确的转录组图谱奠定基础，北京大学和美国康奈尔大学合作实现全转录组水平上单碱基分辨率的 1-甲基腺嘌呤修饰位点鉴定[10]。蛋白质组学研究已经从单纯提高覆盖率的定性研究向更加真实地描述生物体本质的定量研究和空间分布研究发展，瑞典皇家理工学院联合英国剑桥大学等机构合作基于免疫荧光（immunofluorescence，IF）显微镜技术绘制人类蛋白质组亚细胞图谱，描述了蛋白质在多个细胞器和亚细胞结构中的空间分布[11]。代谢组分析技术向超灵敏、高覆盖、原位化方向发展，代谢产物成为疾病筛查的重要标志物。与此同时，多组学交叉、多维度分析正在推动系统生物学的深入发展，以更好地理解人类疾病的致病机理。

生命图谱绘制为解析生命、认识生命提供基础，正逐渐从分子图谱扩展到细胞图谱。瑞典皇家理工学院等机构合作绘制了人类癌症病理图谱[12]，北京大学联合美国安进公司等机构合作构建了单细胞水平肝癌微环境免疫图谱[13]，这些图谱为疾病发生机制研究提供重要启示。华中科技大学等机构合作首次绘制出乙酰胆碱能神经元全脑分布图谱、全脑精细血管立体定位图谱，美国哈佛-麻省理工布罗德研究所等机构合作完成了首张高分辨率小肠细胞图谱的绘制[14]。美国贝勒医学院等机构合作构建出首个高分辨率的人基因组折叠四维图谱[15]，追踪其不同时间点的折叠状态。

3. 仿生与创制能力的发展提高人体机能增进和疾病防诊治的水平

基因编辑、再生医学、3D 打印、合成生物学、脑机接口等技术的快速发展，进一步增强了仿生与生命创制的能力，提高人体机能增进和疾病防诊治水平。

合成生物学在非天然碱基的合成与应用、生物大分子设计乃至全基因组的创制等领域取得了重大进展。美国斯克里普斯研究所等机构展开合作，在大肠杆菌细菌细胞 DNA 中，加入两种外源化学碱基，并完成活细胞 DNA 转录与蛋白翻译[16]；美国加州理工学院、德国慕尼黑理工大学、美国哈佛大学医学院联合法国国家健康与医学研究院等机构分别利用分型组装[17]、逐步构建[18,19]、DNA "积木"[20]等新型 DNA 折纸策略，生成了纳米尺度、不同形状的自组装架构；继 2014 年第 1 条酵母染色体被合成后，2017 年又有 5 条染色体[21~27]被法国国家科学研究院联合中国天津大学等机构合作构建完成。

脑机接口技术是下一个科学前沿，美国凯斯西储大学利用 BrainGate2 系统实现了脊髓受损患者对自身肢体的意念控制[28]、美国斯坦福大学通过脑机接口完成了脑电波控制的电脑字符快速精准输入[29]。

组织工程、3D 打印、类器官构建、器官芯片等一系列技术的交叉融合和快速突破，成为组织、器官制造领域的 "助推剂"。科研人员利用体外构建的组织实现了对脊髓损伤、软骨损伤、视网膜损伤等多种疾病的替代修复治疗，而体外构建的肺[30]、肠[31]、胃[32]等多种类器官或器官芯片为药物研发和疾病研究提供了更加优化的模型，未来有可能实现有完整功能的器官再造，为器官移植提供更多供体。

4. 精准医学成为临床实践新方向，疾病防治手段更加多样化

以生命组学、大数据技术、大队列为核心的精准医学正在成为医学研究的主要模式，其目标就是疾病的精准分类、预防、诊断和治疗。2017 年，乳腺癌[33]、卵巢癌[34]、宫颈癌[35]、食管癌[36]与结直肠癌及脑神经胶质瘤[37]的精准分型均有新突破。基因检测、液体活检等为早诊提供了重要技术手段，已开发出高通量甲基化无创检测新技术[38]；联合应用液体活检和蛋白肿瘤标志物检测，实现一次检测 8 种不同的早期肿瘤[39]。默沙东公司研发的药物 Keytruda 用于治疗所有 "MSI-H/dMMR 亚型" 实体肿瘤[40]，成为美国食品药品监督管理局（FDA）首次按照分子特征而不是根据组织来源区分肿瘤类型而批准的药物。

科学发展产生了大量的新技术、新突破，为疾病防诊治提供更为多样化的手段。免疫疗法为癌症治疗提供新手段，免疫检查点抑制剂和细胞免疫疗法是当前免疫疗法研究热点。多项临床试验揭示免疫检查点抑制剂联合化疗疗效显著[41]，PD-1 单抗

Pembrolizumab 联合培美曲塞和卡铂一线治疗非鳞非小细胞肺癌已经获批。FDA 批准首个基因疗法诺华 Kymriah 上市，开启了 CAR-T 和基因疗法产业元年，成为医药研发的又一个风口。基因疗法也入选了《科学》杂志评选的 2017 年"年度十大突破"，"矫正型"基因疗法 Luxturna 已用于治疗遗传性视网膜病变。

干细胞的应用前景日趋明朗，在代谢性疾病、神经疾病、生殖疾病、眼部疾病、心血管疾病等多种疾病中显示出治愈潜力。2017 年，美国波士顿儿童医院及康奈尔大学维尔医学院分别实现了体外构建出造血干细胞[42,43]，有望突破白血病治疗的细胞来源瓶颈；美国华盛顿大学首次在成年小鼠眼中再生出功能正常的视网膜细胞[44]。

人体微生物组的研究证明其与健康和疾病发生密切相关。2017 年，美国国立卫生研究院（National Institutes of Health，NIH）"人体微生物组计划"（Human Microbiome Project，HMP)[45]发布第二阶段成果，揭示了人体微生物组的时空多样性。人体微生物组与疾病关系研究进入机制研究阶段，揭示了微生物组调控多种疾病进程的因果机制[46~48]，证实其影响癌症 PD-1 免疫疗法[49~51]、化疗药物[52,53]的疗效。人类微生物组药物研发正处于药物发现/临床试验阶段并持续推进。

二、重要规划与布局

2017 年，多个热点领域的专项计划相继实施，并在酝酿国际大科学计划。

英国出台生命科学产业战略，旨在提振经济和应对"脱欧"所带来的挑战。继英国政府于 2017 年初发布了《工业发展战略绿皮书》后，2017 年 8 月，英国生命科学办公室正式发布《生命科学产业战略》，针对加强科学研究与成果转化、强化企业发展与基础设施建设、推进英国国家医疗服务（national health service，NHS）体系与行业的互动和创新、支持数据的共享与合作，以及吸引生命科学人才与提升相关人员技能等主题提出发展建议。同时，该战略还建议设立"医疗保健高级研究计划"（HARP），HARP 制订了在未来 10 年发展 2~3 个全新行业的战略目标，确定了重点发展领域，包括加强基因组学技术在医药领域的应用，针对早期、无症状慢性疾病的有效诊断建立相关平台，通过数字化与人工智能（artificial intelligence，AI）变革病理学与影像医学，以及健康老龄化等。

脑科学研究的规划和布局仍在升温，美国、欧洲、日本、韩国等大型脑科学计划多次增资以保障计划的实施。与此同时，国际脑科学计划正在酝酿，欧洲、日本、韩国、美国和澳大利亚 5 个国家（地区）脑研究计划的代表于 2017 年年底签署了《发起国际大脑计划（IBI）的意向声明》，旨在共同应对挑战，加快"破译大脑密码"的进程，并将于 2018 年上半年召开国际大脑计划（IBI）的第一次会议。根据声明，各国将成立国际大脑联盟，在数据共享、数据标准化，以及伦理和隐私保护等领域共同合作，并将进一步联合其他国家和地区的相关脑计划进行合作。

精准医学是计划中的重点方向。美国 2017 财年投入 1.6 亿美元继续支持"精准医学计划"（Precision Medicine Initiative，PMI），推进 PMI 核心任务百万人队列项目的实施，根据美国 2016 年年底通过的《21 世纪治愈法案》（21st Century Cures Act），PMI 将在 10 年内获得 14 亿美元的持续支持。中国国家重点研发计划"精准医学研究"重点专项有序推进，2016～2017 年国拨经费投入超过 12 亿元，围绕五大任务开展研究，为我国精准医学的长期发展搭建框架，夯实发展基础。2017 年 12 月，英国创新署发布年度实施规划（Innovate UK：Delivery plan 2017—2018），将精准医学列为健康与生命科学方向的 6 个优先资助领域，主要目标是发展个性化诊断，为患者量身定制治疗和健康管理方案。

三、启示与建议

1. 重点关注的健康科技领域

健康是人类自身最根本的需求，科技创新为健康提供有力保障。针对我国健康需求，结合健康科技未来发展趋势，着重关注以下科技发展方向，尤其要特别关注学科会聚形成的颠覆性技术、新兴技术。着力布局大数据、人工智能、可穿戴设备等技术，以及这些技术交叉形成的新方向，发展数字医疗、移动医疗、远程医疗，解决老龄化、医疗资源不足、城市和边远地区医疗资源不均衡等问题，提高我国健康管理水平。大力发展再生医学、合成生物学、干细胞、基因编辑技术、组织工程、3D 打印、器官芯片、脑机接口等技术，以提高人体机能和机体再造能力；持续支持精准医学、人类表型组学等重点领域，发展分子影像、分子诊断、细胞疗法、免疫疗法等新型诊断与治疗方法，制定个体化的预防诊治方案，实现早预防、早干预、精准治疗的目标，从而提高生命质量、降低医疗支出。

2. 制定更加有利于科技发展的创新政策

学科会聚、大数据驱动、新技术和新疗法产生等生命科学领域发生的变化，给科技管理和监管政策带来了挑战，多个国家出台相关政策应对挑战。主要举措包括：进一步营造有利于学科会聚的创新氛围，培养交叉型人才；加强大数据的规范标准制定，充分实现共享，开发分析技术和加大设施建设；加强安全监管和伦理规范制定，以应对新技术可能带来的风险和伦理问题；进行监管和审批制度的改革，以推进新技术、新疗法的应用。

致谢：复旦大学金力院士、上海交通大学陈国强院士在本文撰写过程中提出了宝贵的意见和建议，在此谨致谢忱！

参考文献

［1］Esteva A，Kuprel B，Novoa R A，et al. Dermatologist-level classification of skin cancer with deep neural networks. Science，2017，542（2）：115-120.

［2］Weng S F，Reps J，Kai J，et al. Can machine-learning improve cardiovascular risk prediction using routine clinical data? Plos One，2017，12（4）：e0174944.

［3］Gaudelli N M，Komor A C，Rees H A. ，et al. Programmable base editing of A·T to G·C in genomic DNA without DNA cleavage. Nature，2017，551（464）：464-471.

［4］Cox D B T，Gootenberg J S，Abudayyeh O O，et al. RNA editing with CRISPR-Cas13. Science，2017，358（6366）：1019-1027.

［5］Chen C，Xing D，Tan L，et al. Single-cell whole-genome analyses by Linear Amplification via Transposon Insertion（LIANTI）. Science，2017，356（6334）：189-194.

［6］Vitak S A，Torkenczy K A，Rosenkrantz J L，et al. Sequencing thousands of single-cell genomes with combinatorial indexing. Nature Methods，2017，14：302-308.

［7］Datlinger P，Rendeiro A F，Schmidl C，et al. Pooled CRISPR screening with single-cell transcriptomereadout. Nature Methods，2017，14（3）：297-301.

［8］Guo F，Li L，Li J，et al. Single-cell multi-omics sequencing of mouse early embryos and embryonic stem cells. Cell Research，2017，27（8）：967-988.

［9］Jain M，Koren S，Miga K H，et al. Nanopore sequencing and assembly of a human genome with ultra-long reads. Nature Biotechnology，2018，36（4）：338.

［10］Li X，Xiong X，Zhang M，et al. Base-resolution mapping reveals distinct m1A methylome in nuclear-and mitochondrial-encoded transcripts. Molecular Cell，2017，68（5）：993-1005.

［11］Thul P J，Åkesson L，Wiking M，et al. A subcellular map of the human proteome. Science，2017，356（6340）：820-831.

［12］Uhlen M，Zhang C，Lee S，et al. A pathology atlas of the human cancer transcriptome. Science，2017，357（6352）：10. 1126.

［13］Zheng C，Zheng L，Yoo J K，et al. Landscape of infiltrating T cells in liver cancer revealed by single-cell sequencing. Cell，2017，169（7）：1342.

［14］Haber A L，Biton M，Rogel N，et al. A single-cell survey of the small intestinal epithelium. Nature，2017，551（7680）：333-339.

［15］Rao S，Huang S C，Glenn S H B，et al. Cohesinloss eliminates all loop domains. Cell，2017，171（2）：305.

［16］Zhang Y，Ptacin J L，Fischer E C，et al. A semi-synthetic organism that stores and retrieves increased genetic information. Nature，2017，551（7682）：644.

[17] Tikhomirov G,Petersen P,Qian L. Fractal assembly of micrometre-scale DNA origami arrays with arbitrary patterns. Nature,2017,552(7683):67.

[18] Praetorius F,Kick B,Behler K L,et al. Biotechnological mass production of DNA origami. Nature, 2017,552(7683):84.

[19] Wagenbauer K F,Sigl C,Dietz H. Gigadalton-scale shape-programmable DNA assemblies. Nature, 2017,552(7683):78.

[20] Ong L L,Hanikel N,Yaghi O K,et al. Programmable self-assembly of three-dimensional nano-structures from 10,000 unique components. Nature,2017,552(7683):72.

[21] Mercy G,Mozziconacci J,Scolari V F,et al. 3D organization of synthetic and scrambled chromo-somes. Science,2017,355(6329):eaaf4597.

[22] Mitchell L A,Wang A,Stracquadanio G,et al. Synthesis,debugging,and effects of synthetic chro-mosome consolidation:synVI and beyond. Science,2017,355(6329):eaaf4831.

[23] Richardson S M,Mitchell L A,Stracquadanio G,et al. Design of a synthetic yeast genome. Science, 2017,355(6329):1040-1044.

[24] Shen Y,Wang Y,Chen T,et al. Deep functional analysis of synII,a 770-kilobase synthetic yeast chromosome. Science,2017,355(6329):eaaf4791.

[25] Wu Y,Li B Z,Zhao M,et al. Bug mapping and fitness testing of chemically synthesized chromo-some X. Science,2017,355(6329):eaaf4706.

[26] Xie Z X,Li B Z,Mitchell L A,et al. "Perfect"designer chromosome V and behavior of a ring deriv-ative. Science,2017,355(6329):eaaf4704.

[27] Zhang W,Zhao G,Luo Z,et al. Engineering the ribosomal DNA in a megabase synthetic chromo-some. Science,2017,355(6329):eaaf3981.

[28] Ajiboye A B,Willett F R,Young D R,et al. Restoration of reaching and grasping movements through brain-controlled muscle stimulation in a person with tetraplegia:a proof-of-concept dem-onstration. The Lancet,2017,389(10081):1821-1830.

[29] Pandarinath C,Nuyujukian P,Blabe C H,et al. High performance communication by people with paralysis using an intracortical brain-computer interface. eLife,2017,6:e18554.

[30] Chen Y W,Huang S X,Alrt D C,et al. A three-dimensional model of human lung development and disease from pluripotent stem cells. Nature Cell Biology,2017,19(5):542-549.

[31] Munera J O,Sundaram N,Rankin S A,et al. Differentiation of human pluripotent stem cells into colonic organoids via transient activation of BMP signaling. Cell Stem Cell,2017,21(1):51-64; Mccracken K W,Aihara E,Martin B,et al. Wnt/β-catenin promotes gastric fundus specification in mice and humans. Nature,2017,541(7636):182-187.

[32] FDA. FDA approves first cancer treatment for any solid tumor with a specific genetic feature. https://www. fda. gov/NewsEvents/Newsroom/PressAnnouncements/ucm560167. htm[2017-12-26].

［33］Kuchenbaecker K B, Hopper J L, Barnes D R, et al. Risks of breast, ovarian, and contralateral breast cancer for BRCA1 and BRCA2 mutation carriers. JAMA. 2017,317(23):2402-2416.

［34］Wang Y K, Bashashati A, Anglesio M S, et al. Ovarian cancer genomic analysis reveals seven disease-stratifying clusters. Nature Genetics. 2017,49:856-865.

［35］Cancer Genome Atlas Research Network. Integrated genomic and molecular characterization of cervical cancer. Nature. 2017,543(7353):378-384.

［36］Cancer Genome Atlas Research Network. Integrated genomic characterization of oesophageal carcinoma. Nature. 2017,541(7636):169-175.

［37］Venteicher A S, Tirosh I, Hebert C, et al. Decoupling genetics, lineages, and microenvironment in IDH-mutant gliomas by single-cell RNA-seq. Science. 2017,355(6332):1391.

［38］GuoS C, Diep D, Plongthongkum N, et al. Identification of methylation haplotype blocks aids in deconvolution of heterogeneous tissue samples and tumor tissue-of-origin mapping from plasma DNA. Nature Genetics. 2017,49(4):635-642.

［39］Cohen J D, Li L, Wang Y, et al. Detection and localization of surgically resectablecancerswith a multi-analyte blood test. Science. 2018. 01. 18(online).

［40］FDA. FDA approves first cancer treatment for any solid tumor with a specific genetic feature. https://www. fda. gov/NewsEvents/Newsroom/PressAnnouncements/ucm560167. htm［2017-12-26］.

［41］Rittmeyer A, Barlesi F, Waterkamp D, et al. Atezolizumab versus docetaxel in patients with previously treated non-small-cell lung cancer(OAK):a phase 3, open-label,multicentrerandomised controlled trial. The Lancet,2017,389(10066):255-265.

［42］Sugimura R, Jha D K, Han A, et al. Haematopoietic stem and progenitor cells from human pluripotent stem cells. Nature,2017.

［43］Lis R, Karrasch C C, Poulos M G, et al. Conversion of adult endothelium to immunocompetenthaematopoietic stem cells. Nature,2017.

［44］Jorstad N L, Wilken M S, Grimes W N, et al. Stimulation of functional neuronal regeneration from Müller glia in adult mice. Nature,2017,548:103-107.

［45］Lloyd-Price J, Mahurkar A, Rahnavard G, et al. Strains, functions and dynamics in the expanded Human Microbiome Project. Nature,2017,550(7674):61-66.

［46］Dodd D, Spitzer M H, van Treuren W, et al. A gut bacterial pathway metabolizes aromatic amino acids into nine circulating metabolites. Nature,2017,551(7682),648-652.

［47］Steed A L, Christophi G P, Kaiko G E, et al. The microbial metabolite desaminotyrosine protects from influenza through type I interferon. Science,2017,357(6350):498-502.

［48］Wilck N, Matus M G, Kearney S M, et al. Salt-responsive gut commensal modulates TH17 axis and disease. Nature,2017,551(7682):585-589.

［49］Gopalakrishnan V, Spencer C N, Nezi L, et al. Gut microbiome modulates response to anti-PD-1 immunotherapy in melanoma patients. Science,2018,359(6371):97-103.

[50] Matson V,Fessler J,Bao R,et al. The commensal microbiome is associated with anti-PD-1 efficacy in metastatic melanoma patients. Science,2018,359(6371):104-108.

[51] Routy B,Le Chatelier E,Derosa L,et al. Gut microbiome influences efficacy of PD-1-based immunotherapy against epithelial tumors. Science,2018,359(6371):91-97.

[52] Geller L T,Barzily-Rokni M,Danino T,et al. Potential role of intratumor bacteria in mediating tumor resistance to the chemotherapeutic drug gemcitabine. Science,2017,357(6356):1156-1160.

[53] Scott T A,Quintaneiro L M,Norvaisas P,et al. Host-microbe co-metabolism dictates cancer drug efficacy in *C. elegans*. Cell,2017,169(3):442-456.

Public Health Science and Technology

Xu Ping, Wang Yue, Xu Li, Li Zhenqi,
Su Yan, Shi Huilin, Yu Jianrong

Public health is closely related to the economic development and social progress and is an important issue that governments are trying to address. In 2017, omics, neuroscience, synthetic biology, stem cells, human microbiome, immunotherapy and drug development all made big breakthroughs which were analyzed in this paper. In addition, this paper also analyzed the important international policies and plans concerned the field of public health and put forward some suggestions for the policy-making of this field.

4.3 生物科技领域发展观察

陈 方 丁陈君 吴晓燕 陈云伟 郑 颖

（中国科学院成都文献情报中心）

现代生物科技是贯穿生物资源、生物技术与生物产业全链条的创新技术。2017
年，生物资源开发与生物多样性保护受到高度关注，关键技术与创新型工具平台快速
发展，生物科技工程化、商业化应用蓬勃发展，生物与多学科技术交叉融合正在引领
新一代科技革命，为未来生物经济发展赋予新动能。

一、国际重要战略与政策规划

1. 强化生物科技战略布局，加速生物基产品产业发展

2017 年，世界主要经济体加强了生物科技领域战略布局，围绕基础与前沿生物科
技和重要产业领域提出了发展规划。美国能源部、农业部在综合生物炼制、创新生物
能源开发、二氧化碳生物转化利用、大型藻类生物燃料技术创新方面分批次投入数千
万美元研究资金。英国生物技术和生物科学研究理事会宣布未来五年内将投入 3.19
亿英磅发展生物科技，以应对人口增长、化石能源替代和老龄化等全球挑战[1]。欧盟
启动预算 8100 万欧元的生物基产业公私合作伙伴计划项目征集，旨在进一步加强欧
盟在可再生资源利用方面的研究和产业化；同时部署"地平线 2020"计划 2017 年生
物技术和产品主题研究项目，将低碳转化微生物平台、高附加值平台化学品开发等作
为优先研究方向[2]。我国科学技术部印发《"十三五"生物技术创新专项规划》[3]，以
加快推进生物技术与生物产业发展。

2. 聚焦使能技术研究应用，培育生物经济发展新动能

生物科技的重要进展与突破已经在解决有关健康、医药、材料、能源、环境、气
候变化和人口增长等全球问题方面展现出巨大前景，关键性、前沿性、交叉性、颠覆
性技术发展引起各国高度战略关注，各国积极布局合成生物技术、基因组技术、微生
物组技术、生物成像技术研发。美国国家科学基金会大力资助半导体合成生物学研

究，探索利用合成生物学原理增强信息处理和存储能力[4]。新加坡国立研究基金会宣布先期投入 2500 万美元启动国家合成生物学研发计划，以提升本国生物基经济的科研水平[5]。英国建立工程生物学计量与标准中心，以推动英国的合成生物学产业，提升新产品的制造与应用[6]。加拿大政府大力支持基因组技术开发，并将其他领域的现有技术用于基因组研究[7]。世界微生物数据中心和中国科学院微生物研究所联合全球 12 个国家的微生物资源保藏中心发起全球微生物模式菌株基因组和微生物组测序合作计划，预期 5 年内完成超过 10 000 种的微生物模式菌株基因组测序[8]。美国国家科学技术委员会发布《医学成像研究和开发路线图》，发展高价值、低成本的医学成像技术。

二、国际重大科技进展与趋势

1. 生物资源开发与生物多样性保护同受关注，生物质资源挖掘利用更加高效

生物资源与生物多样性研究为生态文明建设和可持续发展奠定了基础，生物质资源的功能基因挖掘与高值化利用更加高效、多样化和规模化，生物多样性研究受到高度关注。评估显示，过去一段时间内各国在生物多样性保护方面的投入回报显著，生物多样性减少率下降了 29%[9]。英国皇家植物园发布《全球植物现状评估报告》[10]，全面分析了地球生物多样性、植物面临的全球威胁及现有政策的效果。地球微生物组计划公布了首个合作研究成果，鉴定出全球约 30 万个独特的微生物 16S rRNA 序列，生成了地球上微生物群落信息的第一个参考数据库[11]。

光合生物是实现二氧化碳原料化应用的一类重要生物资源，但受限于光合作用能量利用效率低和固碳途径速率慢等因素。光合作用效率的提升有助于提高作物产量并有望以自然高效的方式生产有用物质，天然光合作用分子机理研究[12,13]和人工光合作用装置开发接连取得突破。中国科学院生物物理研究所研究人员解析了高等植物（菠菜）光系统 II 蛋白复合体的三维结构[14]。美国、捷克的合作研究进一步揭示了光系统 II 作用机理[15]。利用光-电元件、有机-无机体系、生物-化学催化的各类人工光合系统研发取得进展，不断突破光合作用效率的极限[16,17,18]。哈佛大学研究者利用附着有硫化镉的热莫尔氏菌色生产乙酸，能以 6 倍以上的效率把二氧化碳和水转化成乙酸，太阳能转化效率达到 80%，是商业太阳能电池板的 4 倍[19]。我国科学家研制的一种微生物-光电化学复合系统，可以利用光能还原二氧化碳生产燃料甲烷，电子效率更是达到了 96%[20]。

相较于植物和藻类低效缓慢的天然固碳途径，非天然生物固碳过程拓展了捕获二

氧化碳作为生物质原料的能力，并能够在固碳的同时生产有用产品，建立可持续的生物循环生产系统。C4-乙醛酸循环、CETCH 循环、还原丝氨酸途径、MCG 循环等一系列具有超越自然固碳途径潜力的人工固碳途径不断被设计、创建出来[21~24]，其中CETCH 循环中的核心固碳酶的速率是光合生物中 RubisCO 的数十倍。

2. 基因组研究手段与合成生物技术不断突破，创新型研发工具与技术平台快速发展

在大数据和计算生物学研究的支撑下，基因组研究从"读取"进入"编辑"和"编写"时代，为医疗、农业、环境与气候变化问题提供解决方案。基因组测序成本不断降低，第二代测序技术趋于成熟，单细胞基因组学发展迅速，单分子测序技术走向实时、微型、高通量、低成本、长读取长度方向，更经济适用且自主可控的小型化测序平台走进应用。DNA 合成成本快速下降，DNA 数字存储技术进入相关系统设计阶段，可望在未来引发数据存储革命，美国哥伦比亚大学研究人员利用流式视频算法将更多信息挤压到 DNA 碱基上，实现每克 DNA 存储 215 拍字节数据，构建了迄今最高密度的数据存储设备[25]。基因组编辑工具 CRISPR 技术发展更加精准化，进入"点对点时代"，博德研究所的研究人员开发了能够进行 RNA 中单碱基编辑的 REPAIR系统[26]和 ABE 系统[27]，有望在基因治疗和功能性生物体改造方面发挥重要作用。同时，基因组规模工程的技术及伦理框架发展引起高度重视[28]。

合成生物技术研究推进了人类认识自然、利用自然和改造自然的进程，人工合成生物体、人工设计操纵生物功能不断取得突破。"人工合成酵母基因组计划"取得里程碑式阶段性成果，继 2014 年美国科学家人工合成真核生物酵母 3 号染色体后，新的五条酵母人工染色体也被成功合成，其中来自中国的三个研究团队合成了四条染色体[29,30,31,32]；美国斯克里普斯研究所小组制造出"稳定"的半合成有机体[33]，普林斯顿大学成功合成了能在细胞内发挥催化作用的人工蛋白酶[34]，英国国家物理实验室设计了能够有效杀灭细菌的人工合成病毒[35]，不断将合成生物学推向崭新时代；美国波士顿大学团队直接对人类细胞的遗传编码进行操作，将合成的"生物电路"添加到细胞 DNA 中，使细胞完成 100 组不同的逻辑操作，为复杂生物计算铺平道路[36]。

同时，创新型研发工具与技术平台的精度与效率不断提升，功能不断增强，技术通路进一步拓宽。超分辨成像技术[37]、DNA 突变检测技术[38]、蛋白质编辑[39]、多重基因组工程[40]、DNA 分子机器[41,42]等均取得关键性突破。英国牛津纳米孔生物技术公司推出的 MinION 测序仪突破实现了 1Mb 超长 DNA 片段测序，并首次完成人类基因组组装[43]。合成基因组学公司开发的数字生物转换器，能够将描述 DNA、RNA 或蛋白质的数字化信息发送到远程设备，将其打印成原始生物材料的合成版本[44]。

3. 生物科技工程化、商业化应用蓬勃发展，多学科技术交叉引领新一代科技革命

生物科技的发展日渐渗透和嵌入现代医药、农业、能源、制造、环保等多个应用领域，工程化、商业化应用蓬勃发展，为未来生物经济发展赋予新动能。以生物质资源为基石，基因组学技术和合成生物技术为核心，提供创新生物技术产品与服务，将成为未来生物经济发展的重要路径。微生物、酶等卓越生物催化剂的功能开发与改进趋向于更加智能高效，有望带来化学品和材料绿色制造的新变革。众多科技创新企业致力于疫苗、抗体、药物、营养品、材料和食品等的生物路线研发，获得投资关注。例如，美国生物药物公司 Synlogic 对益生菌微生物进行基因工程改造，开发的 SYNB1618 被美国食品药品监督管理局（FDA）认定为治疗苯丙酮尿症的孤儿药；美国 Bolt Threads 公司利用蜘蛛的 DNA 信息在酵母中完成基因组设计和合成，通过发酵生产生物纺织材料；美国 Modern Meadow 公司使用合成生物学工具来扩增胶原蛋白，在实验室中生产食用蛋白及人造皮革等。

生物工程与互联网、高性能计算、人工智能和自动化技术的交叉融合，实现高效模拟、预测基因表达和调控途径，辅助生物设计、筛选、定向进化和组装，定制、改进和管理工业流程，驱动相关产业技术革新。美国伊利诺伊大学研究人员构建了一种整合模型框架，实现了基因回路行为的准确预测，可提高合成回路设计的有效性[45]；丹麦诺和诺德公司使用高度专业的"自适应实验室进化"（adaptive laboratory evolution，ALE）机器人，成功构建了可大量生产丝氨酸的大肠杆菌工程菌细胞系[46]；英国诺丁汉大学开发了价值超百万英镑的高技术机器人套件，利用细菌菌株和涡轮增压装置将废料转化成高价值的新型化学品及燃料[47]；美国帕尔马斯酒庄开发了人工智能逻辑控制发酵系统 Filcs 对酿酒发酵罐进行分析和微管理，维持系统的智能平衡运作能力。

三、对我国的启示与发展建议

生物科技在引领未来经济社会发展中的战略地位日益凸显，生物产业正加速成为继信息产业之后的新的主导产业，有望加快解决人类在资源、能源、环境和健康方面面临的重大问题，生物经济有望成为下一个最有可能的新经济形态，引领全球新一轮经济的繁荣。

生物科技是 21 世纪以来在基础研究和应用领域同时保持最快发展势头的高技术之一，在与其他科学与工程技术的协同发展下，人们在生命起源与生命过程认知、生命现象与过程的模拟和优化、生物基产品的生产与产业化实现等领域持续取得里程碑

式突破，并在发展进程中表现出颠覆性、智能化等特点。我国科研人员在生物科技领域也不断取得突破性进展，2018 年，我国科学家将 16 条酵母染色体融合成一条染色体，创建了世界首例人造单染色体真核细胞[48]；并在世界上首次通过完全计算指导获得工业级微生物工程菌株，取得了人工智能驱动生物制造在工业化应用层面的率先突破[49]。

当前，我国创新型国家建设体系正在加快成型，创新型企业加快发展，研究型大学建设如火如荼，国家科技创新中心、国家实验室、国家技术创新中心建设发展有序推进，产学研深度融合体系进一步成熟。随着我国国家创新驱动发展战略的深入实施，以及世界科技强国建设进程的加速和绿色发展理念的实践，我国生物科技发展正面临新的发展机遇。同时，也必须看到，在当前经济全球化趋势越发显著、各国抢抓新一轮科技产业革命机遇的背景下，国际保护主义升温，贸易摩擦增多，我国生物科技领域外部竞争与合作面临的不稳定、不确定因素增多，这给核心资源、关键技术和高层次人才的保护和发展等方面带来新的挑战。

未来，关注前沿研究的交叉与融合，重视新技术应用的规划与监管，发展创新研究单元与基础设施，构建全链条互动的产业技术创新体系，完善产业集群建设和新业态的培育，将有力提升我国生物科技产业核心竞争力，通过提高供给体系质量增强我国经济质量优势，通过发展节能环保的生产系统为我国绿色低碳循环经济注入新动能，有力推进我国生物科技强国建设进程，促进我国生物产业迈向全球价值链的中高端，为全球生物经济繁荣发挥更加积极的作用。

致谢：中国科学院天津工业生物技术研究所王钦宏研究员、蔡韬副研究员，中国科学院微生物研究所于波研究员在本文撰写过程中提出了宝贵意见和建议，在此表示感谢。

参考文献

[1] Bioeconomy benefits from ￡319M BBSRC investment. http://www.bbsrc.ac.uk/news/policy/2017/170411-pr-uk-bioeconomy-benefits-from-319m-bbsrc-invest ment/[2017-04-11]

[2] EU. Horizon 2020 Work Programme 2016-2017，http://ec.europa.eu/research/participants/data/ref/h2020/wp/2016_2017/main/h2020-wp1617-leit-nmp_en.pdf♯rd?sukey＝7f8f3cb2e9b0da45f390f473ce05662e4b897472e246840be6ed46d4c40210737cf2a3825ab61fc5e3aee12e86bda924[2016-01-01].

[3] 科技部.关于印发《"十三五"生物技术创新专项规划》的通知. http://www.most.gov.cn/tztg/201705/t20170510_132695.htm[2017-05-10].

[4] Semiconductor Synthetic Biology for Information Processing and Storage Technologies(SemiSyn-Bio). https://www.nsf.gov/pubs/2017/nsf17557/nsf17557.htm?WT.mc_id＝USNSF_179[2017-10-02].

[5] NRF to Boost Singapore's Bio-based Economy with New Synthetic Biology Research Programme. https://www. nrf. gov. sg/Data/PressRelease/Files/201801111304283073-Press％20Release％20 (Synthetic％20Biology％20RnD％20Programme). Final％20web. pdf[2018-01-11].

[6] New virtual lab launched in UK to aid synthetic biology industry. https://www. epmmagazine. com/news/new-virtual-lab-launched-in-uk-to-aid-synthetic-biology-indu/[2017-11-09].

[7] Government of Canada invests $ 9. 1 million in disruptive innovation in genomics to improve human health, agriculture, natural resources. https://www. genomecanada. ca/en/news-and-events/news-releases/government-canada-invests-91-million-disruptive-innovation-genomics[2017-01-12].

[8] 全球模式微生物基因组和微生物组测序合作计划正式启动. http://www. biotech. org. cn/information/150169[2017-11-02].

[9] Waldron A, Miller D C, Redding D, et al. Reductions in global biodiversity loss predicted from conservation spending. Nature, 2017, 551(7680):10. 1038.

[10] UK Royal Botanical Garden. State of the World's Plants 2017. https://stateoftheworldsplants. com/2017/report/SOTWP_2017. pdf[2017-12-30].

[11] Thompson L R, Sanders J G, Mcdonald D, et al. A communal catalogue reveals Earth's multiscale microbial diversity. Nature, 2017, 551(7681):457.

[12] Gisriel C, Sarrou I, Ferlez B, et al. Structure of a symmetric photosynthetic reaction center-photosystem. Science, 2017, 357(6355):1021.

[13] Heinnickel M, Kim R G, Wittkopp T M, et al. Tetratricopeptide repeat protein protects photosystem I from oxidative disruption during assembly. Proceedings of the National Academy of Sciences of the United States of America, 2016, 113(10):2774.

[14] Su X, Ma J, Wei X, et al. Structure and assembly mechanism of plant C2S2M2-type PSII-LHCII supercomplex. Science, 2017, 357(6353):815.

[15] Kale R, Hebert A E, Frankel L K, et al. Amino acid oxidation of the D1 and D2 proteins by oxygen radicals during photoinhibition of Photosystem II. Proceedings of the National Academy of Sciences of the United States of America, 2017, 141(11):201618922.

[16] Qiao X, Li Q, Schaugaard R N, et al. Well-defined nanographene-rhenium complex as an efficient electrocatalyst and photocatalyst for selective CO_2 reduction. Journal of the American Chemical Society, 2017, 139(11):3934.

[17] Boulais É, Sawaya N P D, Veneziano R, et al. Programmed coherent coupling in a synthetic DNA-based excitonic circuit. Nature Materials, 2018, (17):159-166.

[18] Patra K K, Bhuskute B D, Gopinath C S. Possibly scalable solar hydrogen generation with quasi-artificial leaf approach. Scientific Reports, 2017, 7(1):6515.

[19] Nangle S N, Sakimoto K K, Silver P A, et al. Biological-inorganic hybrid systems as a generalized platform for chemical production. Current Opinion in Chemical Biology, 2017, 41:107-113.

[20] Fu Q, Xiao S, Li Z, et al. Hybrid solar-to-methane conversion system with a Faradaic efficiency of up to 96％. Nano Energy, 2018, 53:232-239.

[21] Bareven A, Noor E, Lewis N E, et al. Design and analysis of synthetic carbon fixation pathways.

Proceedings of the National Academy of Sciences of the United States of America,2010,107(19):8889-8894.

[22] Schwander T,Schada V B L,Burgener S,et al. A synthetic pathway for the fixation of carbon dioxide *in vitro*. Science,2016,354(6314):900-904.

[23] Yishai O,Bouzon M,Döring V,et al. *In vivo* assimilation of one-carbon via a synthetic reductive glycine pathway in Escherichia coli. Chemical Engineering Science,2018,19(1):65-89.

[24] Hong Y,Li X,Duchoud F,et al. Augmenting the Calvin-Benson-Bassham cycle by a synthetic malyl-CoA-glycerate carbon fixation pathway. Nature Communications,2018,9(1):2008.

[25] Erlich Y,Zielinski D. DNA Fountain enables a robust and efficient storage architecture. Science,2017,355(6328):950-954.

[26] Gaudelli N M,Komor A C,Rees H A,et al. Programmable base editing of A. T to G. C in genomic DNA without DNA cleavage. Nature,2017,551(7681):464-471.

[27] Cox D,Gootenberg J S,Abudayyeh O O,et al. RNA editing with CRISPR-Cas13. Science,2017,358(6366):1019-1027.

[28] National Academies of Sciences,Engineering,and Medicine. Human Genome Editing:Science,Ethics,and Governance. Washington,DC:The National Academies Press,2017 https://doi. org/10.17226/24623.

[29] Wu Y,Li B Z,Zhao M,et al. Bug mapping and fitness testing of chemically synthesized chromosome X. Science,2017,355(6329):4706.

[30] Xie Z X,Li B Z,Mitchell L A,et al. "Perfect"designer chromosome V and behavior of a ring derivative. Science,2017,355(6329):4704.

[31] Zhang W,Zhao G,Luo Z,et al. Engineering the ribosomal DNA in a megabase synthetic chromosome. Science,2017,355(6329):3981.

[32] Mercy G,Mozziconacci J,Scolari V F,et al. 3D organization of synthetic and scrambled chromosomes. Science,2017,355(6329):4597.

[33] Zhang Y,Lamb B M,Feldman A W,et al. A semisynthetic organism engineered for the stable expansion of the genetic alphabet. PNAS,2017,114(6):1317.

[34] Donnelly A E,Murphy G S,Hecht M H,et al. A de novo enzyme catalyzes a life-sustaining reaction in *Escherichia coli*. Nature,2018.

[35] Santis E D,Alkassem H,Lamarre B,et al. Antimicrobial peptide capsids of de novo design. Nature Communications,2017,8(1):2263.

[36] Weinberg B H,Pham N T H,Caraballo L D,et al. Large-scale design of robust genetic circuits with multiple inputs and outputs for mammalian cells. Nature Biotechnology,2017,35(5):453.

[37] Balzarotti F,Eilers Y,Gwosch K C,et al. 2017,Nanometer resolution imaging and tracking of fluorescent molecules with minimal photon fluxes. Science. 355(6325):606-612.

[38] Shibata M,Nishimasu H,Kodera N,et al. Real-space and real-time dynamics of CRISPR-Cas9 visualized by high-speed atomic force microscopy. Nature Communications,2017,8:1430.

[39] Clift D,Mcewan W A,Labzin L I,et al. A method for the acute and rapid degradation of endoge-

nous Proteins. Cell,2017,171(7):1692-1706. e18.

[40] Barbieri E M, Muir P, Akhuetieoni B O, et al. Precise editing at DNA replication forks enables multiplex genome engineering in eukaryotes. Cell,2017,171(6).

[41] Kishi J Y, Schaus T E, Gopalkrishnan N, et al. Programmable autonomous synthesis of single-stranded DNA. Nature Chemistry,2018,(10):155-164.

[42] Thubagere A J, Li W, Johnson R F, et al. A cargo-sorting DNA robot. Science,2017,357(6356).

[43] Jain M, Koren S, Miga K H, et al. Nanopore sequencing and assembly of a humangenome with ultra-long reads. Nature Biotechnology,2018,(36):338-345.

[44] Boles K S, Kannan K, Gill J, et al. Digital-to-biological converter for on-demand production of biologics. Nature Biotechnology,2017(35):672-675.

[45] Liao C, Blanchard A E, Lu T. An integrative circuit-host modelling framework for predicting synthetic gene network behaviours. Nature Microbiology,2017(2):1658-1666.

[46] Daijiworld Media. Scientists Use *E. coli* Bacteria to Produce Key Bio-chemical. http://www. daijiworld. com/news/newsDisplay. aspx?newsID=431904[2017-01-11].

[47] University of Nottingham. Robots reinvent the wheel by turning waste material into fuel. https://nottingham. ac. uk/news/pressreleases/2017/june/robots-reinvent-the-wheel-by-turning-waste-material-into-fuel. aspx[2017-01-29].

[48] Shao Y, Lu N, Wu Z, et al. Creating a functional single-chromosome yeast. Nature,2018,560:331-335.

[49] Li R F, Wijma H J, Song L, et al. Computational redesign of enzymes for regio-and enantioselective hydroamination. Nature Chemical Biology,2018,14:664-670.

Bioscience and Biotechnology

Chen Fang, Ding Chenjun, Wu Xiaoyan, Chen Yunwei, Zheng Ying

Advanced bioscience and biotechnology is an innovation field that runs through the entire chain from bioresources to biotechnology then to the bioindustry. Great achievements had been made in this field in 2017. Development and utilization of bioresources and the conservation of biodiversity were highly concerned, and key technologies and innovative platforms developed rapidly. With the commercial development and applications is booming and the integration of biotechnology and multidisciplinary technologies is growing, a new generation of biotechnological revolution is emerging and giving new kinetic energy to the future bioeconomy.

4.4 农业科技领域发展观察

杨艳萍 董 瑜 谢华玲 迟培娟 李东巧

（中国科学院文献情报中心）

全球粮食安全在过去几十年中取得了令人瞩目的成绩，但目前仍面临诸多挑战，包括应对气候变化、确保能源转型、迎接"开放科学"及"大数据"等。联合国粮食及农业组织总干事若泽·格拉济阿诺·达席尔瓦 2017 年 11 月发表讲话时指出：未来农业不再是劳动密集型产业，而是要采取知识密集型的新范式[1]。数字技术、人工智能、合成生物学、基因编辑等新兴和颠覆性技术的发展为加速粮食系统转型提供了重大机遇，将从根本上改变农业生产和产业组织形式。2017 年，全球农业科技取得多项重要进展，多国政府出台了农业及相关领域创新发展战略规划。

一、农业研究领域重大进展

1. 作物复杂农艺性状调控分子机理研究取得多项重要进展

在番茄中，中国和美国科学家分别解析了番茄风味遗传基础和调控机制以及花序分枝调控机理等，相关研究成果以封面文章的形式发表在《科学》和《细胞》杂志上[2,3]。在水稻上，中国科学家分别在《科学》和《细胞》杂志发表了关于水稻持久广谱抗病和新型抗病调控机制的研究成果，为防治稻瘟病提供了新途径[4~5]。在小麦中，中国和澳大利亚科学家分别克隆了小麦隐性细胞核雄性不育基因 *Ms1*，研究结果分别发表在《美国国家科学院院刊》和《自然·通讯》上，并在新型智能杂交小麦创制中有重要的应用潜力[6,7]。

2. 我国在水稻品种培育方面取得多项重要突破

2017 年 10 月，中国科学院亚热带农业生态研究所培育出超高产优质"巨型稻"水稻新种质材料，该研究成果入选"2017 年中国十大科技进展新闻"[8]。中国科学院遗传与发育生物学研究所等机构合作完成的"水稻高产优质性状形成的分子机理及品种设计"项目被授予 2017 年度国家自然科学奖一等奖[9]。2018 年 1 月，华中农业大学培育的转基因抗虫水稻"华恢 1 号"获得美国食品药品监督管理局（Food and Drug Administration，FDA）的食用许可，这是首次由国内研发的转基因主粮产品在境外获得商业化许可[10]。

3. CRISPR 基因编辑技术在动植物研究中成果不断涌现

在植物中，通过简单的方法将遗传变异引入优异品种中是加速遗传改良、推进育种进程的重要手段。2017 年 3 月，日本的研究团队通过借鉴哺乳动物单碱基编辑方法，成功在水稻及番茄中建立了 Target-AID 单碱基定点编辑技术体系，相关研究成果发表在《自然·生物技术》（*Nature Biotechnology*）[11]。5 月，中国科学院遗传与发育生物学研究所在《自然·生物技术》杂志发表了建立作物基因组单碱基编辑方法的研究成果，该成果首次在水稻、玉米和小麦中建立了植物 nCas9-PBE 单碱基编辑技术体系[12]。在动物中，基因编辑为医学研究和动物育种提供了理论和技术支持。9 月，《科学》杂志的封面文章发表了美国哈佛大学等国际合作团队的研究成果，该研究利用 CRISPR/Cas9 技术对猪细胞内的内源逆转录病毒（PEPV）基因进行了基因编辑[13]。10 月，中国科学院动物研究所等机构研究人员基于 CRISPR/Cas9 技术培育低脂抗寒猪，相关研究成果发表在《美国国家科学院院刊》上[14]。

4. 人工智能技术在畜牧业应用中取得重要进展

2017 年 5 月，南开大学研究团队利用自主研发的自动化微操作系统实现了自动化胚胎注射、机器人化单精注射、机器人化贴壁细胞注射等多类微操作，并在国际上首次利用机器人技术获得克隆猪，该研究对其他机器人化生物操作有借鉴意义[15]。6 月，英国剑桥大学研究人员开发了羊痛苦程度智能检测系统，该人工智能系统借鉴"绵羊面部表情痛苦等级量表"，用来评估羊是否处于痛苦状态以及痛苦程度，并可及时向牧民发出提醒，以便尽早预防群体性疾病的发生[16]。

二、农业创新发展重要趋势

1. 粮食安全、营养与健康持续受到关注

2017 年，世界粮食安全委员会粮食安全与营养高级别专家组、美国农业部经济研究局、美国芝加哥全球事务委员会等陆续发布一系列有关粮食安全、营养健康、农业发展等的重要报告，探讨了全球粮食和农业未来发展趋势与挑战、利用粮食系统促进包容性农村转型、全球粮食和营养安全进展及问题等。2017 年，联合国粮食及农业组

织发布了一个新的报告系列《粮食和农业的未来趋势与挑战》，旨在探索农业和粮食系统目前及整个 21 世纪面临的挑战[17]。报告在深入分析当前和未来挑战的基础上，提出了对所处风险和所需行动的深刻见解，并认为农业系统、农村经济和自然资源管理都需要实行重大转型变革才能实现一个没有饥饿和营养不良世界的愿景。世界粮食安全委员会粮食安全与营养高级别专家组在《营养与粮食系统》报告中分析了食物系统对人们饮食模式和营养状况的影响，强调指出有效的政策和计划可以重塑食物系统和改善营养状况，实现食物可持续生产、经销与消费；提出一系列针对各国及其他利益相关方的建议[18]。美国农业部经济研究局的《全球粮食安全进展和挑战》报告中指出，需要拓宽粮食安全关注的重点，营养及其与粮食安全和健康状况的关系需要关注[19]。

2. 农业已经进入数字时代

随着以云计算、物联网、大数据等为代表的新一代信息技术与农业的加速融合，农业向"数字农业"快速发展。2017 年 5 月，荷兰合作银行（Rabobank）发布报告指出[20]，全球农业创新正在经历第四次浪潮，其中农业革命第一次浪潮开始于 1700 年马拉种子条播机等农耕机械的发明；第二次发端于 20 世纪 50 年代农业和化学品投入使用的兴起；第三次始于 20 世纪八九十年代，植物育种和其他生物技术工具的创新；第四次即最近一次，农业进入数字时代。有效利用大数据及相关数字技术将成为农业提高生产效率的重要因素，但同时也会对现有农业实践、农民与供应商、消费者之间的关系产生变革性影响。世界知识产权组织（World Intellectual Property Organization，WIPO）等机构 2017 年 6 月发布的报告指出了数字农业在农场规模、数据、分析与管理水平、教育与研究水平、连通性与数字鸿沟、商业发展与就业等方面应用中存在的问题[21]。与此同时，以孟山都、拜耳、巴斯夫为代表的农业巨头还加速推进数字农业布局，一方面不断加大在此领域的投资，另一方面将先期产品不断进行优化升级并持续推向全球。2017 年 1 月，孟山都旗下公司首次公布数字农业产品研发线，分享了超过 35 项最新研发项目[22]。2 月，拜耳和雅苒国际就软件合作和技术许可达成协议，旨在开发新的数字农业解决方案[23]。4 月，巴斯夫签署协议准备收购美国业内领先的数字农业公司 ZedX 公司[24]。5 月，先正达在伊利诺伊大学建立了该公司的首个数字创新实验室，助力种子研发[25]。11 月，拜耳宣布上市其数字农业解决方案 XARVIO[26]。

3. 农业跨国巨头积极布局并不断拓展新兴技术的应用

经过两年的博弈，农业领域跨国企业间的并购整合即将落下帷幕。在并购整合过程中，各大跨国企业均将种子业务作为重点，期望构建针对种植业的生物-化学综合解决方案，以打造竞争优势。2017 年，几大巨头积极布局并不断拓展基因编辑、大数据、人工智能等新兴技术在育种中的应用。1 月，孟山都宣布与 Broad 研究所就新型的 CRISPR-Cpf1 基因组编辑技术在农业中的应用达成全球许可协议[27]。8 月，孟山都和 ToolGen 公司就 CRISPR 技术平台在农业领域的应用达成全球许可协议[28]。10月，杜邦先锋和立陶宛的新创公司 CasZyme 就开发新的 CRISPR-Cas 基因编辑工具达成多年的合作协议[29]。11 月，先正达与 Broad 研究所就 CRISPR-Cas9 基因组编辑技术在农业中的应用达成全球许可协议，并计划将其应用于多种作物的研发[30]。此外，先正达、孟山都分别加强与 NRGene 公司的合作，以帮助研发人员从海量的遗传学、基因组和性状信息数据中更好地预测、比较和筛选最佳的遗传修饰，以加快作物育种的进度[31~32]。孟山都与 Atomwise 公司达成合作，将利用该公司的人工智能技术 AtomNet 分析和预测百万个潜在的抗性基因，加速挖掘和开发新的作物保护产品[33]。

三、农业领域重要发展战略与政策

1. 多项战略明确农业领域跨学科、系统性优先研究主题

2017 年 2 月，英国全球粮食安全（Global Food Security，GFS）计划发布战略规划，识别了未来粮食安全研究的一系列跨学科、系统性的重点研究主题，涉及气候变化与健康粮食系统、健康膳食的行为变化、粮食生产资源可持续管理、城市粮食系统、肠道微生物与健康关系、未来粮食政策等[34]。7 月，英国生物技术与生物科学研究理事会（Biotechnology and Biological Sciences Research Council，BBSRC）发布《农业与粮食安全研究战略框架》，重点支持可持续的农业系统、作物与农场动物健康、食品安全和营养、减少粮食浪费、基因组学的研究与利用、精准农业与智能技术等 6 个优先领域[35]。12 月，欧洲科学院科学咨询委员会（EASAC）发布《欧洲粮食与营养安全和农业研究的机遇与挑战》报告[36]，指出了欧洲在战略层面需要考虑的问题，包括必须解决农业食品体系的营养敏感性和环境可持续性研究的交叉问题；跨学科研究了解弱势群体和消费者行为；大数据是支持食品体系创新及应对风险和不确定性的重要工具；农业科学对于欧洲的竞争力至关重要，将农业补贴预算调整到创新上来。

2. 多个国家调整或更新生物技术产品的监管框架

2017 年 1 月，美国白宫发布《2017 年生物技术协调合作框架法规》（最后修改

版）报告，阐述了美国环境保护署（EPA）、美国 FDA 和美国农业部动植物卫生检验局（APHIS）等监管机构在监管生物技术产品中的作用和职责[37]。3 月，美国国家科学院发布报告，建议美国的监管系统建立一个平衡的方法综合考虑各种利益冲突，能够综合、深入地反映未来生物技术产品应用的范围、规模、复杂性和速度[38]。7 月，行业利益相关者认为 APHIS 在 1 月发布的修改草案中提供了相互矛盾的监管方法，呼吁保持生物技术监管的一致性[39~40]。11 月，APHIS 宣布将与利益相关者商讨修订生物技术监管条例，重新审视修改草案[41]。美国农业部部长也宣布撤销对 CRISPR 基因编辑作物进行管理的计划。此外，以色列国家转基因植物委员会（NCTP）在 2017年 3 月宣布，基因编辑植物只要确保外源的 DNA 序列没有被整合到最后的植物基因组中，将不受转基因法案的约束。6 月，日本国家农业和粮食研究机构首次在室外开展基因编辑水稻田间试验，这在日本国内尚属首次。欧盟开始重新讨论新育种技术，荷兰当局敦促欧盟对新育种技术产生的基因编辑作物是否应该免于转基因法规进行讨论。

3. 英国脱欧后农业发展与政策选择受到关注

英国脱欧，可能会特别导致其在农业方面的法律制度和贸易模式发生重大变化。2017 年 5 月，欧盟能源和环境小组委员会发布《英国脱欧：农业》报告，调查英国脱欧后对英国农业部门的影响，尤其是退出欧盟共同农业政策及单一市场后的影响[42]。7 月，英国农业与园艺发展委员会（AHDB）发布《英国脱欧后谷物的发展前景》报告，分析了脱欧后英国农业面临的挑战以及非欧盟市场的机遇，并提出了六种情景方案，以确定可能影响英国生产和出口经济的相关风险[43]。11 月，英国智库查塔姆研究所发布了《英国脱欧对英国、欧洲和全球未来 10 年农业改革的影响》报告，认为英国脱欧后需要一个新的农业政策，并且只有坚持以市场为导向的模式才能够使英国从自由贸易中获益[44]。

四、我国明确未来农业发展战略与科技布局规划

随着我国粮食总产十二连丰，我国在保障粮食安全的同时，要贯彻新的发展理念，推动农业绿色发展，实施乡村振兴战略。农业科技发展"十三五"规划部署重点目标任务和领域方向。

1. 绿色发展成为我国未来农业发展的主旋律

2017 年 9 月，我国发布《关于创新体制机制推进农业绿色发展的意见》，提出以

资源环境承载力为基准，以推进农业供给侧结构性改革为主线，以制度、政策与科技创新为动力，转变农业发展方式，构建人与自然和谐共生的农业发展新格局[45]。10月，农业部等8个部门确定首批40个国家级农业可持续发展试验示范区和农业绿色发展的试点先行区，明确在空间布局优化、资源节约利用、产地环境保护、生态服务功能提升等方面开展先行先试，形成并推广多种类型的农业绿色发展模式，发展制度和技术体系[46]。

2. 我国首次提出实施乡村振兴战略

2017年10月，十九大报告首次提出乡村振兴战略，并从发展体制机制、土地制度、产权改革、农业产业和经营体系、乡村治理等五个方面指明了乡村振兴战略的重点。12月，中央农村工作会议指出乡村振兴战略是今后一个时期做好"三农"工作的总抓手，并进一步明确实施乡村振兴战略的目标任务：到2020年，乡村振兴取得重要进展，制度框架和政策体系基本形成；到2035年，乡村振兴取得决定性进展，农业农村现代化基本实现；到2050年，乡村全面振兴，全面实现农业强、农村美、农民富的发展目标[47]。

3.《"十三五"农业科技发展规划》提出未来重点发展领域

2017年2月，农业部发布《"十三五"农业科技发展规划》，提出我国农业科技发展的战略目标：到2020年，农业科技创新整体实力进入世界先进行列；到2030年，农业科技创新整体实力进入世界前列；到2050年，建成世界农业科技创新强国，引领世界农业科技发展潮流[48]。该规划提出了2016~2020年我国在农业科技创新、人才队伍、基础条件、国际合作、体制机制建设等方面的发展目标及条件保障措施，具体部署了现代种业、农机装备、农业信息化、农业资源环境等11个领域的关键突破技术方向和核心指标任务，以及区域农业综合解决方案等18项重大科技任务、合成生物技术等5项前沿与颠覆性技术、15项农业技术推广重点行动。

致谢：中国科学院遗传与发育生物学研究所张爱民研究员、田志喜研究员、张正斌研究员对本文初稿进行了审阅并提出了宝贵的修改意见，特致感谢！

参考文献

[1] FAO. 知识成为粮食和农业未来新范式. http://www.fao.org/news/story/zh/item/1069688/icode/[2017-11-27].

[2] Tieman D, Zhu G, Resende M F J, et al. A chemical genetic roadmap to improved tomato flavor. Sci-

ence,2017,355(6323):391-394.

［3］Soyk S,Lemmon Z H,Oved M,et al. Bypassing negative epistasis on yield in tomato imposed by a domestication gene. Cell,2017,169(6):1142-1155.

［4］Deng Y,Zhai K,Xie Z,et al. Epigenetic regulation of antagonistic receptors confers rice blast resistance with yield balance. Science,2017,355(6328):962-965.

［5］Li W,Zhu Z,Chern M,et al. A natural allele of a transcription factor in rice confers broad-spectrum blast resistance. Cell,2017,170(1):114-126.

［6］Wang Z,Li J,Chen S,et al. Poaceae-specific Ms1 encodes a phospholipid-binding protein for male fertility in bread wheat. PNAS,2017,114(47):12614-12619.

［7］Tucker E J,Baumanu U,Kouidri A,et al. Molecular identification of the wheat male fertility gene Ms1 and its prospects for hybrid breeding. Nature Communication,2017,8(1):869.

［8］中国科学院．2017 年中国十大科技进展新闻. http://www. cas. cn/cm/201801/t20180102_4628607. Shtml［2018-01-01］.

［9］丁佳. 自然科学一等奖团队:为祖国种好一棵水稻. http://news. sciencenet. cn/htmlnews/2018/1/399554. shtm［2018-01-09］.

［10］墙里开花墙外香 我国培育的转基因大米获美国 FDA 食用许可. http://www. sohu. com/a/217881189_100032755［2018-01-20］.

［11］Shimatani Z,Kashojiya S,Takayama M,et al. Targeted base editing in rice and tomato using a CRISPR-Cas9 cytidine deaminase fusion. Nature Biotechnology,2017,35(5):441-443.

［12］Zong Y,Wang Y,Li C,et al. Precise base editing in rice,wheat and maize with a Cas9-cytidine deaminase fusion. Nature Biotechnology,2017,35(5):438-440.

［13］Niu D,Wei H J,Lin L,et al. Inactivation of porcine endogenous retrovirus in pigs using CRISPR-Cas9. Science,2017,357(6357):1303-1307.

［14］Zheng Q T,Lin J,Huang J J,et al. Reconstitution of UCP1 using CRISPR/Cas9 in the white adipose tissue of pigs decreases fat deposition and improves thermogenic capacity. PNAS,2017,114(45):E9474-E9482.

［15］国家自然科学基金委员会. 我国学者利用机器人技术成功获得克隆猪. http://www. nsfc. gov. cn/publish/portal0/tab448/info68545. htm［2017-05-12］.

［16］Hutson M. Artificial intelligence learns to spot pain in sheep. http://www. sciencemag. org/news/2017/06/artificial-intelligence-learns-spot-pain-sheep［2017-06-01］.

［17］FAO. The future of food and agriculture:Trends and challenges. http://www. fao. org/ publications/tofa/en/［2018-04-01］.

［18］HLPE. Translations of the 12th HLPE Report:Nutrition and food systems. http://www. fao. org/cfs/ cfs-hlpe/news-archive/detail/en/c/1111088/［2018-03-26］.

［19］USDA ERS. Progress and challenges in global food security. https://www. ers. usda. gov/webdocs/ publications/84526/eib-175. pdf?v=42944［2017-07-20］.

［20］Rabobank. The future of digital farming. http：//1usaeh37xc8k42ejdw3evw3c-wpengine. netdna-ssl. com/wp-content/uploads/2017/05/Infographic_The_Future_of_Digital_Farming. pdf［2018-04-01］.

［21］WIPO. Innovation in agriculture and food systems in the digital age. http：//www. wipo. int/ publications/en/details. jsp? id＝4193&nsukey＝RpCoSMtRV3nY1ogYLvV4LnwJM7KALWM％2B87YB％2BlYKAO％2Bg24Y4YAChq％2Bat％2FWhmG5cpQtDafs4wNRZFiNgBRQeffBWL％2Bis7TZ6pGTfFOjMuRVUQpk2sSD9hZLEcDYrmIWMKaFUHcfDdp8j8DxaLDRD7mu4GTwsjmyJbPXfRjcnLHxgE0％2FYNxCIkMOBMK8Aowitg［2017-12-01］.

［22］科学网. 孟山都旗下公司首次公布数字农业产品研发线. http：//news. sciencenet. cn/htmlnews/2017/1/365936. shtm［2017-01-15］.

［23］基因农业网. 拜耳和雅苒达成技术许可协议 加强数字农业工具开发. http：//www. agrogene. cn/info-3770. shtml［2017-02-23］.

［24］世界农化网. 巴斯夫收购美国 ZedX 公司 继续加码数字农业. http：//cn. agropages. com/News/NewsDetail—14076. htm［2017-04-27］.

［25］世界农化网. 先正达在美国建立的数字创新实验室近日落成. http：//cn. agropages. com/News/NewsDetail—14212. htm［2017-05-18］.

［26］世界农化网. 拜耳推出新的数字农业品牌 XARVIO. http：//cn. agropages. com/News/NewsDetail—15313. htm［2017-11-14］.

［27］Monsanto. Monsanto announces global genome-editing licensing agreement with broad institute for newly-characterized CRISPR system. https：//monsanto. com/news-releases/monsanto-announces-global-genome-editing-licensing-agreement-with-broad-institute-for-newly-characterized-crispr-system/［2017-01-04］.

［28］Monsanto. Monsanto and ToolGen announce global licensing agreement on CRISPR platform，underscore the benefits of innovation for farmers. https：//monsanto. com/news-releases/monsanto-and-toolgen-announce-global-licensing-agreement-on-crispr-platform-underscore-the-benefits-of-innovation-for-farmers/［2017-08-16］.

［29］DuPont Pioneer. DuPont pioneer and CasZyme collaborating to advance new CRISPR-Cas gene-editing tools. https：//www. pioneer. com/home/site/about/news-media/news-releases/template. CONTENT/guid. FD827A21-33B0-C804-0013-5D5A49E57F60［2017-10-12］.

［30］Syngenta. Syngenta obtains non-exclusive IP license from Broad Institute for CRISPR-Cas9 genome-editing technology for agriculture applications. http：//www. syngenta-us. com/newsroom/news_release_detail. aspx?id＝205353［2017-11-02］.

［31］Monsanto. Monsanto and NRGene announce global licensing agreement for big data genomic analysis technology. http：//news. monsanto. com/press-release/corporate/monsanto-and-nrgene-announce-global-licensing-agreement-big-data-genomic-ana［2017-01-12］.

［32］NRGene. Syngenta selects NRGene tech to accelerate crop breeding. http：//nrgene. com/press-releases/syngenta-selects-nrgene-tech-to-accelerate-crop-breeding[2017-01-05].

[33] Monsanto. Monsanto and atomwise collaborate to discover new crop protection options using artificial intelligence technology. https://monsanto. com/news-releases/monsanto-and-atomwise-collaborate-to-discover-new-crop-protection-options-using-artificial-intelligence-technology/[2017-06-14].

[34] GFS Programme. Global food security strategic plan. https://www. foodsecurity. ac. uk/publications/global-food-security-corporate-identity-guidelines. pdf[2018-04-01].

[35] BBSRC. Launch of the agriculture and food security strategic framework. http://www. bbsrc. ac. uk/news/food-security/2017/170727-pr-launch-agriculture-food-security-strategic-framework/[2017-07-27].

[36] EASAC. Opportunities and challenges for research on food and nutrition security and agriculture in Europe. http://www. easac. eu/fileadmin/PDF_s/reports_statements/Food_Security/EASAC_FNSA_report_complete_Web. pdf[2018-04-01].

[37] The White House. Modernizing the regulatory system for biotechnology products: final version of the 2017 update to the coordinated framework for the regulation of biotechnology. https://obamawhitehouse. archives. gov/sites/default/files/microsites/ostp/2017_coordinated_framework_update. pdf[2017-01-04].

[38] NAP. Preparing for future products of biotechnology. https://www. nap. edu/download/24605[2017-06-28].

[39] ISAAA. USDA urged to start over on proposed rule to revamp biotech regulation. http://www. isaaa. org/kc/cropbiotechupdate/article/default. asp?ID=15608[2017-07-19].

[40] ISAAA. U. S. lawmakers call for consistency in regulating biotech. http:// www. isaaa. org/kc/cropbiotechupdate/article/default. asp?ID=15898[2017-10-25].

[41] ISAAA. USDA to re-engage stakeholders on revisions to biotech regulation. http://www. isaaa. org/kc/cropbiotechupdate/article/default. asp?ID=15951[2017-11-08].

[42] United Kingdom Parliament. European Union Committee. Brexit: agriculture. https://publications. parliament. uk/pa/ld2016 17/ldselect/ldeucom/169/169. pdf[2017-05-03].

[43] AHDB. Post-Brexit prospects for UK grains. https://ahdb. org. uk/documents/Horizon_Brexit_Analysis_june2017. PDF[2017-06-14].

[44] Mitchell I. The implications of Brexit for UK, EU and global agricultural reform in the next decade. https://www. chathamhouse. org/publication/implications-brexit-uk-eu-and-global-agricultural-reform-next-decade[2017-11-02].

[45] 新华社. 中共中央办公厅 国务院办公厅印发《关于创新体制机制推进农业绿色发展的意见》. http://www. gov. cn/xinwen/2017-09/30/content_5228960. htm[2017-09-30].

[46] 农业部. 第一批国家农业可持续发展试验示范区公示公告. http://jiuban. moa. gov. cn/fwllm/hxgg/201710/t20171019_5846310. htm[2017-10-19].

［47］新华社. 中共中央 国务院关于实施乡村振兴战略的意见. http：//www. gov. cn/zhengce/2018-02/04/content_5263807. htm［2018-02-04］.

［48］农业部. 农业部关于印发《"十三五"农业科技发展规划》的通知. http：//jiuban. moa. gov. cn/zwllm/ghjh/201702/t20170207_5469863. htm［2017-02-04］.

Agricultural Science and Technology

Yang Yanping，Dong Yu，Xie Hualing，Chi Peijuan，Li Dongqiao

Agricultural science and technology achieved great progress in molecular mechanism of crops complex agronomic traits，cultivation of new rice varieties，the application of CRISPR and artificial intelligence technology in agriculture during 2017. At present，a series of changes and new trends have emerged in the agriculture sector，for instance，food security and nutritional health continue to be concerned，the agriculture industry is now stepping into a digital era，multinational enterprises are mapping out their development plans on emerging technologies like gene-editing and big data. In addition，multiple strategies clearly specify the interdisciplinary and systematic research priorities in the agriculture sector，the United States and other countries are adjusting or updating their regulatory frameworks for bio-tech products，the development and policy choices in the agriculture sector of the UK after it leaves the EU are attracting a great deal of attention. China has specified its future agricultural development strategies and laid out its plans on agricultural science and technology. It has proposed major development areas in the future in the 13th Five-year Plan on Agricultural Science and Technology，put forward the Rural Revitalization Strategy for the first time，and clearly defined that Green development should become the main theme of China's future agricultural development.

4.5 环境科学领域发展观察

曲建升 廖 琴 曾静静 裴惠娟 董利苹 刘燕飞

（中国科学院兰州文献情报中心）

2017 年，环境科学领域在生态学理论、碳观测、海洋塑料污染、气候历史重建、全球增温趋势、土壤微生物、空气污染成因等研究中取得了系列进展。重要国际组织和主要国家颁布了多项重要战略与规划，着力加强污染防治、生态系统保护、气候变化应对和水资源管理。总体而言，环境科学发展需要多学科协作和多尺度耦合，全球更加重视从政治、科技和经济等多方面解决生态环境问题，助推绿色可持续发展。

一、环境科学领域重要研究进展

1. 美国生态学会提出转化生态学并推动其发展

为促进生态学为环境政策的制定和管理提供信息，生态学家和生态研究使用者之间必须建立新的伙伴关系，一些科研人员呼吁发展"转化生态学"来解决这一问题。2017 年 12 月，美国生态学会（Ecological Society of America，ESA）主办的《生态学与环境科学前沿》期刊出版专刊，来自美国近 30 个科研机构的研究人员发表 11 篇与转化生态学有关的文章，介绍了转化生态学的发展背景、概念、原则、机遇和挑战以及应用案例[1~11]。文章将"转化生态学"定义为一种跨领域的生态学分支学科，生态学家、利益相关者和决策者有意识地开展协作，共同开发和使用生态研究，最终改善环境相关的决策制定。

2. NASA 碳观测卫星 OCO-2 获得首批重要发现

轨道碳观测卫星（OCO-2）是美国国家航空航天局（NASA）于 2014 年 7 月发射的首颗用于观测大气中二氧化碳（CO_2）的卫星，能够以前所未有的精度、分辨率和覆盖范围准确地表征全球 CO_2 源和汇的季节性周期变化。2017 年 10 月，《科学》期刊发布特刊，通过封面文章及 5 篇研究论文介绍了 OCO-2 获得的首批重要发现[12~17]。OCO-2 卫星数据已被成功用于空间 CO_2 观测、揭示植物光合作用的太阳诱导叶绿素荧光观测、碳循环，以及厄尔尼诺对碳循环的影响等方面的研究。

3. 南极冰芯将重建的气候历史向前推进 170 万年

美国普林斯顿大学和缅因大学领导的科研团队在南极艾伦山（Allan Hills）钻取到距今 270 万年的冰芯，比先前的冰芯记录向前推进了 170 万年[18]。冰芯是证实地球过去几百万年大气状况的重要线索，冰芯气泡中蕴含的古大气记录，将有可能揭示触发冰期的重要因素。对冰芯采样的分析表明[19]，更新世早期大气中的 CO_2 浓度在 300ppm① 以下，远低于目前的 400ppm，或推翻此前一些间接测量的结果。该发现还开启了找到更古老冰层的方法，冰芯取样来自一个以往被忽略的"蓝冰"地区，该地区具有独特的动力条件可以保存旧的冰层。此项研究被《科学》期刊评为 2017 年全球十大科学突破[20]。

4. 地下水枯竭及其原因和影响研究备受关注

地下水是世界上最大的可获得淡水资源，对灌溉和全球粮食安全至关重要。对于地下水抽取超过地下水补给的许多地区，持续发生着地下水枯竭。荷兰乌得勒支大学和美国科罗拉多矿业大学的研究指出[21]，由于人类饮用和农业灌溉过度抽取地下水，到 2050 年，预计全球将有 18 亿人口居住在地下水完全或接近枯竭的地区，印度、欧洲和美国部分地区的地下水枯竭更为严重。英国伦敦大学学院和奥地利国际应用系统分析研究所等机构的研究显示[22]，全球粮食贸易加剧了地下水枯竭，主要的农作物出口国和农产品进口国受地下水枯竭的影响最大。美国密歇根州立大学的研究人员指出[23]，地下水枯竭会向大气释放大量的 CO_2，这是一个重要的但被忽略的大气 CO_2 来源。

5. 全球增温停滞讨论取得新进展

近几年，科学界关于全球增温停滞现象及其原因的讨论热度一直高涨。2017 年，有关全球增温停滞的研究出现了新的进展。马克斯·普朗克气象学研究所的研究认为[24]，引起增温停滞所需的能量偏差比想象得更小，大气层顶能量的向外辐射是造成增温停滞期间内部变率的来源。美国耶鲁大学的研究指出[25]，1998～2013 年厄尔尼诺活动偏弱是导致全球表面温度升高速率放缓的根本原因，而不是由于长期的全球增温停滞，且火山活动只起到次要作用。德国波茨坦气候影响研究所和美国马萨诸塞大学的研究指出[26]，自 1970 年以来，全球地表温度数据并没有出现任何关于增温

---

① ppm 表示 10^{-6}。

"停滞"或"变缓"的显著趋势，全球气温的短期波动是正常现象。瑞士苏黎世联邦理工学院的研究指出[27]，关于全球增温停滞的分歧在很大程度上是使用不同数据集、不同时期和对"间歇期"的不同定义导致的，通过对模型和观测结果的适当处理，这种差异是可以被调和的。中国清华大学和美国阿拉斯加大学费尔班克斯分校等机构的研究指出[28]，不断完善的北极数据集显示，全球变暖并没有停滞，最近北极暖化加剧导致全球变暖趋势持续。

6. 海洋微塑料污染仍是研究热点

澳大利亚塔斯马尼亚大学和英国皇家鸟类保护学会的研究发现[29]，世界上最偏远岛屿之一南太平洋的亨德森岛是迄今塑料垃圾密度最高的地方。海洋清理基金会（Ocean Cleanup Foundation）的研究人员评估了全球河流向海洋输入的塑料垃圾[30]，指出全球每年有 115 万～241 万吨塑料垃圾从河流进入海洋，且大部分来自亚洲河流。英国华威大学和普利茅斯大学的研究人员提出了一种利用荧光染料检测微塑料的新方法，该方法成本低廉，且可以更有效地识别海洋中小于 1 毫米的微塑料颗粒[31]。美国加利福尼亚州蒙特利湾水族研究所的研究人员发现微塑料通过深海动物转移至深海的机制[32]，深海动物吞噬塑料碎片，并将无法消化的微塑料排出体外沉积在海底。

7. 土壤微生物研究获得重要突破

美国科罗拉多大学联合西班牙胡安卡洛斯国王大学等机构的研究人员通过测序全球六大洲的多个土壤样本，建立了首个全球土壤细菌群落图谱，并鉴定出大约 500 种世界范围内常见的和大量存在的关键物种，这将成为科学家未来的重点研究目标[33]。中国科学院城市环境研究所联合澳大利亚麦考瑞大学等机构的研究人员系统阐述了微生物在全球范围内大规模迁徙的机制及其环境与生态效应[34]，指出污水排放是造成微生物全球大迁徙的推手之一，人和动物在世界范围内的空前流动也推动了微生物的迁徙和部分微生物的富集。美国麻省理工学院的研究发现[35]，土壤中的细菌可能通过雨滴在空气中扩散，这种新机制有助于了解细菌如何实现长距离的传播。

8. 交通氮氧化物排放近年逐渐受到重视

环境健康分析公司（LLC）、国际清洁交通委员会（ICCT）联合英国约克大学等机构的研究指出[36]，在全球主要的 11 个柴油车市场中，有将近 1/3 的重型柴油车和 1/2 以上的轻型柴油车尾气排放超过了氮氧化物（NO_x）的认证限制。奥地利因斯布鲁克大学联合德国拜罗伊特大学等机构的研究指出[37]，交通对欧洲 NO_x 排放的贡献被严重低估。芬兰坦佩雷理工大学和气象研究所等机构的研究发现[38]，汽车交通是大气纳米簇气溶胶的主要来源。挪威气象局和奥地利国际应用系统分析研究所等机构的研究发现[39]，2013年欧洲轻型柴油车辆NO_x排放造成的空气污染导致欧盟28国约1万人过早死亡，其中约一半由过量的NO_x排放引起。

9. 中国空气污染归因研究获得新认识

中国南京信息工程大学和国家气候中心的一项研究[40]，揭示了1980年以来京津冀区域持续性严重霾污染事件发生的大气环流和动力机制。美国佐治亚理工学院的研究指出[41]，全球气候变化导致的北极海冰减少与欧亚降雪增加改变了区域大气环流结构，进而可能加剧了中国近年来的冬季严重空气污染问题。中国海洋大学青岛海洋科学与技术国家实验室和南京信息工程大学的研究发现[42]，全球变暖会增加有利于类似北京严重霾事件发生的天气条件，并增加未来冬季严重霾事件的发生频率和持续时间。美国加利福尼亚大学联合中国南京信息工程大学等机构研究了自然沙尘、风和空气污染之间的相互作用机制，指出近年来西部戈壁自然沙尘的减少通过降低风速加剧了中国东部地区冬季的气溶胶污染。

二、环境科学领域重要战略规划

1. 全球汞污染防治公约正式生效

2017年8月，全球第一个汞污染防治公约《水俣公约》正式生效[44]，目前已有128个国家和地区签署了该公约。公约旨在通过全球共同努力，防治全球汞污染，逐步降低汞对人类健康的威胁。《水俣公约》重申了"共同但有区别的责任"原则，就汞的生产、流通、使用及污染控制做出具体安排。

2. 国际社会重视土地退化的防治

2016年12月，巴西农业部（MAPA）和环境部（MMA）宣布[45]，将开展一项涉及2200万公顷的退化土地综合治理项目，该项目如果得以实施，将成为全球单个国家完成的最大面积退化土地治理工程。2017年9月，《联合国防治荒漠化公约》第十三次缔约方大会通过《联合国防治荒漠化公约2018—2030年战略框架》[46]，明确了2030年前实现全球土地退化零增长目标的战略途径、步骤和监测指标。其战略目标为：改善受影响生态系统的状况；改善受影响人口的生活条件；减轻、适应和管理干旱的影响，以提高脆弱人口和生态系统的抵御能力；通过有效执行公约带来全球环境效益；通过在全球和国家层面建立有效的伙伴关系，动员大量的额外财政和非财政资源来支持公约的执行。11月，在《联合国气候变化框架公约》第二十三次缔约方大会上，世界资源研究所（WRI）宣布一项21亿美元的具有里程碑意义的私人投资[47]，用以恢复拉丁美洲和加勒比地区退化的土地。

3. 欧美推进生态及生物多样性保护研究

2017年4月，欧盟委员会通过《自然、人类和经济行动计划》[48]，帮助欧盟各地区保护生物多样性并获得自然保护的经济效益，快速推进欧盟《鸟类和栖息地指令》的实施，提议将"环境与气候变化计划"预算中专门用于支持自然和生物多样性保护的项目预算提高10%。8月，美国国家科学基金会（NSF）宣布[49]，将对宏观系统生物学和早期国家生态观测站网络科学研究计划资助10个新项目，总金额为1220万美元，以帮助更好地发现、理解和预测物候学、气候和土地利用变化对生态系统的影响，并预测生态系统对环境变化的反馈作用。9月，美国国家科学基金会宣布将资助1470万美元用以加强不同维度的生物多样性保护研究[50]。

4. 欧英强调低碳经济发展

以欧盟、英国为代表的组织和国家，面向"建立低碳、具有气候恢复力的未来"和"绿色循环经济"两大需求，纷纷推出相应的战略与规划，描绘了低碳发展的前景。2017年10月，欧盟发布《地平线2020工作计划（2018—2020）》[51]，在应对"气候行动、环境、资源效率和原材料"的社会挑战方面，提出了开展相关方向的研究和创新行动。同月，英国发布《清洁增长战略》[52]，确定了在技术突破和大规模部署方面需要实现最大进展的关键政策行动，为2030年前英国低碳经济发展描绘了宏伟蓝图。

5. 英国着力改善环境质量

2017年7月，英国环境、食品和农村事务部（Defra）和交通运输部（DfT）发布《英国二氧化氮（NO_2）空气质量计划》[53]，重点减少道路周围的NO_2浓度，旨在让英国在最短的时间内达到排放限制目标。该计划就如何改善空气质量提出了国家层面还需要采取的系列举措。2018年1月，英国环境、食品和农村事务部发布《绿色未来：英国改善环境25年规划》[54]，其目标是实现清洁空气、清洁和充足的水资源、减少洪水和干旱等环境灾害造成的损害风险、更加可持续和高效地利用大自然资源、减缓和适应气候变化、减少废弃物、管理化学品暴露和加强生物安全等，并确定了英国未来25年需要实施的关键政策行动。

6. 美国强化水资源管理效率

2016 年 12 月，美国国家海洋和大气管理局（NOAA）发布《水计划愿景及未来 5 年计划》[55]，旨在通过提供水资源相关的科学信息和服务改善国家水资源安全，解决水风险的脆弱性，实现高效的水资源管理。计划将采取 5 个战略措施来实现其目标：①建立水信息服务战略合作伙伴关系；②加强水资源决策支持工具和网络建设；③彻底改变水建模、预测和降水预报；④加速水信息研究与发展；⑤增强和维持与水资源相关的观测。2017 年 11 月，美国政府发布首份《全球水战略》[56]，其战略目标是获得安全饮用水和卫生服务，鼓励淡水资源的健全管理和保护，促进共享水域的合作以及加强水资源管理部门的治理、融资和制度建设。

7. 美国发布一系列"去气候化"政策

自 2017 年 1 月 20 日上任以来，特朗普采取了一系列阻碍气候行动的政策，主要涉及：宣布《美国优先能源计划》，撤除《气候行动计划》；发布总统备忘录，推进 Keystone XL 和达科他（Dokata）两项输油管线建设；废除限制煤炭开采、旨在保护水资源的《溪流保护条例》；撤销石油和天然气甲烷排放信息要求；宣布重新审查 2022～2025 年车型的温室气体标准[57]；2018 财年预算蓝图大幅削减气候变化相关经费预算[58]；国务院批准 Keystone XL 输油管道项目；签署能源独立行政命令，撤销奥巴马政府时期的气候变化政策，推动煤炭行业和油气开采业就业[59]；美国离岸能源战略的总统行政命令，扩大美国离岸能源开采范围[60]；宣布退出《巴黎协定》[61]。然而，美国许多州、城市、企业和社会团体在地方层面积极推进应对气候变化的行动，包括签署《"我们仍然在坚守"宣言》[62]；成立美国气候联盟[63]；发起"美国气候变化承诺"倡议[64]等。截至 2017 年 10 月 1 日，美国共有 20 个州和 110 个城市制定了量化的温室气体减排目标[65]。

三、启示与建议

结合国际年度重要研究进展、战略行动和我国的研究现状，建议我国加强以下方面的研究部署。

1. 加强生态环境中长期战略规划制定

国际组织和主要发达国家非常重视战略规划的研究和制定工作，在整体环境保护、生物多样性、水资源、气候变化、空气质量、土地荒漠化、清洁能源、可持续发展等方面制定了不少战略和规划。我国应积极关注国际生态环境领域的重要发展方向，并围绕我国未来社会发展的需求，紧密围绕生态文明建设目标，加强生态环境领域研究的战略规划制定工作。

2. 加强国际气候治理新形势的应对

作为负责任的发展中大国，我国应继续认真履行《巴黎协定》相关承诺，继续坚定地维护和推动全球气候治理进程，做全球公共事务的积极推进者。积极加强与欧盟、金砖国家、发展中国家等多边组织的合作，并加快我国能源与环境领域新技术、新装备的国际贸易与国际合作。加强推行积极的环境与发展理念，弱化国际气候政策波动影响，将气候变化事务与公平发展紧密联系，推动《巴黎协定》与《2030 年可持续发展议程》目标之间的融合。

3. 加强空气污染归因研究及控制

我国空气污染对经济发展和公众健康造成了不利影响，减缓空气污染成为科学界、公众和政府关注的一大重要问题。尽管我国实施了严格的大气污染物排放控制措施，但近年来，持续性霾污染事件仍呈频发趋势，其中冬季发生的频率最大。我国应加强工业、交通等人为污染物排放和气候变化相对贡献的量化研究，气候变化和大气化学过程的相互作用研究，以及空气污染的季节性预测，并在重点领域实施更加严格的空气污染预防和控制政策[62]。

4. 加强气候观测系统的设计和建设

未来几十年，需要利用气候观测来解决一系列重大社会问题，包括海平面上升、干旱、洪水、极端高温事件、粮食安全以及淡水供应等。过去，针对特定气候问题的投资，已经在人类健康、安全和基础设施等重要问题上取得了重大进展。然而，目前的气候观测系统并不是以全面和综合的方式来进行规划，无法充分满足各种气候需求。美国众多气候专家围绕世界气候研究计划（WCRP）确定的重大挑战，提出了未来气候观测系统重点资助的 7 大优先需求[63]。我国应紧跟国际步伐，加强良好气候观测系统的设计和建设，以支持气候变化的影响研究。

5. 加强先进低碳技术的研发

我国虽然是可再生能源及相关低排放能源行业国内投资的世界领导者，清洁能源投资、可再生能源发电装机容量、可再生能源工作岗位、电动车市场等居于世界首位，但是在大型风力发电设备、氢能技术、光伏电池技术和碳捕集与封存（CCS）等先进低碳技术方面缺乏核心技术，难以形成核心竞争力。我国应加快这些先进低碳技术的研发和部署，推动清洁能源和可再生能源的发展。

6. 加强水资源的管理

我国面临的水资源压力正在急剧上升。我国虽然已经通过一些政策措施降低了由农业引起的水压力，但工业和生活水压力仍有所上升[64]。我国亟须监测评估水资源的可持续性，并利用水资源管理工具、水供给的高效技术、使用替代水源等措施，提高水资源的利用效率，加强水资源的管理和保护，以解决地表水及地下水等水资源总量与用水量冲突带来的严峻水压力问题。

致谢：中国科学院城市环境研究所朱永官研究员、中国科学院南京土壤研究所骆永明研究员、南京农业大学农业资源与生态环境研究所潘根兴教授等审阅了本文并提出了宝贵的修改意见，中国科学院兰州文献情报中心王金平、吴秀平、宋晓谕、李恒吉、王宝等对本文的资料收集和分析工作亦有贡献，在此一并表示感谢。

参考文献

[1] Chapin F S. Now is the time for translational ecology. Frontiers in Ecology and the Environment, 2017,15(10):539.

[2] Jackson S T, Garfin G M, Enquist C A F. Toward an effective practice of translational ecology. Frontiers in Ecology and the Environment,2017,15(10):540.

[3] Enquist C A F,Jackson S T,Garfin G M,et al. Foundations of translational ecology. Frontiers in Ecology and the Environment,2017,15(10):541-550.

[4] Wall T U,McNie E,Garfin G M. Use-inspired science:making science usable by and useful to decision makers. Frontiers in Ecology and the Environment,2017,15(10):551-559.

[5] Safford H D,Sawyer S C,Kocher S D,et al. Linking knowledge to action:the role of boundary spanners in translating ecology. Frontiers in Ecology and the Environment,2017,15(10):560-568.

[6] Lawson D M,Hall K R,Yung L,et al. Building translational ecology communities of practice:insights from the field. Frontiers in Ecology and the Environment,2017,15(10):569-577.

[7] Hallett L M,Morelli T L,Gerber L R,et al. Navigating translational ecology:creating opportunities for scientist participation. Frontiers in Ecology and the Environment,2017,15(10):578-586.

[8] Schwartz M W,Hiers J K,Davis F W,et al. Developing a translational ecology workforce. Frontiers in Ecology and the Environment,2017,15(10):587-596.

[9] Littell J S,Terando A J,Morelli T L. Balancing research and service to decision makers. Frontiers in Ecology and the Environment,2017,15(10):598.

[10] Tank J L. Translational ecology in my own backyard:an opportunity for innovative graduate training. Frontiers in Ecology and the Environment,2017,15(10):599-600.

［11］ Burton A. Giraffe,Giraffe,Camel. Frontiers in Ecology and the Environment,2017,15(10):612.

［12］ Smith J. Measuring Earth's carbon cycle. Science,2017,358(6360):186-187.

［13］ Liu J J,Bowman K W,Schimel D S,et al. Contrasting carbon cycle responses of the tropical conti-nents to the 2015-2016 El Niño. Science,2017,358(6360):eaam5690.

［14］ Eldering A,Wennberg P O,Crisp D,et al. The Orbiting Carbon Observatory-2 early science inves-tigations of regional carbon dioxide fluxes. Science,2017,358(6360):eaam5745.

［15］ Sun Y,Frankenberg C,Wood J D,et al. OCO-2 advances photosynthesis observation from space via solar-induced chlorophyll fluorescence. Science,2017,358(6360):eaam5747.

［16］ Chatterjee A,Gierach M M,Sutton A J,et al. Influence of El Niño on atmospheric CO_2 over the tropical Pacific Ocean:findings from NASA's OCO-2 mission. Science, 2017, 358 (6360): eaam5776.

［17］ Schwandner F M,Gunson M R,Miller C E,et al. Spaceborne detection of localized carbon dioxide sources. Science,2017,358(6360):eaam5782.

［18］ Yan Y,Ng J,Higgins J,et al. 2. 7-million-year-old ice from Allan Hills Blue Ice Areas,East Ant-arctica reveals climate snapshots since early Pleistocene. https://goldschmidt. info/2017/ab-stracts/abstractView? id＝2017004920［2017-08-13］.

［19］ Voosen P. Record-shattering 2. 7-million-year-old ice core reveals start of the ice ages. http:// www. sciencemag. org/news/2017/08/record-shattering-27-million-year-old-ice-core-reveals-start-ice-ages［2017-08-15］.

［20］ Science. 2017 Breakthrough of the year. http:/vis. sciencemag. org/breakthrough2017/finalists/ ＃ice-core［2018-01-17］.

［21］ AGU. Groundwater resources around the world could be depleted by 2050s. https://news. agu. org/press-release/agu-fall-meeting-groundwater-resources-around-the-world-could-be-depleted-by-2050s/［2016-12-15］.

［22］ Dalin C,Wada Y,Kastner T,et al. Groundwater depletion embedded in international food trade. Nature,2017,543:700-704.

［23］ Wood W W,Hyndman D W. Groundwater depletion:a significant unreported source of atmospher-ic carbon dioxide. Earth's Future,2017,5(11):1133-1135.

［24］ Hedemann C,Mauritsen T,Jungclaus J,et al. The subtle origins of surface-warming hiatuses. Nature Climate Change,2017,7:336-339.

［25］ Hu S N,Fedorov A V. The extreme El Niño of 2015-2016 and the end of global warming hiatus. Geophysical Research Letters,2017,44(8):3816-3824.

［26］ Rahmstorf S,Foster G,Cahill N. Global temperature evolution:recent trends and some pitfalls. Environmental Research Letters,2017,12(5):054001.

［27］ Medhaug I,Stolpe M B,Fischer E M,et al. Reconciling controversies about the 'global warming hiatus'. Nature,2017,545:21-47.

［28］ Huang J B,Zhang X D,Zhang Q Y,et al. Recently amplified arctic warming has contributed to a continual global warming trend. Nature Climate Change,2017,7:875-879.

［29］Lavers J L,Bond A L. Exceptional and rapid accumulation of anthropogenic debris on one of the world's most remote and pristine islands. PNAS,2017,114(23):201619818.

［30］Lebreton L C M,Zwet J V D,Damsteeg J W,et al. River plastic emissions to the world's oceans. Nature Communications,2017,8:15611.

［31］Cassola E G,Gibson M I,Thompson R C,et al. Lost,but found with Nile red:a novel method for detecting and quantifying small microplastics(1 mm to 20 μm)in environmental samples. Environmental Science & Technology,2017,51(23):13641-13648.

［32］Katija K,Choy C A,Sherlock R E,et al. From the surface to the seafloor:How giant larvaceans transport microplastics into the deep sea. Science Advances,2017,3(8):e1700715.

［33］Baquerizo M D,Oliverio A M,Brewer T E,et al. A global atlas of the dominant bacteria found in soil. Science,2018,359(6373):320-325.

［34］Zhu Y G,Gillings M,Simonet P,et al. Microbial mass movements. Science,2017,357(6356):1099-1100.

［35］Joung Y S,Ge Z F,Buie C R,et al. Bioaerosol generation by raindrops on soil. Nature Communications,2017,8:14668.

［36］Anenberg S C,Miller J,Minjares R,et al. Impacts and mitigation of excess diesel-related NO_x emissions in 11 major. Nature,2017,545:467-471.

［37］Karl T,Graus M,Striednig M,et al. Urban eddy covariance measurements reveal significant missing NO_x emissions in Central Europe. Scientific Reports,2017,7:2536.

［38］Rönkkö T,Kuuluvainen H,Karjalainen P,et al. Traffic is a major source of atmospheric nanocluster aerosol. PNAS,2017,114(29):201700830.

［39］Jonson J E,Kleefeld J B,Simpson D,et al. Impact of excess NO_x emissions from diesel cars on air quality,public health and eutrophication in Europe. Environmental Research Letters,2017,12(9):094017.

［40］Wu P,Ding Y H,Liu Y J. Atmospheric circulation and dynamic mechanism for persistent haze events in the Beijing-Tianjin-Hebei region. Advances in Atmospheric Sciences,2017,34(4):429-440.

［41］Zou Y F,Wang Y H,Zhang Y Z,et al. Arctic Sea ice,Eurasia snow,and extreme winter haze in China. Science Advances,2017,3(3):e1602751.

［42］Cai W J,Li K,Liao H,et al. Weather conditions conducive to Beijing severe haze more frequent under climate change. Nature Climate Change,2017,7:257-262.

［43］Yang Y,Russell L M,Lou S J,et al. Dust-wind interactions can intensify aerosol pollution over Eastern China. Nature Communications,2017,8:15333.

［44］GEF. World comes together to tackle mercury pollution. http://www. thegef. org/news/world-comes-together-tackle-mercury-pollution[2017-08-16].

［45］IUCN. Brazil announces goal of restoring 22 million hectares of degraded land by 2030. https://

www. iucn. org/news/statement-brazil-announces-goal-restoring-22-million-hectares-degraded-land-2030[2016-12-04].

[46] UNCCD. The future strategic framework of the convention. http://www. unccd. int/Sites/default/files/inline-files/ICCD_COP%2813%29_L. 18-1716078E-1. pdf[2017-09-15].

[47] WRI. STATEMENT：Landmark $2. 1 Billion Earmarked to Restore Degraded Lands in Latin America,Offering Global Climate Solution. http://www. wri. org/news/2017/11/statement-landmark-21-billion-earmarked-restore-degraded-lands-latin-america-offering[2017-11-09].

[48] European Commission. An action plan for nature,people and the economy. http://europa. eu/rapid/press-release_IP-17-1112_en. htm[2017-04-27].

[49] NSF. 10 new awards support ecological research at regional to continental scales. https://www. nsf. gov/news/news_summ. jsp? cntn_id=242764&org=NSF&from=news[2017-08-10].

[50] NSF. NSF awards $14. 7 million for research to deepen understanding of Earth's biodiversity. https://www. nsf. gov/news/news _ summ. jsp? cntn _ id = 242943&org = BIO&from = news [2017-09-14].

[51] European Commission. Climate action,environment,resource efficiency and raw materials-Work Programme 2018-2020 preparation. http://ec. europa. eu/research/participants/data/ref/h2020/wp/2018-2020/main/h2020-wp1820-climate_en. pdf[2017-10-25].

[52] GOV. UK. The clean growth strategy. https://www. gov. uk/government/publications/clean-growth-strategy[2017-10-12].

[53] GOV. UK. Air quality plan for nitrogen dioxide(NO₂)in UK(2017). https://www. gov. uk/government/publications/air-quality-plan-for-nitrogen-dioxide-no2-in-uk-2017[2017-07-26].

[54] GOV. UK. A green future：our 25 year plan to improve the environment. https://www. gov. uk/government/publications/25-year-environment-plan[2018-01-11].

[55] NOAA. NOAA water initiative vision and five year plan. http://www. noaa. gov/explainers/noaa-water-initiative-vision-and-five-year-plan[2016-12-16].

[56] USAID. Global_Water_Strategy. https://www. usaid. gov/sites/default/files/documents/1865/Global_Water_Strategy_ 2017_final_508v2. pdf[2017-11-15].

[57] WRI. Timeline：Trump's 100 Days of Rollbacks to Climate Action. https://www. wri. org/blog/2017/04/timeline-trumps-100-days-rollbacks-climate-action[2017-04-26].

[58] White House. America First：A Budget Blueprint to Make America Great Again. https://www. whitehouse. gov/omb/budget/[2017-03-16].

[59] White House. Presidential Executive Order on Promoting Energy Independence and Economic Growth. https://www. whitehouse. gov/the-press-office/2017/03/28/presidential-executive-order-promoting-energy-independence-and-economi-1[2017-03-28].

[60] White House. Presidential Executive Order Implementing an America-First Offshore Energy Strategy. https://www. whitehouse. gov/the-press-office/2017/04/28/presidential-executive-order-im-

plementing-america-first-offshore-energy[2017-04-28].

[61] NPR. Trump Announces U. S. Withdrawal From Paris Climate Accord. https://www. npr. org/ sections/thetwo-way/2017/06/01/530748899/watch-live-trump-announces-decision-on-paris-climate-agreement[2017-06-01].

[62] We Are Still In. About. https://www. wearestillin. com/about[2017-06-05].

[63] United States Climate Alliance. Alliance Principles. https://www. wearestillin. com/about[2017-06-05].

[64] America's Pledge. About America's Pledge. https://www. americaspledgeonclimate. com/about/ [2017-07-12].

[65] America's Pledge. America's Pledge Phase 1 Report: States, Cities, and Businesses in the United States Are Stepping Up on Climate Action. https://www. bbhub. io/dotorg/sites/28/2017/11/ AmericasPledgePhaseOneReportWeb. pdf[2017-11-11].

[66] Wang H J. On assessing haze attribution and control measures in China. Atmospheric and Oceanic Science Letters, 2018, (2):1-3.

[67] Weatherhead E C, Wielicki B A, Ramaswamy V, et al. Designing the climate observing system of the future. Earth's Future, 2017, 6(1):80-102.

[68] WRI. China's water stress is on the rise. http://www. wri. org/blog/2017/01/chinas-water-stress-rise[2017-01-10].

Environment Science

Qu Jiansheng , Liao Qin , Zeng Jingjing , Pei Huijuan , Dong Liping , Liu Yanfei

In 2017, a number of breakthrough progresses were made in studies on the field of environmental science: the Ecological Society of American proposed translational ecology and promoted its development; the Orbiting Carbon Observatory-2 (OCO-2) found initial results; the Antarctic ice core pushed back the planet's climate history for 1. 7 million years; the study of groundwater depletion and its causes and effects had attracted much attention; global warming 'hiatus' debate continued to make new progress; marine microplastic pollution was still a research hotspot; the research of soil microbiology made important breakthrough; transportation nitrogen oxide emissions had been paid more and more attention in recent years; the occurrence and development of air pollution in China obtained new understanding. The US new government's withdrawal from the Paris Agreement did not affect the global effort to promote environmental governance. Some important international organizations and major countries had issued a number of significant strategies and plans to strengthen pollution prevention, ecosystem protection, climate change response and water resource management. In general, the development of environmental science needs multi-disciplinary collaboration and multi-scale coupling, the world pay more attention to solving ecological and environmental problems from political, scientific and technological, and economical means, in order to boost green growth and sustainable development.

4.6 地球科学领域发展观察

郑军卫[1]　张志强[2]　赵纪东[1]　张树良[1]　翟明国[3]

（1. 中国科学院兰州文献情报中心；2. 中国科学院成都文献情报中心；

3. 中国科学院地质与地球物理研究所）

地球科学在人类认识和开发利用自然界过程中发挥着重要作用，为经济社会发展中矿产和能源资源保障、自然灾害防治、生态文明建设等提供关键科学支撑。2017年地球科学领域①在地球深部物质组成、地幔对流、板块构造、海洋天然气水合物试采、矿产资源综合利用、天气预报系统模型、全球卫星监测体系、大数据观察等方面取得新的重要进展，一些国家和国际组织亦围绕上述领域进行了科学布局。

一、地球科学领域重要研究进展

1. 地球深部物质组成研究取得突破

地表以下特别是地幔中的碳含量问题是近年来研究界研究与争论的焦点。美国马里兰大学等机构[1]基于对赤道中部大西洋洋脊玄武岩中橄榄石内未脱气的熔体包裹体样品的分析，发现地幔碳含量可能比早先预期的要少很多，地幔深部碳含量具有明显的非均匀性，这种非均匀性与地幔熔体相互联通的深度等关系密切。深部地核相关研究也有突破性进展。在法国巴黎举行的2017年哥德施密特国际地球化学大会上，巴黎地球物理研究所研究人员[2]宣布了地核成分研究的突破性研究成果，通过在高温（4100K）、高压（80GPa）条件下模拟地球内部的核幔分异过程并对新的地球化学证据分析表明，地球深处的地核中存在大量的锌元素，这一认识对地球形成理论的传统解释形成了巨大挑战。在地球磁场研究方面，德国维尔茨堡大学联合奥地利维也纳技术大学等机构[3]合作通过大规模计算机模拟分析了地核铁和镍及其不同成分合金的结构并精确计算其电子行为后认为，地核主要成分中的铁并不能完全解释"地磁发电机"理论，其关键要素在于金属镍，该结论将改变此前对地球磁场成因的传统认识。

---

① 本文所指的地球科学主要涉及地质学、地球物理学、地球化学、大气科学等学科领域。

2. 地幔对流研究打破传统认识

英国莱斯特大学联合中国地质大学（北京）等机构[4]合作研究发现，全球地幔成分的区域性差异，是由于内部存在多个以俯冲板块为标志、相互独立的地幔循环系统（如位于太平洋和印度洋之下的地幔循环独立进行，相互之间并无影响），地幔物质在循环内部对流而不会发生跨区域的混合，这一结论挑战了有关地球内部地幔对流、搅动及其划分的传统认识。美国亚利桑那州立大学联合中国地质大学（武汉）等机构[5]合作进行基于代表地幔成分的高压合成布氏岩（Bridgegmanite）实验研究，发现地球内部1000～1500千米区间地幔的流动速度明显减慢，并进一步研究认为造成此处地幔对流减缓的机制在于该深度温度、压力条件下地幔物质中铁元素减少所导致的黏度增大。美国伍兹霍尔海洋研究所等机构[6]利用活塞圆筒仪模拟地球内部的高温高压环境，并遵循相关实验标准和地幔实际组成创建了一套人工地幔样品，以探讨大洋上地幔岩含水量对其熔点的影响。该研究表明，大洋上地幔水不饱和橄榄岩温度要比目前学术界估计的温度高60℃，虽然这相对于高达1400℃的熔融地幔温度不算大，但这样的温差足以影响深部地球的过程，更热的地幔会更具流动性，这将更有助于解释洋中脊的板块运移。

3. 地球板块构造研究获得重要发现

数十年来，部分科学家认为地球板块构造运动主要是受地球内部冷却所产生的负浮力驱动的，但由美国芝加哥大学联合加拿大蒙特利尔大学等机构[7]合作基于对东太平洋隆起的观测和模拟分析发现，地核内部热量带来的额外作用力可能是板块运动的主要驱动力。该研究还对水下山脉（洋中脊）是运动板块之间的被动边界这一传统理论提出了挑战。美国伍兹霍尔海洋研究所联合德国法兰克福大学[8]合作研究发现，俯冲带弧岩浆形成前，俯冲板片之上已形成高压混杂岩，该杂岩由来自俯冲板片的熔流体与地幔楔物质物理混合形成，并将直接影响弧岩浆成分，而不是学界一直认为的弧火山熔岩形成始于来自俯冲板片的流体熔合，并进一步推断指出杂岩熔融是板片与地幔相互作用的主要驱动力。美国莱斯大学研究人员[9]在厄瓜多尔西海岸发现了微孔板块，并将其命名为"马尔佩洛板块"（Malpelo Plate），正式成为地球上的第57个板块，成为近10年来新发现的第一个板块。

4. 纳米尺度矿物学研究推动地球化学发展

随着仪器分析的进步，微区原位分析测试技术（微米级）逐渐发展成熟并得到应用，便于科学家更精细地刻画地质过程，目前已成为矿物学研究的新手段。智利大学和加拿大默多克大学等机构[10]合作，利用纳米二次离子质谱技术（NanoSIMS）对辉钼矿进行铼-锇（Re-Os）同位素图像分析发现，铼和锇形成的纳米包裹体易出现在辉钼矿的中间部位或矿物颗粒的边界，该发现解释了无法用微区原位分析测试方法对辉钼矿测年的原因，也表明纳米尺度研究是对微米尺度的重要延伸。地壳中各类元素的运移、反应、沉淀等过程一般都是以岩石孔隙中的流体为载体，岩石孔隙度的高低直接决定着物质运移的速率。但荷兰乌得勒支大学和挪威奥斯陆大学等机构[11]合作利用多种手段对地壳中最常见的矿物长石进行三维立体纳米分辨率图像分析，结果表明长石中由于电解质反应引起的广泛发育的纳米孔隙是一种良好的连通器，可以导致大规模纳米孔隙流体的运移，颠覆了传统的认知。

5. 新技术和方法推动火山和地震灾害预测研究

英国剑桥大学和美国地质调查局[12]合作利用地震噪声干涉测量与地球物理学测量相结合的技术测量了火山的能量移动，发现能量传播的速度与在岩石中观察到的膨胀和收缩量之间存在很好的相关性，这一认识有助于更准确地预测火山的喷发。法国萨瓦大学研究人员[13]提出可以基于数据同化策略，利用全球导航卫星系统（GPS）和卫星雷达数据测量的地面变形数据来预测火山下岩浆超压的演变。夏威夷大学[14]研究指出可利用卫星数据来预测火山喷发出的熔岩流的结束时间。美国洛斯阿拉莫斯国家实验室研究人员[15]利用机器学习方法研究室内模拟地震的物理特征，发现来自断裂带的有关信号可以为断层的即将滑动提供定量化预测信息。美国哥伦比亚大学等机构[16]合作使用全新的地震波测量技术，通过对太平洋西北岸大洋中脊海域的测量发现，这一地区存在强烈地震波信号衰减，因此研究人员推断该地区下部熔岩比早先研究认为的深度更深。

6. 海域天然气水合物试采实现突破

继页岩油气开发技术突破和在北美实现商业开发后，海域天然气水合物（可燃冰）试采得到多国重视。2017年5月，美国在墨西哥湾深水区开展可燃冰开采研究[17]。2017年上半年，中国和日本分别在中国南海北部神狐海域[18]和日本南海海槽[19]进行了海域可燃冰试采试验，其中我国在南海的可燃冰试采成功标志着我国成为全球首个具有在海域可燃冰试采中获得连续稳定产气能力的国家。这项成果也被中国科学院院士和中国工程院院士评为2017年我国十大科技进展之一[20]。2017年12月，《推进南海神狐海域天然气水合物勘查开采先导试验区建设战略合作协议》的签署[21]，预示我国正在极力推进可燃烧冰的产业化。

7. 矿产资源综合利用取得新进展

2017 年 2 月，美国斯坦福大学等机构[22]开发出一种基于半波整流交流电从海水中高效提取铀的电化学方法，其较之传统的物理化学吸附法，提取能力提升了 8 倍，速度则提升了 3 倍。尽管试验取得了成功，但该方法距离大规模商业应用还有很长的路要走。7 月，美国麻省理工学院[23]公布了一种新的清洁简便的高纯度铜生产工艺，在 1227℃ 的高温下将金属硫化物矿石熔融电解，直接分解成铜和硫，而不产生二氧化硫等有毒的副产物，且铜的提纯率超过 99.9%，与目前最佳的铜生产方法相当。9 月，美国能源部[24]公布了 9 个新的稀土元素技术研发项目，旨在改进从煤炭及煤炭副产品中提取、分离和回收稀土元素的方法。

8. 天气预报系统模型得到改善

2017 年 1 月，欧洲中期天气预报中心（ECMWF)[25]哥白尼大气监测服务（CAMS）项目升级了全球预报系统，增加了气溶胶和臭氧观测等新的卫星数据集，升级的系统有助于更好地预测大气中灰尘、硫酸盐和生物质燃烧颗粒的量。11 月，ECMWF[26]提出开发新的四维变分同化（4D-Var）框架，通过考虑观测数据的质量与结构、预报模式的动力学与物理学，在空间和时间上调整背景场获得与气象观测更接近的初始场，以此来提升其综合预报系统的天气预测水平。此外，加拿大模块化天线雷达设计公司等机构[27]合作开发出新的龙卷风预测方法，利用风廓线雷达探测特定的龙卷风特征，使雷达探测龙卷风的成功率达到 90%，预警时间提前 20min。

9. 全球卫星大气监测体系进一步完善

2017 年 10 月，欧洲空间局（ESA)[28]成功发射哥白尼计划首颗全球大气质量监测卫星"哨兵 5"（Sentinel-5P）先导卫星，用于填补欧洲环境卫星 Envisat 的监测空白，并作为极地轨道气象卫星 MetOp 监测任务的重要补充。11 月，美国[29]发射联合极轨卫星系统-1（JPSS-1，随后被重命名为 NOAA-20），提升美国对包括飓风在内的极端天气事件的预测与预报能力。

10. 大数据观察在解决地球科学关键问题中的作用日益凸显

近年来，随着科学测试技术的发展，地球科学领域产生了大量数据（如各种观测数据、实验数据、理论数据、统计数据、模拟数据等），使基于大数据的研究成为可能。目前已有一些学者围绕地球科学领域的关键科学问题，通过对这些大数据的进一步挖掘分析，取得了重要进展。继英国布里斯托大学和挪威地震台阵（NORSAR）等机构[30]利用 GEOROC 数据库的地球化学数据研究了板块构造的最初启动时间和陆壳演化之后，美国莱斯大学研究人员[31]利用 GEOROC 数据库和大数据分析方法探讨了地壳厚度与弧岩浆分异程度的关系。

二、地球科学领域重要研究部署

1. 加强地震监测、风险分析和态势感知研究

2017 年 5 月，美国地质调查局（USGS）[32]发布报告《ANSS：现状、发展机遇与2017～2027 年优先方向》，总结了美国国家地震监测台网系统（ANSS）的现状和近16 年取得的进展，并展望未来发展机遇和提出 2017～2027 年的优先方向。6 月，USGS[33]发布《减少构造板块碰撞处的风险———一项推进俯冲带科学的计划》报告，提出从俯冲带过程观测和模拟、自然灾害和风险的量化分析、预报和态势感知三方面来认识俯冲带灾害的现有差距，并通过行动和产品来建设更具弹性的未来。在 4 月举行的美国地震学会（SSA）年会[34]期间，与会专家对地震预警，特别是基于智能手机的地震预警系统给予了更多关注。

2. 推进矿产资源勘探开发

虽然近年来全球矿业不景气，但 2017 年全球矿产勘查总投入出现近 5 年来的首次增长，传统矿业强国依然是主力[35]。2017 年 7 月，澳大利亚地球科学局[36]发布《2017～2022 年国家矿产资源勘查战略》，提出通过挖掘澳大利亚隐藏的矿产资源，打造可持续的经济未来，并制定了相应的行动计划。4 月，欧盟[37]宣布未来 3 年将向德国亥姆霍兹弗莱贝格资源技术研究所资助约 90 万欧元用以研发矿产资源可持续开发的新技术，该资金将主要用于光谱传感器、多传感器无人机和北极网项目。加拿大勘探开发者协会（PDAC）[38]发布报告建议该国 2017 年财政预算对矿产行业维持流通融资、延续一年税收抵免、支持在偏远地区和北部地区矿产勘查。

3. 重视极地气候预测研究

2017 年 5 月，世界气象组织（WMO）[39]启动极地预测年（YOPP）计划的主体工作，计划起止时间为 2017 年中期到 2019 年中期，各国科学家和业务预测中心将共同观测和模拟，并改进北极与南极的天气和气候系统预报。通过协调密集观测、模拟、检验、用户参与和教育活动，显著提升极地地区的环境预测能力。此前欧盟[40]已正式启动"极地地区先进预测：模拟、观测系统设计和北极气候变化联系"（APPLI-

CATE）项目，以便提升天气和气候预测水平来应对快速变化的北极气候。美国政府2016年底发布的《北极研究计划：2017—2021财年》[41]报告，也将"提高对北极大气成分和动力学变化以及由此产生的地表能量收支变化过程和系统的理解"作为其重要研究目标之一。

4. 布局地球科学基础设施建设

2017年1月，澳大利亚政府[42]宣布启动国家定位系统研发计划，旨在升级国家定位基础设施，建设最新的星基增强系统（SBAS）测试平台，推动先进定位技术的应用。4月，英国自然环境研究理事会（NERC)[43]宣布将资助3100万英镑建造英国地球能量观测站，为地质学家提供长期观测地下环境的平台，以获取关于开发地热能、页岩气和碳储存等能够满足能源需求技术的关键数据。9月，WMO[44]宣布启动世界首个全球水文状态监测与预测系统建设计划，旨在弥补全球性的水文监测、模拟及报告系统的空缺，为全球有效应对洪水与干旱灾害提供支持。

三、启示与建议

1. 围绕关键领域设计大科学计划，持续推进地球科学基础研究

实践表明，大科学计划在探索未知知识、促进学科发展以及解决重大科学问题方面发挥着重要作用。近年来，美国、欧盟、加拿大、澳大利亚等持续围绕地球关键带、人类世、地下-地表耦合过程、地震和火山等地质灾害、能源与矿产资源勘探和综合利用、地球动力学等地球科学关键领域，提出国际性大科学研究计划或对重点研发项目采取长期大额度稳定经费资助，引领国际地球科学的创新性研究，并取得多项重要研究成果。目前我国已具备围绕包括宇宙起源与演化、生命起源与演化、地球系统演化、地球深部探测、地球构造运动与地震机理、数字地球等在内的地球科学诸多重大热点领域牵头组织国际大科学计划和大科学工程的一些基本要素，国务院也专门印发了《积极牵头组织国际大科学计划和大科学工程方案》[45]的通知。我国地球科学研究人员和相关组织应把握这一机遇，提出和牵头组织地球科学大科学计划，推动地球科学研究的深入。

2. 尽快出台相关法规或政策，拓展矿产资源勘探空间

矿产资源勘探已走出传统地球陆域和地壳浅层，呈现向地球深部、海域深水区和外太空扩展的趋势。2017年7月，卢森堡国会通过《太空资源勘探与利用法（草

案)》[46]，明确太空资源可以被占有，并规定了空间勘探任务的授权和监督程序，成为第一个为太空采矿提供法律框架的欧盟国家。8月，新西兰环境保护局[47]正式批准了跨塔斯曼资源公司（Trans-Tasman Resources）在南塔拉纳基湾（South Taranaki Bight）海底开采铁矿砂的申请。目前国际上对太空矿产资源的开发还没有公认的法规或条约，如果我国能尽快开展相关研究并前瞻制定相关法规或政策，必将对未来我国开展太空矿产资源勘探开发提供法律保障，以及在国际太空矿产资源开发法律制定中掌握话语权。

3. 高度重视，加强能源矿产生产过程的环境影响研究

随着全球非常规油气勘探开发的不断发展，围绕能源和矿产生产过程中环境风险及处理问题的研究已得到各国和众多研究机构重视，开展了多项与页岩气开发相关的环境问题研究（如地下水污染、诱发地震、噪声、油气泄漏等）。美国未来资源研究所（RFF）[48]更是从公众对页岩气开发风险感知角度开展研究，通过对我国四川省威远县、珙县页岩气产区的730位受访人员进行调查，了解我国居民对页岩气开发的风险认知。我国是世界能源与矿产资源生产和消费大国，在能源和矿产资源生产及利用过程中引发了大量的环境问题，严重影响有关区域的生态环境质量和人民群众健康。我国需加强能源和矿产生产过程的环境影响研究，努力构建资源绿色勘探开发利用技术体系。

4. 持续加强地球科学基础设施建设，支撑地球科学强国发展

现代地球科学研究对大型基础设施、全球/区域观测网络以及大数据平台等的倚重越来越明显。美国、欧盟、俄罗斯、澳大利亚等国家和一些国际组织纷纷制定大型系统研发和建设计划，着力打造陆基、海基（包括海面、水下和海底等）、空基（包括空间基地、月球基地等）、天基（包括热气球、飞机、人造卫星等）等对地观测、大气监测、海洋观测与深海探测、地球深部探测、模拟与实验等科学基础设施平台和系统的建设和升级。国家应当加强地球科学研究基础设施建设，建立陆海空天立体化监测体系，加强新技术应用和更新维护，提升地球系统全球监测和分析能力，特别是要提高在重要技术领域和设施设备研制方面的自主创新能力，加强地球科学大数据体系的建设、管理和共享使用。此外，要以建设世界地球科学强国为目标，培养适应大数据分析的地球科学各类新型创新型人才（科学研究型人才、工程技术型人才、观测分析型人才、项目组织管理型人才等），支撑地球科学强国建设。

致谢：中国地质大学（武汉）马昌前教授、中国地质调查局施俊法研究员、西北大学陈亮副教授等审阅了本文并提出了宝贵的修改意见，中国科学院兰州文献情报中心刘学、王立伟、刘文浩、安培浚、王金平、刘燕飞、牛艺博等为本文提供了部分资料，在此一并感谢。

参考文献

［1］Voyer M L,Kelley K A,Cottrell E,et al. Heterogeneity in mantle carbon content from CO_2-under-saturated basalts. Nature Communications,2017,8:14062.

［2］Goldschmidt Conference. Experiments cast doubt on how the Earth was formed. https://www.eurekalert.org/pub_releases/2017-08/gc-ecd081117.php[2017-08-13].

［3］Hausoel A,Karolak M,Şaşıoğlu E,et al. Local magnetic moments in iron and nickel at ambient and Earth's core conditions. Nature Communications,2017,8:16062.

［4］Barry T L,Davies J H,Wolstencroft M,et al. Whole-mantle convection with tectonic plates preserves long-term global patterns of upper mantle geochemistry. Scientific Reports,2017,7:1870.

［5］Shim S,Grocholski B,Ye Y,et al. Stability of ferrous-iron-rich bridgmanite under reducing midmantle conditions. PNAS,2017,114(25):6468-6473.

［6］Sarafian E,Gaetani G A,Hauri E H,et al. Experimental constraints on the damp peridotite solidus and oceanic mantle potential temperature. Science,2017,355(6328):942-945.

［7］Rowley D B,Forte A M,Rowan C J,et al. Kinematics and dynamics of the East Pacific Rise linked to a stable,deep-mantle upwelling. Science Advances,2016,2(12):e1601107.

［8］Nielsen S G,Marschall H R. Geochemical evidence for mélange melting in global arcs. Science Advances,2017,3(4):e1602402.

［9］Zhang T,Gordon R G,Mishra J K,et al. The Malpelo Plate Hypothesis and implications for nonclosure of the Cocos-Nazca-Pacific plate motion circuit. Geophysical Research Letters,2017,44:8213-8218.

［10］Barra F,Deditius A,Reich M,et al. Dissecting the Re-Os molybdenite geochronometer. Scientific Reports,2017,7(1):16054.

［11］Plümper O,Botan A,Los C,et al. Fluid-driven metamorphism of the continental crust governed by nanoscale fluid flow. Nature Geoscience,2017,10(9):685.

［12］Donaldson C,Caudron C,Green R G,et al. Relative seismic velocity variations correlate with deformation at Kı̄lauea volcano. Science Advances,2017,3(6):e1700219.

［13］Bato M G,Pinel V,Yan Y. Assimilation of deformation data for eruption forecasting:Potentiality assessment based on synthetic cases. Frontiers in Earth Science,2017,5:48.

［14］Bonny E,Wright R. Predicting the end of lava flow-forming eruptions from space. Bulletin of Volcanology,2017,79:52.

［15］Rouet-Leduc B,Hulbert C L,Lubbers N,et al. Machine learning predicts laboratory earthquakes.

Geophysical Research Letters,2017,DOI:10. 1002/2017GL074677.

[16] Eilon Z C,Abers G A. High seismic attenuation at a mid-ocean ridge reveals the distribution of deep melt. Science Advances,2017,3(5):e1602829.

[17] NETL. Frozen heat:exploring the potential of natural gas hydrates. https://netl. doe. gov/news-room/news-releases/news-details?id=7e46a9b9-678b-4f6c-9c3a-6ce9329971fc[2017-05-12].

[18] 中国地质调查局. 我国海域天然气水合物试采成功. http://www. cgs. gov. cn/xwl/ddyw/201705/t20170518_429864. html[2017-05-18].

[19] Ministry of Economy,Trade and Industry,Japan. Second offshore methane hydrate production test begins. http://www. meti. go. jp/english/press/2017/0410_001. html[2017-04-10].

[20] 科学网. 2017 年中国、世界十大科技进展新闻揭晓. http://news. sciencenet. cn/htmlnews/2018/1/398736. shtm[2018-01-01].

[21] 中华人民共和国自然资源部. 国土资源部、广东省人民政府、中国石油天然气集团公司签署《推进南海神狐海域天然气水合物勘查开采先导试验区建设战略合作协议》. http://www. mlr. gov. cn/xwdt/jrxw/201708/t20170826_1578386. htm[2017-08-26].

[22] Liu C,Hsu P,Xie J,et al. A half-wave rectified alternating current electrochemical method for uranium extraction from seawater. Nature Energy,2017,2:17007.

[23] Sahu S K,Chmielowiec B,Allanore A. Electrolytic extraction of copper,molybdenum and rhenium from molten sulfide electrolyte. Electrochimica Acta,2017,243:382-389.

[24] Office of Fossil Energy. DOE announces nine new projects to advance technology development for the recovery of rare Earth elements from coal and coal by-products. https://energy. gov/fe/articles/doe-announces-nine-new-projects-advance-technology-development-recovery-rare-earth[2017-09-28].

[25] ECMWF. Model upgrade improves aerosol forecasts. http://www. ecmwf. int/en/about/media-centre/news/2017/model-upgrade-improves-aerosol-forecasts[2017-01-25].

[26] ECMWF. 20 years of 4D-Var:better forecasts through a better use of observations. https://www. ecmwf. int/en/about/media-centre/news/2017/20-years-4d-var-better-forecasts-through-better-use-observations[2017-11-20].

[27] Hocking A,Hocking W K. Tornado identification and forewarning with VHF windprofiler radars. Atmospheric Science Letters,2017,DOI:10. 1002/asl. 795.

[28] ESA. Air quality-monitoring satellite in orbit. http://www. esa. int/Our_Activities/Observing_the _Earth/Copernicus/Sentinel-5P/Air_quality_monitoring_satellite_in_orbit[2017-10-13].

[29] NOAA. 30-day countdown to JPSS-1 launch. http://www. noaa. gov/media-release/30-day-count-down-to-jpss-1-launch[2017-11-14].

[30] Dhuime B,Wuestefeld A,Hawkesworth C J. Emergence of modern continental crust about 3 billion years ago. Nature Geoscience,2015,8(7):552.

[31] Farner M J,Lee C T A. Effects of crustal thickness on magmatic differentiation in subduction zone

volcanism:A global study. Earth and Planetary Science Letters,2017,470:96-107.

[32] USGS. Advanced national seismic system—Current status,development opportunities,and priorities for 2017-2027. Reston,VA:U. S. Geological Survey,2017,DOI:10. 3133/cir1429.

[33] USGS. Reducing risk where tectonic plates collide—U. S. Geological Survey subduction zone science plan. Reston,VA:U. S. Geological Survey,2017,DOI:10. 3133/cir1428.

[34] Ham B. Researchers at SSA discuss performance of earthquake early warning systems. https://scienmag. com/researchers-at-ssa-discuss-performance-of-earthquake-early-warning-systems/[2017-04-22].

[35] S&P Global Market Intelligence. Worldwide mining exploration trends 2017. https://pages. marketintelligence. spglobal. com/worldwide-mining-exploration-trends. html[2017-11-10].

[36] Geoscience Australia. 2017-2022 national mineral exploration strategy. https://d28rz98at9flks. cloudfront. net/111002/111002_National_Mineral_Strategy_w2. pdf[2017-07-17].

[37] Helmholtz Institute Freiberg for Resource Technology. EU supports innovation and sustainable mineral exploration. https://www. hzdr. de/db/Cms?pNid=99&pOid=50301[2017-04-11].

[38] PDAC. PDACs recommendations for Budget 2017. http://www. pdac. ca/pdf-viewer?doc=/docs/default-source/default-document-library/pdacs-recommendations-for-budget-2017. pdf[2017-01-02].

[39] Polar Prediction. Launch of the year of polar prediction-from research to improved environmental safety in polar regions and beyond. http://www. polarprediction. net/yopp-media-kit/[2017-05-15].

[40] European Commission. Advanced prediction in polar regions and beyond:modelling,observing system design and linkages associated with Arctic climate change. http://cordis. europa. eu/project/rcn/206025_en. html[2017-08-22].

[41] Starkweather S,Jeffries M O,Stephenson S,et al. Arctic research plan:FY2017-2021. Washington D. C. :National Science and Technology Council,2016.

[42] Australian Government-Geoscience Australia. Geoscience Australia A/CEO statement on funding for national positioning project. http://www. ga. gov. au/news-events/news/latest-news/outlook-2016-17[2017-01-17].

[43] NERC. Scientists to shed light on UK's underground energy technologies. http://www. nerc. ac. uk/press/releases/2017/08-energy/[2017-04-12].

[44] World Meteorological Organization. Building the first global hydrological status and outlook system. https://public. wmo. int/en/media/news/building-first-global-hydrological-status-and-outlook-system[2017-09-27].

[45] 中华人民共和国中央人民政府. 国务院印发《积极牵头组织国际大科学计划和大科学工程方案》. http://www. gov. cn/xinwen/2018-03/28/content_5278093. htm[2018-03-28].

[46] The Government of the Grand Duchy of Luxembourg. Draft law on the exploration and use of space resources. http://www. spaceresources. public. lu/content/dam/spaceresources/news/

Translation％20Of％20The％20Draft％20Law. pdf［2017-07-13］.

［47］ Leotaud V R. Seabed mining approved in New Zealand despite environmentalists' concerns. http：//www. mining. com/seabed-mining-approved-new-zealand-despite-environmentalists-concerns/［2017-08-11］.

［48］ Yu C,Tan H,Qin P,et al. Chinese Local Residents' Attitudes toward Shale Gas Exploitation：The Role of Energy Poverty, Environmental Awareness, and Benefit and Risk Perceptions. http：//www. rff. org/files/document/file/EfD％20DP％2017-18. pdf［2017-12-10］.

Earth Science

Zheng Junwei , Zhang Zhiqiang , Zhao Jidong , Zhang Shuliang , Zhai Mingguo

The earth science plays an important role in the process of human cognition and exploitation and utilization of nature,and provides key scientific support for the protection of mineral resources and energy resources,the prevention and control of natural disasters and the construction of ecological civilization in the development of the economy and society. In 2017,some significant progress were made in fields of mass composition of the earth,convection of the mantle,plate tectonics,trial production of marine natural gas hydrate,comprehensive utilization of mineral resources,model of weather forecast system,global satellite monitoring system,big data observation and so on. Important national/international programs and projects also focused on the above areas.

4.7　海洋科学领域发展观察

高　峰¹　冯志纲²　王金平¹　王　凡²

（1. 中国科学院西北生态环境资源研究院；2. 中国科学院海洋研究所）

2017 年海洋科学领域在物理海洋、海洋生物、海洋地质、海洋环境以及海洋技术等方面取得了重要进展，在海洋变暖、海洋塑料污染、海洋灾害研究、海洋探测技术等方面取得一些突破，有关国际组织和主要海洋国家也围绕这些领域进行了科学布局。

一、海洋科学领域重要研究进展

1. 物理海洋学研究取得新突破

（1）2017 年是至今为止海洋温度最高的一年。据英国《独立报》报道，全球海洋升到迄今的最高温度，该研究成果发表在中国《大气科学进展》（*Advances in Atmospheric Sciences*）期刊，研究表明，海洋 2017 年比 2015 年升温的热量是中国 2016 年全年发电量的 699 倍[1]。

（2）最大的海洋环流系统的不稳定性。根据美国耶鲁大学的研究，世界上最大的海洋环流系统不会像天气模型预测的那样稳定，大西洋径向翻转环流的变化可能会像电影《后天》一样突然发生[2]。

（3）发现突破厄尔尼诺春季预报障碍的新因子。中国科学院海洋研究所王凡研究组的最新研究成果，发现了突破厄尔尼诺春季预报障碍的新因子——热点区域的表层流场，新因子可有效克服厄尔尼诺和南方涛动预报的春季障碍，比传统预报因子的预报相关系数平均提高了 20%[3]。

（4）长期海洋数据揭示了令人担忧的氧气减少。美国佐治亚理工学院的研究人员在海洋历史数据信息中寻求长期的趋势和模式，发现从 20 世纪 80 年代以来，随着海洋温度上升，含氧量开始下降，研究成果发表在《地球物理研究快报》[4]。

2. 海洋生物学研究的重大发现

（1）首次绘制了鞭毛藻类的遗传进化图谱。由十几所大学组成的科学家团队经过四年的努力，利用新的基因测序数据，首次发现了海洋浮游生物中的重要门类（之一）——鞭毛藻，解开了这种与恐龙生活在同时代的古老生物数百万年来是如何进化的奥秘，研究成果发表在《美国国家科学院院刊》上[5]。

（2）全球海洋中含量最丰富的病毒被确定。由西班牙阿利坎特大学领导的研究团队综合应用流式细胞术、基因组学和分子生物技术等尖端技术，发现了全球海洋最丰富的44种病毒[6]。

（3）最新研究揭示海绵是动物最古老的祖先。英国布里斯托尔大学的研究解释了进化生物学最激烈的争端，揭示了现存最古老的动物谱系是海绵，而不是栉水母。近年来基因组学分析动物最古老的祖先研究结果一直在海绵或栉水母之间摇摆。研究成果发表在《现代生物学》（*Current Biology*）杂志上[7]。

（4）海底热液研究取得新成果。日本海洋科学技术中心（JAMSTEC）通过对热液口硫化物矿床的分析发现，深海热液喷口区是一个巨大的"天然燃料电池"，可以不断地产生电流[8]。美国蒙特利湾海洋研究所研究人员在加利福尼亚南部港湾发现两个截然不同的热液喷口，它们尽管相对靠近，但却生长着不同的动物群落，与传统理论相悖，从而使邻近热液生物克隆理论被打破[9]。

3. 海洋地质学研究取得重大进展

（1）印度洋毛里求斯岛屿下方存在一块"遗失的大陆"。研究证实，这块遗失的大陆是大约2亿年前冈瓦纳古陆解体后的一小部分，由于火山喷发，这块陆地被年轻的火山岩所覆盖，在非洲、印度、澳大利亚和南极洲裂开形成印度洋时，这块大陆从马达加斯加岛上分离出来，研究成果发表在《自然·通讯》（*Nature Communications*）杂志上[10]。

（2）海床下10公里处发现可能的生命迹象。国际研究团队发现马里亚纳海沟地区海底10公里处可能存在生命迹象的证据，研究成果发表在《美国国家科学院院刊》上，研究人员详细描述了他们在热液喷口收集到的蛇纹石样品以及能证明在地下极深处存在生命的物质[11]。

（3）马航MH370的搜索过程揭示了隐蔽的海底地质情况。根据澳大利亚发布的地图显示，在搜索失联的MH370的过程中，发现了之前未知的海底火山、峡谷以及洋脊[12]。

（4）南极马利伯德地下可能存在地幔柱热源。美国国家航空航天局的一项新研究增加了南极马利伯德地下存在地幔柱热源的证据，也解释了为什么南极冰盖下发生融化形成湖泊和河流[13]。

4. 海洋环境领域研究取得重要进展

（1）在海洋灾害研究方面，美国国家海洋与大气管理局（NOAA）的研究表明，在大西洋飓风活跃时期，美国东海岸存在风暴缓冲区，使风暴在登陆过程中减弱，并采用新工具——FV3 模型提供高质量的飓风预报[14]；美国得克萨斯大学的一项最新研究发现：太平洋西北部海岸致密沉积物的固结可能引发毁灭性海啸[15]。

（2）海洋塑料污染研究和评估推动了相关海洋垃圾治理行动。美国加利福尼亚州蒙特利海湾研究所（MBARI）的研究人员发现塑料垃圾向深海转移的机制[16]，深海动物吞噬塑料碎片，并将无法消化的微塑料排出体外沉积在海底，很多时候海洋动物吞噬塑料制品后无法排出体外，导致动物死亡，体内塑料随动物尸体一同沉入海底。美国《禁用塑料微粒护水法案》于 2017 年 7 月 1 日生效，20 国集团（G20）于 9 月通过了《G20 海洋垃圾行动计划》[17]。

5. 海洋观测新技术研发与应用

英国国家海洋学中心主导研发出一种新型的 CO_2 探测装置，可在极端环境下工作，为研究碳和海洋环境提供帮助[18]；英国南安普顿大学首次采用潜水器捕捉到了南极地层水中的数据[19]。美国弗吉尼亚海洋科学研究所在南极洲附近季节性冰封水下部署了高科技锚泊潜标，对极地海洋酸化进行了监测，潜标具有每三小时测量溶解 CO_2 浓度的传感器以及测量 pH、温度、盐度和溶解氧的传感器[20]。美国伍斯特理工学院（WPI）开发了一种被称为"火焰回流器"（flame refluxer）的新技术，可以使燃烧溢油的同时产生相对较低水平的空气污染，而且技术简单、价格低廉[21]。

二、海洋科学领域重要研究部署

1. 国际组织海洋科学领域重要部署

2017 年 1 月，亚洲开发银行发布《海平面上升对亚洲发展中国家经济增长的影响》[22]报告，评估了海平面上升对亚洲发展中国家经济增长的影响及其适应成本，并提出了相关适应策略和政策建议；3 月，国际海洋能源系统（OES）组织发布了《国际海洋能源愿景》[23]；联合国教育、科学及文化组织（UNESCO）与欧盟委员会共同发布《加快国际海洋空间规划进程的联合路线图》[24]，阐述了到 2030 年联合国机构和成员国在海洋空间规划方面的共同目标和建议、优先发展方向。4 月，世界自然保护联盟等发布《北冰洋海洋世界自然遗产：专家研讨会和审查过程报告》[25]，北极监测与评估计划（AMAP）组织发布《北极地区雪、水、冰及多年冻土》[26]。5月，一项新的深海观测系统（DOOS）第五个版本正式发布，作为全球海洋观测系统（GOOS）的一部分，深海观测系统聚焦于深海关键要素的观测[27]。6月8日"世界海洋日"之际，联合国教育、科学及文化组织在联合国海洋大会发布了题为《全球海洋科学报告：全球海洋科学现状》的报告[28]，首次对当前世界海洋科学研究发展进行了全面评述，并呈交《2021—2030海洋可持续发展十年提案》[29]。9月，20国集团发布《G20海洋垃圾行动计划》[17]，研究制定减少海洋垃圾行动的优先领域和潜在的政策措施。

2. 美国围绕极地和海洋能源的战略部署

为了确保美国在北极地区的经济和战略利益，美国有关部门和机构发布了一系列报告。在极地研究方面，2017年1月，美国国际战略研究中心（CSIS）发布《中美在北极的关系：未来合作路线图》[30]，美国和欧盟联合发布《南极海洋保护区建设计划》[31]；3月，美国外交关系委员会发布《北极规则：加强美国第四海岸战略》[32]；7月，美国国家研究理事会发布《满足国家需求的极地破冰船的获取和运行》[33]；10月，美国战略与预算评估中心（CSBA）发布《保卫前线：美国极地海洋行动的挑战与解决方案》[34]。

在海洋能源方面，2017年4月，美国总统执行办公室发布《扩大海上石油钻探活动的行政令》[35]和《美国优先海上能源战略》[36]；9月，美国海洋能源局、地质调查局和国家海洋与大气管理局（NOAA）联合发布《深海研究计划》[37]。

3. 欧洲国家海洋科学领域部署

2017年4月，欧洲议会发布《保护北极生态环境的决议》[38]；6月，爱尔兰海洋研究所发布《国家海洋研究和创新战略（2017—2021年)》[39]；9月，欧洲海洋局发布《海洋生物技术：推动欧洲生物经济创新发展》[40]，为欧洲海洋生物技术的未来发展指明了方向；11月，英国政府发布《"蓝带"计划》，为海外领土（主要是岛屿）的海洋环境提供长期保护[41]；瑞典斯德哥尔摩环境研究所等发布《北极适应力报告2016》[42]。

4. 其他国家海洋科学领域部署

2017年1月，澳大利亚环境和能源部发布《减少海洋垃圾对海洋脊椎动物的威胁计划》[43]，日本文部科学省发布《海洋科技研发计划》，阐述未来海洋科技发展的重点方向包括海洋资源开发与利用、海洋防灾减灾和基础技术开发等；2月，印度研究机构和美国国家海洋与大气管理局联合启动《印度尼西亚海洋观测和分析计划》[44]。

三、启示与建议

2017 年，我国海洋科学研究与技术开发呈现良好发展势头。我国近年来在海洋研究领域进行了密集部署和强大资金支持，在多个领域取得了多项突破。2017 年中国海洋科技十大进展包括：①从海气系统角度揭示海洋在全球变暖背景下的响应特征；②从海气系统角度揭示了海洋对全球变暖的响应；③扇贝"化石"基因组发现及重要发育进化机制解析；④南大洋增暖机制研究取得突破性进展；⑤国产水下滑翔机下潜6329 米，刷新世界纪录；⑥"深海勇士"号 4500 米载人潜水器完成研制并交付用户；⑦深远海智能化渔业养殖平台；⑧亚洲最大绞吸挖泥船"天鲲号"下水；⑨我国首次海域天然气水合物试采成功；⑩我国完成首次环北冰洋考察。

了解国际发展趋势，掌握我国海洋科技进展，加强海洋科技投入，深入实施海洋强国战略，未来几年成为关键。为此，必须从以下几个方面进行部署。

1. 重视海洋可持续发展研究，加强海洋可持续目标评估

2017 年 6 月联合国海洋大会的召开，不仅发布了《海洋科学发展报告》，还提议将 2021～2030 年确定为海洋可持续发展的十年。澳大利亚环境部发布的《大堡礁2050 年长期可持续性计划》报告，将采取基于生态学观点的可持续开发与利用策略建议。围绕联合国 2030 年可持续发展目标（SDGs）和海洋可持续发展十年提议，加强支撑我国海洋可持续发展的海洋科学研究部署，组织研究力量进行联合国 2030 年可持续发展目标中的海洋目标的评估。

2. 加强全球性重大海洋科学问题研究，部署重大国际研究计划

全球性海洋环境问题对促进海洋可持续发展具有长远战略意义。海洋暖化、海洋酸化、海洋塑料污染、海洋低氧等问题不仅继续成为年度海洋科学领域关注的焦点，而且也必将成为未来若干年的关键科学问题。我国在全球变化中海洋的作用研究以及海洋变化研究方面进行了较多的部署和投入，但在海洋酸化、海洋低氧和海洋塑料污染方面的研究部署不足，研究成果影响较小。另外，中国海陆架宽广，海洋经济发展迅猛，海洋环境问题突出，开展"健康海洋"研究具有示范性。建议围绕上述国际性海洋环境问题，主动部署，聚焦国内研究力量，推出以我为主的国际性研究计划。

3. 持续加强北极研究部署，抢占北极研究高地

2017 年各国对北极海洋研究进行了密集部署，使北极继续成为海洋研究的焦点。

我国作为北极事务观察国，已经在北极研究方面具有一定基础，并在 2017 年发布了《中国的北极政策白皮书》。未来几年是部署北极研究的关键期，需要集中国内研究优势，进行跨部门、跨领域的合作，在北极建设研究机构和观测站。同时，围绕北极问题实施综合性的重大国际研究计划。

4. 加强海洋资源能源勘探开发技术攻关，迎接能源革命的到来

海底资源和海洋可再生能源研究持续投入，一旦有突破性进展，将改变全球格局。美国总统特朗普执政以来，美国对海洋能源资源开发呈现出进取态势，新西兰批准了全球首家商业化海底开采铁矿砂项目，我国海底可燃冰试采成功，这些都具有标志意义，标志着未来海洋能源资源的开发将迎来技术的突破性进展，从而带动能源的革命。

致谢：中国科学院海洋研究所的李超伦研究员、中国海洋大学的高会旺教授以及国家海洋局第一海洋研究所的王宗灵研究员对本文初稿进行了审阅并提出了宝贵修改意见，在此表示感谢！

参考文献

[1] 参考消息网. 研究发现：全球海洋温度创新高　变暖趋势将持续不减. http://www. cankaoxiaoxi. com/science/20180130/2253953. shtml[2018-01-30].

[2] Liu W, Xie S P, Liu Z, et al. Overlooked possibility of a collapsed Atlantic Meridional Overturning Circulation in warming climate. Science Advances, 2017, 3(1): e1601666.

[3] Wang J, Lu Y, Wang F, et al. Surface current in "Hotspot" serves as a new and effective precursor for El Niño prediction. Scientific Reports, 2017, 7(1): 166.

[4] Ito T, Minobe S, Long M C, et al. Upper ocean O_2 trends: 1958-2015. Geophysical Research Letters, 2017, 44(9): 4214-4223.

[5] Janouň K J, Gavelis G S, Burki F, et al. Major transitions in dinoflagellate evolution unveiled by phylotranscriptomics. ProcNatlAcadSci U S A, 2016, 114(2): E171.

[6] Martinez-Hernandez F, Fornas O, Gomez M L, et al. Single-virus genomics reveals hidden cosmopolitan and abundant viruses. Nature Communications, 2017, 8: 15892.

[7] University of Bristol. Bristol study resolves dispute about the origin of animals http://www. bristol. ac. uk/news/2017/november/new-research-reveals-origin-of-animals. html[2017-11-30].

[8] Yamamoto M, Nakamura R, Kasaya T, et al. Spontaneous and widespread electricity generation in natural deep-sea hydrothermal fields. AngewandteChemie International Edition, 2017, 56(21): 5725-5728.

[9] MBARI. New study challenges prevailing theory about how deep-sea vents are colonized. https://

www. mbari. org/new-study-challenges-prevailing-theory-about-how-deep-sea-vents-are-colonized ［2017-07-24］.

［10］ Ashwal L D,Wiedenbeck M,Torsvik T H. Archaean zircons in Miocene oceanic hotspot rocks establish ancient continental crust beneath Mauritius. Nature Communications,2017,8:14086.

［11］ Plümper O,King H E,Geisler T,et al. Subduction zone forearcserpentinites as incubators for deep microbial life. Proceedings of the National Academy of Sciences,2017,114(17):4324-4329.

［12］ Phys. org. MH370 search reveals hidden undersea world. https://phys. org/news/2017-07-mh370-reveals-hidden-undersea-world. html［2017-07-20］.

［13］ Seroussi H,Ivins E R,Wiens D A,et al. Influence of a West Antarctic mantle plume on ice sheet basal conditions. Journal of Geophysical Research,2017,122:14423.

［14］ NOAA. Begins transition of powerful new tool to improve hurricane forecasts. http://research. noaa. gov/article/ArtMID/587/ArticleID/154/NOAA-begins-transition-of-powerful-new-tool-to-improve-hurricane-forecasts［2017-05-25］.

［15］ Han S,Bangs N L,Carbotte S M,et al. Links between sediment consolidation and Cascadia megathrust slip behaviour. Nature Geoscience,2017,10(12):954.

［16］ Katija K,Choy C A,Sherlock R E,et al. From the surface to the seafloor:How giant larvaceans transport microplastics into the deep sea. SciAdv,2017,3(8):e1700715.

［17］ IEEP. G20 adopts T20 recommendations on plastics and marine litter. https://ieep. eu/news/g20-adopts-t20-recommendations-on-plastics-and-marine-litter［2017-09-18］.

［18］ NOC. £19 million government investment in NOC technology announced. http://noc. ac. uk/news/%C2%A319-million-government-investment-noc-technology-announced［2017-11-10］.

［19］ NERC. BoatyMcBoatface returns home with unprecedented data. http://www. nerc. ac. uk/press/releases/2017/14-boaty/［2017-01-28］.

［20］ Malmquist D. High-tech mooring will measure beneath Antarctic ice. http://www. vims. edu/newsandevents/topstories/2016/shadwick_mooring. php［2017-01-04］.

［21］ WPI. WPI,the bureau of safety and environmental enforcement,and the U. S. Coast Guard successfully test a novel oil spill cleanup technology. https://www. wpi. edu/news/wpi-bureau-safety-and-environmental-enforcement-and-us-coast-guard-successfully-test-novel-oil［2017-03-15］.

［22］ Asian Development Bank. Impacts of sea level rise on economic growth in developing Asia. https://www. adb. org/publications/sea-level-rise-economic-growth-developing-asia［2017-01-01］.

［23］ OES. An international vision for ocean energy. https://oceanenergy-sweden. Se/wp-content/uploads/2018/03/oes-inter national-Vision. pdf［2017-03-01］.

［24］ UNESCO-IOC. Mapping priorities and actions for maritime/marine spatial planning worldwide:a joint roadmap. http://www. unesco. org/new/en/natural-sciences/ioc-oceans/single-view-oceans/news/mapping_priorities_and_actions_for_maritimemarine_spatial_p/［2017-03-24］.

［25］ IUCN. Natural marine world heritage in the Arctic Ocean:Report of an expert workshop and review process. https：//portals. iucn. org/library/sites/library/files/documents/2017-006. pdf[2017-04-01].

[26] AMAP. Snow，water，ice and permafrost in the Arctic. http：//www. amap. no/documents/doc/Snow-Water-Ice-and-Permafrost-Summary-for-Policy-makers/1532[2017-04-25].

[27] Deep Ocean Observing Strategy. DOOS 2016 workshop report. http：//deepoceanobserving. org/reports/dec-2016-workshop-report/[2017-04-01].

[28] UNESCO. Global ocean science report：the current status of ocean science around the world. http：//unesdoc. unesco. org/images/0024/002493/249373e. pdf[2017-06-08].

[29] IOC. Proposal for an international decade of ocean science for sustainable development（2021-2030）. http：//www. unesco. org/new/fileadmin/MULTIMEDIA/HQ/SC/pdf/IOC_Gatefold_Decade_SinglePanels_PRINT. pdf[2017-06-08].

[30] CSIS. U. S. -Sino relations in the Arctic：a roadmap for future cooperation. https：//csis-prod. s3. amazonaws. com/s3fs-public/publication/170127_Conley_USSinoRelationsArctic_Web. pdf? Ri2i QmeBhGEHKyPQg0SnyeA8U0a0xeDN[2017-01-27].

[31] Marine Institute（*Forasna Mara*）. World's largest marine protected area declared in Antarctica. http：//www. marine. ie/Home/site-area/news-events/news/worlds-largest-marine-protected-area-declared-antarctica[2017-01-10].

[32] Allen T W，Whitman C T，Brimmer E，et al. Arctic imperatives：reinforcing U. S. strategy on America's fourth coast. http：//www. cfr. org/arctic/arctic-imperatives/p38868? cid＝otr-marketing_use-ArcticImperatives/[2017-03-10].

[33] NAP. Acquisition and operation of polar icebreakers：fulfilling the nation's needs. https：//transportation. house. gov/uploadedfiles/2017-07-25[2017-08-10].

[34] 田秋宝，闫玉超. 美智库发文深度解析美国极地战略变迁及未来走向. http：//www. polarocean-portal. com/article/1768[2017-10-17].

[35] Conrortium for Ocean Leadership. Trump signs executive order on offshore drilling and marine sanctuaries. http：//policy. oceanleadership. org/trump-signs-executive-order-offshore-drilling-marine-sanctuaries/[2017-04-28].

[36] Secretary of the Department of the Interior. Secretary Zinke signs orders implementing America-first offshore energy strategy. https：//www. doi. gov/pressreleases/secretary-zinke-signs-orders-implementing-america-first-offshore-energy-strategy[2017-05-02].

[37] BOEM. Federal ocean partnership launches deep search study off the Mid-and South Atlantic coast. https：//www. boem. gov/press09122017/[2017-09-12].

[38] 伊民. 欧盟通过决议保护北极. http：//epaper. oceanol. com/shtml/zghyb/20170407/66114. shtml [2017-04-07].

[39] Marine Institute. National marine research & innovation strategy 2017-2021. https：//www. marine. ie/Home/sites/default/files/MIFiles/Docs/ResearchFunding/Print％20Version ％20National％

20Marine％20Research％20％26％20Innovation％20Strategy％202021. pdf[2017-06-30].

[40] European Marine Board. Marine biotechnology: advancing innovation in Europe's bioeconomy. http://marineboard. eu/sites/marineboard. eu/files/public/publication/EMB_Policy_Brief_4_Marine_Biotechnology_Web_0. pdf[2017-09-04].

[41] Foreign & Commonwealth Office, Centre for Environment, Fisheries and Aquaculture Science, Marine Management Organisation. The Blue Belt programme. https://www. gov. uk/government/publications/the-blue-belt-programme[2017-10-24].

[42] Stockholm Environment Institute. Arctic resilience report 2016. https://www. sei-international. org/mediamanager/documents/Publications/ArcticResilienceReport-2016. pdf[2016-11-25].

[43] Department of the Environment and Energy(Astralian Government). Draft threat abatement plan for the impacts of marine debris on vertebrate marine species. http://www. environment. gov. au/biodiversity/threatened/threat-abatement-plans/draft-marine-debris-2017[2018-02-26].

[44] World Meteorological Organization. Indonesia program initiative on maritime observation and analysis(Ina PRIMA). https://public. wmo. int/en/media/news-from-members/indonesia-program-initiative-maritime-observation-and-analysis-ina-prima[2017-03-01].

Oceanography

Gao Feng，Feng Zhigang，Wang Jinping，Wang Fan

The ocean has great significance in politics, economy and security for the global, and is playing a more and more important role in meeting human resource need, regulating global warming and solving human food problems. In 2017, the International Oceanography Community has made important progress in the physical oceanography, marine biology, marine geology, marine environment and other areas of the marine science and technology. And the area of the marine science and technology, such as oceanic warming, marine plastic pollution, marine disaster research and marine detection technology ect., has made some breakthroughs, furthermore, international organizations and the relevant major marine countries has also deployed in these areas.

4.8 空间科学领域发展观察

杨 帆 韩 淋 王海名 范唯唯

（中国科学院科技战略咨询研究院）

2017 年，空间科学研究热点前沿层出不穷，人类首次探测到双中子星并合事件产生的引力波、"悟空号"暗物质粒子探测卫星获得迄今最精确的高能电子宇宙线能谱、哈勃常数之争可能导致新物理学的诞生、"卡西尼"土星探测任务完成完美谢幕、中国领跑空间量子通信等，不断刷新人类对宇宙的认知。美国重新组建国家空间委员会并决定重返月球，全球空间探索和科学发现的实施路线可能发生重大调整。"激光干涉仪空间天线"正式成为欧洲空间局大型任务，空间引力波探测成为未来空间科学重大前沿。俄罗斯公布 2025 年前发展战略，明确"月球计划"实施规划。卢森堡通过空间资源探索与利用法，再次掀起相关科学技术研发热潮。"中国空间故事"世界瞩目，国家应继续加强空间科学战略研究，加紧空间科学平台建设，推动重大原创成果产出。

一、重要研究进展

1. 人类首次探测到双中子星并合事件产生的引力波

包括我国在内的多国科学家于 2017 年 10 月 16 日联合宣布，人类第一次直接探测到来自双中子星并合产生的引力波以及伴随的电磁信号[1]。这一里程碑事件正式开启了以多种观测方式为特点的多信使天文学时代。中国有两台望远镜参与了此次观测：位于南极 Dome A 地区的 50 厘米南极光学巡天望远镜进行了 10 天的观测，得到的目标天体光变曲线与巨新星理论预测高度吻合；"硬 X 射线调制望远镜"卫星不仅在引力波事件发生时成功监测了引力波源所在天区，还对其伽马射线电磁对应体在百万电子伏特高能区的辐射性质给出了严格限制[2,3]。

2. "悟空"获得迄今最精确的高能电子宇宙线能谱

2017 年中国科学院空间科学战略性先导专项的首发星——暗物质粒子探测卫星

"悟空号"获得世界上迄今最精确的高能电子宇宙线能谱[4,5]。"悟空"的数据初步显示，在约 1.4 TeV 处存在能谱精细结构，一旦该精细结构得以确证，将是粒子物理或天体物理领域的开创性发现。"悟空号"在"高能电子、伽马射线的能量测量准确度"以及"区分不同种类粒子的本领"这两项关键技术指标方面世界领先，尤其适合寻找暗物质粒子湮灭过程产生的一些非常尖锐的能谱信号。

与此同时，日本宣布研究人员利用搭载在国际空间站舱外的"量热仪型电子望远镜"成功实现了对 3 TeV 的宇宙线粒子电子能谱的高精度直接测量[6]。

3. 哈勃常数之争可能导致新物理学的诞生

2015 年以来，分别采用标准烛光和宇宙微波背景推算方法得出的哈勃常数最新结果差距较大，导致天文学和物理学届的激烈争论。2016 年 4 月，Adam Riess（2011年诺贝尔物理学奖得主）利用哈勃空间望远镜（HST）的新观测结果将哈勃常数定为 73.24，是目前利用"标准烛光"方法得出的最新结果。根据"普朗克"（Planck）卫星在 2013 年发布的最新 CMB 分布图可以推算出哈勃常数为 67.8，与 Adam Riess 的结果相差 8% 左右，多数科学家认为这一差别无法用统计学误差来解释。《科学》网站于 2017 年 3 月发文对相关结果进行了综述，认为如果这种不一致的情况持续下去，可能意味着目前的理论存在缺失情况，相关争论可能会导致新物理学的诞生[7]。

4. 系外行星系统拥有的行星数量纪录不断刷新

2017 年 2 月，利用美国国家航空航天局（NASA）的"斯皮策太空望远镜"，科学家在距离地球 40 光年的一颗恒星周围发现 7 颗大小与地球相近的行星，其中 3 颗确定位于宜居带内，7 颗行星上都可能有液态水存在[8]。2017 年 12 月，谷歌公司和 NASA 联合宣布，基于"开普勒"空间望远镜的观测数据，通过机器学习技术新发现 2 颗系外行星，其中 1 颗属于 Kepler-90 系统，这使得 Kepler-90 系统的行星数量增至 8 颗，成为目前在太阳系之外发现的最大的行星世界[9]。随着越来越多位于宜居带的、与地球大小类似的类地行星进入人们的视野，人类对于宇宙和自身的了解无疑将踏上一个新台阶。

5. "卡西尼"土星探测任务完成完美谢幕

"卡西尼"探测器于 2017 年 9 月按指令坠入土星大气层，这一长达 20 年的土星探测任务就此圆满谢幕[10]。"卡西尼"对土星、土星环和土星卫星的观测发现颠覆人类认识，代表性成果包括[11]：在土卫六表面发现由液态甲烷和乙烷组成的海洋和湖泊；发现土卫二南极地区喷射液态羽流；发现土卫二的冰壳之下存在全球性的流体海洋；对土星的大部分卫星首次进行高分辨率成像和近距离科学探测分析；首次拍摄土星日半球和夜半球的闪电；首次对完整的土星北极六边形巨大风暴进行可见光成像；发现新的土星卫星、环和小环；发现土卫三上成因不明的红色条纹；在土星昼夜平分点期间研究日光照射土星环形成的长影；首次拍摄土星磁层；发现土星磁层的大部分电离粒子来自土卫二；确定土卫二喷射的羽流是土星 E 环物质的主要来源；确认土卫八（Iapetus）的深色物质来自土卫九（Phoebe）剥离出的碎片等。

6. "朱诺号"首批科学成果揭示全新木星

2017 年，NASA 发布"朱诺号"任务的初步科学成果，描绘了一个复杂、庞大、动荡的世界，包括相当于地球大小的极区气旋以及强大、不均匀的磁场[12]，木星的最强极光是由某种目前还缺乏了解的湍流加速过程形成[13]，木星大红斑可能在逐渐缩小等[14]，颠覆了此前对木星的认识。

7. 国际空间站研究成果备受瞩目

2017 年国际空间站最受瞩目研究成果包括："空间中的基因-3"（Genes in Space-3）实验验证在空间中鉴定微生物的可行性并建立完整流程；"毕格罗可扩展活动舱"性能获得成功验证；"蔬菜硬件-03"（Veg-03）实验实现了在空间中同时生长多种绿叶蔬菜；"欧洲空间局-触觉"系列实验实现航天员从空间远程操控地面机器人，学生对照种植经历过空间微重力环境的西红柿种子和地面的西红柿种子等多项教育实验极大地激发了学生对科学的热爱等[15]。

8. 美国"在轨碳观测台-2"任务发布阶段性成果

《科学》杂志于 2017 年 10 月发表研究人员基于 NASA 首颗用于研究大气 CO_2 的卫星——"在轨碳观测台-2"（Orbiting Carbon Observatory，OCO-2）在轨运行两年半的观测数据取得的首批重要科学成果，包括利用 OCO-2 卫星数据研究 2015～2016 年厄尔尼诺对全球碳循环的影响、海洋碳释放和碳汇、城市碳排放和光合作用新方法等[16]。

自从 2017 年 10 月 24 日开始，中国首颗"全球二氧化碳监测科学实验卫星"数据已经通过国家卫星气象中心网站面向社会公众开放共享，用户可以登陆该网站检索和下载碳卫星数据[17]。这意味着，中国成为继美国和日本之后，第 3 个可以提供碳卫星数据的国家[18]。

9. "墨子号"量子科学实验卫星取得空间量子物理研究重大突破

2017 年"墨子号"在国际上率先实现千公里级量子纠缠分发，从卫星到地面的量子密钥分发和从地面到卫星的量子隐形传态，为我国在未来继续引领世界量子通信技术发展和空间尺度量子物理基本问题检验前沿研究奠定了坚实的科学与技术基础[19,20]。"墨子号"任务首席科学家潘建伟入选《自然》期刊评选的 2017 年度十大科学人物[21]。

日本也宣称实现了世界首次基于微卫星的空间量子通信实验[22]。

10. 空间科学前沿战略研究不断取得新进展

重要问题战略研究成果不断涌现，有力支撑科学决策和战略投资，例如，对美国下一代大型空间望远镜"宽视场红外巡天望远镜"开展的外部评估显示必须削减任务规模并改进管理[23]，NASA 提出未来冰巨星探测任务概念、科学目标和成本[24]，美国国家科学院评估减重力多相流、长期任务模拟等 NASA 生命和物理科学未来优先研究主题[25]，提出科学平衡空间科学旗舰任务和中小型任务、稳定支持任务预先研究的开展等改进未来 NASA 旗舰任务规划的相关建议等[26]。

二、重要战略规划

1. 美国重新组建国家空间委员会，重振载人航天计划

美国总统特朗普于 2017 年 6 月 30 日签署行政命令，要求重新组建美国国家空间委员会，旨在对美国国家航天政策和战略的制定与实施监控进行有力协调[27,28]。副总统彭斯出任国家空间委员会主席。重新组建国家空间委员会，被视为特朗普政府确保美国在航天领域处于领导地位的关键举措，有助于促进美国国家安全、商业、国际关系、探索以及科学等国家航天力量的各个方面的协调发展。

2017 年 12 月 11 日，美国总统特朗普签署空间政策一号令，要求美国重返月球，并继续向火星及以远进发，重振美国的载人空间探索计划[29]。根据新指令，NASA 将主导一项创新、可持续的探索计划，并与商业部门和国际伙伴合作，实现载人探索太阳系，获得新的知识和发展机遇。美国将以近地轨道以远的探索任务为起点，领导载人探索重返月球并开展长期探索和利用，随后开展火星和其他目的地的载人探索任务。这一决定将对人类载人航天活动产生深远影响，可能引发全球空间探索和科学发现实施路线的重大调整。

2017 年 12 月美国白宫发布《2017 年国家安全战略》报告，重申"美国优先"[30]。"保持美国在空间领域的领导地位和行动自由"是"美国优先"国家安全战略在空间领域的集中体现。

2. 空间引力波探测任务正式成为欧洲空间局大型任务

受"激光干涉引力波天文台"(LIGO)多次成功探测到引力波,以及"激光干涉仪空间天线探路者"验证任务成功实现第一阶段科学任务目标的激励,加之 NASA 同意承担 20% 的任务经费,欧洲空间局科学计划委员会于 2017 年 6 月正式确认空间引力波探测任务"激光干涉仪空间天线"(LISA)为《宇宙憧憬 2015—2025 年》空间科学规划下的第三个大型任务[31]。LISA 任务共包括三个航天器,将围绕太阳公转,形成一个边长为 250 万千米的等边三角形航天器编队。LISA 通过测量悬浮在航天器中的金属立方体之间的相对位置变化来探测大质量天体互相绕转时所引发的时空周期性膨胀和收缩,其测量精度可达 10 皮米。LISA 有望观测到由超大质量黑洞合并以及由中子星或黑洞组成的双星系统所产生的引力波,甚至有可能探测到宇宙最初时刻的引力波背景。LISA 任务预计于 2034 年发射,总预算高达 10 亿欧元。

目前《宇宙憧憬 2015—2025 年》规划已正式选出三项大型任务(木星及其卫星探索、高能天体物理、引力波)、三项中型任务(太阳、暗能量、系外行星)和两项小型任务(系外行星、地球磁层)。

3. 俄罗斯公布 2025 年前联邦航天计划,明确月球计划实施规划

俄罗斯国家航天集团公司 Roscosmos 于 2017 年 3 月发布《2025 年前 Roscosmos 发展战略》,明确空间基础研究、载人航天技术、应用卫星在轨集群发展、先进技术、火箭航天工业质量及可靠性保障、国际空间站发展等 6 个领域的未来任务和阶段性目标,旨在激活内部资源、鼓励创新理念、激发国内外市场潜能,以保障火箭航天工业持续发展,全面维护国家利益[32]。俄罗斯计划在 2050 年后将月球基地作为开展深空探索任务的中转站,俄月球计划各阶段的具体实施规划已明确[33]。

4. 日本修订《宇宙基本计划》实施进度表

日本政府于 2017 年 12 月出台未来 10 年《宇宙基本计划》实施进度表修订版,补充并细化了空间项目内容和工程进度[34]。在空间科学、探索和载人空间活动方面,明确参与美国提出的近月空间站计划,通过国际合作开展月面着落、探索活动,研讨建立新的国际协调机制;2020 年发射 X 射线天文卫星"瞳"的替代卫星,围绕"2021 年发射新型空间站货运飞船 HTV-X"的目标,推进相关设计和研发工作。

5. 卢森堡正式通过空间资源探索和利用法

卢森堡议会于 2017 年 7 月 13 日通过《空间资源探索和利用法草案》,宣称"空

间资源可以被占有"，并规定了授权和监管空间资源探索任务的程序[35]。这标志着卢森堡成为全球第 2 个、欧洲第 1 个以法律形式保障私营企业对其开采的空间资源拥有所有权的国家。同时，卢森堡积极推进空间资源利用领域的国际合作，近期与欧洲空间局签署联合声明，将进一步研究空间资源探索和利用技术活动涉及的技术和科学问题。

三、发展启示与建议

基于 2017 年空间科学领域发展观察分析，未来一段时间空间引力波探测是空间科学领域战略重点，月球确立为载人航天下一阶段目标，空间量子通信、全球碳观测等成为各国竞逐热点。空间科学领域国际竞争激烈。中国"悟空号"暗物质卫星和"墨子号"量子通信卫星取得突破性进展，使得中国空间科学家开始走向国际舞台的中央。建议国家继续长期稳定支持空间科学战略前瞻研究，加紧空间科学平台建设，把握发展先机，推动重大原创成果产出。

致谢：中国科学院国家空间科学中心吴季研究员、中国科学院科技战略咨询研究院张凤研究员对本文的撰写提出许多重要的修改意见，特此致谢。

参考文献

［1］科学网. 关于中子星引力波的十大事实. http://news. sciencenet. cn/htmlnews/2017/10/391261. shtm［2017-10-17］.

［2］观察者. 苟利军：中国哪两台望远镜参与了这次引力波观测. http://www. guancha. cn/GouLiJun/2017_10_17_431129_s. shtml［2017-10-17］.

［3］观察者. 引力波来自中子星合并，中国专家详解发现与观测过程. http://www. guancha. cn/industry-science/2017_10_18_431334. shtml［2017-10-18］.

［4］中国科学院. 暗物质粒子探测卫星"悟空"获得迄今最精确高能电子宇宙线能谱. http://www. cas. cn/tt/201711/t20171129_4625129. shtml［2017-11-30］.

［5］Collaboration D. Direct detection of a break in the teraelectronvolt cosmic-ray spectrum of electrons and positrons. Nature,2017,DOI:10. 1038/nature24475.

［6］Adriani O,et al. Energy spectrum of cosmic-ray electron and positron from 10 GeV to 3 TeV observed with the calorimetric electron telescope on the International Space Station. Physical Review Letters,2017,119:181101.

［7］Science. A recharged debate over the speed of the expansion of the universe could lead to new physics. http://www. sciencemag. org/news/2017/03/recharged-debate-over-speed-expansion-universe-could-lead-new-physics[2017-03-08].

[8] Gillon M,Triaud A H M J,Demory B-O,et al. Seven temperate terrestrial planets around the nearby ultracool dwarf star TRAPPIST-1. Nature,2017,542:456-460.

[9] Shallue CJ,Vanderburg A. Identifying exoplanets with deep learning:a five planet resonant chain around Kepler-80 and an eighth planet around Kepler-90. Astronomical Journal,155(21):94.

[10] JPL. NASA's Cassini Spacecraft Ends Its Historic Exploration of Saturn. https://saturn. jpl. nasa. gov/news/3121/nasas-cassini-spacecraft-ends-its-historic-exploration-of-saturn/[2017-09-15].

[11] NASA. Cassini:the Grand finale. https://saturn. jpl. nasa. gov/the-journey/grand-finale-feature/[2017-12-31].

[12] NASA. A Whole New Jupiter:First Science Results from NASA's Juno mission. https://www. nasa. gov/press-release/a-whole-new-jupiter-first-science-results-from-nasa-s-juno-mission[2017-05-26].

[13] Mauk B H,Haggerty D K,Paranicas C,et al. Discrete and broadband electron acceleration in Jupiter's powerful aurora. Nature,549(7670):66-69.

[14] NASA. NASA's Juno Probes the Depths of Jupiter's Great Red Spot. https://www. nasa. gov/feature/jpl/nasas-juno-probes-the-depths-of-jupiters-great-red-spot[2017-12-12].

[15] NASA. Space Station Research 2017 Highlights in Pictures. https://www. nasa. gov/mission_pages/station/research/2017_research_highlights[2018-01-03].

[16] NASA. New Insights From OCO-2 Showcased in Science. https://www. nasa. gov/feature/jpl/new-insights-from-oco-2-showcased-in-science[2017-10-13].

[17] 国家卫星气象中心. 专家介绍. http://www. nsmc. org. cn/NSMC/Contents/101871. html[2010-11-23].

[18] 观察者. 中国碳卫星数据已正式对外开放共享,公众可免费检索下载. http://www. guancha. cn/industry-science/2017_10_29_432678. shtml[2017-10-29].

[19] 中国科学院. "墨子号"实现量子通信"三级跳". http://www. cas. cn/cm/201708/t20170810_4610876. shtml[2017-08-10].

[20] 中国科学院. "墨子号"实现星地量子密钥分发和地星量子隐形传态圆满完成全部既定科学目标. http://www. cas. cn/zt/kjzt/lzwx/zxdt/201708/t20170810_4610866. shtml[2017-08-10].

[21] Nature. Nature's 10 Ten people who mattered this year. https://www. nature. com/immersive/d41586-017-07763-y/index. html[2017-12-31].

[22] Takenaka H,Carrasco-Casado A,Fujiwara M,et al. Satellite-to-ground quantum-limited communication using a 50-kg-class microsatellite. Nature Photonics,2017,11(8):502-508.

[23] NASA. WFIRST independent external technical/management/cost review. https://www. nasa.

gov/sites/default/files/atoms/files/wietr_final_report_101917. pdf[2017-10-19].

[24] LPI. Ice Giant Mission Planning. http://www. lpi. usra. edu/icegiants/mission_ study/[2017-12-31].

[25] NRC. A Midterm Assessment of Implementation of the Decadal Survey on Life and Physical Sciences Research at NASA. https://www. nap. edu/catalog/24966/a-midterm-assessment-of-implementation-of-the-decadal-survey-on-life-and-physical-sciences-research-at-nasa[2017-12-31].

[26] Powering Science:NASA's Large Strategic Science Missions(2017). http://nap. edu/24857[2017-12-31].

[27] White House. Presidential Executive Order on Reviving the National Space Council. https://www. whitehouse. gov/presidential-actions/presidential-executive-order-reviving-national-space-council/[2017-06-30].

[28] White House. President Trump Issues Executive Order on Reviving the National Space Council. https://www. whitehouse. gov/articles/president-trump-issues-executive-order-reviving-national-space-council/[2017-06-30].

[29] White House. Presidential Memorandum on Reinvigorating America's Human Space Exploration program. https://www. whitehouse. gov/presidential-actions/presidential-memorandum-reinvigorating-americas-human-space-exploration-program/[2017-12-11].

[30] White House. National Security Strategy of the United States of America. https://www. whitehouse. gov/wp-content/uploads/2017/12/NSS-Final-12-18-2017-0905. pdf[2017-12-18].

[31] ESA. Gravitational wave mission selected,planet-hunting mission moves forward. http://www. esa. int/Our_Activities/Space_Science/Gravitational_wave_mission_selected_planet-hunting_mission_moves_forward[2017-06-20].

[32] Roscosmos. Стратегическое развитиеГосударственной корпорациипо космической деятельности 《РОСКОСМОС》на период до 2025 года и перспективу до 2030 года. https://www. roscosmos. ru/media/files/docs/2017/dokladstrategia. pdf[2017-12-31].

[33] TASS. РКК "Энергия":лунная база России обеспечит полеты к другим планетам после 2050 года. http://tass. ru/kosmos/4673147[2017-10-24].

[34] 内閣府. 宇宙基本計画工程表. http://www8. cao. go. jp/space/plan/keikaku. html[2017-12-12].

[35] Space Resources. lu. Luxembourg is the first european nation to offer a legal framework for space resources utilization. http://www. spaceresources. public. lu/en/actualites/2017/Luxembourg-is-the-first-European-nation-to-offer-a-legal-framework-for-space-resources-utilization. html[2017-07-13].

Space Science

Yang Fan, *Han Lin*, *Wang Haiming*, *Fan Weiwei*

In 2017, hot research fronts of space science are emerging in an endless stream, such as the discovery of gravitational waves produced by merging of neutron stars, DAMPE got high-precision measurement results of the electron energy spectrum, a recharged debate over the Hubble constant could lead to new physics, Cassini spacecraft ended its historic exploration of Saturn, and China achieved a breakthrough in space quantum technology. All these achievements constantly refresh our understanding of the universe. With America reestablished National Space Council and decided return to the moon, the implementation path of global space exploration may undergo big adjustments. LISA has been selected as the third large-class mission in ESA's Science programme, the gravitational wave detection may become significant research front in the future. Roscosmos published development strategy 2025, defining the implementation phase of lunar plan. The Luxembourg parliament adopted the draft law on the exploration and use of space resources, initiating a new movement to R&D once again. China's space development has given rise to worldwide attention. We should continue to strengthen the strategic research of space science, stepping up the construction of space science platform, and promoting major original outcomes.

4.9 信息科技领域发展观察

房俊民 唐 川 张 娟 田倩飞 徐 婧 王立娜

（中国科学院成都文献情报中心）

全球新旧经济交替进程逐步加速，传统经济持续低迷，数字经济异军突起。随着信息技术领域不断克服自身发展瓶颈以及在外部需求的不断牵引下，信息技术进入全面渗透、跨界融合、加速创新、引领发展的新阶段。

一、重大科技前沿及突破性进展

1. 人工智能前沿研究多点开花

人工智能连续在智力竞赛中战胜人类顶级选手，引发了人们对人工智能超越人类智慧的关注与热议。人工智能在越来越多的专业方向已接近甚至超越人类水平，表现在：自然语言理解（从文档中找到既定问题答案的准确率从 2015 年的 60% 提升至 2017 年的近 80%，已经越来越接近人类）、语音识别（准确率在 2017 年已经提升至 95%，达到人类水平）和物体识别（识别物体图像标签的错误率从 2010 年的 28.5% 下降到了 2017 年的 2.5%，已超越人类水平）[1]。

2. 量子信息技术竞争渐露峥嵘

量子信息领域出现两项显著发展态势：一是量子保密通信走向大规模应用，二是美国量子计算机研发接近实现"量子霸权"目标。我国量子保密通信已经从实验室演示走向小范围专用，达到了实用化和产业化，正在向高速率、远距离、网络化的方向快速发展。中国科学院在 2016 年 8 月发射量子科学实验卫星"墨子号"[2]，2017 年 9 月正式开通量子保密通信"京沪干线"[3]，标志着量子保密通信开始进入实用阶段。在量子计算方面，谷歌公司在 2017 年 10 月宣布首次成功证明了实现"量子霸权"的机器原型[4]。次月，IBM 公司宣布已成功搭建 20 量子位量子计算机，同时还研制出了 50 量子位量子计算机原型机[5]。Intel 公司在 2017 年 10 月宣布生产出 17 个超导量子位的全新芯片后[6]，又在 2018 年 1 月发布了一款具有 49 个量子比特的超导量子测试芯片[7]。

3. 高性能计算继续向绿色高效协同方向发展

高性能计算领域取得若干进展。一是新型体系结构不断突破。日本理化所为升级高性能计算机"京"而开发基于 ARM（advanced RISC machines）处理器架构的新型操作系统 McKernel[8]；美国橡树岭国家实验室面向百亿亿次计算，正在探索深度内存层次结构、非易失性存储器（NVM）和近内存处理等新兴前沿内存技术。二是能效显著提升。Shoubu system B 系统在 2017 年 11 月发布的"Green 500"排行榜中排名第一，其能效比高达 17.009GF/W；Top 500 性能排行第三的 Gyoukou 和第四的 Piz Daint 系统能效也分别达到了 10.398GF/W 和 14.173GF/W，较之半年前有显著提升[9]。三是与大数据、人工智能协同发展。随着大数据、人工智能等技术的快速崛起，高性能计算与这些前沿技术的协同发展成为发展趋势。亚马逊、谷歌以及微软等企业都开始重视高性能计算，有些企业还开始打造专用高性能计算机，这其中一项重要原因就是高性能计算的现有体系架构特别适合人工智能核心算法的加速，两者可以完美结合。

4. 集成电路技术在继承与开拓中前进

集成电路领域呈现三大发展趋势，一是研发新材料、新结构和新工艺，继续缩小集成电路的尺寸，以持续提高集成电路性能；二是通过在电路中集成多种功能来满足各种实际需求；三是探索后摩尔时代的发展路径，包括碳纳米管、分子电子等可大规模集成的新型基础器件。相关重大突破如下：2017 年 6 月，IBM 公司宣布取得 5 纳米制造工艺突破；同月，IBM 公司使用碳纳米管打造出世界上最小的晶体管[10]；2017年 7 月，美国麻省理工学院与斯坦福大学研究人员联合打造出集成了处理器和内存，并采用碳纳米管线来连接的三维计算芯片[11]。

5. 区块链、边缘计算等热点不断

区块链技术日益获得金融、税收和政府管理事务部门的重视。2017 年 10 月，全球领先的信息技术研究和咨询公司高德纳（Gartner）公司在其《2018 年十大战略科技发展趋势》[12]中表示，区块链前景可观且无疑会带来颠覆性影响，但目前对区块链的展望胜过其现实，而且许多相关技术在未来两三年内难以成熟。《自然》期刊在 2017 年 12 月发文[13]，称区块链有助于对数据共享、同行评议等科学研究的关键要素进行改革。边缘计算成为新兴技术理念，它将通信、计算、控制和存储资源放在互联网的边缘端，并使之密切靠近移动设备、传感器、制动器、连接的物体和终端用户。

华为公司、中国科学院沈阳自动化研究所、Intel 公司、ARM 公司等机构联合成立边缘计算产业联盟[14]。截至 2017 年 7 月，该联盟成员单位已达 100 家。高德纳公司称，由于物联网和新人机界面的出现，计算和存储的重心将从中央数据中心转移到边缘；到 2021 年将有 40% 的大型企业把边缘计算原理纳入其项目，而 2017 年，该比例尚不到 1%。

此外，网络与信息安全问题爆发趋于大规模化。2017 年 5 月，WannaCry "蠕虫式"勒索病毒爆发，在数天之内横扫 150 多个国家，感染 50 多万台电脑[15]。2018 年 1 月，谷歌公布两个 CPU 硬件安全漏洞——"熔断"（meltdown）和"幽灵"（spectre），这两个漏洞影响面极广，涉及几乎所有硬件设备及相关软件服务。

二、重要科技战略、规划与政策

1. 人工智能研发备受各国政府重视

美国、日本、法国、英国等各国政府近年均发布了人工智能相关研发战略或计划，彰显了各国政府部门对人工智能研发的重视。其中，2016 年美国联邦政府和国家科学基金会先后发布《国家人工智能研发战略规划》、"国家机器人计划 2.0"[16]。日本政府在其"第 5 期科学技术基本计划"中提出要实现"超智能社会"（Society 5.0)[17]。法国政府于 2017 年 3 月发布《法国人工智能战略》。英国政府 2017 年 10 月发布《发展英国的人工智能产业》报告[18]，将建设国家级人工智能和数据科学研究所，建立英国人工智能委员会等，并通过产业基金和小企业研究计划解决人工智能领域研发需求。

我国也加大人工智能研发投入。工业和信息化部、国家发展和改革委员会、财政部于 2016 年 4 月共同发布《机器人产业发展规划（2016—2020 年)》[19]，提出要突破弧焊机器人、全自主编程智能工业机器人等十大标志性产品，并全面突破高精密减速器、高性能伺服电机和驱动器、高性能控制器等五大关键零部件；国务院 2017 年 7 月又发布《新一代人工智能发展规划》[20]。

2. 美国、欧洲、日本、中国紧锣密鼓布局量子信息技术研发

各个国家和组织在量子信息技术领域的重点布局各有不同。美国国家科学技术委员会 2016 年 7 月发布《推进量子信息科学：国家挑战与机遇》[21]，提出全面推进量子传感与计量、量子通信、量子模拟和量子计算等领域和方向的研发建议。欧盟委员会 2016 年 3 月发布《量子宣言》[22]，投资 10 亿欧元开展量子技术旗舰计划，着重发展

量子通信、计算、模拟、传感技术。日本文部科学省 2017 年 2 月发布《关于量子科学技术的最新推动方向》[23]，重点发展的方向包括：超导量子比特、自旋量子比特的集成，与量子芯片设计、格式化、过程化相关的半导体技术和光技术等。

中国在《"十三五"国家基础研究专项规划》中提出了发展量子通信和量子计算的相关资助方向，包括量子保密通信、星地量子通信系统、量子芯片、量子计算机整体构架以及操作和应用系统、量子精密测量、量子探测等。

3. 半导体技术仍是各国重点关注的焦点

各国积极抢占国际半导体行业领导地位，争相布局后摩尔时代的新技术。2017 年 1 月，美国总统科技咨询委员会（PCAST）发表题为《确保美国半导体的长期领导地位》的报告，为维持美国在半导体领域的领先地位提出了三项重点策略建议[24]。2017 年 3 月，美国半导体行业协会（SIA）和半导体研究公司（SRC）联合发布了《半导体研究机遇：行业愿景与指南》报告，明确了十四大半导体产业链关键研究领域及其在未来十年内的潜在研究主题、已开展的主要研究计划、研究战略建议[25]。2017 年 6 月，美国国防高级研究计划局（DARPA）宣布推出电子复兴计划（ERI），提出了推动芯片向超越摩尔定律方向发展的技术使命和目标。2017 年 4 月，日本研发战略中心（CRDS）发布了 2016 年版的《科学技术·创新动向报告　台湾篇》，其中对中国台湾的半导体产业竞争力进行了分析[26]。

2017 年 4 月，我国科学技术部发布《国家高新技术产业开发区"十三五"规划》[27]，指出要优化产业结构，推进集成电路及专用装备关键核心技术突破和应用。2017 年 1 月，国家发展和改革委员会、工业和信息化部发布《信息产业发展指南》[28]，指出着力提升集成电路设计水平，建成技术先进、安全可靠的集成电路产业体系，重点发展 12 英寸集成电路成套生产线设备等。

4. 各国网络与信息安全投入加速增长

若干国家政策规划均显示出对网络与信息安全的投入正在加速增长。美国联邦政府 2016 年在《网络安全国家行动计划》[29]中提出，要提升网络基础设施水平、加强专业人才队伍建设、增进与企业的合作等；2017 财年投入 190 亿美元加强网络安全，首次设立联邦首席信息安全官（CISO），成立国家网络安全促进委员会、联邦政府隐私委员会；美国总统特朗普 2017 年 5 月发布行政令："增强联邦政府网络与关键性基础设施网络安全"[30]，要求从联邦政府、关键基础设施和国家网络安全三方面采取一系列措施来增强联邦政府及关键基础设施的网络安全。英国政府在《国家网络安全战略 2016—2021 年》[31]中提出在未来五年投资 19 亿英镑加强互联网安全建设，并成立国家网络安全中心。

我国国家互联网信息办公室在《国家网络空间安全战略》[32]中提出，要重视软件安全、发展网络基础设施、丰富网络空间信息内容，建立大数据安全管理制度，建立完善的国家网络安全技术支撑体系，实施网络安全人才工程。工业和信息化部2017年在《信息通信网络与信息安全规划（2016—2020年）》[33]中提出要全面提升网络与信息安全技术保障水平，优化信息安全技术保障、加快推进网络与信息安全核心技术攻关与突破等。

5. 高性能计算领域仍然是科技大国必争之地

美国国家战略计算计划执行委员会2016年在《国家战略计算计划战略规划》[34]中指出要加快交付可实际使用的百亿亿次计算系统；加强建模与仿真技术及数据分析计算技术的融合；在15年内为高性能计算（HPC）系统甚至后摩尔时代的计算系统研发开辟一条可行的途径，提升国家高性能计算生态系统的可持续发展能力。2017年3月，欧盟高性能计算机开发计划"EuroHPC"公布，其目标是到2020年开发出至少两台近百亿亿次的高性能计算机，并在2023年之前实现百亿亿次速度的稳定运行。

我国科学技术部在国家"十三五"高性能计算专项中同时资助国防科技大学、曙光信息产业股份有限公司和江南计算技术研究所开展百亿亿次超级计算原型系统的研制工作。根据该计划，我国新一代百亿亿次超级计算机系统预计将在2020年研制成功，除了提升计算能力，还要在芯片、操作系统、运行计算环境等方面实现技术自主。

6. 5G正从无线技术演进趋势发展成为产业布局热点

5G技术正在从实验室走向产业化。美国联邦政府"先进无线研究计划"[35]总投资额度超过4亿美元，其中美国国家科学基金会和20多家科技企业与产业协会将共同投资8500万美元建设先进无线测试平台，由企业和协会为平台建设提供设计、开发、部署和运营支持。欧盟电信设备厂商和运营商发布"5G宣言"，阐述了欧洲开发和部署5G网络的技术路线图，相关机构将于2018年开展大规模试验，并于2020年前分别在欧盟27个成员国开始部署5G网络。英国政府在2017年在《下一代移动技术：英国5G战略》[36]中提出英国应采取的5G发展举措：构建5G实用案例，实施适当的监管方案，建设地区管理和部署能力，明确5G网络的覆盖范围与容量，确保5G的安全部署，实现频谱监管与利用，进行技术与标准开发。

2017年11月，我国国家发展和改革委员会发布《关于组织实施2018年新一代信息基础设施建设工程的通知》[37]，其中三大重点支持工程之一的"5G规模组网建设及应用示范工程"计划2018年要在不少于5个城市开展5G网络建设，并开展4K高清、增强现实、虚拟现实、无人机典型5G业务及应用。

7. 大数据技术助推新兴数字经济浪潮

大数据技术助推各国数字经济的发展。美国联邦政府发布"联邦大数据研发战略计划"以创建并改善科研网络基础设施，实现大数据创新。2017年3月在G20数字化部长级会议上，会议发布了《G20数字经济部长宣言》主报告以及《数字化路线图》《职业教育和培训中的数字技能》《G20数字贸易优先事项》三个分报告[38]，认可并重视数字化在创造经济繁荣、推进包容性经济增长和全球化发展方面的潜力；2017年7月，二十国集团汉堡峰会发布公报，认为数字化转型是实现全球化、创新、包容和可持续增长的驱动力。

我国国务院2016年3月在"十三五"规划纲要中提出实施国家大数据战略，加快推动数据资源共享开放和开发应用。工业和信息化部也在《大数据产业发展规划（2016—2020年）》[39]中，提出要"强化大数据产业创新发展能力"一个核心、"推动数据开放与共享、加强技术产品研发、深化应用创新"三大重点。

三、信息科技中长期发展趋势

近年，美国陆军、欧盟委员会、高德纳公司和美国计算社区联盟等对未来信息科技的中长期发展提出了相关研判。

1. 未来值得关注的若干发展趋势

美国陆军在《2016—2045年新兴科技趋势报告》[40]（2016年）中明确了11项值得关注的信息科技发展趋势，包括：物联网、机器人与自动化系统、智能手机与云端计算、智能城市、量子计算、混合现实、大数据分析、人类增强、网络安全、社交网络、先进数码设备等。

2. 未来软件开发的发展趋势

据欧盟委员会《软件技术的研究优先领域》（2017年）报告[41]，未来5～7年软件开发的主要技术趋势包括：软件定义一切/基础设施即代码（Software-Defined Everything/Infrastructure as Code）；云计算；大数据与分析学；通用内存计算；多核架构，包括能有效利用异构多核架构的编译器技术、并行化方法、分析工具和软件组件；量子计算；自然用户界面；机器学习。

3. 未来若干新兴信息技术发展预期

据高德纳公司《2017 年新兴技术成熟度曲线图》[42]（2017 年），未来 5～10 年内，区块链、认知计算、深度学习/增强学习、数字孪生、纳米管电子、虚拟助理、智能工作空间、对话式用户界面等信息技术将产生变革性影响，5G、增强现实、物联家庭、神经形态硬件、智能机器人将产生较大影响；而强人工智能、自动驾驶汽车、脑机接口、人类增强等技术需要 10 年以上的时间才能产生变革性影响，量子计算也需要 10 年以上才能产生较大影响。

4. 未来计算机架构的发展趋势

在《Arch2030：展望未来 15 年的计算机架构研究》报告（2016 年）中[43]，美国计算社区联盟（Computing Community Consortium）认为，至 2030 年，计算机架构的主要发展趋势有以下几点。

（1）实现硬件设计的大众化，减小专业化硬件与应用需求间存在的差距。

（2）让云成为架构创新的抽象（abstraction）。云计算模式为跨层的架构创新提供了强大的抽象，而这在此前只有极少数垂直整合的 IT 部门能实现。

（3）垂直化设计。3D 集成为芯片设计的可扩展性开辟了一条新的途径，使单一系统上能集成更多的晶体管，通过三维布线缩短互连，并促进异构制造技术的紧密集成。

（4）摩尔定律的终结要求计算架构发生根本性的变革，新的器件技术与电路设计技术推动着新架构研发。

（5）机器学习成为关键工作。机器学习改变了应用执行的方式，而硬件进展使基于大数据的机器学习成为可能。

5. 启示与建议

信息科技的发展日益加快，对人类社会的影响也日益显著，及时掌握其最新发展态势与未来发展趋势有助于作出最佳决策。各国近期在人工智能、量子信息、网络与信息安全、高性能计算、无线通信、大数据、集成电路等方面的战略部署与重要进展将持续推动相关技术快速发展，并产生更大影响；同时，区块链和边缘计算等新兴技术具有巨大潜力，应当得到足够的重视。未来，若干不同方向的信息科技将重塑相关产业和人类社会，同时也面临若干挑战有待克服，需要密切跟踪其技术成熟度与价值释放时机。

参考文献

[1] Shoham Y, Perrault R, Brynjolfsson E, et al. Artificial Intelligence Index 2017 Annual Report. http://cdn. aiindex. org/2017-report. pdf[2017-11-01].

［2］新华社. 我国成功发射世界首颗量子科学实验卫星"墨子号". http：//www. xinhuanet. com/2016-08/16/c_129231459. htm［2016-08-05］.

［3］央广网. 世界首条量子保密通信干线——"京沪干线"正式开通. https：//news. china. com/domesticgd/10000159/20170929/31532376. html［2017-09-05］.

［4］Boixo S, Isakov S V, Smelyanskiy V N, et al. Characterizing quantum supremacy in near-term devices. Nature Physics, 2018, 14：595-600.

［5］Knight W. IBM Raises the Bar with a 50-Qubit Quantum Computer. https：//www. technologyreview. com/s/609451/ibm-raises-the-bar-with-a-50-qubit-quantum-computer/［2017-11-10］.

［6］新浪科技. 英特尔成功测试17量子位超导计算芯片与IBM、谷歌研发竞争加剧. http：//tech. sina. com. cn/roll/2017-10-12/doc-ifymvece1722883. shtml［2017-10-12］.

［7］凤凰网科技. Intel发布49量子比特量子计算机, 性能比肩TOP500超算. http：//tech. ifeng. com/a/20180110/44838919_0. shtml［2018-01-10］.

［8］Fujitsu. Fujitsu completes Post-K supercomputer CPU prototype and begins functionality trials. http：//sww. primeurmagazine. com/live/LV-PL-06-18-4. html［2018-6-26］.

［9］Green500. Green500 List for November 2017. https：//www. top500. org/green500/lists/2017/11/［2017-11-01］.

［10］Cao Q, Tersoff J, Farmer D B, et al. Carbon nanotube transistors scaled to a 40-nanometer footprint. Science, 2017, 356(6345)：1369.

［11］Shulaker M M, Hills G, Park R S, et al. Three-dimensional integration of nanotechnologies for computing and data storage on a single chip. Nature, 2017, 547(7661)：74.

［12］Cearley D W, Burke B, Searle S, et al. Top 10 Strategic Technology Trends for 2018. https：//www. gartner. com/document/3811368?srcId＝1-6595640781［2017-10-03］.

［13］Extance A. Could Bitcoin technology help science?Nature, 2017, 552(7685)：301.

［14］National Science Foundation. NSF Workshop Report on Grand Challenges in Edge Computing. http：//iot. eng. wayne. edu/edge/NSF％20Edge％20Workshop％20Report. pdf［2016-10-26］.

［15］人民网. 全球爆发蠕虫式勒索病毒"WannaCry""勒索"未来可能持续. http：//fj. people. com. cn/n2/2017/0515/c181466-30181695. html［2017-05-15］.

［16］何哲. 通向人工智能时代——兼论美国人工智能战略方向及对中国人工智能战略的借鉴. 电子政务, 2016, (12)：2-10.

［17］薛亮. 日本第五期科学技术基本计划推动实现超智能社会"社会5.0". 上海人大月刊, 2017, (2)：53-54.

［18］聂翠蓉. 人工智能经历快速发展英国力争"世界之最". http：//www. chinanews. com/gj/2017/10-18/8355090. shtml［2017-10-18］.

［19］中华人民共和国国家发展和改革委员会. 机器人产业发展规划(2016-2020年)发布. http：//www. ndrc. gov. cn/zcfb/zcfbghwb/201604/t20160427_799898. html［2016-04-08］.

［20］国务院. 国务院关于印发新一代人工智能发展规划的通知. http：//www. gov. cn/zhengce/content/2017-07/20/content_5211996. htm［2017-07-08］.

［21］田倩飞. 美国公布《推动量子信息科学：国家挑战与机遇》. 科研信息化技术与应用, 2016, 7(5)：

　　95-96.

[22] Hellemans A. 欧洲 10 亿欧元投注量子技术. 科技纵览, 2016, (7): 12-13.

[23] 房俊民, 唐川, 张娟. 信息科技领域发展态势及趋势分析. 世界科技研究与发展, 2018, (1): 17-26.

[24] The White House. https://www. whitehouse. gov/sites/default/files/microsites/ostp/PCAST/ pcast_ensuring_long-term_us_leadership_in_semiconductors. pdf[2017-01-06].

[25] Semiconductor Industry Association. Semiconductor Industry Sets Out Research Needed to Advance Emerging Technologies, Unleash Next-Generation Semiconductors. https://www. semiconductors. org/news/2017/03/30/press_releases_2017/semiconductor_industry_sets_out_research_ needed_to_advance_emerging_technologies_unleash_next_generation_semiconductors/[2017-03- 30].

[26] CRDS. 科学技術・イノベーション動向報告台湾編(2016 年度版). http://www. jst. go. jp/crds/ report/report10/TW20170428. html♯sec6-2-3[2017-04-08].

[27] 中华人民共和国科学技术部. 科技部关于印发《国家高新技术产业开发区"十三五"发展规划》的 通知[2017-04-14].

[28] 中华人民共和国工业和信息化部.《信息产业发展指南》正式发布. www. miit. gov. cn/n1146290/ n4388791/c5465407/content. html[2017-01-17].

[29] 新华社. 奥巴马政府推出《网络安全国家行动计划》. http://www. cac. gov. cn/2016-02/10/c_ 1118019121. htm[2016-02-10].

[30] 美国《增强联邦政府网络与关键性基础设施网络安全》行政令签署. http://gpj. mofcom. gov. cn/ article/zuixindt/201706/20170602584743. shtml[2017-06-10].

[31] 中国信息化百人会. 英国发布 2016~2021 年国家网络安全战略. http://www. sohu. com/a/ 118752129_470089[2016-11-11].

[32] 中国网信网. 国家网络空间安全战略. http://www. cac. gov. cn/2016-12/27/c_1120195926. htm [2016-12-27].

[33] 网络安全管理局.《信息通信网络与信息安全规划（2016-2020）》正式发布. http://www. miit. gov. cn/n1146285/n1146352/n3054355/n3057724/n3057728/c5470318/content. html [2017-01- 20].

[34] National Strategic Computing Initiative(NSCI) Strategic Plan. https://www. nitrd. gov/nsci/in- dex. aspx[2015-07-12].

[35] 美国 NSF 投入 4 亿美元启动先进无线研究计划. http://www. edu. cn/info/media/yjfz/dt/ 201609/t20160914_1448924. shtml[2016-09-14].

[36] 英国发布国家 5G 战略. http://www. edu. cn/xxh/media/yjfz/dt/201706/t20170613_1527568. shtml[2017-06-13].

[37] 国家发展改革委办公厅关于组织实施 2018 年新一代信息基础设施建设工程的通知. http:// www. ndrc. gov. cn/zcfb/zcfbtz/201711/t20171127_867953. html[2017-11-21].

[38] 做大做强数字经济培育壮大经济发展新动能. http://www. sohu. com/a/197407147_120702 [2017-10-11].

[39] 工业和信息部关于印发大数据产业发展规划（2016-2020 年)的通知. http://www. miit. gov.

cn/n1146295/n1652858/n1652930/n3757016/c5464999/content. html[2016-12-30].

[40] FutureScout. Emerging Science and Technology Trends:2016-2045. http://www. futurescoutllc. com/wp-content/uploads/2016/09/2016_SciTechReport_16June2016. pdf[2016-04-11].

[41] Spinellis D. Research Priorities in the area of Software Technologies. http://ec. europa. eu/news-room/dae/document. cfm?doc_id=43808[2017-03-22].

[42] Walker M J. Hype Cycle for Emerging Technologies. https://www. gartner. com/document/3768572?ref=unauthreader[2017-07-21].

[43] Ceze L,Hill M D,Wenisch T F. Arch2030:A Vision of Computer Architecture Research over the Next 15 Years. http://cra. org/ccc/wp-content/uploads/sites/2/2016/12/15447-CCC-ARCH-2030-report-v3-1-1. pdf[2016-12-12].

Information Technology

Fang Junmin，*Tang Chuan*，*Zhang Juan*，
Tian Qianfei，*Xu Jing*，*Wang Lina*

The recent developments of information technology were reviewed. Strategies,plans and policies were analyzed comparatively. Developing trends and patterns were summarized. As the study indicating,major countries have strengthened their strategic planning and deployments in artificial intelligence(AI),quantum information,cyber security,high performance computing,etc. AI could match or surpass human beings in increasingly more specific fields. Quantum secure communication is heading towards large scale application,and the quantum computer is approaching"quantum supremacy". Novel architectures, energy-efficiency, big data and AI were highlights in high performance computing. The integrated circuit technology is advancing in three directions:more moore,more than moore,and beyond CMOS. Blockchainis gaining momentum,large scale cyber security issues is bursting. In the future,information technology will evolve rapidly following various trends,and transform industries and human society. Meanwhile, challenges like energy consumption,security,physical limitation must be solved.

4.10　能源科技领域发展观察

陈　伟[1]　郭楷模[1]　蔡国田[2]　吴　勘[1]　赵晏强[1]

（1. 中国科学院武汉文献情报中心；2. 中国科学院广州能源研究所）

当前，全球能源格局正在经历深刻调整。2017 年，从传统集中式到分布式能源，从智能电网到能源互联网，从石化智能工厂到煤炭大数据平台，从用户侧智慧用能到汽车充电设施互联互通，一些重大或颠覆性技术创新在不断创造新产业和新业态，改变着传统能源格局。随着新能源技术和数字技术的发展和深度融合，全球新一轮能源技术革命呈现出"低碳能源规模化，传统能源清洁化，能源供应多元化，终端用能高效化，能源系统智慧化，技术变革全面深化"的整体趋势。

一、重要研究进展

1. 能源转型迈向数字化时代

人工智能、大数据、物联网等数字技术为能源行业重大挑战提供全新的数字化解决方案，推动全球能源系统紧密互联、智能高效、可靠和可持续发展。随着以智慧优化和调控为特征的能源生产消费新模式的涌现，智能电网、分布式智慧供能系统等发展迅速，交通运输向智能化、电气化方向转变，建筑向洁净化、绿色化、智能化方向发展，能源互联网发展应用正在引发用能模式和业态变革，未来智慧能源新业态将蓬勃发展。国际能源署 2017 年 11 月发布首份《数字化和能源》报告[1]预计，到 2040 年数字技术有望每年为电力行业节约 800 亿美元，相当于 5% 的发电成本。同月，彭博新能源财经（Bloomberg New Energy Finance，BNEF）发布《能源系统数字化》报告显示[2]，到 2025 年全球能源领域数字化市场规模将增长到 640 亿美元，新的能源创新将集中在数字技术和数据的战略使用上。实现 21 世纪安全可靠、经济可行、气候友好的能源系统，需要持续向颠覆性数字化技术投资。

大数据和机器学习算法的普及推动科研工作开始采用以人工智能和数据挖掘为基础的新兴研究手段，来提升研究效率。斯坦福大学基于人工智能技术，通过现有的锂离子电池文献报道的所有实验数据构建了具备深度学习能力的计算机预测模型，并建立了锂离子导电性、结构稳定性、成本和材料来源几个筛选标准，从材料数据库中的12 831种含锂固态化合物候选材料中筛选出了20余种有潜力的固态电解质材料，全程仅耗时数分钟，筛选效率是传统随机测试的百万倍，大幅提高了研究效率[3]。麻省理工学院利用配位化学晶体场理论以及固体能带理论，对钙钛矿型氧化物催化剂的电子结构与催化活性的关系进行了深刻阐述，并结合机器学习、晶体截断杆等技术展望了未来的催化剂发展趋势[4]。

2. 3D打印技术助力燃气轮机系统研发

欧美巨头积极布局3D打印技术，促进燃气轮机设计创新，提高效率，降低燃耗和排放，缩减生产周期和成本。2017年2月，德国西门子公司利用3D打印技术生产的燃气轮机叶片首次在满负荷条件下完成性能测试，获得突破性成果，其燃气轮机转速高达13 000转/分钟，工作温度超过1250℃。3D打印技术使得改进叶片内部冷却几何形状的新设计成为可能，从而提高西门子燃气轮机的整体效率[5]。12月，美国通用电气公司将3D打印技术应用于多个燃气轮机关键部件的制造，使其H级重型燃气轮机联合循环发电效率突破64%，且输出功率高达826兆瓦，刷新世界纪录[6]。

3. 核聚变研究取得重大突破

中国、美国和欧洲核聚变实验装置持续创造纪录，稳步推进受控核聚变的实现。2017年7月，中国科学院等离子体物理研究所全超导托卡马克EAST实现了稳定的101.2秒稳态长脉冲高约束等离子体运行，成为世界上第一个实现稳态高约束模式运行持续时间达到百秒量级的托卡马克核聚变实验装置，创造了新的世界纪录，表明我国磁约束核聚变研究在稳态运行的物理和工程方面，将继续引领国际前沿[7]。8月，美国普林斯顿等离子体物理实验室在国家球形托卡马克实验装置（NSTX-U）上发现了一种简单快捷的方式，能够抑制可能停止聚变反应并损坏反应堆壁的不稳定性问题［全域阿尔芬固有模式（GAE）］，即在NSTX-U上加装第二台中性射束注入器以产生高能粒子来抑制GAE，为避免核聚变反应的骤停提供了科学理论[8]。9月，德国马普学会等离子体物理研究所成功升级了世界最大的仿星器聚变装置W7-X，能够让等离子体放电持续10秒以上，并能够首次观测等离子体湍流现象，开展第二轮科学实验，未来计划通过将偏滤器石墨瓦替换成碳纤维增强型元件，能够将放电时间提升到30分钟量级[9]。

4. 规模储能加快实用化步伐

储能技术在反应机理探索、电化学体系设计、新材料开发方面成果斐然。深刻理解电化学电池充放电循环过程的反应机理和动力学过程是制备高性能电池的关键理论基础。2017 年 2 月，美国劳伦斯-伯克利国家实验室利用集成 X 射线谱的全场透射显微成像技术，首次在纳米尺度实现对基于锂锰镍氧正极的锂离子电池充放电循环中正极材料相变过程进行详细的观测研究，揭露了脱锂过程中锂锰镍氧电极相转变机制[10]。5 月，瑞士保罗谢尔研究所利用 X 射线技术首次实现对锂硫电池放电多硫聚物中间产物的直接观测，对锂硫电池充放电过程的电化学工作机理有了进一步的深入认识，为设计和开发高性能锂硫电池提供了重要的理论参考[11]。

锂离子电池较低的能量密度以及电解质易燃易爆问题限制了其应用范围，因此研发低成本、高能量密度、长寿命、安全可靠的新型二次电池技术成为前沿研究热点。2017 年 1 月，美国斯坦福大学研发了新型的三氯化铝/尿素类离子液体电解质，与石墨正极和铝金属负极组装成铝离子电池，实验展现出优秀的循环稳定性和倍率性能[12]。2 月，俄勒冈州立大学联合加利福尼亚大学河滨分校开发了全球首个水合氢离子（H_3O^+）电池，有望为电网规模储能带来新的解决方案[13]。4 月，美国海军研究实验室通过乳液方法制成三维多孔海绵状结构的锌负极，并以碱式氧化镍为正极、碱性溶液为电解质构建完整的镍锌电池，电池循环次数可达 54 000 次，与混合动力车用的铅酸电池寿命相当，为设计开发高性能、长寿命的锌电池提供了新途径[14]。

5. 钙钛矿太阳能电池研究取得全面进展

科学家致力于研究高效能量转换机理与制约因素、开发低成本电子/空穴传输新材料、大面积钙钛矿电池制备工艺、改善钙钛矿材料稳定性等关键科学问题。2016 年 12 月底，日本冲绳科技大学系统揭示了碘基钙钛矿薄膜降解作用机理，为改善钙钛矿电池稳定性提供了重要的理论参考[15]。2017 年 3 月，韩国蔚山科技大学制备出了全新的镧元素掺杂的锡酸钡钙钛矿材料，替代二氧化钛作为电子传输层应用于钙钛矿太阳电池，显著提升电池的稳定性，在连续光照 1000 小时的情况下，仍然能够保持初始效率的 93%，创造了钙钛矿电池稳定性世界纪录[16]。9 月，上海交通大学与瑞士洛桑联邦理工学院共同开发了一种无溶剂非真空大面积钙钛矿薄膜制备工艺，利用沉积加压法制备出了 36.1 平方厘米的超大面积（迄今最大面积）钙钛矿太阳电池，稳态转换效率达到了 13.9%，为钙钛矿电池的大规模生产奠定了坚实的技术基础[17]。10 月，韩国化学研究所制备了新型钙钛矿材料，显著减少了钙钛矿薄膜缺陷态浓度，光电转换效率 22.7% 刷新世界纪录[18]。

二、重要战略规划

1. 国家级能源战略引领能源系统低碳转型

世界主要国家均把能源技术视为新一轮科技革命和产业变革的突破口，积极实施中长期能源科技战略作为顶层指导，出台重大科技计划牵引调动社会资源持续投入，并不断优化改革能源科技创新体系以增强国家竞争力和保持领先地位。2017 年 3 月，特朗普政府推出"美国优先能源计划"[19]，将"美国利益优先"作为核心原则，退出《巴黎协定》，强调发展国内传统能源产业，振兴核电，并将能源作为一种重要战略资源，扩大能源出口，在实现能源独立的过程中谋求世界能源霸主的发展之路。10 月，英国商业、能源和工业战略部发布《低碳发展战略》报告[20]，清晰地阐述了英国如何在削减碳排放以应对气候变化的同时推动经济持续增长，为英国低碳经济发展描绘蓝图。12 月，日本经济产业省发布了《氢能基本战略》[21]，明确设定了中期（2030 年）、长期（2050 年）的氢能发展目标，并为此制定了十大行动计划，以加速推进日本氢能社会构建，保障能源安全和应对气候变化挑战。

2. 电力行业成为数字化转型的核心

随着可再生能源逐步发展成为新增电力的重要来源，电网的结构和运营模式都将发生重大变化。2017 年 1 月，美国白宫发布了《四年度能源评估报告》第二卷[22]，重点关注美国电力系统现代化变革进程中所面临的机遇和挑战，强调实现国家电力系统现代化是一项至关重要的战略任务，对美国现代经济的每个领域起着关键的支撑作用。6 月，国际能源署（International Energy Agency，IEA）发布《风能、太阳能电力并网指导手册》报告[23]指出，得益于技术进步和强有力的政策扶持，近年来风能、太阳能等波动性可再生能源发电的成本持续降低，在有些国家已经接近甚至低于传统化石燃料发电成本，展现出了强劲的价格竞争力。8 月，美国能源部发布《电力市场和可靠性评估》报告[24]指出，电力市场、电网的灵活性和弹性是美国国家和经济安全的重要保障，但现有的电力市场架构、政策、监管措施能否保障电网的灵活性和可靠性还未可知。报告对电力市场和电力系统可靠性开展了详细评估，主要探讨了批发电力市场的演变、批发电力市场能否充分利用所有电力资源特点以及电力行业监管问题。

3. 新能源汽车推动绿色交通发展

通过节能减排实现低碳城市发展目标，传统汽油车向新能源汽车的转型是一项重要举措。2017 年 6 月，国际能源署发布《2017 全球电动汽车展望》报告[25]显示，2016 年全球电动汽车累计保有量突破了 200 万辆大关，创历史新高，各国政府强力的政策支持以及电动汽车技术的进步是全球电动汽车销量快速增长的重要驱动力。11 月，欧盟委员会针对乘用车和货车二氧化碳排放目标提出了一份全新的提案[26]，旨在逐步下调现有的二氧化碳排放上限，即到 2030 年新制造汽车和货车平均二氧化碳排放量必须在 2021 年水平上下降 30%，并鼓励汽车制造商转向新能源汽车研发，以实现 2030 年前将欧盟的二氧化碳排放量削减至少 40% 的目标。12 月，日本经济产业省发布的《氢能基本战略》[21]明确设定了中期（2030 年）、长期（2050 年）的氢燃料电池汽车发展目标，规划日本交通运输部门发展方向，推进交通部门的绿色低碳转型。

4. 下一代先进核能强调安全高效

核电作为一种清洁能源，是国家能源电力战略的重要组成部分。当前，轻水反应堆、小型模块化反应堆和先进非轻水反应堆这三种核能技术已经取得了显著的进展，而若干新反应堆设计将更具创新性和先进性。2017 年 1 月，美国核管理委员会发布《非轻水反应堆开发部署战略愿景》报告[27]，提出了中长期发展目标，到 2030 年至少要有两个非轻水堆型的先进反应堆概念实现技术成熟，到 2050 年先进核电反应堆装机容量要翻番，成为全美能源结构重要组成部分，并制定了加强核基础设施建设、开发先进燃料循环路径、强化公私合作等六项战略行动计划。美国能源部通过资助"核能大学计划""核能使能技术计划"等研发项目推进先进核能技术研发。7 月，日本原子能委员会首次制定《核能利用基本原则》[28]，将在反省福岛核事故的基础上为核能政策指明长期方向。9 月，国际原子能机构宣布在"核能研究堆国际中心"计划框架下新增三家国际研究中心，旨在完善国际研究中心的核能研究力量，加强核能人才培养并实施联合研发项目[29]。

5. 可再生能源加速成为主流能源

可再生能源技术日益增强的成本竞争力、专属政策激励、改善的融资环境、对能源安全与气候问题的关注等诸多因素共同推动可再生能源在全球快速发展。2017 年 1 月，国际能源署发布《生物能源可持续发展技术路线图》[30]，提出生物交通燃料、生物质电力、生物质建筑供暖等六大主题领域至 2060 年的愿景目标和行动建议。4 月，欧盟委员会公布了为期 4 年的太阳能热利用项目，将太阳热能作为能量来源，为高温、高能源强度的工业生产活动提供所需的能量，以减少二氧化碳排放和燃料消耗[31]。6 月，日本新能源产业技术综合开发机构宣布启动新一轮的太阳能发电研发项目，旨在开发新技术，提高发电效率，降低太阳能发电系统的平衡成本，将太阳能发电量提高至少 10%，使太阳能发电在没有上网电价补贴情况下具备与传统电力相当甚至更强的价格竞争力[32]。9 月，美国能源部宣布资助 8200 万美元支持太阳能发电和并网技术的创新研发，旨在进一步降低太阳能发电成本，解决太阳能本身的不稳定性及其并网给电网带来的冲击问题，到 2030 年将平准化度电成本降至 3 美分以下[33]。

三、发展启示建议

1. 推进能源绿色发展建设美丽中国

十九大报告中将推进能源生产与消费革命列入"加快生态文明体制改革,建设美丽中国"章节,对能源发展改革工作提出了新的使命要求,即推进能源发展向更高水平、更加绿色的方向迈进。一方面,要坚定不移推进能源供给侧结构性改革,把提高供给质量作为主攻方向,大力推进化石能源清洁高效利用、非化石能源规模化发展;另一方面,要坚持节约集约循环利用的资源观,深入推进能源技术革命,大幅减少终端用能部门能耗和污染排放,加强废弃物能源化、资源化综合利用,构建多种能源协调发展的清洁、高效、智能、多元的能源技术体系,为我国能源生产、消费和系统集成转型提供全面支撑。

2. 开发关键耦合技术促进多能互补现代能源体系构建

多能互补成为能源可持续发展的新潮流,引领能源行业迈向多种能源深度融合、集成互补的全新能源体系,是能源变革的发展趋势。因此需要发展多能互补的关键耦合技术,如加大风光水火多能互补关键技术、大容量低成本储能技术、智慧能源系统调控技术和关键设备研发力度,破除化石能源、可再生能源、核能等各能源体系之间技术上的相对割裂态势,提高能源系统的互补性、安全性、经济性和柔韧性,促进不同能源体系相互联系和相互支持,推进关联产业融合发展,构建多能互补、协调发展的能源体系。

3. 加快技术创新提升能源装备水平和利用效率

我国能源装备和利用效率总体尚没有达到世界领先水平,因而必须通过能源技术创新,提高用能设备设施的效率,增强储能调峰的灵活性和经济性,推进能源技术与信息技术的深度融合,加强整个能源系统的优化集成,实现各种能源资源的最优配置,构建一体化、智能化的能源技术体系。绿色低碳能源技术创新及能源系统集成创新是引领新一代科技革命和产业变革的关键因素,也是我国有望走在世界前列的潜在领域,培养能源技术自主创新生态环境,集中攻关一批核心技术、关键材料及关键装备。

4. 积极拥抱数字技术推进能源数字化转型

在大数据时代,能源行业的数字化转型已是大势所趋。未来的几十年内,数字技术将使全球能源系统变得更加紧密互联、智能、高效、可靠和可持续。因此需要坚定不移地推进能源和数字技术深度融合,以引导能量有序流动,构筑更高效、更清洁、更经济、更安全的现代能源体系。需要制定灵活政策以适应新技术发展需求，探讨跨部门广泛应用，并对从业人员进行数字技术专业技能培训。此外，需要从系统观出发来考量能源数字化转型的成本和收益，密切追踪数字化转型对全球能源消费需求变化的影响，充分考虑和评估能源数字化转型过程中面临的潜在风险，提供公平的竞争环境，以更好地服务各利益相关方，并加强国际合作，分享能源数字化转型的成功案例和经验。

致谢：中国科学院大连化学物理研究所刘中民院士、中国科学院广州能源研究所赵黛青研究员、中国科学院山西煤炭化学研究所韩怡卓研究员、中国科学院青岛生物能源与过程研究所郑永红研究员等审阅了本文并提出了宝贵的修改意见，特致谢忱。

参考文献

［1］ International Energy Agency. Digitalization and energy. http：//www. iea. org/publications/freepublications/publication/DigitalizationandEnergy3. pdf［2017-11-05］.

［2］ Bloomberg New Energy Finance. Digitalization of energy systems. https：//about. bnef. com/blog/digitalization-energy-systems/［2017-11-09］.

［3］ Sendek A D，Yang Q，Cubuk E D，et al. Holistic computational structure screening of more than 12000 candidates for solid lithium-ion conductor materials. Energy & Environmental Science，2017，10(1)：306-320.

［4］ Hwang J，Rao R R，Giordano L，et al. Perovskites in catalysisand electrocatalysis. Science，2017，358 (6364)：751-756.

［5］ Siemens. Siemens achieves breakthrough with 3D printed gas turbine blades. https：//www. siemens. com/press/en/pressrelease/? press ＝/en/pressrelease/2017/power-gas/pr2017020154pgen. htm&content［］＝PG［2017-02-06］.

［6］ GE. HA technology now available at industry-first 64 percent efficiency. http：//www. genewsroom. com/press-releases/ha-technology-now-available-industry-first-64-percent-efficiency-284144［2017-12-05］.

［7］ 中国科学院等离子体物理研究所 EAST 团队. EAST 首次获得百秒量级稳态高约束模等离子体. http：//www. ipp. cas. cn/xwdt/kydt/201707/t20170726_378916. html［2017-07-04］.

［8］ Princeton Plasma Physics Laboratory. Discovered：A quick and easy way to shut down instabilities in fusion devices. http：//www. pppl. gov/news/2017/08/discovered-quick-and-easy-way-shut-down-instabilities-fusion-devices［2017-08-17］.

［9］ Max Planck Institute for Plasma Physics. Wendelstein 7-X：Second round of experimentation started. http：//www. ipp. mpg. de/4254576/08_17［2017-09-11］.

［10］ Kuppan S，Xu Y H，Liu Y J，et al. Phase transformation mechanism in lithium manganese nickel oxide revealed by single-crystal hard X-ray microscopy. Nature Communications，2017，8：14309.

［11］ Conder J，Bouchet R，Trabesinger S，et al. Direct observation of lithium polysulfides in lithium-sulfur batteries using operando X-ray diffraction. Nature Energy,2017,2:17069.

[12] Angell M,Pan C J,Rong Y M,et al. High Coulombic efficiency aluminum-ion battery using an AlCl3-urea ionic liquid analog electrolyte. PNAS,2017,114(5):834-839.

[13] Wang X F,Bommier C,Jian Z L,et al. Hydronium-ion batteries with perylenetetracarboxylicdian-hydride crystals as an electrode. AngewandteChemie International Edition,2017,56(11):2909-2913.

[14] Parker J F,Chervin C N,Pala I R,et al. Rechargeable nickel-3D zinc batteries:An energy-dense, safer alternative to lithium-ion. Science,2017,356(6336):415-418.

[15] Wang S H,Jiang Y,Juarez-Perez E J,et al. Accelerated degradation of methylammonium lead io-dide perovskites induced by exposure to iodine vapour. Nature Energy,2016,2(1):16195.

[16] Shin S S,Yeom E J,Yang W S,et al. Colloidally prepared La-doped BaSnO3 electrodes for effi-cient,photostableperovskite solar cells. Science,2017,356(6334):167.

[17] Chen H,Ye F,Tang W T,et al. A solvent-and vacuum-free route to large-area perovskite films for efficient solar modules. Nature,2017,550(7674):92-95.

[18] NREL. Best research-cell efficiencies. https://www. nrel. gov/pv/assets/images/efficiency-chart. png[2017-10-30].

[19] White House. Presidential executive order on promoting energy independence and economic growth. https://www. whitehouse. gov/the-press-office/2017/03/28/presidential-executive-order-promoting-energy-independence-and-economi-1[2017-03-28].

[20] Department for Business,Energy & Industrial Strategy,The RT Hon Greg Clark MP,et al. Gov-ernment reaffirms commitment to lead the world in cost-effective clean growth. https://www. gov. uk/government/news/government-reaffirms-commitment-to-lead-the-world-in-cost-effective-clean-growth[2017-10-12].

[21] 再生可能エネルギー・水素等関係閣僚会議. 水素基本戦略. http://www. meti. go. jp/press/ 2017/12/20171226002/20171226002-1. pdf[2017-12-26].

[22] Holdren J P,Utech D,Moniz E. New study helps map out road ahead for U. S. electricity system. https://www. whitehouse. gov/blog/2017/01/09/new-study-helps-map-out-road-ahead-us-electricity-system[2017-01-09].

[23] International Energy Agency. Getting wind and sun onto the grid. http://www. iea. org/publica-tions/insights/insightpublications/Getting_Wind_and_Sun. pdf[2017-03-07].

[24] Department of Energy. Staff report to the secretary on electricity markets and reliability. https:// www. energy. gov/sites/prod/files/2017/08/f36/Staff%20Report%20on%20Electricity%20Markets %20and%20Reliability_0. pdf[2017-08-30].

[25] International Energy Agency. Global EV outlook 2017. https://www. iea. org/publications/freep-ublications/publication/GlobalEVOutlook2017. pdf[2017-11-22].

[26] European Commission. Energy Union:Commission takes action to reinforce EU's global leadership in clean vehicles. http://europa. eu/rapid/press-release_IP-17-4242_en. htm[2017-11-08].

[27] Nuclear Regulatory Commission. NRC vision and strategy:safely achieving effective and efficient

non-light water reactor mission readiness. https：//www. nrc. gov/docs/ML1635/ML16356A670. pdf［2017-01-09］.

［28］日本原子力委員会. 原子力利用に関する基本的考え方. http：//www. aec. go. jp/jicst/NC/about/kettei/kettei170720. pdf［2017-07-20］.

［29］International Atomic Energy Agency. Belgian and US research reactors to become international centres for R&D under IAEA label. https：//www. iaea. org/newscenter/news/belgian-and-us-research-reactors-to-become-international-centres-for-rd-under-iaea-label［2017-09-18］.

［30］International Energy Agency. Technology roadmap：delivering sustainable bioenergy. http：//www. iea. org/publications/freepublications/publication/Technology_Roadmap_Delivering_Sustainable_Bioenergy. pdf［2017-01-30］.

［31］European Commission. Harnessing the sun to clean up industrial processes. http：//ec. europa. eu/research/infocentre/article_en. cfm? id＝/research/headlines/news/article_17_04_19_en. html? infocentre&item＝Infocentre&artid＝43916［2017-04-19］.

［32］国立研究開発法人新エネルギー・産業技術総合開発機構. 太陽光発電コストのさらなる削減を目指す研究開発 4 テーマを新たに開始. http：//www. nedo. go. jp/news/press/AA5_100785. html［2017-06-26］.

［33］Department of Energy. Energy Department announces achievement of SunShot Goal，new focus for Solar Energy Office. https：//energy. gov/articles/energy-department-announces-achievement-sunshot-goal-new-focus-solar-energy-office［2017-09-12］.

Energy Science and Technology

Chen Wei，Guo Kaimo，Cai Guotian，Wu Kan，Zhao Yanqiang

In 2017，the global energy transition presents a series of new normal features. Technological innovation plays a central role in the process of energy production and consumption revolution. The scientists have made plenty of innovative achievements in high-efficient combustion system，large-scale nuclear fusion experimental facilities，new electrochemical energy storage，solar energy technology，etc. Major countries all tend to put more emphasis on the innovation for the whole value chain when they develop strategic planning or organize research activities. Finally，it proposes several constructive recommendations for the development of energy science and technology in China.

4.11 材料制造领域发展观察

万 勇 冯瑞华 姜 山 黄 健
（中国科学院武汉文献情报中心）

材料与制造的创新发展很大程度上推动了各领域的重大科技突破，成为现代科技发展之本。从设计、制备、表征、应用的链条看，2017 年二维材料热度不减，上游原材料资源受到重视，并涌现出诸多新型材料，性质与结构研究获得新的突破，应用成果丰硕。人工智能技术的发展也渗入材料制造领域，成为新的热点。

一、重要研究进展

1. 众多新型材料面世

2017 年，借助先进仪器设备，全球的科研人员制备得到多种首次问世的新型材料。美国莱斯大学和奥地利维也纳工业大学创造出名为"外尔-近藤半金属"的量子材料，具有拓扑绝缘体、重费米子金属和高温超导体等各种不同材料的特性，可用于量子计算等领域[1]。哈佛大学开发出超高含能材料——金属氢，这是地球上有史以来的第一个金属氢样本，首次证实了物理学家 1935 年提出的气体氢在极大压力下可能变成金属形态的理论[2]。然而，仅一个月后，样本却由于实验操作不当而消失了。二维石墨烯是当前强度最高的材料之一，但是科学家一直被如何做成三维而性能不受损的问题困扰着。麻省理工学院找到办法解决这个问题，得到超强超轻的三维石墨烯：强度比钢强 10 倍，但密度只有钢的 5%[3]。由于不成对电子的非稳定性，合成三角烯一直是化学家们的凤愿。瑞士 IBM 研究中心利用扫描探针显微镜，通过操纵前驱体分子——缺少具备反应活性未成对电子的"二氢三角烯"，首次成功制得"三角烯"分子[4]。

2. 材料性质与结构研究取得新进展

金属材料的强度与延展性类似"鱼和熊掌"，尤其是在屈服强度超过 2×10^9 帕的超高范围时。京港台三地学者通过业界广泛采用的热轧、冷轧等常规工艺，前瞻性地提出提高位错密度同时提升强度与延展性的新机理，实现了屈服强度高于 2×10^9 帕的钢铁材料延展性的显著提升，均匀延伸率达到 16%[5]。北京科技大学与国外团队提出利用高密度共格纳米析出相来强韧化超高强合金的设计思想，采用轻质且便宜的铝替代马氏体时效钢中昂贵的钴和钛等，研发出新一代超高强钢[6]，该成果入选"2017 中国科学十大进展"。中国科学院金属研究所在纳米金属中发现晶界稳定性控制的硬化和软化行为，澄清了过去三十年来关于这一问题的争论，并表明晶界稳定性可成为纳米材料中除晶粒尺寸外的另一个性能调控维度[7]。美国劳伦斯伯克利国家实验室探究了二维硫属化合物——铬锗碲化物（$Cr_2Ge_2Te_6$）的铁磁特性。与先前二维材料中发现的磁性不同，该材料呈现的是本征长程铁磁有序状态，而且还可对铁磁性进行调控[8]。美国华盛顿大学与麻省理工学院首次在二维单层材料——三碘化铬（CrI_3）中发现磁性，填补了二维磁体这一材料类别的空白[9]。

3. 材料制造应用成果推陈出新

维也纳技术大学用二硫化钼造出微处理器，是二维半导体器件领域的重大突破，证实了基于二维材料的复杂半导体电路结构是可实现的，有望突破硅基半导体技术面临的物理瓶颈[10]。英国曼彻斯特大学通过在特定溶液中进行化学反应，研制出纳米级"分子机器人"，基本功能包括构建其他分子等。其尺寸只有百万分之一毫米，仅由 150 个碳、氢、氧和氮原子组成，数百亿个这种机器人堆叠在一起，也只有一粒盐大小[11]。爱尔兰利默里克大学研究发现，生物分子甘氨酸受到挤压时，可产生足够的电力，以经济上可行、环境可持续的方式为电力设备供电。甘氨酸是最简单的氨基酸，几乎存在于所有的农业和林业残余物中，其生产成本不及目前使用的压电材料成本的 1%[12]。

4. 新的材料制造技术助力器件升级

由 IBM、三星、格罗方德等组成的联盟宣布开发出业界第一种硅纳米片晶体管制造工艺，可制造出 5 纳米节点的芯片。该工艺的出现距离上次 IBM 开发出 7 纳米节点测试芯片不过两年时间，相比市面最先进的 10 纳米技术，5 纳米技术可在固定功率下提升 40% 的性能，或在固定性能下节省 75% 的功耗[13]。目前主流的 14 纳米节点硅基晶体管的尺寸为 90～100 纳米，IBM 团队利用碳纳米管替代硅材料，并借助钴钼合金，在保持电流传输性能的同时减少了碳纳米管的触点面积，将晶体管的总尺寸缩小到 40 纳米[14]。美国康奈尔大学采用氮化镓取代传统铝镓氮，研发出一种体积小且更环保的深紫外 LED 光源，并创下目前业界深紫外 LED 最低波长的纪录[15]。美国加州理工学院首次实现了纳米级稀土离子掺杂的量子存储器，这比宏观尺度下的同类波导量子存储器更适合于片上集成，保真效率>95%，同时实现了快速的存储初始化和对存储时间的动态控制[16]。

5. 人工智能融入材料与制造

经过多年的演进，人工智能发展进入了新阶段，并逐步渗入材料与制造领域。尤其是材料基因组的研究越来越与人工智能实现融合。美国麻省理工学院等正在研发一种新的人工智能系统，构建了一个包含从数百万份论文中提取的材料配方的数据库，希望能够通过研究论文来挖掘生产特定材料的"配方"[17]。杂多酸盐是通过大量由氧原子桥接的金属原子自组装形成，可提供几乎无限多种结构。英国格拉斯哥大学利用机器学习开发出一种新方法，可确定杂多酸盐合成与表征的合适条件范围[18]。奥地利维也纳大学和德国哥廷根大学联合开发出一种基于人工智能来预测分子红外光谱的方法，可快速用于实验红外光谱分析中[19]。在制造领域，人工智能技术的融入成为新热点。日本日立制作所为机器人开发了一套能自行成长的语音对话人工智能技术[20]。美国斯坦福大学设计的全新智能抓手装置，可在太空微重力下对不同形状物体抓放自如[21]。

二、重要战略规划

1. 美英等重视跨界联合，提升制造业竞争力

2017 年初，美国制造业创新网络"制造业美国"（Manufac turing USA）新布局了材料循环与再利用、机器人等方向，研究所数量达到 14 家，接近奥巴马提出的任期内建设 15 家研究所的目标。1 月，德勤会计师事务所对该网络的设计及进程进行了评估[22]。评估认为，制造业创新网络已经开始发挥作用，正在激励着美国研发创新。评估还提出了 7 项具体的改进建议，涉及为长期增长和可持续发展制定战略、持续聚焦美国国家层面的重大优先事项、尽量利用现有计划发展劳动力以及其他资源等。11月，创新网络发布的 2016 年年报[23]显示，该网络在提高美国制造业竞争力方面取得了积极的进展及建设成效。

类似地，英国高价值制造技术与创新中心现已建成 7 个，2016～2017 年年报[24]显示，该中心有机嵌入了英国价值创造过程；积极应对制造业挑战，如电池创新与电气化、低成本复合材料、建筑及数字制造等。并提出了未来五年战略：推进工业 4.0，以确保英国有最好的机会利用其强大的数字化基础，获得生产力和效率优势。

2. 欧盟石墨烯旗舰计划第一阶段收官，"地平线 2020"发布未来三年工作计划

继 2016 年 10 月欧盟委员会发布石墨烯旗舰计划和人脑计划第一阶段 30 个月的

经验总结报告后，其高层专家内部评估委员会对旗舰计划进行评估，并于 2017 年 2 月发布了中期评估报告。报告指出，旗舰计划是欧洲研究与创新战略的有机组成部分，并且有潜力产生巨大影响[25]。

2017 年 10 月，欧盟委员会发布了"地平线 2020"2018～2020 年研发计划，这三年种欧盟将投入 300 亿欧元用于技术研发，聚焦移民、安全、气候、清洁能源及数字经济等。其中，在"纳米技术、先进材料、生物技术及先进制造和加工"领域的经费总预算为 16.5 亿欧元，主要用于未来产业基础、欧盟产业转型、产业可持续发展等领域的研发[26]。

3. 日本发布制造业白皮书以突破发展瓶颈

2017 年，神户制钢、三菱材料、东丽等日本制造及材料领域的大型企业接连爆出篡改数据的事件，在一定程度上凸显出日本制造业面临的窘境：一方面要维护品质精良的口碑，证明自身的国际竞争力；另一方面受到内外环境影响，转型期的尴尬和无法迅速再崛起的无奈如影随形。德勤与美国竞争力委员会发布的《2016 全球制造业竞争力指数》表明，尽管日本制造业竞争力重回前十，然而无缘三甲，与前三的得分也有显著差距。6 月，日本经济产业省等发布的《制造业白皮书 2017》[27]提出要维持并提升日本制造业"强大的现场"。白皮书指出，日本企业已开始放缓在中国设立生产基地，从中国转移至东盟以及一部分企业回流日本的趋势较为明显。在保障劳动人口数量上，利用机器人及大数据提高生产率成为趋势。

尽管在制造行业遭遇发展瓶颈，日本仍希望抓住第四次工业革命的发展契机。以物联网为例，3 月，日本物联网加速联盟与欧盟物联网创新联盟签订合作谅解备忘录，将共享实践和信息交流、共享物联网创新政策建议、合作开展物联网标准化活动、利用物联网方案应对社会挑战等[28]。经济产业省会同总务省建立部际局长联席会，共同推进物联网领域的各项政策[29]。

4. 英国发布工业战略以提振经济

为应对"脱欧"挑战，英国政府 1 月发布了《建立我们的工业战略绿皮书》[30]，涵盖了加大对科研和创新领域的投资、提升科技领域的关键技术、升级能源和交通等基础设施、支持初创企业、加大政府采购、鼓励贸易和对内投资等十大要点，旨在通过加强政府干预，提高生产力和振兴工业来提高民众生活水平，促进经济繁荣，帮助英国适应"脱欧"后的变化。2017 年 11 月，英国政府发布工业战略，提出的目标是：到 2030 年成为全球最为创新的经济体，为国民创造高技术含量、高收入的就业机会。该战略中的"工业战略挑战基金"重点关注医疗保健与医药、机器人与人工智能、清洁柔性的储能电池、自动驾驶汽车、制造业与未来材料、卫星与空间技术等[31]。在电池方向，英国政府于 2017 年 10 月新建了由七所大学参与的国家级研究机构——法拉第研究院，以应对"法拉第电池挑战"（英国政府在 7 月提出的有关新型电池技术研究、创新和规模化的综合计划），推动和加速电池技术的基础研究及其转化[32]。

为提高青少年及其父母和老师对工程的认识和了解，11 月，英国政府宣布把 2018 年设立为"工程年"，通过资金投入、筹办 STEM（科学、技术、工程与数学）相关教育及延伸项目，营造更好的社会氛围与参与渠道，为储备未来优秀的工程人才打下基础[33]。

三、发展启示与建议

1. "重基础"：资助新材料基础性研究工作，并注重与应用相结合

美欧等国家和地区非常重视新材料方面的基础研究工作，以二维材料为例，美欧等资助了多项二维材料的计划和项目，研究了多个类别的二维材料，特别是近年来的资助力度逐渐加强。我国相关部门需探讨二维材料的发展规划，部署相关的研究计划和项目，促进我国二维材料的快速研究和发展。高校和科研院所在发展二维材料方面发挥着巨大的作用。美英等的高校和研究所建立了专门的研究中心，我国也需要投入物力和财力加强二维材料研究中心的建设，中国科学院相关研究单位可起到带头示范作用。虽然二维材料研究仍处于实验室研究阶段，但在光电、自旋电子学、催化、化学、生物传感、超级电容器、太阳能电池等方面的应用要早部署，更要向产业化方向发展，打通从实验室基础研究到市场应用的全价值链。

2. "盯上游"：重视关键矿物原材料的安全及其评估

对于我国在新材料领域的战略发展规划，建议重视上游关键矿物原材料的供给与建设。资源安全不仅是经济问题，更是政治问题，需要上升为国家战略。2017 年，美国地质调查局、欧盟委员会分别发布了《美国关键矿产资源——经济和环境地质学及未来供应前景》和《关键原材料清单（2017）》。我国国土资源部等也颁布了《全国矿产资源规划（2016—2020 年）》，但这还不够，还需组织相关部门研究我国的关键矿物原材料评估方法，建立能够反映资源稀缺程度、市场供求关系和环境成本等要素的评估方法机制，助力我国相关政策和规划的进一步制定。

3. "抓重点"：加强对重点关键领域的支持力度

美国关注的重点技术领域均为制造业创新网络所覆盖，确保持续的技术创新，进

而引领世界制造业的发展潮流。英国的高价值制造技术与创新中心也着重关注了七个方向。类似地,《中国制造 2025》结合我国的具体国情,确立了重点发展的十大领域。领域选取只是第一步,如何实现这些关键领域的持续性技术创新及其产业化应用才是关键所在。我国应借鉴美英等国的实践经验,立足我国实际,发挥我国优势,制定推动技术突破的政策措施,集中力量解决重点问题,并攻克关键材料,指导制造业向价值链高端和原创方向发展。

4. "用人才":培育并用好国内外的优秀人才

在主要发达国家重振制造业方面,众多的政策措施都涉及人才培养问题,出台了结合实际情况的人才培养及使用机制,吸引大量的国内外优秀人才。我国制造业发展同样也需要"广纳天下英才"。一是用好国内人才。依托重点企业、联盟、高校、研究所、职业院校等,优化成长环境,通过开展联合攻关及共同实施重大项目等,培养研究生人才,培育技术骨干及创新团队等。二是用好海外人才。例如,设立海外研发中心或工厂,吸引更多的外籍人士加入中国制造的研发领域。

致谢:中国科学院沈阳自动化研究所王天然院士、宁波材料技术与工程研究所何天白研究员、金属研究所谭若兵研究员、长春应用化学研究所王鑫岩处长对本报告初稿进行了审阅并提出了宝贵的修改意见,在此表示感谢!

参考文献

[1] Rice University. Rice U. physicists discover new type of quantum material. http://news. rice. edu/2017/12/18/rice-u-physicists-discover-new-type-of-quantum-material-2/[2017-12-18].

[2] Harvard University. Harvard scientists announce they've created metallic hydrogen,which has been just a theory. http://news. harvard. edu/gazette/story/2017/01/a-breakthrough-in-high-pressure-physics/[2017-01-26].

[3] Massachusetts Institute of Technology. Researchers design one of the strongest,lightest materials known. http://news. mit. edu/2017/3-d-graphene-strongest-lightest-materials-0106[2017-01-06].

[4] Nature. Elusive triangulene created by moving atoms one at a time. http://www. nature. com/news/elusive-triangulene-created-by-moving-atoms-one-at-a-time-1. 21462[2017-02-13].

[5] Science. High dislocation density-induced large ductility in deformed and partitioned steels. http://science. sciencemag. org/content/early/2017/08/23/science. aan0177[2017-08-24].

[6] 北京科技大学. 吕昭平教授团队在国际顶级期刊《Nature》发表学术论文. http://news. ustb. edu. cn/xin wen dao du/2017-04-11/65557. html[2017-04-11].

[7] Hu J, Shi Y N, Sauvage X, et al. Grain boundary stability governs hardening and softening in extremely fine nanograined metals. Science, 2017, 355(6331): 1292-1296.

[8] Lawrence Berkeley National Laboratory. Berkeley Lab Scientists Discover New Atomically Layered, Thin Magnet. http://newscenter. lbl. gov/2017/04/26/scientists-discover-atomically-layered-thin-magnet/[2017-04-26].

[9] University of Washington. Scientists discover a 2-D magnet. http://www. washington. edu/news/2017/06/07/scientists-discover-a-2-d-magnet/[2017-06-07].

[10] Technische Universitñt Wien. Microprocessors based on a layer of just three atoms. https://www. tuwien. ac. at/en/news/news_detail/article/124895/[2017-04-12].

[11] Manchester University. Scientists create world's first 'molecular robot' capable of building molecules. http://www. manchester. ac. uk/discover/news/scientists-create-worlds-first-molecular-robot-capable-of-building-molecules/[2017-09-20].

[12] University of Limerick. Researchers squeeze low-cost electricity from biomaterial. https://www. ul. ie/news-centre/news/researchers-squeeze-low-cost-electricity-biomaterial[2017-12-06].

[13] IBM. IBM Research Alliance Builds New Transistor for 5nm Technology. https://www-03. ibm. com/press/us/en/pressrelease/52531. wss[2017-06-05].

[14] Han S-J. Recent papers detail carbon nanotube scalabilty, integration breakthroughs. https://www. ibm. com/blogs/research/2017/07/cnt-breakthroughs/[2017-07-05].

[15] Fleischman T. Group blazes path to efficient, eco-friendly deep-ultraviolet LED. http://www. news. cornell. edu/stories/2017/03/group-blazes-path-efficient-eco-friendly-deep-ultraviolet-led[2017-03-01].

[16] California Institute of Technology. First On-Chip Nanoscale Optical Quantum Memory Developed. http://www. caltech. edu/news/first-chip-nanoscale-optical-quantum-memory-developed-79591[2017-09-11].

[17] Hardesty L. Artificial intelligence aids materials fabrication. http://news. mit. edu/2017/artificial-intelligence-aids-materials-fabrication-1106[2017-11-05].

[18] John Wiley & Sons, Inc. Man versus(Synthesis)machine: Active machine learning for the discovery and crystallization of gigantic polyoxometalate molecules. http://newsroom. wiley. com/press-release/angewandte-chemie-international-edition/man-versus-synthesis-machine-active-machine-le[2017-08-03].

[19] University of Vienna. Artificial intelligence for obtaining chemical fingerprints. http://medienportal. univie. ac. at/presse/aktuelle-pressemeldungen/detailansicht/artikel/mit-kuenstlicher-intelligenz-zum-chemischen-fingerabdruck/[2017-09-26].

[20] Hitachi. Development of Active-learning dialogue data-based AI technology. http://www. hitachi. com/rd/news/2017/0928. html[2017-09-28].

［21］ Kubota T. Stanford engineers design a robotic gripper for cleaning up space debris. https://news. stanford. edu/press-releases/2017/06/28/engineers-designing-space-debris/［2017-06-28］.

［22］ Deloitte. Manufacturing USA program design and progress：A third-party evaluation. https://www2. deloitte. com/us/en/pages/manufacturing/articles/manufacturing-usa-program-assessment. html［2017-01-12］.

［23］ Manufacturing USA. Manufacturing USA Releases its 2016 Annual Report. https://www. manu-facturingusa. com/news/manufacturing-usa-releases-its-2016-annual-report［2017-11-29］.

［24］ High Value Manufacturing Catapult. High Value Manufacturing Catapult 2016-17 annual review-published. https://hvm. catapult. org. uk/news-events-gallery/news/high-value-manufacturing-catapult-2016-17-annual-review-published/［2017-06-18］.

［25］ European Commission. The FET Flagships receive positive evaluation in their journey towards ground-breaking innovation. https://ec. europa. eu/digital-single-market/en/news/fet-flagships-receive-positive-evaluation-their-journey-towards-ground-breaking-innovation［2017-02-15］.

［26］ European Commission. Horizon 2020-Work Programme 2018-2020：Nanotechnologies，Advanced Materials，Biotechnology and Advanced Manufacturing and Processing. http://ec. europa. eu/re-search/participants/data/ref/h2020/wp/2018-2020/main/h2020-wp1820-leit-nmp_en. pdf［2017-10-27］.

［27］ METI. FY 2016 Measures to Promote Manufacturing Technology(White Paper on Manufacturing Industries)released. http://www. meti. go. jp/english/press/2017/0606_002. html［2017-06-06］.

［28］ METI. Memorandum of Understanding for IoT Cooperation between Japan and the EU concluded. http://www. meti. go. jp/english/press/2017/0321_005. html［2017-03-21］.

［29］ METI. METI and MIC to Establish a Joint Director-General-Level Team. http://www. meti. go. jp/english/press/2017/0328_004. html［2017-03-28］.

［30］ HM Government. Building our Industrial Strategy. https://www. gov. uk/government/uploads/system/uploads/attachment _ data/file/586626/building-our-industrial-strategy-green-paper. pdf［2017-01-01］.

［31］ GOV. UK. Business Secretary announces Industrial Strategy Challenge Fund investments. https://www. gov. uk/government/news/business-secretary-announces-industrial-strategy-challenge-fund-investments♯innovateuk［2017-04-21］.

［32］ EPSRC. Greg Clark announces Faraday institution. https://www. epsrc. ac. uk/newsevents/news/faradayinstitution/［2017-10-03］.

［33］ EPSRC. Government announces that 2018 will be the Year of Engineering. https://www. epsrc. ac. uk/newsevents/news/governmentannouncesthat2018willbetheyearofengineering/［2017-11-16］.

Advanced Materials and Manufacturing

Wan Yong , Feng Ruihua , Jiang Shan , Huang Jian

The innovative development of materials and manufacturing has greatly promoted major technological breakthroughs in various fields, and became the basis for the development of modern science and technology. In 2017, from the chain view of design, preparation, characterization, and application, the popularity of two-dimensional materials has not diminished. The upstream raw material resources have been valued. Many new materials have emerged. New breakthroughs have been made in the study of properties and structures. And fruitful results have been achieved. The development of artificial intelligence technology has also penetrated into this field, and has become a new hot topic.

4.12　重大科技基础设施领域发展观察

李泽霞　李宜展　郭世杰　董　璐　魏　韧

（中国科学院文献情报中心）

2017 年，各国重大科研设施建设和升级工作有序推进，新技术、新方法不断提高设施观测能力、质量和效率，数据管理和支撑能力逐步提升，国际合作进一步深化，涌现出一系列重要科技成果，应用领域不断延伸拓展。各国积极进行战略布局，欧美不断强化竞争优势，对加速器技术进行前瞻规划，核科学设施和相关技术的发展成为应对科学发展和社会经济挑战关注的重点。

一、领域重要研究进展

（一）重大科技基础设施的建设和升级有序推进

2017 年 5 月，世界最大的望远镜——欧洲极大望远镜（European extremely large telescope，E-ELT）在智利北部的阿塔卡马沙漠破土动工，预计将在 2024 年投入运行[1]。2017 年，欧洲同步辐射光源（European synchrotron radiation facility，ESRF）通过 ESRF-EBS 项目进行线站升级，建立一个全新的储存环，在亮度和相干性方面实现上百倍的提升[2]。6 月，ESRF 理事会同意在 2018～2022 年进行串行大分子晶体学的束线等 4 条新光束线的建设和试运行[3]。

一系列新建和升级的重大科技基础设施投入使用。2017 年，英国钻石光源（Diamond Light Source）的 VERSOX 线站、欧洲 X 射线自由电子激光器（EXFEL）等新设施相继迎来第一批用户[4,5]。11 月，中东首个高能加速器 SESAME 光源通过 X 射线吸收精细结构/X 射线荧光光谱线看到了第一束单色光，计划将于 2018 年正式投入使用[6]。12 月，瑞典 MAX Ⅳ 实验室 FinEstBeamS 线站出光，成为首个从 1.5GeV 存储环获取光线的线站[7]。

我国的重大科技基础设施建设也在稳步推进。2017 年 7 月，由中国科学院主持建造的国际首台颗粒流散裂靶（ADS）设施原理样机建成[8]。9 月，中国散裂中子源主体工程顺利完工，首次打靶成功，获得中子束流，进入试运行阶段[9]。12 月，上海张江综合性国家科学中心的又一重大装置项目——"硬 X 射线自由电子激光装置"获批启动，项目总投资达 83 亿元[10]。国家海底科学观测网[11]、高海拔宇宙线观测站[12]、空间环境地面模拟装置[13]、综合极端条件实验装置[14]等一批重大科技基础设施立项或相继启动建设。

（二）新兴技术大幅提升了平台设施的观测能力、质量和效率

2017 年 10 月，瑞典皇家科学院将诺贝尔化学奖授予冷冻电镜的开发者[15]，肯定了冷冻电镜在推动生命科学领域取得重大突破过程中发挥的巨大作用。同年，ESRF 的 TITAN KRIOS 冷冻电镜投入使用[16]，为结构生物学研究提供了新型创新平台。

2017 年 2 月，美国斯坦福直线加速器中心（SLAC）Linac 相干光源团队开发了新型的"履带声学液滴喷射"（ADE-DOT）系统，极大地提高了样品装载效率[17]。4 月，英国牛津大学联合钻石光源的科学家开发了从 X 射线衍射数据中提取隐藏信息的 PanDDA 方法，提高了图像解释的效率和准确性，为晶体模型的生成提供重大转变契机[18]。6 月，来自德国电子同步加速器研究所（DESY）、英国钻石光源、美国斯坦福直线加速器中心的科学家团队采用含有数千个细孔的微图案芯片承载蛋白质晶体，首次使用 X 射线自由电子激光解析了原子水平上的完整病毒颗粒的结构。该方法极大地提高 X 射线的命中率，减少了观测所需的病毒数量，成倍地提高观测速度，数据采集过程的优化为利用 X 射线进行病毒结构分析开辟了机遇[19]。

（三）重大科技基础设施的数据共享、管理和支撑能力逐步提升

伴随着重大科技基础设施的发展和实验观测方法的日益精进，科学实验数据的体量和生产速度与日俱增，如何科学合理地进行数据采集、管理、分析和存储成为科技基础设施管理机构和用户共同关注的问题。2017 年 4 月，美国先进光子源（APS）的 Extrepid 数据存储系统投入使用，为实验提供 1.5PB 的存储空间，存储系统通过两条专用的 10Gbps 网线连接到 APS，并可视需求增加，各线站相继开发与之配套的数据管理软件，以便帮助 APS 更好地管理科学大数据[20]。10 月，布鲁克海文国家实验室开发了可以兼容不同线站甚至其他光源数据的软件平台——Bluesky，不仅简化了 NSLS-Ⅱ的数据采集和比对流程，还有助于促进全球光源之间的科学合作[21]。

（四）基于重大科技基础设施的国际合作、商业合作得到进一步深化

国际热核聚变实验堆（ITER）于 2017 年 6 月同哈萨克斯坦国家核中心签订了非成员国的技术合作协议，更多国家的科学家深入参与到 ITER 的合作研究中[22]。2017 年 6 月，印度与 ESRF 签订协议，成为第 22 个加入 ESRF 的国家，合作重点放在结

构生物学上[23]。美国在中微子研究方面与欧洲的合作日趋紧密，包括欧洲核子研究中心（CERN）在内的 31 个国家的 176 个研究所的 1100 个合作者参与到美国深地中微子试验（DUNE）研究工作中。2018 年 1 月，英国科技设施委员会（STFC）完成了 DUNE 首个正极平面组件模块（APA）的原型，STFC 将为 DUNE 生产 150 个 APA，DUNE 将为此支付 STFC 6500 英镑[24]。德国反质子和离子研究装置（FAIR）由十个国家合作建设，除欧盟国家外，还包括俄罗斯和印度等国，其中德国承担设施建设经费的 75%，其他九个国家承担剩余的 25%[25]。

（五）依托重大科技基础设施的科技成果不断涌现，应用领域拓展延伸

1. 支撑基本物理粒子和物理现象的探索

2017 年，CERN 利用大型强子对撞机（LHC）深入探索粒子碰撞过程和物理现象，先后观测到 X（4274）、X（4500）和 X（4700）3 种四夸克粒子[26]以及不同能态的五粒子系统[27]、2 个重夸克的双粲重子 Ξ_{cc}^{++}（Xi_{cc}^{++}）[28]，获得希格斯玻色子衰变成 2 个下夸克的证据[29]，有助于加深对理论、重子结构、夸克间作用力的理解。2017 年 10 月，欧洲南方天文台（ESO）与美国激光干涉引力波天文台（LIGO）和室女座引力波天文台（Virgo）首次直接探测到了由双中子星并合产生的引力波及其伴随的电磁信号，打开了多信使天文学的新窗口[30]。在中国 500 米口径球面射电望远镜（FAST）启用一周年之际，国家天文台发布首批研究成果，探测到数十个优质脉冲星候选体，其中 6 颗得到国际认证，开启了中国射电波段大科学装置系统产生原创发现的新时代[31]。

2. 促进对生物过程的认知和新型药物的研发

2017 年 7 月，英国剑桥大学等机构的科学家利用英国钻石光源的冷冻电镜（cryo-EM），绘制了人类细胞质动力蛋白-1 的第一个三维结构，并解释了其被激活的过程，为探索治疗皮层发育畸形、病毒感染等疾病提供了新的方法和思路[32]。9 月，来自艾伯维等公司和哥本哈根大学的研究人员利用美国先进光子源（APS）首次识别了影响癌症发展的重要物质——选择性组蛋白乙酰转移酶，并发现使用小分子抑制剂进行选择性抑制靶向组蛋白乙酰转移酶的催化活性的可行性，为发展转录激活剂驱动的恶性肿瘤疾病治疗方法奠定基础[33]。2018 年 1 月，我国清华大学施一公团队使用冷冻电镜平台、高性能计算平台等设施在近原子分辨率尺度上观察人源剪接体的第一步催化反应状态的三维结构，为理解高等生物的 RNA 剪接过程提供重要基础[34]。

3. 推动新材料的开发与应用

2017 年 2 月，荷兰乌德勒支大学的研究人员利用 ESRF 收集超小角度 X 射线散射数据，解释了立方体的堆叠及其富相态行为，推进了胶体光子晶体等功能材料的自组装控制研究[35]。4 月，美国阿贡实验室（ANL）APS 首次捕获金属钯暴露在氢气中形成的结构缺陷，为构建缺陷模型、优化材料设计提供新的方法和途径[36]。6 月，美国布鲁克海文国家实验室在室温下用二维纳米多孔结构捕获氙气原子，并使用 NSLS 和 NSLS-Ⅱ 测量了表面喷出的电子动能和数量，有望在此基础上设计可捕获核电站产生的放射性氙和氪或者制作过滤小分子物质的分子筛[37]。

4. 支持新能源的探索和发展

2017 年 4 月，来自英国伦敦大学的研究人员使用英国钻石光源研究锂离子电池的短路现象，分析短路时商用锂离子电池的内部气层形成的过程以及温度升高所产生的影响，探讨电池失效机理，为改善商用电池模块设计的安全性提供新见解[38]。6 月，美国斯坦福大学的科学家设计了一种可以选择性地将二氧化碳转化为化学燃料的铜催化剂，实验通过 SLAC 观察铜催化剂的单晶结构并了解结构对电催化性能的影响，为开发具有工业规模的碳中性燃料技术奠定基础[39]。

5. 拓展古生物学、文物保护、生态环境等领域的研究应用

2017 年 3 月，英国伦敦大学的科学家在英国钻石光源上使用高分辨率 X 射线计算机断层扫描（HRXCT）技术，首次记录了考古遗迹中作物驯化的主要标志物，加深了人们对植物驯化过程的认识[40]。11 月，丹麦哥本哈根大学等机构的科学家利用 ESRF 微区分析技术（XRF、XANES）揭示了古埃及手稿的墨迹成分，有助于开发更完善的手稿保存方法、优化文物保护策略[41]。11 月，来自韩国延世大学、SLAC、DESY、中国高压科学研究中心等机构的科学家利用高温高压 X 射线测量技术创造地质俯冲带相似条件，首次观察了黏土矿物高岭石的超水合相的结构和化学变化过程，并加深了海洋板块俯冲期间水的输送和释放导致强烈火山活动过程的理解[42]。

二、重要战略计划与部署

1. 各国将重大科技基础设施的战略布局作为夯实国家发展基础、提升核心竞争力的重要举措

重大科技基础设施已经成为一个国家核心竞争能力的重要体现，各个国家均积极

进行战略研究和部署。2017 年 2 月,澳大利亚联邦政府发布《2016 国家研究基础设施路线图》,提出未来十年在 9 个优先研究领域重点建设的基础设施[43]。意大利[44]和保加利亚[45]也分别于 2017 年的 2 月和 6 月更新了国家基础设施路线图。

10 月,欧盟发布《"地平线 2020"计划科研基础设施领域 2018～2020 年工作计划》,在欧洲层面推动和支持欧洲科研基础设施部署和长期可持续发展[46]。11 月,欧洲天体粒子物理联盟(APPEC)和欧洲核物理合作委员会(NuPECC)分别发布《欧洲天体粒子物理战略 2017—2026》[47]和《欧洲核物理长期计划》[48],阐述了重大科技基础设施在提升天体粒子物理和核物理科研水平方面的重要作用,并对相关重大科技基础设施提出了部署建议。2018 年 1 月,英国宣布将制定其首个研究与创新基础设施路线图。英国将以前所未有的规模和涵盖范围制定此次路线图规划。英国大学和科学部委托英国研究与创新委员会(UKRI①)实施此次路线图的制定工作,初定将于2019 年后半年发布[49]。

2. 欧美为保持其在重大科技基础设施方面的优势竞争地位,前瞻布局未来加速器技术

2017 年 5 月,欧盟"地平线 2020"项目资助 1000 万欧元启动"欧洲加速器研究与创新项目",研讨未来欧洲加速器发展的方向,项目由 CERN 牵头,来自 18 个国家的 41 位科学家参加到项目中;11 月,召开了光子束研讨会,目标是改进下一代加速器的性能、推动设计下下代的加速器、研究在更远的未来加速器的可能技术选项[50]。美国能源部每年在先进加速器研发上都有稳定的投入,支持先进加速器的研发,在能源部预算大幅压缩的情况下,2017 年[51],高能物理计划的先进技术研发投入仍为1.18 亿美元,占其总预算的 16.3%。

3. 积极规划核科学设施及相关技术发展,应对科学及社会经济挑战

欧洲核物理合作委员会《欧洲核物理长期计划》指出,欧盟需基于正在进行的COSY 研究,部署寻找带电粒子电偶极矩(EDM)的精密存储环的概念研究;急需在2025 年完成反质子和离子研究设施,以稳固欧洲在核物理领域的领先地位;部署研发交感激光冷却技术来冷却诸如质子、反质子和高电荷离子等至几毫开的温度;精确测量奇异原子,如反氢原子、μ 介子氢、π 介子氢和 μ 子素;研发极高或极低强度高稳定度的磁场,以及与核磁共振相关的高精度磁测量技术,可用于研究电偶极矩和暗物质搜寻[52]。

---

① UKRI:英国新设的资助研究和创新的唯一机构。

2017 年 12 月，英国政府宣布投入 1 亿英镑用于发展小型模块化反应堆（SMRs）技术。2018 年 1 月，英国智库政策互通（policy exchange），发布《小型模块化反应堆：能源领域下一步的重要方向》报告，指出小型反应堆对英国减少二氧化碳排放至关重要，同时也能满足国家不断增长的电力需要。报告还称，SMR 可以提供灵活的能源类型，可以电解水制氢，而且 SMR 的余热可用于建筑物供暖，从而减少二氧化碳排放[53]。2018 年 2 月，加拿大宣布启动制定 SMR 上网和离网应用技术的战略路线图，旨在促进创新并为行业建立长期愿景，并评估不同 SMR 技术的特点及其与加拿大要求和优先事项的一致性，相关工作由加拿大核协会全面负责[54]。

三、启示与建议

1. 重视战略规划，持续进行发展规划的研究

重大科技基础设施的建设和应用涉及大量复杂的科学问题，需要大量公共财政的投入，因此特别需要审慎进行设施可行性及科学目标方面的前瞻性研究和发展规划研究。发展规划的研究是一个长期持续的工作，随着科学技术的发展，对建设目标、设施水平和涉及领域需要作相应的调整，规划也需要定期更新。

2. 加强对重大科技基础设施运行和科研的支持力度

我国非常重视重大科技基础设施的建设，但是和欧美比较，设施建设的投入和运行及使用投入都有待加强。重大科技基础设施是一个国家科技实力的综合体现，建设水平和使用水平都很关键，应当加强对设施运行和科研应用方面的支持力度，提高设施的使用效率，促进更多更好的成果产出。

3. 合理布局科技基础设施的学科应用研究

我国部分重大科技基础设施的建设水平已经居于世界前列，但是基于设施的应用研究潜力还没有充分发挥出来。国家基础研究设施作为催生突破的重大科技手段，已经在新物理、新材料、新能源、生命科学、环境科学方面取得丰硕的成果。我国应当充分利用重大科技基础设施的产出黄金期，加强围绕重大科技基础设施的应用研究的部署，促成更多高影响力成果的产出。

4. 前瞻布局，重视重大科技基础设施前沿技术研发

保持竞争优势必须进行前导技术的研发，欧美已经形成了加速器概念研究良好的

探讨机制，与全世界的科学家广泛研讨、思想碰撞，而我国在大科学装置先进技术的研发方面还没有稳定、系统的资助计划，未形成相互衔接、联系密切的链，没有形成概念预研良好的研究氛围，需要进一步加强引导和支持，才有可能使我国的重大科技基础设施水平整体赶超欧美发达国家和地区。

5. 加强国际合作，积极参与或牵头实施国际大科学计划

我国长期以来都很重视国际合作，已经通过大量的国际合作工作，提升了科研水平和能力，改进了科研管理方式。虽然我国科研水平近年来有了大幅度提升，特别是牵头组织实施了大亚湾中微子实验，极大程度提升了国际科技合作的影响力。近期，我国也发布了《积极牵头组织国际大科学计划和大科学工程方案》，但是总体上仍和发达国家有一定的差距，仍需加强与发达国家的研究合作，加速提升我国的科技水平和国际地位。

致谢：中国科学院物理研究所金铎研究员和中国科学院高能物理研究所张闯研究员审阅了全文并提出宝贵的修改意见和建议，谨致谢忱！

参考文献

[1] ESO. The Extremely Large Telescope. http://www.eso.org/public/teles-instr/elt/[2017-05-26].

[2] ESRF. ESRF 2017 beamtime allocation sets new record high. http://www.esrf.eu/home/news/general/content-news/general/esrf-2017-beamtime-allocation-sets-new-record-high.html[2017-06-14].

[3] ESRF. Four new beamlines get go ahead at the ESRF. http://www.esrf.eu/home/news/general/content-news/general/four-new-beamlines-get-go-ahead-at-the-esrf.html[2017-06-28].

[4] Diamond. Diamond's infrared beamline steps up to living cells research. http://www.diamond.ac.uk/Home/News/LatestNews/2017/26-06-17.html[2017-06-17].

[5] European XFEL. First users at European XFEL. https://www.xfel.eu/news_and_events/news/index_eng.html?openDirectAnchor=1326&two_columns=0[2017-09-20].

[6] CERN. First light for the pioneering SESAME light source. https://phys.org/news/2017-11-sesame-source.html[2017-11-22].

[7] MAX IV. First light at FinEstBeAMS. https://www.maxiv.lu.se/news/first-light-at-finestbeams/.[2017-12-08].

[8] 中国科学院近代物理研究所. 国际首台颗粒流散裂靶原理样机建成. http://www.impcas.ac.cn/kyjz2017/201707/t20170714_4833002.html[2017-07-14].

［9］高能物理研究所.中国散裂中子源首次打靶成功获得中子束流，http：//www. cas. cn/yw/201709/t20170901_4613035. shtml［2017-09-22］.

［10］黄辛.硬 X 射线自由电子激光装置启动建设. http：//news. sciencenet. cn/htmlnews/2017/12/397520. shtm［2017-12-19］.

［11］新华网.我国将建设国家海底科学观测网. http：//www. xinhuanet. com//2017-06-08/c_1121111221. htm［2018-06-08］.

［12］高海拔宇宙观测站. LHAASO 大事记. http：//www. ihep. cas. cn/lhaaso/dsj/201803/t20180305_4969650. html［2018-03-05］.

［13］哈尔滨工业大学.空间环境地面模拟装置国家重大科技基础设施全面启动. http：//news. hit. edu. cn/cd/ba/c1510a183738/pagem. psp［2017-09-02］.

［14］人民网.我国启动建设全球首个综合极端条件实验装置. http：//scitech. people. com. cn/n1/2017/1009/c1007-29575081. html［2017-10-09］.

［15］Nobelprize. The Nobel Prize in Chemistry 2017. https：//www. nobelprize. org/nobel_prizes/chemistry/laureates/2017/［2017-10-04］.

［16］浙江大学.浙江大学冷冻电镜中心正式成立. http：//www. news. zju. edu. cn/2017/0509/c1043a507643/page. htm［2017-05-10］.

［17］BNL. Conveyor Belt Innovation Speeds Up Biological Discovery. https：//www. bnl. gov/newsroom/news. php?a＝112104［2017-03-08］.

［18］Pearce N M，Krojer T，Bradley A R，et al. A multi-crystal method for extracting obscured crystallographic states from conventionally uninterpretable electron density. https：//www. nature. com/articles/ncomms15123♯author-information［2017-04-27］.

［19］DESY. First atomic structure of an intact virus deciphered with an X-ray laser. http：//www. desy. de/news/news_search/index_eng. html?openDirectAnchor＝1240&two_columns＝0［2017-06-19］.

［20］APS. New Data Management Capabilities at the APS. https：//www. aps. anl. gov/APS-News/2018/new-data-management-capabilitiesaps［2017-04-07］.

［21］Kossman S. Software developed at Brookhaven Lab Could Advance Synchrotron Science Worldwide. https：//www. bnl. gov/newsroom/news. php?a＝212470［2017-10-2］.

［22］Coblentz L. ITER signs Cooperation Agreement with Kazakhstan. https：//www. iter. org/doc/www/content/com/Lists/list_items/Attachments/731/2017_06_ITER-Kazakhstan. pdf［2018-02-28］.

［23］ESRF. India and the ESRF seal agreement. http：//www. esrf. eu/home/news/general/content-news/general/india-and-the-esrf-seal-agreement. html［2017-06-19］.

［24］STFC. UK builds vital component of global neutrino experiment. http：//www. stfc. ac. uk/news/uk-builds-vital-component-of-global-neutrino-experiment［2018-02-28］.

［25］FAIR. Germany in FAIR. https：//fair-center. eu/partners/de-germany. html［2018-01-07］.

［26］Pandolfi S. LHCb unveils new particles. https：//home. cern/about/updates/2016/07/lhcb-un-veils-new-particles［2016-07-16］.

［27］Pandolfi S. LHCb observes an exceptionally large group of particles. https：//home. cern/about/updates/2017/03/lhcb-observes-exceptionally-large-group-particles［2017-3-20］.

［28］Pralavorio C. LHCb announces a charming new particle. https：//home. cern/about/updates/2017/07/lhcb-announces-charming-new-particle［2017-07-06］.

［29］Kahle K. LHC experiments highlight 2017 results. https：//home. cern/about/updates/2017/12/lhc-experiments-highlight-2017-results［2017-12-22］.

［30］ESO. ESO Telescopes Observe First Light from Gravitational Wave Source. http：//www. eso. org/public/news/eso1733/［2017-10-16］.

［31］FAST. 国家天文台举办 FAST 首批成果新闻发布会. http：//fast. bao. ac. cn/showNews. php?Action＝News&ID＝141［2017-10-10］.

［32］Diamond. eBIC produces first 3D structure of the complete human dynein. http：//www. diamond. ac. uk/Home/News/LatestNews/2017/05-07-18. html［2017-07-05］.

［33］APS. Identifying the First Selective HAT Inhibitor. https：//www. aps. anl. gov/APS-Science-Highlight/2018/identifying-first-selective-hat-inhibitor［2017-10-25］.

［34］结构生物学高精尖创新中心. 施一公研究组报道人源剪接体第一步催化反应状态的三维结构. http：//www. icsb. tsinghua. edu. cn/info/zxxw/1940［2018-01-26］.

［35］ESRF. Observing new ways to stack colloidal cubes. http：//www. esrf. eu/home/news/spotlight/content-news/spotlight/spotlight279. html［2017-02-10］.

［36］APS. For First Time, X-ray Imaging Captures Material Defect Proces. https：//www. aps. anl. gov/APS-News/2018/first-time-x-ray-imaging-captures-material-defect-process［2017-04-07］.

［37］Tantillo A, Genzer P. Studying Argon Gas Trapped in Two-Dimensional Array of Tiny "Cages". https：//www. bnl. gov/newsroom/news. php?a＝112269［2017-7-17］.

［38］Diamond. Diamond highlights damage pathways in lithium-ion batteries. http：//www. diamond. ac. uk/Home/News/LatestNews/2017/28-04-17. html［2017-4-28］.

［39］Shwartz M. Discovery could lead to sustainable ethanol made from carbon dioxide. https：//energy. stanford. edu/news/discovery-could-lead-sustainable-ethanol-made-carbon-dioxide［2017-6-19］.

［40］Diamond. Domesticating seeds. http：//www. diamond. ac. uk/Home/News/LatestNews/2017/13-07-17. html［2017-3-17］.

［41］ESRF. Ancient Egyptian papyrus' ink reveals its origin. http：//www. esrf. eu/home/news/general/content-news/general/ancient-egyptian-papyrus-ink-reveals-its-origin. html［2017-11-10］.

［42］DESY. Clay mineral waters Earth's mantle from the inside. http：//www. desy. de/news/news_search/index_eng. html?openDirectAnchor＝1310&two_columns＝1［2017-11-20］.

[43] Department of Education and Training. 2016 National Research Infrastructure Roadmap. https://www. education. gov. au/2016-national-research-infrastructure-roadmap[2017-05-12].

[44] Ministridell'istruzione,dell'università e dellaricercadella Repubblica Italiana. Programma Nazionale per le Infrastrutture di Ricerca(PNIR) 2014-2020. http://www. ponricerca. gov. it/notizie/2017/pnir/[2018-03-20].

[45] Ministry of Education and Science Republic of Bulgaria. BULGARIA NATIONAL ROADMAP FOR RESEARCH INFRASTRUCTURE 2017-2023. https://ec. europa. eu/research/infrastructures/pdf/roadmaps/bulgaria_national_roadmap_2017_en. pdf[2017-6-16].

[46] EC. Horizon 2020 Work Programme from 2018 to 2020. https://ec. europa. eu/programmes/horizon2020/en/news/horizon-2020-work-programme-2018-2020[2017-10-27].

[47] Astroparticle Physics European Consortium. European Astroparticle Physics Strategy 2017-2026. http://www. appec. org/wp-content/uploads/Documents/Current-docs/APPEC-Strategy-Book-Proof-19-Feb-2018. pdf[2017-12-26].

[48] NuPECC-ESF. Nupecc-esf launches the 5th European long-range plan for nuclear physics. http://www. esf. org/newsroom/news-and-press-releases/article/nupecc-esf-launches-the-5th-european-long-range-plan-for-nuclear-physics/[2017-11-27].

[49] UK Research and Innovation. UK's nationally important research and innovation infrastructure capabilities to be mapped for first time. https://www. ukri. org/news/uks-nationally-important-research-and-innovation-infrastructure-capabilities-to-be-mapped-for-first-time/[2018-01-30].

[50] Community Research and Development Information Service. Accelerator Research and Innovation for European Science and Society. https://cordis. europa. eu/project/rcn/207680_en. html[2017-01-25].

[51] Office of Science. U. S. Department of Energy. FY_2018_SC_HEP_Cong_Budget,https://science. energy. gov/~/media/budget/pdf/sc-budget-request-to-congress/fy-2018/FY_2018_SC_HEP_Cong_Budget. pdf[2018-02-02].

[52] Nuclear Physics European Collaboration Committee. NuPECC Long Range Plan 2017 "Perspectives for Nuclear Physics. http://www. nupecc. org/lrp2016/Documents/lrp2017. pdf[2017-12-26].

[53] Physics World. Small modular nuclear reactors are a crucial technology,says report-. https://physicsworld. com/a/small-modular-nuclear-reactors-crucial-technology-says-report/[2018-02-08].

[54] Government of Canada. Canada Mapping a Strategy for the Next Generation of Nuclear Reactor Technology. https://www. canada. ca/en/natural-resources-canada/news/2018/02/canada_mapping_astrategyforthenextgenerationofnuclearreactortech. html[2018-02-28].

Major Research Infrastructure Science and Technology

Li Zexia，Li Yizhan，Guo Shijie，Dong Lu，Wei Ren

In 2017，constructing and upgrading of major research infrastructure was promoted steadily and orderly. Ability，efficiency，and quality of major research infrastructurein detection，research，and data management was improved continuously by new technologies and new methods. International cooperation was deepened. A mass of scientific and technological breakthroughs sprung up. The application field of major research infrastructure is keeping on extension. All countries actively carry out strategic plan on major research infrastructure. Europe and the United States continue to strengthen their competitive preponderance，and make forward-looking plans for accelerator technology. The development of nuclear science facilities and related technologies has become the focus of scientific development and coping with socio-economic challenges.

第五章

中国科学发展概览

A Brief of Science Development in China

5.1 2017年科学技术部基础研究管理工作概述

李 非 崔春宇 周 平 任家荣

（科学技术部基础研究司）

2017年，科学技术部基础研究司学习贯彻习近平新时代中国特色社会主义思想，深入贯彻落实党的十九大精神，按照《国家创新驱动发展战略纲要》和《"十三五"国家科技创新规划》部署，落实全国科技创新大会精神，深化基础研究管理体制改革，突出重点、真抓实干、锐意进取，扎实推进各项业务工作，努力开创基础研究管理工作的新局面。

一、加强基础研究顶层设计

1. 起草《关于面向科技强国加强基础研究的若干意见》

为落实习近平总书记在全国科技创新大会上的讲话精神，结合全国政协重点提案办理，科学技术部组织召开"面向科技强国的基础研究"香山科学会议，与会代表围绕面向科技强国加强基础研究、进一步深化科技计划管理改革等积极建言献策，就制定基础研究发展的新战略、新举措进行了深入讨论，形成了新时代加强基础研究的广泛共识。牵头起草《关于面向科技强国加强基础研究的若干意见》，经国家科技体制改革和创新体系建设领导小组（以下简称国家科改领导小组）审议通过，已提交国务院常务会议审议。《关于面向科技强国加强基础研究的若干意见》定位为国家层面推动基础研究发展的指导性文件，明确了我国基础研究发展目标、发展原则、重点任务，对下一阶段推动我国基础研究工作具有重要意义。

2. 编制发布"十三五"规划

与教育部、中国科学院和国家自然科学基金委员会共同编制印发《"十三五"国家基础研究专项规划》，与国家发展和改革委员会、财政部共同编制印发《"十三五"国家科技创新基地与条件保障能力建设专项规划》，与国家质量监督检验检疫总局、国家标准化管理委员会共同编制印发《"十三五"技术标准科技创新规划》。

315

3. 积极开展调研和战略研究

对国家实验室建设方案、基础科学研究国际前沿方向与发展态势、科学数据汇交管理重大问题、基因编辑与合成生物学发展进行调研,形成调研报告。开展国家创新能力体系问题和引力波探测重大问题研究。部署新形势下基础研究的时代特征与发展规律、加强企业基础研究、引导社会资金投入基础研究、强化战略科技力量等重大问题战略研究。

二、加强基础研究前瞻部署

1. 完成"量子通信与量子计算机""脑科学与类脑研究"实施方案编制

落实中央部署,完成"量子通信与量子计算机"、"脑科学与类脑研究"两个"科技创新2030—'新一代人工智能'重大项目"实施方案编制。"量子通信与量子计算机"重大项目以突破以量子信息为主导的第二次量子革命的前沿科学问题和核心关键技术为目标,在量子通信、量子计算与模拟、量子精密测量等方面加强部署,抢占量子科技国际竞争和未来发展的制高点。"脑科学与类脑研究"重大项目将从介观层面解析脑认知功能的神经环路结构和机制,引领类脑计算和脑机智能发展,促进认知相关的脑重大疾病预防和早期诊治。

2. 在国家重点研发计划中全面部署基础研究任务

在国家重点研发计划战略性前瞻性重大科学问题领域,已启动了干细胞及转化研究、纳米科技、量子调控与量子信息、蛋白质机器与生命过程调控、大科学装置前沿研究、全球变化及应对等6个重点专项。2017年完成6个重点专项的年度立项工作,发布2018年指南。

变革性技术关键科学问题重点专项于2017年启动,支持有望对经济社会发展产生变革性影响的前瞻性、原创性基础研究和前沿交叉研究。

积极推动新重点专项启动,完成合成生物学、发育编程及其代谢调节2个重点专项实施方案和2018年指南编制工作。

国际热核聚变实验堆(ITER)计划国内专项完成2017年指南发布、评审和立项。"国家质量基础的共性技术研究与应用"重点专项立项启动31个项目,发布2018年度指南。科技基础资源调查专项编制实施方案,制定专项管理办法,完成首批项目部署,发布2018年度项目指南。

三、建设高水平科技创新基地

1. 推进国家实验室建设

落实党的十八届五中全会和全国科技创新大会精神，开展国家实验室组建方案的编制工作，组建方案先后经国家科改领导小组会议、中央全面深化改革领导小组（以下简称中央深改领导小组）会议、中央政治局常务委员会会议审定，由中共中央、国务院印发。开展量子信息科学国家实验室组建有关工作。

2. 统筹推进国家科技创新基地优化整合

根据《关于深化中央财政科技计划（专项、基金等）管理改革的方案》（国发〔2014〕64号）部署，经国家科改领导小组审议通过，与财政部、国家发展和改革委员会共同制定印发《国家科技创新基地优化整合方案》，形成三类七个系列国家科技创新基地建设发展布局，并对科技部相关任务做出分工安排。批准组建北京分子科学、武汉光电、北京凝聚态物理、北京信息科学与技术、沈阳材料科学、合肥微尺度物质科学6个国家研究中心。形成《关于加强国家重点实验室建设发展的若干意见（初稿）》。研究起草《国家野外科学观测研究站建设发展实施方案（征求意见稿）》、《国家野外科学观测研究站建设与运行管理办法》和《国家野外科学观测研究站评估办法》，对野外科学观测研究站建立分类评估、动态调整机制。

3. 加强国家科技创新基地管理与建设

完成生物领域和医学领域学科国家重点实验室的评估，开展信息领域国家重点实验室的评估，完成地学、数理领域国家重点实验室的整改核查。对99家企业国家重点实验室、12个香港伙伴国家重点实验室和国家工程技术研究中心开展评估。对39个国家工程技术研究中心进行验收。批准建设8个省部共建国家重点实验室。会同资管司、合作司探索中央财政以项目方式直接资助香港国家重点实验室科研活动的新机制。

四、推动科技资源开放共享

1. 起草《科学数据管理办法》

落实中央深改领导小组重点任务，起草《科学数据管理办法》，经国家科改领导小组会议审议通过，已提请中央深改领导小组会议审议。

2. 深入落实《国务院关于国家重大科研基础设施和大型科研仪器向社会开放的意见》（以下简称国发70号文）

一是会同国家发展和改革委员会和财政部发布《国家重大科研基础设施和大型科研仪器开放共享管理办法》，推动非涉密和无特殊规定限制的科研设施与仪器一律向社会开放。二是研究制定科研设施和仪器开放共享评价考核试点方案。三是开展专项督查，对29家高校和科研院所现场督查，形成《科技部关于国家重大科研基础设施和大型科研仪器向社会开放情况专项督查报告》上报中央深改办。四是总结国发70号文三年来的落实情况，形成《科技部关于落实〈国务院关于国家重大科研基础设施和大型科研仪器向社会开放的意见〉情况的总结报告》报国务院。五是研究制定《免税进口科研仪器设备开放共享管理办法》，对免税进口仪器设备管理、共享、使用和监管予以规范，推动进口免税科研仪器简化开放服务审批备案程序。六是推动军民科研基地及重大设施资源共享，研究制定《促进国家重点实验室与国防科技重点实验室、军工和军队重大试验设施与国家重大科技基础设施资源共享管理办法》。

3. 加强国家科技基础条件资源共享服务平台建设与管理

发布国家科技基础条件平台绩效考核与评估结果，将基础科学数据共享网等6个平台建设项目纳入国家科技基础条件平台体系，对资源类型相近平台进行整合。完成28个科技资源共享服务平台内部绩效考核。研究起草《国家科技资源共享服务平台管理办法》。

4. 稳步推进科技基础条件管理

加强国家实验动物种质资源、疾病模型等研发和库馆建设。形成《〈实验动物管理条例〉修订草案》，推动配套规章制度修订工作。

五、推动质量科技和技术标准工作

落实国家科改领导小组任务部署，一是会同质检总局、国家标准化管理委员会联合启动科技成果转化为技术标准试点工作；二是会同国家质量监督检验检疫总局印发《关于加强国家质量基础科技创新的指导意见》，促进科技创新和质量提升协同联动；三是落实《关于在国家科技计划专项实施中加强技术标准工作的指导意见》，在国家科技重大专项和国家重点研发计划专项中加大标准任务研制支持，开展标准研制任务梳理和衔接。

六、推进基础研究国际合作和人才工作

会同科学技术部国际合作司起草"一带一路"联合实验室建设相关文件。推动我国以正式成员国和重要用户身份加入欧洲 X 射线自由电子激光项目。完成 2017 年"千人计划"重点学科与重点实验室平台评审推荐工作。

七、加强基础研究宣传

召开 2017 年基础研究工作会议，凝聚各部门各地方面向科技强国加强基础研究的共识，促进全国基础研究工作交流，加强基础研究重点任务部署。举办 2017 年基础研究与管理改革培训班，学习贯彻党的十九大对科技创新的部署，解读基础研究相关重点政策举措。

Annual Review of the Department of Basic Research of Ministry of Science and Technology in 2017

Li Fei，Cui Chunyu，Zhou Ping，Ren Jiarong

The paper reports progresses made in basic research management by the Ministry of Science and Technology (MOST) in 2017: The Department of Basic Research has conscientiously implemented the decisions and deployments of the CPC Central Committee and enforced the requirements laid down at the National Science, Technology and Innovation Conference. Meticulous work has been done in strengthening top-level design and forward-looking planning of basic research, constructing high-level science and technology innovation bases, advancing the opening and sharing of scientific and technological resources, improving technology standardization, actively carrying out strategic research, and enhancing international cooperation of basic research and talent management. All of the efforts have promoted the basic research management to a higher level.

5.2 2017 年度国家自然科学基金项目申请和资助综述

李志兰 谢焕瑛

（国家自然科学基金委员会计划局项目处）

2017 年，国家自然科学基金委员会（以下简称"自然科学基金委"）以习近平总书记关于科技创新的重要论述为指引，牢固树立"四个意识"，按照统筹推进"五位一体"总体布局、协调推进"四个全面"战略布局要求，全面贯彻落实全国科技创新大会精神，坚持稳中求进工作总基调，抓重点、补短板、强弱项。围绕夯实科技基础的战略目标，统筹实施年度资助计划，重点培育源头创新能力，不断提升科技源头供给质量和效益，更好发挥国家自然科学基金在科技强国建设进程中的战略引擎作用。全年按计划完成了各类项目的申请、受理、评审和批准工作，并在加大力度培养青年人才、积极培育原创性成果、推进学科交叉融合、持续完善资助管理机制等方面进行了不懈探索。

一、项目申请与受理情况

1. 申请情况

2017 年，科学基金项目申请呈现以下几个特点：一是申请总量继续保持大幅上涨态势。截至 2017 年 12 月 17 日，自然科学基金委共接收各类项目申请 202 248 项，比 2016 年增加 19 714 项，增幅达 10.80%，再创历史新高。在各类项目申请中，人才类项目申请量增幅最大，达到 102 348 项，比 2011 年（65 215 项）增加了 37 133 项，增长 56.94%，反映出我国基础研究人才队伍规模逐年扩大的趋势。有关统计数据见表 1。二是地方所属依托单位申请总量持续增长。近年来，地方所属的高等学校和科研机构基础研究人才队伍规模有了明显的扩大，申请量持续增加，地方省（自治区、直辖市）所属依托单位的申请量共计 103 398 项，比 2011 年（67094 项）增加 36 304 项；占总申请量的 51.12%，继 2016 年后占比再次超过 50%，比 2011 年（45.44%）增加近 7 个百分点。三是简化了申请材料及管理工作程序。2017 年起，申请国家杰出青年科学基金项目和创新研究群体项目时不再要求提交依托单位推荐意见。

表 1　2017 年部分自然科学基金项目申请情况（按项目类型统计）

项目类型	2016 年	2017 年	增幅
面上项目	74 048	80 291	+8.43%
重点项目	2 782	3 012	+8.27%
重点国际（地区）合作研究项目	610	609	−0.16%
青年科学基金项目	70 399	78 195	+11.07%
优秀青年科学基金项目	4 413	4 867	+10.29%
国家杰出青年科学基金项目	2 433	2 684	+10.32%
创新研究群体项目	257	256	−0.39%
海外及港澳学者合作研究基金项目	386	411	+6.48%
地区科学基金项目	14 156	15 935	+12.57%
外国青年学者研究基金项目	240	391	+62.92%
国家重大科研仪器研制项目（自由申请）	588	591	+0.51%

2. 受理情况

2017 年自然科学基金委接收的项目申请中共受理 198 065 项，不予受理 4183 项（占接收项目申请总数的 2.11%）。在不予受理的项目申请中，"依托单位或合作研究单位未盖公章或是非法人公章，或所填单位名称与公章不一致"（568 项）、"不属于本学科项目指南资助范畴"（526 项）、"申请代码或研究领域选择错误"（320 项）的项目申请占前三位。

3. 不予受理项目复审申请及审查情况

在规定期限内，自然科学基金委共接收不予受理复审申请 631 项，占全部不予受理项目的 15.08%。经审核，共受理复审申请 509 项。经审查，维持原不予受理决定的 466 项；认为原不予受理决定有误、重新送审的 43 项，占全部不予受理项目的 1.03%，其中 9 项通过评审后建议资助。

二、项目评审与批准资助情况

（一）项目评审情况

2017 年，自然科学基金委在评审工作中切实加强党的领导，强化依法行政，注重风险防控，严格规范程序，取得了较好的效果。一是加快推进通讯评审专家辅助指派系统的全面使用，做到学科全覆盖。通讯评审专家计算机辅助指派系统在各科学部得到了普遍使用，使用辅助指派系统的项目占比达到86.06%，比2016年提高了9.57个百分点。二是严明会议评审纪律，规范会议评审各环节。自然科学基金委提出了更加明确的要求，对会议评审中遴选评审专家及参加会议评审的项目、投票方式、项目资助经费审定方式、倾斜资助政策及陪同答辩人数等进行了进一步规范。

自然科学基金委按计划完成了通讯评审和会议评审工作。经核查，各类项目通讯评审指派专家数量及有效通讯评审意见数量均符合管理办法的要求。所有具有答辩环节的项目会议评审过程中，均对申请人汇报和评审专家提问过程进行录音录像并归档保存，全部采用会议评审现场手机信号屏蔽措施。重大项目、创新研究群体项目和国家重大科研仪器研制项目（部门推荐）在评审会前公布评审专家名单，其他类型项目会议评审专家名单于评审会结束后一周内在自然科学基金委网站向全社会公布。

（二）项目批准资助情况

经过规定的评审与审批程序，截至2017年12月17日，共批准资助项目43 796项，直接费用2 496 237.26万元。主要从以下几个方面开展项目资助。

1. 聚焦基础前沿，努力夯实创新基础

坚持稳定支持基础研究鼓励自由探索，在总资助量提高的背景下，保持自由探索项目的经费占比，保障科研人员自主选题大胆探索，推动学科均衡协调可持续发展。资助面上项目18 136项，直接费用1 068 590万元，平均资助强度为58.92万元/项，平均资助率22.59%。资助青年科学基金项目17 523项，直接费用400 270万元，平均资助强度为22.84万元/项，平均资助率22.41%；资助地区科学基金项目3017项，直接费用109 520万元，平均资助强度为36.30万元/项，平均资助率18.93%。上述三类项目资助资金比2016年合计增加140 133万元，增幅9.74%。

按照国家自然科学基金"十三五"发展规划的部署，围绕优先发展领域，加强前瞻部署，力争形成重点突破。稳步提高重点项目的资助规模与强度，激励科学家着眼长远、系统解决重要科学问题。2017年，加大了对重点项目的资助力度，资助数和平均资助强度均比2016年有所提高。资助重点项目667项，直接费用198 700万元，平均资助强度297.90万元/项。

突出科学目标引导，鼓励和培育具有原创性思想的科研仪器研制，为科学研究提供新颖手段和有力工具，开拓研究领域，催生源头创新。资助国家重大科研仪器研制项目（自由申请）83项，直接费用58 977.91万元；资助国家重大科研仪器研制项目（部门推荐）5项，直接费用32 821.98万元。

稳步深化开放合作，不断提升国际影响力。继续实施开放合作战略，鼓励中外科

学家开展实质性合作研究，资助重点国际（地区）合作研究项目 107 项，直接费用 25 500 万元；资助组织间国际（地区）合作研究项目 370 项，直接费用 69 290.52 万元。

2. 突出人才为先，积极培育创新队伍

自然科学基金委积极争取中央财政支持，在项目申请量继续大幅提升的背景下，加大力度培养青年人才。保持青年科学基金项目资助率同上年基本持平，同时提高对青年科研人员的资助强度，稳定基础研究人才队伍，并确保资助拔尖人才质量。青年科学基金资助项目数为 17 523 项，比 2016 年（16 112 项）增加了近 1500 项；同时将青年科学基金项目的资助强度提高至将近 23 万元/项，比 2016 年提高 18.10%；总的资助额度达到 40 亿元，比 2016 年增加 28.43%。此外，在各类项目的评审过程中，注重对青年科研人员的支持，科研人才团队呈现年轻化趋势。例如，2011 年以来，面上项目和地区科学基金项目负责人中年龄在 40 岁以下的占比稳步提高，2017 年分别达到 46.22% 和 54.06%，比 2011 年均提高了约 10 个百分点。资助优秀青年科学基金项目 399 项，直接费用 51 870 万元。资助国家杰出青年科学基金 198 项，直接费用 67 935 万元。资助创新研究群体项目 38 项，直接费用 38 955 万元；对已实施 6 年的 9 个创新研究群体项目进行延续资助，资助直接费用 4725 万元。

吸引海外及港澳优秀华人为国（内地）服务，资助海外及港澳学者合作研究基金两年期资助项目 120 项，直接费用 2160 万元；四年期延续资助项目 22 项，直接费用 3960 万元。

继续加大对外国青年学者的吸引力度，资助外国青年学者研究基金项目 155 项，直接费用 4500 万元。

支持科研人员结合数学学科特点和需求开展科学研究，提升中国数学创新能力，资助数学天元基金项目 82 项，直接费用 2500 万元。

3. 面向战略需求，促进交叉融合

自然科学基金委聚焦《"十三五"国家科技创新规划》的重大科学问题，围绕国家重大战略需求和重大科学前沿，精心策划、认真组织重大项目和重大研究计划工作，及时通过应急管理项目部署重要前沿领域研究，落实党中央、国务院的重大决策部署，强化对国家战略科技需求的源头支撑作用。

（1）面向科学前沿和国家经济、社会、科技发展及国家安全的战略需求中的重大科学问题，超前部署重大项目，推动学科交叉，汇集创新力量，服务创新驱动。加大对重大项目的支持力度，重大项目项数指标从 23 个提高到 40 个。资助重大项目 40

项，直接费用 65 413.55 万元，平均资助强度为 1635 万元/项。

（2）遵循"有限目标、稳定支持、集成升华、跨越发展"的基本原则，科学实施重大研究计划。通过长期稳定支持，促进学科交叉与融合，培养创新人才和团队，显著提高若干重要领域和重要方向在国际上的整体水平，实现跨越发展，为国民经济、社会发展和国家安全提供科学支撑。扩大重大研究计划的实施规模，重大研究计划从每年启动 3 个提高到 2017 年的 4 个，分别为：湍流结构的生成演化及作用机理、生物大分子动态修饰与化学干预研究、细胞器互作网络及其功能研究以及特提斯地球动力系统。2017 年共实施 32 个重大研究计划，资助项目 535 项，直接费用 84 799.40 万元。

（3）及时部署重要前沿和交叉领域基础研究。2017 年，自然科学基金委围绕合成生物学和人工智能领域，安排倾斜支持资金共 7000 万元。

（4）发挥科学基金导向作用，关注地区、行业、企业需求，吸引社会资源投入基础研究。2017 年，共实施 25 个联合基金，资助项目 790 项，直接费用 121 566 万元。与中国科学院密切合作，设立了空间科学卫星联合基金，共同资助全国科研人员依托暗物质粒子探测卫星"悟空号"、"实践十号"返回式科学实验卫星、量子科学实验卫星"墨子号"、硬 X 射线调制望远镜卫星等四颗空间科学卫星开展前沿和交叉科学研究。与国家电网公司、中国核工业集团公司、中国地震局签署新的联合基金协议，资助行业共性需求和科学前沿问题研究。

（5）着眼于凝聚高水平研究队伍，继续试点实施基础科学中心项目，通过长周期的稳定支持，促进学科交叉融合，形成若干具有重要国际影响的学术高地。2017 年共资助 4 个基础科学中心项目，资助直接费用 73 000 万元。

三、2018 年科学基金资助工作部署

习近平总书记在党的十九大报告中充分肯定了我国科技创新取得的巨大成就，强调了科技创新在建设社会主义现代化强国中的重要地位和作用，将基础研究提升到建设创新型国家任务中更加突出的位置。党中央做出了建设世界科技强国的重大决策，中国基础研究的发展站在了新的历史起点。

2018 年，自然科学基金委将以习近平新时代中国特色社会主义思想为指导，坚持科学基金战略定位，结合财政预算情况，持续推动以下七个方面的工作。

1. 确立新时代科学基金资助导向

要以及时支持新思想新概念和真正解决科学问题为目标，依据科学问题的属性来确定新时代科学基金资助导向，即"鼓励探索，突出原创；聚焦前沿，独辟蹊径；需求牵

引，突破瓶颈；共性导向，交叉融通"，以此提升资助精准度，统筹推进基础研究和应用基础研究。

2. 明确优先资助领域

聚焦重大前沿科学问题和国家重大战略需求，充分发挥国内外战略科学家和学术型管理专家的作用，通过开展战略研究，遴选重点领域和方向优先支持，在关键领域、卡脖子的地方下大功夫，选择一批关系根本和全局的科学问题予以突破。

3. 建立分类评审机制

推进项目申请和评审改革，根据科学问题属性，采取与之相匹配、相适应的分类评审方法；开发充分利用人工智能等现代科技作为支撑的智能化评审系统；建立广大科研人员参与的"负责任＋计贡献"的同行评议机制，保障评审的合理性和公正性。

4. 落实创新驱动发展，加强协同创新

加强与其他部门、地方、企业的协同创新，促进知识创新和技术创新的深度融合。创新联合资助模式，加快完善联合资助的动态调整机制。围绕"两机专项"中的前沿科学问题，开展航空发动机基础科学中心项目资助工作。

5. 继续完善资助体系，培育优秀人才队伍

继续加大对从事基础研究青年科研人员的资助力度，稳定人才队伍，保障基础研究人才储备。探索人才培养的长期稳定机制，促进优秀人才的纵向接力，不断凝聚创新人才团队，为国家科技创新队伍建设奠定人才资源基础。在中央人才工作协调小组的领导下，主动加强与国家科技人才专项的衔接，积极做好与相关人才计划组织实施部门的沟通、协调。

6. 强化条件支撑，激励原创性科研仪器研制

加大原创性科研仪器的资助力度，突出科学目标引导，鼓励和培育具有原创性学术思想的探索性科研仪器设备研制，催生源头创新。加强仪器项目后期管理，探索仪器开放共享的资助模式，建立共享激励机制，鼓励其他单位科研团队与仪器研制团队合作利用先进仪器开展前沿探索研究。

7. 持续加强评审体系建设，提高评审公信力

为保障评审工作的公正性、科学性和规范性，着力完善符合基础研究特征的评审

系统。继续优化通讯评审专家辅助指派系统。加强专家库建设，积极吸纳活跃在科研第一线的中青年专家。完善通讯评审专家选择、会议评审项目遴选和会议评审专家选择的承办、审核和监督管理流程，把权限管理落到实处，严格执行回避保密管理要求。

Projects Granted by National Natural Science Fund in 2017

Li Zhilan，Xie Huanying

This paper gives a summary of proposal review and funding at the National Natural Science Foundation of China（NSFC）in 2017. By the date of December 17,2017, the total amount of direct cost of all grants approved during 2017 is about 24.96 billion Yuan, and funding statistics for various kinds of projects are listed.

5.3　科学结构之中国版图

王小梅　李国鹏　陈　挺

（中国科学院科技战略咨询研究院）

　　本报告基于《科学结构图谱》（2010～2015[1]年）构建中国的科学结构图谱，揭示中国在科技界普遍关注的热点或潜在热点前沿中的科研活跃程度，对比分析中国与美国、德国、英国、日本、法国等科技发达国家在全球科学热点前沿中的产出规模、学科布局、研究合作及优势领域等，旨在了解中国基础科学的发展态势。同时，通过五个时期的数据所展示的中国科研发展态势，进而在科学热点前沿中找到与科技发达国家的差距，以期为我国科技优先领域确定、战略重点选择和科技政策导向提供参考。

　　科学结构图谱可视化地展现了科学研究活动及其结果，特别是自然科学基础研究的宏观结构，揭示了科学热点前沿间的关联关系与发展进程。中国科学院科技战略咨询研究院研究组自 2007 年开展相关研究，每两年绘制一期科学结构图谱[1~4]，周期性监测科学研究结构及其演变规律，目前已完成五期的工作。

　　科学结构图谱的原理是通过科睿唯安的基本科学指标库（Essential Science Indicators，ESI）中高被引论文的同被引聚类，揭示在科学研究实践中自然、客观和动态形成的，尤其是通过交叉融汇形成的世界普遍关注的热点研究领域。这些研究领域超越了传统的学科分类，客观反映了科学家相互引证所表征的科研的某种共性。研究领域中的高被引论文被称为"核心论文"。

　　连续五期的数据揭示，中国在基础科学研究中持续快速崛起，正在深刻改变世界科技创新的版图。中国的核心论文份额从第一期 2002～2007 年世界排名第五，到第三期 2006～2011 年世界排名第二并一直保持，到 2015 年中国的核心论文份额达到德国的 2.6 倍，TOP 10% 施引论文份额世界排名第二，迄今依然有着较强的上升后劲。中国在核心论文份额、研究领域覆盖率、不同研究领域的均衡性、国际合著等方方面面都在迅速进步，缩小与美国、英国、德国等国的差距。

一、科学结构图谱研究方法与数据

1. 研究领域的生成

使用同被引的方法，计算高被引论文两两之间的同被引关系，并根据同被引关系对高被引论文进行聚类形成若干论文簇，称为"研究前沿"（research front，RF）；在此基础上利用同被引关系对上述研究前沿再次聚类，得到若干论文簇，称为"研究领域"（research area，RA）。高被引论文、研究前沿及研究领域之间的关系如图1所示。

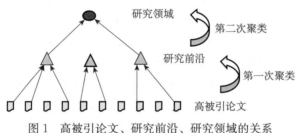

图1　高被引论文、研究前沿、研究领域的关系

2. 科学结构图谱可视化构建

采用重力模型算法形象描述研究领域之间的相互关系，确定各个研究领域在二维空间中的布局位置，绘制成图谱。

3. 数据说明

科学结构图谱的高被引论文和研究前沿取自科睿唯安的 ESI 数据库，其时间跨度是 6 年。引用核心高被引论文的施引论文集合选自 SCI 和 SSCI。连续两期科学结构图谱的核心论文时间间隔为 2 年，重叠 4 年。本期与前一期无重叠的研究领域为新增研究领域。

本报告采用分数计数法（按每篇论文中每个国家或机构的作者占全部作者的比例计数，一篇论文的总分为 1）计算国家的核心论文数量。表 1 显示了五期科学结构图谱中 ESI 研究前沿、高被引论文、施引论文的数量及覆盖时间。

表1　五期科学结构相关数据说明

时间范围		2002～2007 年	2004～2009 年	2006～2011 年	2008～2013 年	2010～2015 年
高被引论文层	高被引论文数/篇	53 892	56 840	66 033	74 903	82 478

时间范围		2002~2007 年	2004~2009 年	2006~2011 年	2008~2013 年	2010~2015 年
研究前沿层	研究前沿数/个	6 094	8 529	7 418	9 150	9 546
	高被引论文数/篇	38 117	40 203	44 934	43 354	45 657
研究领域层	研究领域数/个	121	132	149	212	232
	研究前沿数/个	2 300	2 094	2 402	3 250	3 464
	高被引论文数/篇	18 203	16 397	19 259	18 498	19 850

二、科学结构中国版图

《科学结构图谱》（2010~2015 年）提取了 9546 个研究前沿中包含的高被引论文，通过再次同被引聚类分析，得到了 232 个研究领域。图 2 基于科学结构图谱叠加了中国在各个研究领域的核心论文份额，展现了中国在全球科学结构中的版图。其中，蓝色为中国没有核心论文的研究领域，其他颜色的研究领域为中国有不同的科研活跃度。

为易于对图谱的理解，将各个研究领域明确归入研究大类，232 个研究领域中的大部分被划入"物理学""纳米科技""合成与应用化学""地球科学""生物学""医学"六个学科领域，因"数学""工程科学""计算机科学""社会科学""农业科学"的研究领域数量较少，未在图 2 中标识出来。其中，"物理学"主要包括"粒子物理与宇宙学""凝聚态物理学"研究大类，"地球科学"主要包括"地质学""大气科学""生态/环境科学"等研究大类，"生物学"主要包括"植物科学""后基因组学""蛋白质科学""细胞生物学"研究大类，"医学"主要包括"癌症研究""传染病研究""自身免疫性疾病""心血管疾病""精神与神经系统疾病""脑科学""心理学""泌尿系统疾病""社会医学"等研究大类。本期科学结构的显著特点是科学热点研究领域越来越关注人类健康、环境与可持续发展，学科交叉融合的现象越来越明显。

五期的核心论文份额热力图（图 3）显示，科学研究领域数量持续增加，具有高融汇程度的研究领域数在 10 年间逐步增加，从 121 个逐渐扩大到 132 个、149 个、212 个和 232 个。可以看出，中国的核心论文覆盖面及覆盖强度呈现明显的增长趋势，颜色暖的区域越来越广，尤其是红色、橙色区域，份额高于 12% 的研究领域占比也明显增长，由 5.8% 上升至 30.2%，增加了 5.2 倍。新的一期中，一个显著的特征是中国在数学、工程科学与计算机领域的研究快速增长，关于算法、图像处理、系统控制等方面高被引产出较多。同时，"纳米科技""合成与应用化学"依旧是增长最快的领域。近三期的科学结构图谱中，"凝聚态物理学""地球科学"的份额比较高，增长趋势也比较明显。在"生物学"与"医学"中，中国也表现出了增长的势头，暖色区域份额增多。

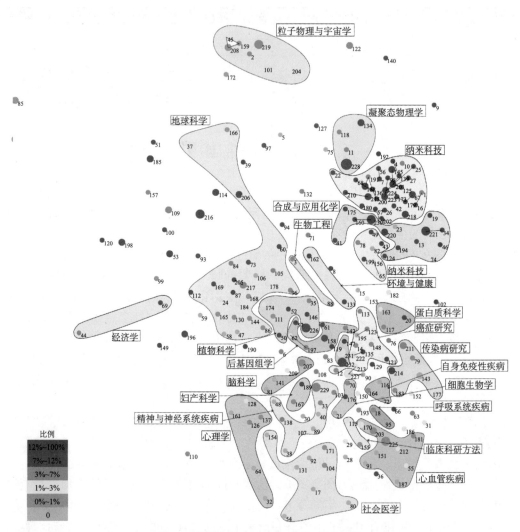

图2　科学结构2010～2015年中国版图

注：① 每一个圆代表一个研究领域，圆的大小与研究领域包含的核心论文数量成正比。圆旁边的数字代表研究领域的ID号。圆之间的连线代表研究领域之间具有较强的关联，各个圆之间的相对位置也反映出它们之间的关联程度，距离越近，关联程度越高。② 每个不规则区域内的研究领域属于同一个大类，用不同颜色区分。③ 比例为中国在各个研究领域中的核心论文份额

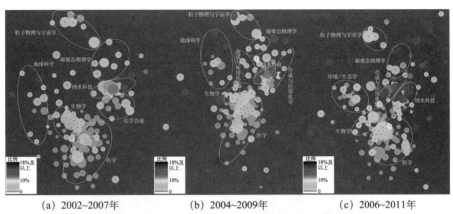

(a) 2002~2007年   (b) 2004~2009年   (c) 2006~2011年

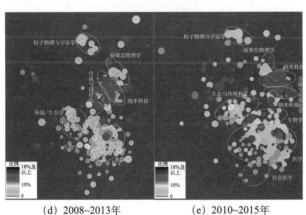

(d) 2008~2013年   (e) 2010~2015年

图 3   中国核心论文份额分布图（五个时期）

三、中国在科学结构中的总体科研态势

中国在热点前沿科学研究中快速崛起，与世界发达国家的差距快速缩小。通过五期连续的科学结构分析发现，中国的核心论文总量快速增长，科研结构逐步完善。中国的核心论文在所有热点前沿领域的覆盖面及覆盖强度呈明显增长趋势。虽然中国在各个学科的研究依然不均衡，但其均衡性也在逐步改善。

（一）中国的科研活跃度快速提高

中国在世界热点研究领域中的科研表现犹如海底腾空的蛟龙，发展迅猛（图4）。

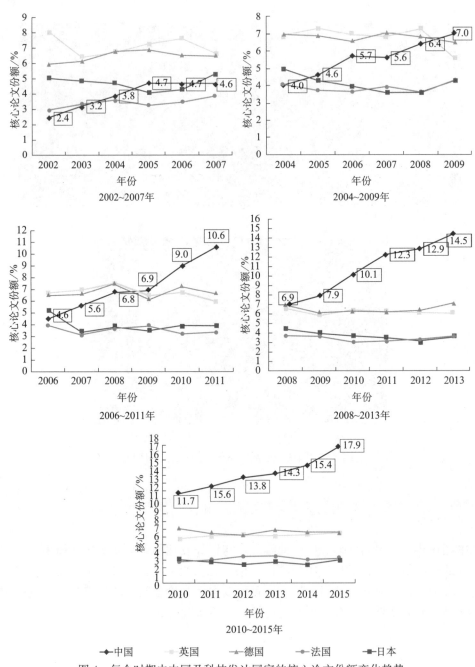

图 4　每个时期内中国及科技发达国家的核心论文份额变化趋势
因美国的份额远超其他国家,图中略去美国的数据

纵观五期科学结构图谱，中国核心论文总量已由世界第五位，上升并连续三期维持在世界第二位（表2），中国核心论文份额从4.0%上升到14.2%，且每一期均有30%以上的增幅，大幅度超越德国、英国、日本、法国的世界份额。2015年，中国的核心论文份额达到德国的2.6倍，而同期传统科技强国整体核心论文份额普遍呈下降趋势，日本的核心论文份额降幅最大，世界排名跌出前六名，美国次之，份额从2002～2007年期间的49.7%已经下降到2010～2015年期间的37.0%，降幅接近13个百分点。

表2　中国及科技发达国家核心论文份额及排名（五个时期）　（单位：%）

国家	2002～2007年	2004～2009年	2006～2011年	2008～2013年	2010～2015年	增长率（比上一期）	增长率（比第一期）	排名变化
美国	49.7	45.8	41.6	37.2	37.0	−0.7	−25.6	0
中国	4.0	5.6	7.5	10.8	14.2	31.6	255.0	↑3
德国	6.6	6.8	6.9	6.5	6.7	3.7	2.3	0
英国	7.1	6.9	6.8	6.3	6.3	0.3	−11.7	↓2
日本	4.7	4.0	3.9	3.7	2.8	−25.0	−40.3	↓3
法国	3.4	3.9	3.5	3.4	3.3	−5.0	−5.0	↑1

在后续研究中引用上述核心论文的论文（称为施引论文）体现了在这些前沿领域的持续研究成果，其中施引论文本身被引用次数在SCI论文中被引用次数排序前10%（TOP 10%）的论文为相对的高质量论文，反映了在这些前沿的研究力度和引领潜力。中国的TOP 10%施引论文份额超过核心论文份额，世界排名也是第二，依然有着较强的上升后劲（表3）。同时也需要注意到，2010～2015时期只有美国、德国、英国的TOP10%施引论文份额高于全部的施引论文份额，其研究实力依旧不容忽视。

表3　中国及科技发达国家施引论文份额对比（五个时期）　（单位：%）

国家	2002～2007年	2004～2009年	2006～2011年	2008～2013年	2010～2015年	增长率（比上一期）	增长率（比第一期）	2010～2015年Top 10%施引论文
美国	36.4	34.2	31.5	29.1	27.0	−7.2	−26.0	31.9
中国	6.4	8.3	10.3	13.5	17.1	26.5	166.6	16.6
德国	6.8	6.9	6.5	6.2	5.9	−4.1	−13.5	6.2
英国	6.6	6.6	6.2	5.6	5.4	−4.3	−19.0	6.0
日本	6.5	5.7	5.1	4.8	4.1	−15.4	−37.5	3.4
法国	4.1	4.2	4.1	3.8	3.5	−5.9	−13.7	3.4

（二）中国的科研结构不断完善

从中国在所有研究领域的覆盖率和优劣势均衡性看，中国的科研结构布局总体上不断完善。

1. 中国的研究领域覆盖率显著增长

中国的核心论文在所有热点前沿领域的覆盖面及覆盖强度呈明显增长趋势，研究领域覆盖率连续五期保持世界排名第四，覆盖率显著上升，从 69.4% 上升到 84.5%，与德国（85.8%）接近，相比美国（100.0%）、英国（91.0%）仍有不小的差距。中国在新增研究领域的覆盖率也有明显增加，从 57.1% 增到 83.1%。但中国还有三分之一的研究领域核心论文份额不足 1%。同期，发达国家的研究领域覆盖率小幅下降，日本降幅最大，从 83.3% 连续下降到了 63.8%（表4、表5）。

表4　中国及科技发达国家科研覆盖的研究领域统计

时期（总量） 国家	2002~2007 年 （121）		2004~2009 年 （132）		2006~2011 年 （149）		2008~2013 年 （212）		2010~2015 年 （232）	
	领域数	占比%	领域数	占比%	领域数	占比%	领域数	占比%	领域数	占比%
美国	121	100.0	130	98.5	148	99.3	211	99.5	232	100.0
中国	84	69.4	98	74.2	114	76.5	167	78.8	196	84.5
德国	113	93.4	120	90.9	137	148.0	63.8	87.7	199	85.8
英国	118	97.5	128	97.0	139	190.0	81.9	89.2	211	91.0
日本	97	80.2	110	83.3	117	78.5	148	69.8	148	63.8
法国	107	88.4	113	85.2	131	87.9	174	82.1	190	81.9

表5　中国及科技发达国家在新增研究领域的科研覆盖

时期/年 （总量）	2004~2009（21）		2006~2011（39）		2008~2013（48）		2010~2015（77）	
	领域数	占比%	领域数	占比%	领域数	占比%	领域数	占比%
美国	21	100	39	100	48	100	77	100
中国	12	57.1	26	66.7	35	72.9	64	83.1
德国	18	85.7	37	94.9	39	81.2	63	81.8
英国	19	90.5	35	89.7	42	87.5	68	88.3
日本	14	66.7	27	69.2	29	60.4	43	55.8
法国	14	66.7	31	79.5	37	77.1	59	76.6

2. 中国在各学科的均衡性逐步改善

基于五个时期的科学结构图谱，观察国家在不同研究领域中核心论文份额的分布变化（图5）。中国在各个学科的研究水平依然严重不均。相比之下，科技发达国家在各个学科的研究比较均衡。

中国多数核心论文分布在纳米科技、合成与应用化学、凝聚态物理、地球科学，而生物学、医学相对较少。纳米、化学始终是中国增长最快的领域。其次是数学、工程科学与计算机领域。不过，2006~2011 年起的近三个时期，中国在生物学、医学领域的核心论文数量增长，暖色区域份额增多，相应研究热点中核心论文占比也在增多。

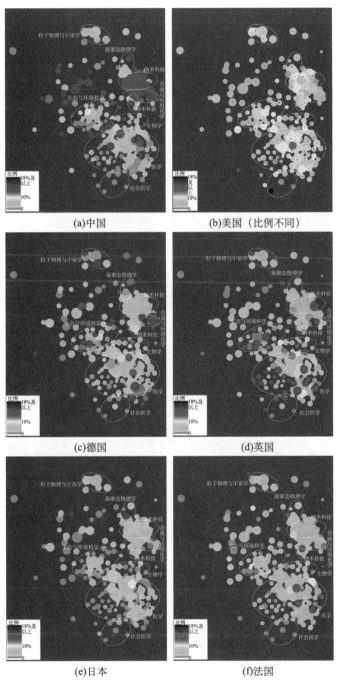

图 5　2010～2015 年各国核心论文份额分布图

从图 5 中可以发现一个比较有趣的特点，中国产出的强弱学科分布和英国基本相反，英国在生物学、医学、地球科学的核心论文份额较高。

（三）中国的国际合作覆盖面及覆盖强度明显增长

中国在研究领域中的国际合著覆盖面及覆盖强度呈现明显增长趋势（表6），而且在国际合作中的引领度逐年增强，国际合著论文中中国通讯作者占比逐期提升，在 2010～2015 年期间接近美国，达到 49.9%（表7）。美国、德国、英国、日本、法国呈现下降趋势。中国完全依靠合作和完全没有合作的研究领域逐步减少，国际合著率区间分布与科技发达国家越来越接近。

但中国在各学科的国际合作不均衡，在纳米科技、合成与应用化学、工程科学、数学等优势领域的国际合著率较低；同时，相对于其他国家，这些领域的国际合著率增长也较为缓慢。这可能体现了中国在这些领域的自主优势，也可能反映出需要通过深化国际合作进一步激发这些领域重大创新的潜力。

表 6　中国及科技发达国家的国际合著率分布情况　　　　（单位:%）

分类	时期	美国	中国	德国	英国	日本	法国
全研究领域的国际合著率（均值）	2002～2007 年	35.9	49.7	69.6	67.5	54.0	76.1
	2004～2009 年	38.7	44.4	71.0	72.1	53.8	77.1
	2006～2011 年	44.3	47.0	73.3	76.7	56.2	80.9
	2008～2013 年	50.0	48.8	76.8	81.2	58.8	83.2
	2010～2015 年	55.4	50.3	80.7	83.2	69.6	86.8
年均变化率		11.5	0.5	3.8	5.4	6.8	3.3

表 7　中国及科技发达国家合著论文的通讯作者比例　　　　（单位:%）

分类	时期/年	美国	中国	德国	英国	日本	法国
合著论文的通讯作者比例	2002～2007	58.1	36.0	34.6	37.8	30.3	29.2
	2004～2009	55.7	43.8	32.1	38.9	27.2	29.5
	2006～2011	54.1	40.4	34.0	36.8	25.1	27.7
	2008～2013	52.3	48.0	32.4	33.8	24.7	23.7
	2010～2015	51.2	49.9	29.7	28.7	20.7	24.4

四、中国在各学科领域的科研态势

本部分对比科技发达国家科研结构的差异，分析中国的科研布局特点，定量统计优势与短板研究领域的核心论文情况，进而描述中国的科研结构布局。

表 8 统计了中国及科技发达国家在学科领域中的论文份额，除粒子物理与宇宙学外，中国在各个学科领域 2010～2015 年都比 2008～2013 年的论文份额有所提升。

表 8　中国及科技发达国家在研究大类的论文份额　　　（单位:%）

研究大类	2010～2015 年						2008～2013 年					
	美国	中国	德国	英国	日本	法国	美国	中国	德国	英国	日本	法国
粒子物理与宇宙学	38.9	1.9	12.4	7.3	3.4	5.7	41.3	2.0	8.9	6.3	4.2	5.9
物理学	35.8	11.4	12.5	4.0	6.5	4.4	39.9	8.8	9.9	4.6	8.3	4.2
合成与应用化学	23.2	28.8	11.2	5.2	6.8	2.2	31.6	18.6	10.8	4.8	6.6	3.2
纳米科技	34.7	29.3	3.8	3.3	2.3	1.1	34.2	23.1	4.7	3.8	3.2	1.5
地球科学	37.5	10.2	6.8	8.8	2.1	4.3	39.8	7.1	5.8	9.1	2.7	3.3
生物学	42.6	8.6	6.9	7.6	3.6	3.7	32.9	6.7	8.6	6.7	6.6	4.4
医学	47.6	2.7	6.4	8.5	1.9	4.1	44.8	2.1	6.4	8.2	2.8	4.4
工程/数学/计算机	16.9	27.5	3.3	3.1	0.9	2.0	17.7	25.8	3.1	2.9	1.2	1.3

注: 红色字体为论文份额上升幅度高的学科, 蓝色字体为论文份额下降幅度大的学科。

1. 物理学

2010～2015 年这一期间中国的物理学核心论文份额世界排名第三（表 8）, 相比 2008～2013 年期间, 核心论文份额上升 2.6 个百分点。但中国在粒子物理与宇宙学中的论文份额为六国最低, 核心论文份额相比 2008～2013 年期间微弱下降。

在具体热点前沿领域方面, 中国在"铁基超导体和铜氧化物超导体""复杂网络的动力学研究""量子关联""量子计算与拓扑绝缘体"等研究领域表现较好（表 9）。但在"超快磁动力学和阿秒脉冲探测"无核心论文。中国在空间科学和粒子物理与宇宙学领域中的研究相对较弱。

表 9　中国及科技发达国家物理学各研究领域的论文份额　　　（单位:%）

研究大类	研究领域 ID	研究领域名称	核心论文数	中国	美国	德国	英国	日本	法国
粒子物理与宇宙学	2	中微子振荡及中微子天文学研究	54	5.8	26.3	9.2	5.6	9.9	5.3
	45	基于"斯隆数字巡天"（SDSS）等对星系结构和演化的研究	14	0.8	58.8	19.7	13.0	—	1.2
	101	中子星周围的强场物理规律及引力波探测研究	101	0.8	45.8	17.8	3.0	6.9	4.5
	159	基于"普朗克"（Planck）任务等对宇宙微波背景辐射和暗能量的研究	89	0.5	43.6	5.9	9.2	0.5	11.8
	204	量子色动力学（QCD）和重离子碰撞实验研究	143	0.9	39.4	11.6	2.9	5.6	3.6
	208	高红移值星系及恒星形成和演化研究	179	0.4	42.4	13.6	11.7	3.1	6.9
	219	标准模型和希格斯玻色子研究	409	2.9	35.4	12.5	7.6	1.8	5.2

续表

研究大类	研究领域ID	研究领域名称	核心论文数	中国	美国	德国	英国	日本	法国
凝聚态物理	11	磁性斯格明子的特性及磁性绝缘体的自旋塞贝克效应	80	3.0	25.9	13.1	0.6	25.1	11.9
	118	硅基光电子器件	17	2.4	35.2	9.3	18.3	—	1.2
	134	铁基超导体和铜氧化物超导体	122	21.4	31.2	14.3	4.3	9.9	4.5
	228	量子计算与拓扑绝缘体	678	10	43.8	11.3	2.6	5.9	3.4
理论物理	71	自驱动粒子的集体运动、自驱动微纳米马达和自驱动催化微引擎	72	2.5	37.6	20.3	11.1	3.2	7.7
	190	复杂网络的动力学研究	104	27.2	18.9	5.2	4.4	1.4	0.7
量子物理	127	量子关联	59	11.4	6.9	13.2	12.2	0.0	2.4
光学	75	超快磁动力学和阿秒脉冲探测	37	—	16.8	32.7	2.0	1.5	13.6
空间科学	172	基于"开普勒"（Kepler）任务等对系外行星及其母恒星的探测研究	90	0.2	69.9	2.3	4.2	1.0	5.5

注：研究领域ID中红底色代表新增领域。国家核心论文份额中，粉色为无；蓝色为0%；绿色为（0，1%）；黄色为［1%，3%）；橙色为［3%，7%）；紫色为［7%，12%）；红色为［12%，100%）。下同。

美国除量子关联与超快磁动力学和阿秒脉冲探测研究外，其他研究领域都是世界第一。德国的研究比较均衡，在八个研究领域世界排位第二，两个研究领域世界排名第一。英国在粒子物理与宇宙学方面的优势较明显。

2. 纳米科学

2010～2015年这一期间中国在纳米科技的核心论文份额世界第二，比上一期增长6.2个百分点（表8）。

由表10、表11分析得出，中国和美国在纳米科技的优势领域截然相反：中国排名前十的研究领域，中国核心论文份额都在50%以上，这些领域却是美国较弱的研究领域，份额基本在10%以下，其他科技发达国家的论文份额也较少甚至无核心论文。反之，中国排名后十的研究领域，美国的核心论文份额基本在40%以上，相对来说其他科技发达国家的论文份额也较多一些。

美国关于纳米生物、纳米材料的物理性质、光电材料、信息应用和理论计算等方面研究较多。中国在能源存储、纳米材料的化学性质、纳米应用等方面研究较多。中国与其他科技发达国家优弱势不同，值得中国纳米领域的专家和战略科学家进一步分析这种差异背后的原因。

表 10 纳米科技中国核心论文份额排名前十的研究领域 （单位:%）

研究领域 ID	研究领域名称	核心论文数	中国	美国	德国	英国	日本	法国
57	石墨烯氧化物及石墨烯基磁性纳米复合材料的制备及其在水处理领域的应用	65	81.8	4.1	—	—	2.2	0.2
25	锂离子电池电极材料	23	78.3	4.4	—	—	0.4	—
173	含 TiO_2 的染料敏化太阳能电池	18	68.9	8.9	—	—	—	—
26	石墨烯和碳量子点的制备及其应用	54	66.9	9.0	1.5	0.2	2.0	—
202	功能化的石墨烯及其氧化物、荧光纳米粒子在生物成像和药物释放中的应用研究	97	66.0	7.3	—	—	1.0	—
125	锂离子电池金属氧化物负极材料	32	59.0	11.3	—	2.0	3.1	—
179	染料敏化太阳能电池高效电极制备和染料敏化剂研究	62	56.5	2.7	0.6	—	6.5	—
224	超级电容器纳米电极材料、超疏水/超亲水材料	225	56.4	16.9	1.5	0.8	0.1	1.0
56	石墨烯—金属纳米复合材料的合成及电催化性能和应用研究	23	55.8	0.5	—	—	1.9	—
139	锂离子电池、超级电容器及镁电池	92	51.9	18.7	1.5	0.2	1.5	0.8

表 11 纳米科技中国核心论文份额排名后十的研究领域 （单位:%）

研究领域 ID	研究领域名称	核心论文数	中国	美国	德国	英国	日本	法国
136	单晶、多晶及大面积石墨烯的制备、表征及应用研究	94	10.6	63.2	4.1	4.5	0.6	2.2
22	纳米结构热电材料研究	43	8.4	82.1	0.4	1.4	0.3	1.5
68	二维材料电子器件	15	8.3	57.4	8.3	0.8	—	—
191	石墨烯的电子学研究及其在储能器件中的应用	34	5.9	60.3	—	5.7	3.4	—
78	纳米孔对 DNA 性能的影响、DNA 辅助生成的等离子体手性纳米结构研究	61	5.1	63.1	10.3	5.7	2.4	0.8
10	锂空电池性能研究	54	4.4	50.2	4.0	11.1	3.6	0.5
1	胶体量子点太阳能电池	20	2.8	70.7	—	—	—	—
65	纳米材料毒理学及安全性评估	14	1.0	46.0	6.1	11.2	—	—
156	纳米材料的环境行为和生物毒性研究	97	1.90	39.2	9.6	4.0	1.0	1.2
82	纳米医药和影响导航的药物输送	35	—	41.5	3.8	—	—	14.9

3. 合成与应用化学

2010～2015 年这一期间中国在合成与应用化学的核心论文份额世界第一（表 8），

比上一期增长 10.2 个百分点以上。

中国在"石墨相碳氮化合物及其复合物的制备、以及在光催化反应中的应用""柱芳烃的合成、功能化及应用（超分子聚合物）、自治愈聚合物及超分子凝胶研究""碱性燃料电池""金属催化的有机合成反应"等领域核心论文份额最多。但在生物、医学中的应用研究方面仍较弱（表 12）。

表 12 中国及科技发达国家化学各研究领域的论文份额 （单位:%）

研究领域 ID	研究领域名称	核心论文数	中国	美国	德国	英国	日本	法国
42	石墨相碳氮化合物及其复合物的制备、以及在光催化反应中的应用	57	75.6	4.7	6.9	0.3	2.4	—
220	柱芳烃的合成、功能化及应用（超分子聚合物）、自治愈聚合物及超分子凝胶研究	179	41.7	17.6	6.4	10.3	7.7	0.5
192	碱性燃料电池	40	38.4	23.4	3.8	6.7	5	2.5
34	过渡金属催化的碳氢键活化直接官能团化研究	12	33.3	25.0	8.3	16.7	—	—
221	金属催化的有机合成反应	535	31.5	24.4	15.3	2.1	7.7	2.2
230	多孔框架材料制备分子器件及其应用	499	28.8	24.1	7.3	5.0	6.1	1.2
9	金属玻璃性质研究	13	28.7	35.4	23.1		6.8	0.9
19	高效有机发光二极管研究	46	25.5	2.5	2.2	2.0	40.0	—
175	单分子磁体的磁性研究	82	22.2	16.3	6.8	12.0	3.5	7.2
160	金属有机框架材料	24	18.4	52.4	5.6	4.3	4.2	5.1
46	金属配合物催化的环化反应	44	15.9	20.5	25.8	4.0	—	11.9
194	包含嵌段共聚物的材料制备及其在生物医学领域的应用	25	12.7	51.2	—			4.7
41	生物质的催化转化	49	11.2	35.4	5.7	1.1	4.1	2.0
124	纸基微流体功能器件及纤维素纳米材料研究	47	8.3	47.0	1.1	4.8	5.7	2.2
13	二氧化碳与环氧化物的共聚反应及催化剂研究	32	7.8	12.0	11.5	21.9	12.5	6.3
74	有机金属配合物（杂环卡宾过渡金属配合物）的合成及在抗癌药物和催化反应中的应用	37	2.0	17.8	33.0	8.4	1.4	2.0

美国在"生物质的催化转化""纸基微流体功能器件及纤维素纳米材料研究"及生物、医学领域应用等研究中相比中国有较大优势。

4. 地球科学

2010～2015 年这一期间中国在地球科学的核心论文份额世界第二，比上一期增长

3.1%（表 8）。

中国在"前寒武纪时期华北地区克拉通化"研究有绝对优势，在环境科学的研究领域中核心论文份额较高，但在生态学中的核心论文份额较低，并有三个前沿研究领域无核心论文（表 13）。

美国在地球科学领域具有绝对优势。德国、英国覆盖全部研究领域，比中国在地球科学的布局均衡，强弱势研究领域分布总体来说与中国相反。

表 13　中国及科技发达国家地球科学各研究领域的论文份额　（单位：%）

研究大类	研究领域 ID	研究领域名称	核心论文数	中国	美国	德国	英国	日本	法国
地球科学	206	前寒武纪时期华北地区克拉通化	201	52.7	14.9	2.6	4.7	3.4	3.9
	205	基于全球表面建模、遥感和卫星监测的气象模拟及预测研究	49	9.7	43.9	5.6	5.7	1.3	7.0
	96	地球早期海洋氧化事件与动物进化的关系	45	4.7	51.8	11.4	6.9	1.5	1.3
	217	全球气候年代际变化的影响观测、模拟及预测研究	331	4.1	48.9	6.3	13.3	2.3	4.6
	84	地球系统在第四纪不同时期的气候敏感性研究	33	2.2	34.1	10.5	22.8	1.5	1.9
	178	大气气溶胶的来源、形成、种类、理化性质及模型研究	105	1.5	51.7	9.8	13.3	0.3	1.7
	166	月球和火星地质学及陨石研究	49	0.6	70.4	3.3	6.7	1.5	9.9
	37	东日本及智利地震中同震滑动的研究	37	0.5	33.5	6.7	0.8	37.2	4.4
生态学	60	生物炭对土壤有机质、微生物群落、功能性状的影响及生物炭的利用	62	12.6	25.1	4.6	9.4	—	2.5
	169	利用陆地卫星数据评估全球土地覆盖变化	33	10.8	46.9	5.3	6.0	—	3.3
	105	人类活动和气候变化引起的水生态系统健康问题研究	59	6.5	42.6	2.8	1.8	—	3.3
	87	极端干旱事件诱导树木死亡的机制研究	38	5.2	27.9	4.6	6.9	—	8.7
	24	气候变化对作物生长、产量的影响	21	1.0	22.0	19.6	4.6	—	8.6
	86	生物进化过程中的物种分化、系统发育多样性研究	66	1.0	52.3	1.1	5.1	0.3	6.9
	184	气候变化背景下全球水资源对粮食安全、生物多样性和农业可持续发展的影响	45	0.8	25.4	22.4	15.2	4.7	0.9
	168	全球尺度不同生态系统的碳循环研究	67	0.4	42.0	7.1	6.1	2.7	5.0

续表

研究大类	研究领域 ID	研究领域名称	核心论文数	中国	美国	德国	英国	日本	法国
生态学	165	全球生态系统服务的量化、评估、支付及市场化	96	0.2	27.4	13.5	13.7	—	0.4
	144	环境和系统发育对植物功能性状、动物行为差异及生物多样性的影响	81	0.1	33.8	12.0	13.0	0.1	9.2
	130	农牧系统、土地利用等人类活动的不同选择方式对生态系统稳定性的影响	40	0.0	22.0	0.9	17.8	0.3	12.7
	47	有关物种发生、分布和扩散的模型研究	34	—	42.9	5.7	4.3	—	5.7
	58	物种入侵对本地物种、群落、生态系统的生态影响	17	—	11.2	5.8	5.0	—	1.6
	106	海水酸化对海洋生物的影响	20	—	21.0	25.3	3.4		4.2
环境科学	133	城市污水中的抗生素可能引发的人类健康和环境风险	45	21.1	29.0	0.6	2.7		1.7
	112	全球经济一体化对碳足迹、水足迹和潜在温室气体排放的影响	38	20.9	17.8	1.9	5.0	2.4	1.3
	162	全球历史上人类活动对全球汞循环的影响	46	15.6	38.1	0.3	5.7	0.4	2.5
	73	可持续生物能源发展与土地利用的关系及其影响	33	7.1	35.2	3.7	2.7	—	0.2
	76	邻苯二甲酸酯、双酚类似物等有毒化学品的发生分布、生物监测、膳食暴露以及对公共健康的影响	60	4.5	48.7	10.0	3.6	—	3.5

5. 生物学

2010～2015 年这一期间中国在生物学的核心论文份额世界第二，比上一期增长 1.9 个百分点（表 8）。

中国在"蛋白质结构与功能预测""长链非编码 RNA 鉴定与功能研究""小 RNA 的鉴定与功能研究"等领域核心论文份额较高，但在"生物节律与疾病关系""器官芯片及组织工程"研究方面没有核心论文（表 14）。

美国在生物学各个热点前沿领域均具有很强优势，德国、英国在各个研究领域相对比较均衡，英国覆盖全部生物研究领域，德国在"微生物群落多样性研究"中无核心论文。

表 14　中国及科技发达国家生物学各研究领域的论文份额　　（单位：%）

研究领域 ID	研究领域名称	核心论文数	中国	美国	德国	英国	日本	法国
20	蛋白质结构与功能预测	33	43.1	17.9	0.5	0.7	—	—
119	长链非编码 RNA 的鉴定与功能研究	85	34.4	35.3	9.7	1.3	5.5	0.8
77	小 RNA 的鉴定与功能研究	66	25	39.8	0.4	4.6	1.5	6.4
50	小麦基因组多样性分析	29	15.6	17.8	14.4	10.8	4.2	5.3
146	植物生长调控分子机制	30	14.4	37.2	9.7	2.1	4.7	7.3
52	微生物群落多样性研究	19	12.4	53.3	—	0.5	—	—
8	微生物产电机制研究	21	10.6	53.2	8.8	2.8	8.4	—
61	基因组测序技术	34	10.2	51.9	1.1	13.8	3.5	1.3
226	植物激素信号转导通路	451	8.6	25.0	10.3	11.0	8.7	6.6
158	TALEN、CRISPR/Cas 等基因组编辑技术	188	8.6	66.2	6.5	2.2	2.6	1.0
176	线粒体氧化胁迫与生物机体衰老关系研究	59	7.4	47.4	5.6	5.2	0.2	2.9
3	微藻水热液化处理制备生物燃料	56	6.1	34.9	1.8	11.4	—	1.8
142	癌症相关的信号转导通路	32	4.8	65.1	3.4	3.2	—	0.5
197	全基因组选择育种	64	4.3	38.4	3.8	8.1	0.1	4.9
6	现代人的起源研究	26	3.8	20.1	15.9	12.3	—	6.3
62	遗传图谱的构建与应用	78	3.6	52.7	5.1	5.3	0.9	4.6
117	G 蛋白耦合受体结构与功能研究	69	3.5	61.3	4.4	13.5	3.3	2.2
35	细胞壁生物合成调控机制	50	3.4	50.6	12.8	9.2	6.0	5.9
163	蛋白质结构与功能	65	2.5	41.3	12.8	1.9	0.1	2.2
174	草原生态系统与光合作用研究	58	2.4	31.2	11.4	8.0	2.3	1.7
153	细菌生物膜与感染研究	28	2.4	36.2	11.9	1.8	—	2.0
182	基于分子动力学的生物分子结构研究	54	1.9	39.9	6.9	10.9	4.1	5.7
88	微生物代谢工程制备脂肪酸、橡胶、药物等化学品	58	1.6	68.5	1.8	7.5	0.6	0.4
70	T 细胞命运调控分子机制	53	0.4	83.8	3.8	2.2	0.2	—
83	蛋白互作网络研究	20	0.3	31.9	0.3	12.2	—	1.5
111	蜜蜂健康影响研究	38	0.1	32.1	7.0	17.1	—	8.6
15	器官芯片及组织工程	24	—	72.0	1.7	1.6	0.6	0.8
21	生物节律与疾病关系	34	—	55.6	2.0	18.2	—	3.5

6. 医学

2010～2015 年这一期间，中国的医学核心论文份额比较低，在六国中排位第五（表 8）。

表 15 为中国核心论文份额相对较高的研究领域。中国在"环境与疾病间的关系

及代谢组学相关的促进人类健康的研究""肿瘤细胞自噬、凋亡与炎症反应的分子机制"等热点领域的核心论文份额相对较高,在"产前感染对子女大脑发育与行为的影响以及致精神分裂症""脑机接口及康复机器人研究与应用"等26个研究领域没有核心论文。中国在36个无核心论文的研究领域中,医学占26个。

美国在医学中具有绝对优势。英国整体研究实力较强,只在"不同的性取向导致的自杀倾向和健康问题及其相关的社会心理因素研究"中无核心论文。德国在心血管疾病核心论文份额较高,有11个研究领域无核心论文。

表15　中国核心论文份额较高的医学研究领域　　　　（单位:%）

研究领域 ID	研究领域名称	核心论文数	中国	美国	德国	英国	日本	法国
129	环境与疾病间的关系及代谢组学相关的促进人类健康的研究	17	24.5	38.2	—	8.5	—	11.4
121	肿瘤细胞自噬、凋亡与炎症反应的分子机制	17	16.3	53.4	—	8.8	—	5.2
189	孕妇产前检查的基因测序方法及子痫前期检测的生物标识物的研究	59	14.4	44.7	1.5	27.5		0.3
214	H7N9、H5N1、H1N1 流感的流行病学与防控策略研究,以及 HIV－1 包膜三聚体的结构与免疫识别	155	13.6	66.5	1.5	3.9	1.5	1.6
232	微小 RNA 和特殊基因序列作为诊断的标志物及其与疾病关系的研究	442	10.4	51.4	6.9	5.6	5.6	2.0
147	单细胞测序技术及其在癌症研究及免疫学研究中的应用	35	9.9	47.3	4.1	13.6	1.1	—
36	老年人肌减少症、认知衰退的诊断评估与营养干预	45	8.2	24.3	1.8	6.3	5.0	5.7
135	ALK 阳性非小细胞肺癌靶向药物治疗的临床研究	102	8.0	45.4	4.6	2.7	9.2	4.0
113	循环肿瘤细胞在临床上的重要性及其捕获分离的微型仪器的研究	30	5.9	47.8	8.6	13.9	—	4.7
138	多动症的脑结构影像学研究及其诊断与治疗,以及与未来发生交通事故的关系	30	5.6	22.6	7.4	20.2	1.6	1.5
211	关于碳青霉烯酶的全球传播及其所引起的疾病的检测和治疗方案的研究	116	4.5	37.9	4.8	5.1		10.3
108	长期接受空气污染与心肺疾病间及与新生儿体健康的关系的研究	55	3.7	27.8	7.1	5.8	1.8	2.3
231	淋巴细胞白血病的基因突变与精准治疗研究	341	3.4	58.2	6.3	9.4	2.0	4.9

研究领域 ID	研究领域名称	核心论文数	中国	美国	德国	英国	日本	法国
150	白色脂肪组织、棕色脂肪组织和淋巴样细胞的作用机制的相关研究	82	3.1	40.5	7.5	9.3	3.9	4.8
229	线粒体功能缺陷、Parkin 蛋白与阿尔兹海默病、帕金森病等神经系统疾病的发病机理研究	387	3.0	57.1	4.0	10.7	2.6	2.0

7. 工程/数学/计算机

2010~2015 年这一期间中国在工程/数学/计算机领域的核心论文份额世界第一（表 8），比上一期高 1.7 个百分点，同期除日本外其他四个科技发达国家的核心论文份额都有所下降。

如表 16 所示，中国核心论文份额较高的研究领域是"人工神经网络理论及其应用""犹豫模糊集理论及其在决策中的应用""图像和三维模型检索"等。不过，中国在"纳米流体"研究中无核心论文，而美国、法国已经有核心论文出现。

总体来说，美国和中国的强弱势有相反的特点，美国在"高维稀疏矩阵处理算法研究及其在图像处理和信号重构等方面应用""流固耦合问题及其求解""第五代移动通信技术（5G）"等有实际应用的领域比较强，并且在美国较强的研究领域，德国、英国、日本、法国都有相对较高份额，中国较高份额的研究领域，德国、英国、日本、法国份额较低，甚至没有核心论文。

表 16　六国工程/数学/计算机各研究领域的论文份额　　（单位：%）

研究大类	研究领域 ID	研究领域名称	核心论文数	中国	美国	德国	英国	日本	法国
工程科学	5	纳米流体	25	—	7.2	—	—	—	8.7
	39	有机朗肯循环	37	29.7	5.4	2.7	—	—	—
	93	低碳供应链的设计、管理、优化及评价	79	11.8	19.8	6.5	7.1	1.1	1.3
	94	生物燃料的燃烧性能、排放特性及其化学动力学研究	77	14.2	28.2	6.4	3.8	0.6	4.4
	97	Cu-水纳米流体强化传热	111	12.2	9.7	—	0.2	—	0.9
	99	绿色屋顶、节能建筑等城市环境舒适性设计方案研究	49	0.7	10.9	1.3	3.1	—	8.8
	109	智能电网与微电网	112	5.9	15.6	1.1	1.9	2.7	0.9
	122	流固耦合问题及其求解	113	3.1	39.9	13.2	5.8	6.1	1.1
	132	电阻式随机存取记忆体 RRAM	30	3.3	50.3	3.3	6.7	6.0	—
	140	剪切变形理论	86	7.6	4.4	—	1.9	—	—

续表

研究大类	研究领域ID	研究领域名称	核心论文数	中国	美国	德国	英国	日本	法国
工程科学	149	图象和三维模型检索	89	52.8	10.3	0.4	4.8	—	5.3
	157	最大功率点跟踪	41	3.1	15.9	2.8	8.5	2.8	2.4
	216	人工神经网络理论及其应用	452	67.8	7.3	2.5	3.7	—	0.6
数学	51	几类分数阶微分方程解的研究	63	15.9	8.7	3.2		2.4	—
	85	度量空间中的不动点定理	135	0.2	3.2	—			0.4
	114	几类偏微分方程解的适定性研究	133	21.1	11.9	13.2	1.1	2.8	2.2
	185	几类分数微分方程边值问题	119	32.6	18.1		0.3	—	1.7
	196	高维稀疏矩阵处理算法研究及其在图像处理和信号重构等方面应用	133	9.9	57.6	5.9	2.4	—	8.3
计算机科学	53	犹豫模糊集理论及其在决策中的应用	161	60.1	0.8	—	2.2	—	—
	100	几种仿生优化算法的研究与应用	96	19.6	4.2	—	9.1	—	—
	120	认知无线电网络	34	21.4	10.1	0.7	3.7	—	2.2
	198	第五代移动通信技术（5G）	230	13.1	37.5	4.6	4.0	0.8	4.0

五、中国的优势与弱势研究领域

论文的通讯作者通常是一项科研工作的主要负责人，因此通讯作者论文可以在一定程度上反映出科研的主导性。本部分通过通讯作者论文量排名分析中国的优势研究领域。同时通过统计缺失核心论文产出的研究领域，分析中国亟须增加高被引论文产出的弱势研究领域。

1. 中国的优势研究领域

中国在通讯作者论文量排名世界第一的研究领域有 37 个，表 17 列出了前 20 个研究领域。这些研究领域主要分布在纳米科技、合成与应用化学、工程科学、计算机科学、数学领域，主要集中在"电池""石墨烯""系统控制""图像处理""克拉通化""可控药物释放"等方面，在一定程度上可以视为中国的优势研究领域。

表 17　中国通讯作者论文量第一的研究领域（TOP 20）

研究大类	研究领域ID	研究领域名称	通讯作者论文份额/%	核心论文数	平均年
石墨烯及其复合材料的应用	57	石墨烯氧化物及石墨烯基磁性纳米复合材料的制备及其在水处理领域的应用	83.1	65	2012
工程科学	216	系统控制方法	79.6	452	2013

续表

研究大类	研究领域 ID	研究领域名称	通讯作者论文份额/%	核心论文数	平均年
化学材料	42	石墨相碳氮化合物及其复合物的制备、以及在光催化反应中的应用	78.9	57	2013
锂离子电池	25	锂离子电池电极材料	73.9	23	2013
石墨烯及其复合材料的应用	26	石墨烯和碳量子点的制备及其应用	72.2	54	2013
太阳能电池	173	含 TiO_2 的染料敏化太阳能电池	72.2	18	2011
图像处理	149	图像检索与图像分类	68.5	89	2012
纳米生物医药	202	功能化的石墨烯及其氧化物、荧光纳米粒子在生物成像和药物释放中的应用研究	64.9	97	2012
锂离子电池	125	锂离子电池金属氧化物负极材料	62.5	32	2013
智能优化算法	53	犹豫模糊集理论及其在决策中的应用	62.1	161	2012
太阳能电池	179	染料敏化太阳能电池高效电极制备和染料敏化剂研究	61.3	62	2012
石墨烯及其复合材料的应用	56	石墨烯-金属纳米复合材料的合成及电催化性能和应用研究	60.9	23	2014
地质学	206	前寒武纪时期华北地区克拉通化	58.7	201	2012
超级电容器	224	超级电容器纳米电极材料、超疏水/超亲水材料	56.4	225	2012
锂离子电池	139	锂离子电池、超级电容器及镁电池	52.2	92	2013
蛋白质科学	20	蛋白质结构与功能预测	48.5	33	2013
锂离子电池	27	超级电容器及锂离子电池材料	45.8	24	2015
有机化学合成/反应	220	柱芳烃的合成、功能化及应用（超分子聚合物）、自治愈聚合物及超分子凝胶研究	43.0	179	2013
化学材料	192	碱性燃料电池（燃料电池）	42.5	40	2011
纳米生物医药	43	介孔二氧化硅纳米粒在可控药物释放和细胞成像中的应用	39.4	33	2011

2. 中国的弱势研究领域

232 个热点研究领域中，中国在 36 个研究领域中没有发表核心论文，其中 26 个研究领域与医学相关，生物学、生态学分别有 2 个、3 个研究领域（表18）。这些研究领域可以看作中国的弱势领域。

如前所述，施引论文是前沿领域的持续研究成果，可能包含未来的核心研究，以及对热点前沿的追赶研究。本报告统计了施引论文的份额以研究弱势领域的发展潜力。

中国在相对强势的"纳米科技""合成与应用化学""物理""工程科学""生物"

等学科中，无核心论文的研究领域数量较少，TOP 10% 施引论文份额基本都大于 2%，表明处在快速"追赶"期，有比较强的发展潜力。其中，"纳米医药和影响导航的药物输送"的 TOP 10% 施引论文份额达到 24.2%，"密度泛函理论"的 TOP 10% 施引论文份额达到 7.15%，类似这些 TOP 10% 施引论文份额高于 5% 的研究领域，有比较强的发展"后劲"。

总体来说，中国在医学的研究比较弱，26 个无核心论文的研究领域中，仅有 11 个研究领域的 TOP 10% 施引论文份额高于 2%。在"循证医学与公共卫生服务实施研究"中，甚至无 TOP 10% 施引论文，仅含有 0.1% 的施引论文。中国在生态学中有三个无核心论文研究领域，其中两个 TOP 10% 施引论文份额都低于 2%。

除了无核心论文的研究领域外，中国核心论文份额低于 1% 的相对弱势研究领域共有 44 个，其中，粒子物理与宇宙学含有 5 个，空间科学 1 个，地质学 2 个，生态学 6 个，纳米科技 1 个，工程科学 1 个，数学 1 个，生物学 3 个，医学 23 个，社会科学 1 个。可以看出中国相对较弱的学科是医学、社会科学，以及粒子物理与宇宙学。

表 18　中国无核心论文的研究领域　　　　　　　　　（单位:%）

研究大类	研究领域 ID	研究领域名称	研究领域核心论文数	TOP 10% 施引论文份额	施引论文份额	平均年
光学	75	超快磁动力学和阿秒脉冲探测	37	6.2	11.4	2012
化学	23	密度泛函理论与耦合簇方法研究及应用	51	7.2	9.2	2012
纳米科技	82	纳米医药和影响导航的药物输送	35	24.2	21.9	2012
生物学	15	器官芯片及组织工程	24	5.9	9.4	2012
	21	生物节律与疾病关系	34	2.7	4.7	2012
工程科学	5	纳米流体	25	7.7	10.3	2012
生态学	106	海水酸化对海洋生物的影响	20	3.1	5.2	2012
	47	有关物种发生、分布和扩散的模型研究	34	1.8	4.0	2012
	58	物种入侵对本地物种、群落、生态系统的生态影响	17	0.9	4.7	2013
医学	195	肠道干细胞标志物 lgr5 及其与肿瘤的相关性	27	6.0	9.2	2012
	91	去肾脏交感神经支配术治疗顽固性高血压临床研究	58	3.6	4.7	2013
	116	乳糜泻的流行病学、诊断与治疗	71	3.6	4.7	2013
	151	与心肾病相关的纤维母细胞生长因子和维生素 D 对心血管作用的研究	77	2.8	4.3	2012
	64	人格特质、老龄化、主观幸福感、积极行为和自尊等变量与身心健康的关系研究	27	2.4	2.2	2012
	90	粪菌移植治疗难辨梭状芽孢杆菌感染和炎症性肠病以及肠道微生物群落与炎症性肠病关系研究	30	2.3	3.6	2013

续表

研究大类	研究领域ID	研究领域名称	研究领域核心论文数	TOP 10%施引论文份额	施引论文份额	平均年
医学	89	双相情感障碍、重度抑郁症患者血清细胞因子研究	17	2.2	5.6	2012
	28	代谢正常的超重和肥胖与心血管疾病和Ⅱ型糖尿病的关系及其对BMI指数的挑战	34	2.1	4.5	2013
	143	多种丙型肝炎治疗药物单独使用或联用的效果及其相关的基因的研究	140	2.1	3.7	2013
	40	产前感染对子女大脑发育与行为的影响以及致精神分裂症、自闭症的流行病学与抗精神病药物治疗研究	16	1.6	4.2	2012
	95	新型药物治疗慢性阻塞性肺病的临床研究	49	1.5	3.4	2013
	161	影响人类听力和阅读理解能力发展的日常训练的研究	42	1.5	4.1	2013
	72	抗TNF-α单克隆抗体治疗溃疡性结肠炎、克罗恩病等炎症性肠病、风湿病关节炎的临床研究	45	1.4	3.0	2013
	141	脑机接口及康复机器人研究与应用	28	1.2	3.9	2013
	48	深脑刺激治疗帕金森病、强迫症、抑郁症和阿尔兹海默病	26	1.2	2.9	2012
	30	运动相关脑震荡的评价与处理指南以及创伤性脑损伤标志物的研究	20	1.0	1.6	2013
	81	大脑视觉皮质、前馈与反馈通路、脑连接与视区、前岛叶皮质与情感意识相关的研究	16	0.9	1.9	2013
	32	网络欺凌、校园欺凌及自杀倾向的相关研究及其预防与处理策略	29	0.7	0.8	2013
	38	双极性抑郁症的药物治疗	17	0.5	2.0	2012
	187	二尖瓣、主动脉瓣经导管置换术和传统手术置换治疗效果的对比	55	0.2	1.1	2012
社会医学研究	154	社交媒体及其对健康交流的促进	32	3.4	6.5	2012
	131	饮食环境、建筑环境、身体锻炼行为及其与健康、营养的关系	45	2.2	2.1	2011
	92	二手烟对健康的影响以及无烟立法的效果	29	0.7	3.3	2012
	17	电子烟的使用与效果	64	0.2	0.8	2014
	54	不同的性取向导致的自杀倾向和健康问题及其相关的社会心理因素研究	31	0.1	0.7	2013
	80	循证医学与公共卫生服务实施研究	30	—	0.1	2012
社会科学	59	应对气候变化的适应能力与区域经济产业弹性和可持续发展	49	1.2	2.5	2013

注：绿色底研究领域中国的TOP 10%施引论文份额高于2%。

六、结　语

通过五期科学结构图谱的分析表明，中国在世界热点前沿科学研究中持续快速崛起，在核心论文份额、研究领域覆盖率、学科布局的均衡性、国际合著中的引领度等方面迅速进步，缩小了与美国、英国、德国等国的差距。

中国的核心论文份额从第一期的世界排名第五，上升到第三期的世界排名第二并得以保持，核心论文份额快速增长，且 TOP 10% 施引论文份额世界排名第二，有着较强的上升后劲。在合成与应用化学、工程、计算机领域的核心论文份额世界第一，在纳米科技、地球科学、生物学的核心论文份额世界第二。中国核心论文在所有热点前沿领域的覆盖面及覆盖强度呈明显增长趋势，研究领域覆盖率从 69.4% 上升到 84.5%。

同时我们也看到，中国的研究领域覆盖率五期保持世界排名第四，还有上升空间。中国的研究水平仍不均衡，医学领域的核心论文份额六国中排名第五，粒子物理与宇宙学的核心论文份额六国最低，相比之下科技发达国家各个学科的研究比较均衡。不过，不少中国相对优势的研究领域，也是发达国家集体弱势的研究领域。中国在 36 个研究领域中尚没有发表核心论文，其中 26 个研究领域与医学相关、2 个生物学研究领域，3 个生态学研究领域，纳米生物医药、计算化学、光学方面各 1 个研究领域。中国与其他科技发达国家在科学研究中的原创先导性尚存在差距，说明我国的创新引领能力还需要进一步提高。因此，中国要想在重要科技领域跻身世界领先行列，从科学大国走向科学强国，还需持续努力。

参考文献

[1] 王小梅, 韩涛, 李国鹏, 等. 2017. 科学结构图谱 2017. 北京: 科学出版社.
[2] 王小梅, 韩涛, 王俊, 等. 2015. 科学结构地图 2015. 北京: 科学出版社.
[3] 潘教峰, 张晓林, 王小梅, 等. 2013. 科学结构地图 2012. 北京: 科学出版社.
[4] 潘教峰, 张晓林, 王小梅, 等. 2010. 科学结构地图 2009. 北京: 科学出版社.

Science Structure Map of China

Wang Xiaomei，Li Guopeng，Chen Ting

To understand China's basic scientific research and development trend, the science map of China was created based on the science map 2010～2015, which is used for revealing the most concerned hot research fronts in the world. Based on the science map, the outputs, layout, and collaboration in hot research fronts between China and other top countries such as the United States, Germany, Britain, Japan, France were compared. At the same time, the development trend of China's scientific research was analyzed through five periods of the map, further found China's strengths and weaknesses in different hot research fronts. The results of this study are expected to provide recommendations for China's S&T priority fields selection, strategic focus and policy guidance.

第六章

中国科学发展建议

Suggestions on Science
Development in China

6.1 关于推进"资源节约型、环境友好型"绿色种业建设的建议

中国科学院学部"中国绿色种业发展战略"咨询课题组[①]

国以农为本,农以种为先。科技兴农,良种先行。我国是农业用种大国,农作物种业是国家战略性、基础性的核心产业,是促进农业长期稳定发展、保障国家粮食安全的根本。中华人民共和国成立以来,特别是改革开放以来,我国主要农作物种业取得了较快发展,在提高粮食单产、促进种子出口方面取得了许多成绩。但几十年来,我国以产量增长为主要(甚至唯一)目标的农作物育种模式面临着诸多严峻挑战,导致我国目前已推广应用并具有自主知识产权的农作物品种大多数不符合"资源节约、环境友好"要求,严重制约着我国农业的可持续发展,迫切需要采取有力措施以保障我国种业健康快速发展,保证我国农作物生产实现可持续发展并满足人民群众对高品质农产品的需求。

一、我国种业发展现状

(一)我国种业发展成效

自中华人民共和国成立以来,特别是改革开放以来,我国民族种业取得了显著成就,培育出一批具有自主知识产权的优良品种,从源头上基本保障了国家粮食安全。

1. 新品种研发能力增强,育种水平有所提升

建成了相对完整的种质资源保护体系,长期保存种质资源41万份,每年分发1.5万份以上[1];克隆了一批高产、优质、营养高效的抗逆基因,为育种储备了丰富的材料和基因资源。目前,我国每年推广使用的主要农作物品种约5000个,自育品种占主导地位,其中水稻、小麦、大豆、油菜等基本为我国自主选育品种;85%以上的玉米和蔬菜是自主选育品种[2]。自主选育和推广了'郑单958''登海605''隆平206'

[①] 咨询课题组组长为中国科学院院士、中国农业大学教授武维华。

'Y两优1号''新两优6号''济麦22''百农AK58'等一大批综合性状好的优良品种，实现了新一轮的品种更新换代，良种在农业科技贡献率中的比重已达43%。

2. 良种供应能力明显提高，生产用种有效保障

通过加大良种繁育基地建设，在粮食主产区和西北、西南等制种优势区建设良种繁育基地700多个，商品种子供应率已达70.67%。目前，全国主要农作物年供种量1000多万吨，种子合格率97%以上，良种覆盖率96%以上，为粮食生产持续增长做出了重要贡献[2]。

3. 种子企业集中度逐步提高，实力有所增强

我国的种子企业正朝着做大做强的方向迈进，并购重组持续活跃；企业育种投入加大，技术创新主体地位逐步强化，企业的新品种保护年度申请量已超过科研教学单位。

4. 法律法规体系更加完善，种子市场监管逐步强化

国务院2014年修订了《中华人民共和国植物新品种保护条例》，加大了对侵犯新品种权的处罚力度；农业部2016年修订了《农作物种子生产经营许可管理办法》，提高了市场准入和品种审定门槛，为"育繁推一体化"企业开辟了品种审定绿色通道，促进企业创新能力提升；种子管理部门严厉打击套牌侵权和制售假劣种子行为，市场秩序明显好转。2016年1月1日起实施的新《中华人民共和国种子法》，进一步鼓励创新发展、推进简政放权和强化育种企业和单位主体责任。

(二) 我国种业发展存在的主要问题

尽管我国种业在过去几十年间取得了上述成就，但与发达国家相比总体上还处于初级阶段，特别是种子企业的发展存在诸多问题。

1. 新品种水肥资源利用效率低，抗风险能力减弱

长期以来，粮食生产一味追求高产，忽视水、肥资源利用效率和生态环境安全，导致农作物育种与新品种鉴定以产量为主要（甚至唯一）指标。目前我国主要农作物生产模式仍以"高投入、高产出"为特征，水、肥、药等投入巨大，但其利用效率很低。如何挖掘农作物品种的遗传潜力以提高农作物水肥资源利用效率和增强农作物抗逆、抗病虫能力，已成为农作物新品种培育必须解决的重大问题。

2. 种质创新和改良工作滞后，育种理论与方法研究创新能力不足

尽管我国农作物种质资源丰富，但种质创新和改良等基础研究滞后，运用现代生物技术开展种质鉴定、基因发掘、新材料创制等进展缓慢，种质资源开发利用不足。同时，品种培育的研发力量大多集中在品种选育等应用研究领域，对现代育种理论与技术方法等基础性、公益性的研究和投入远远不足，缺少围绕农作物绿色性状的重大基础研究项目。对成果的评价过于强调急功近利式的应用，造成原始创新成果严重缺乏，难以形成具有自主知识产权的基因资源和专利技术，这成为制约中国现代种业发展的技术瓶颈。

3. 科企合作机制不畅，育种模式效率低

育种人才、种质资源和育种技术是种业发展的基本要素。我国种业科技资源和人才主要集中在科研院所和高等院校，育种研发普遍采用课题组制，选育规模小、水平重复低、育种效率低。与国际跨国种业公司相比，我国种子企业原始积累和科技研发投入严重不足，迄今仍未出现或培育出有国际竞争力的自主种业公司。尽管近些年来国家出台了一系列鼓励政策，但育种资源、技术、人才等创新要素向企业转移还存在诸多困难。由于长期稳固的合作关系难以形成，知识产权归属确认较难，科研单位育种人员对进入企业仍有顾虑，研发人员不稳定，影响科企合作，导致中小企业难寻合作对象。此外，公共科技资源开放度不高、共享率低；在制种环节，种子生产、质量控制等关键技术研发不够，也在很大程度上阻碍了种子企业的可持续发展。

4. 多元化品种评价体系有待建立，植物新品种保护力度亟待加强

多年来，我国以产量为新品种评价的主要指标，许多通过申报的新品种高产不优质、高产不高效或高产不抗逆。2015年印发的《农业部办公厅关于进一步改进完善品种试验审定工作的通知》（农办科〔2015〕41号）也要求建立以种性安全为重点的多元化品种评价体系，满足生产多元化的要求，在稳定产量的前提下，突出品种种性安全。品种创新是种业发展的核心，保护品种权人权益是推动品种创新的根本保障。由于市场监管不力，违法成本较低，对侵权问题惩治效果不佳，近年来农作物品种的套牌侵权、私繁乱制行为仍时有发生，严重扰乱了种子市场秩序，挫伤了品种权人创新的积极性。

5. 良种在粮食单产增长中的贡献率呈下降趋势

过去，我国粮食总产在播种面积稳定的情况下能够保持增长，粮食单产的提高起到了重要作用，2013年我国粮食单产为1978年的2.1倍。但是，近几年来，粮食单

产增速减缓，粮食总产的"十二连增"主要得益于粮食种植面积的大幅增加。目前，我国玉米、小麦等主要作物平均单产仅相当于世界同类作物最高单产国家的40%～60%[3]。一些农作物新品种在小面积试验中的高产纪录不断被刷新，但全国主要农作物的平均单产却长期呈徘徊局面，品种的产量潜力在大面积生产中并未实现。究其原因，主要是我国的品种评价和区域试验大多是在优越的田间条件下进行的，土地肥力、施肥、灌溉、病虫害防治及管理都有充分保障，其环境条件与大面积生产有较大差异，育出品种的产量潜力在大面积生产中无法实现，对大面积增产作用不大。

6. 新品种不能满足当前和未来一段时期农作物种植结构调整的需求

新一轮农作物种植结构调整的一个重要方面是提高农作物产品的品质以满足市场需求。我国多年来对新品种的评价审定主要以产量为主要指标，轻视品种的营养、加工、口感等品质性状，加上大肥大水，导致农作物产品产量高但品质劣，产品质量不能适应市场需求，库存积压严重。大量谷物加工及饲料企业青睐进口谷物，一方面是价格原因；另一方面是由于我国自产谷物品质低劣。随着人民生活水平的不断提高，普通消费者对日常消费的口粮品质也提出了新的更高要求，高品质口粮奇缺已成为普遍现象。因此，尽快加强具有高品质性状的新品种培育已成为当务之急。

二、发展"绿色种业"是保障我国粮食安全和实现农业可持续发展的重要举措

"绿色种业"是指未来的优良作物品种应在保持产量增长的同时，更加聚焦于综合绿色性状的提升，具有抵御非生物逆境（干旱、盐碱、重金属污染、异常气候等）、抵御生物侵害（病虫害等）、水分养分高效利用和品质优良等特征，从而大幅度节约水肥资源，减少化肥、农药的施用，实现"资源节约型、环境友好型"农业的可持续发展。简言之，就是要将"藏粮于技"的战略思想落实在"藏粮于种"的具体措施上。

1. 发展"绿色种业"是突破我国耕地资源匮乏制约、保障粮食安全的重要措施

我国未来进一步扩大农作物播种面积的空间极为有限，保证我国粮食安全仍主要依赖于提高单产。与发达国家相比，我国粮食单产提高的空间很大，而通过种业科技发展提高作物单产是主要的可行途径。同时，我国耕地中有78.5%属中低产田，另外还有各类盐碱地总计约14.9亿亩，培育耐贫瘠、耐盐碱型作物新品种，也是突破土地资源限制、提高粮食总产的可能途径之一。

2. 发展"绿色种业"是提高资源利用率、实现农业可持续发展的重要手段

我国农作物生产中过量施用化肥不仅导致土壤酸化、养分不平衡和农产品品质下降，而且造成农产品、土壤、地下水和江河湖泊被严重污染。从水资源来看，干旱一直是限制我国北方粮食产区发展的主要因素，干旱、半干旱耕地面积占全国耕地面积的一半以上。利用现代育种技术，定向改造农作物品种的水分、养分利用效率，培育水分、养分高效型新品种，将有可能大幅度节约水资源、减少化学肥料的使用，不仅可降低生产成本，还能减少对农田和自然环境的污染，有利于改善农业生态环境，从而实现我国农业可持续发展。

3. 发展"绿色种业"是解决病虫危害、缓解生态环境压力的有效途径

我国农作物生产中病虫害频发，不但造成产量损失，还增加了农药施用量。目前我国农药的有效利用率仅为 36.6%，远低于欧美发达国家和地区的 50% ～60%[4]。农药滥用既污染环境，又难以保证农产品质量和食品安全。抗病育种的历史证明，选育和使用抗病品种防治农作物病害是最经济有效的措施，其中对玉米大小斑病和丝黑穗病、小麦赤霉病、水稻稻瘟病等主要病害的防治，选用抗病品种是最根本的途径。近年来，气候变暖和农药的不合理使用造成病虫危害呈加重趋势，特别是一些新的病虫害频发。因此，大力发展"绿色种业"、培育抗病抗虫新品种，是解决病虫危害、缓解生态环境压力、实现农业绿色可持续发展的重要战略措施。

4. 发展"绿色种业"是农业降本提质增效、提升农业竞争力的必由之路

近几年，我国粮食生产面临着国内资源与环境的巨大压力和国际市场的严峻挑战，尽快调整农作物种植结构以推动农业发展方式转变已成为必需。随着农资和劳动成本的快速上涨，种植粮食的比较效益还有可能继续下降。具有综合绿色性状的优良品种的推广和应用不仅经济有效、节省投资，也有利于提升粮食产品品质和增加农民收入。适度的规模化生产可有效提高生产效率，而规模化生产需要机械化和农艺标准化的衔接与配合，其中适宜机械作业的新品种是基础。通过品种选育与改良、良种推广和配套技术应用，以科技要素替代传统的人力、资源和环境要素，是实现农业现代化的必由之路。

5. 发展"绿色种业"是提高民族种业竞争力、保证我国种业安全的重大需求

在新品种培育上，实现产量、品质和抗性的同步改良是未来作物遗传改良的重要

育种目标。在育种技术上，世界种业研究已逐渐从传统的常规育种技术迈入生物技术育种的阶段。通过大力发展"绿色种业"，在加强现代育种技术研发的同时，培育有突破性意义、有自主知识产权的资源高效和环境友好型品种，不仅有利于提高民族种业的市场竞争力，同时也将保证我国种业及粮食安全。

三、世界发达国家种业发展的实践与经验借鉴

欧美等发达国家和地区对"资源节约型、环境友好型"现代农业的认知较早，并将种业作为现代农业建设的重要内容，在制度创新、新技术研发、财政补贴等方面积累了许多成功经验，对我国"绿色种业"发展具有重要的借鉴价值。

1. 重视立法体系建设和知识产权保护，规范和营造种业发展的良好环境

种子作为一种特殊的农资商品，对其实施依法管理和监督已成为各国共识。欧美等国家和地区大多建立了包括种质资源管理及种子研究、开发、生产、加工、储运、营销等环节在内的种子法律和法规。

2. 不断推进技术创新，抢占育种战略制高点

近年来，以基因技术为代表的农业生物技术飞速发展，一些跨国种业公司利用生物技术成功培育了一批农作物新品种，为解决粮食安全问题、缓解资源环境压力及改善自然生态环境等发挥了重要作用。

3. 建立农业生态补偿机制，实现可持续发展

早在 20 世纪上半叶，美国就开始注重农村生态环境保护问题。在农业政策中实施"绿色补贴"，将农民收入与改善环境质量目标挂钩。

四、推进我国"绿色种业"建设的建议

我国一直十分重视农作物种业的发展，最近几年国务院连续发布了三个国家发展农作物种业的文件：《国务院关于加快推进现代农作物种业发展的意见》（国发〔2011〕8 号）、《全国现代农作物种业发展规划（2012—2020 年)》（国办发〔2012〕59 号）和《国务院办公厅关于深化种业体制改革提高创新能力的意见》（国办发〔2013〕109 号）。发展现代种业也是《中共中央关于制定国民经济和社会发展第十三个五年规划的建议》中的重要内容。2016 年 4 月，农业部发布的《全国种植业结构调

整规划（2016—2020 年)》对种业发展提出了新的更高要求。2016 年 10 月，国务院发布的《全国农业现代化规划（2016—2020 年)》就"推进现代种业创新发展"做出了具体部署。

农业是全面建成小康社会、实现现代化的基础，种业是大力推进农业现代化的前提。要实现"十三五"规划提出的"绿色农业"发展，首先就是实现"绿色种业"发展。根据国家对于农作物种业发展的指导方针和具体部署，结合"绿色种业"的科学技术内涵和调研结果，就中国"绿色种业"发展提出以下建议。

1. 构建适合"绿色种业"发展的创新体系

建议在国家层面上设置专门的"绿色种业"协调组织领导机构，确立以"资源节约、环境友好"为农作物育种的战略目标，根据不同作物种植区域优化品种布局，从全产业链构建和完善适合"绿色种业"发展的创新体系。具体包括：加强优异种质资源的引进及优质、抗病虫、抗逆、水分养分高效利用性状的鉴定研究，建立包括水肥资源高效利用和抗逆性能为指标的多元化新品种鉴定体系；建立种质资源共享体系和生物信息交流共享平台，整合主要农作物遗传材料资源的信息数据（材料性状、基因定位、标记和克隆等），为绿色种业研发服务；推进科研院所、大学等种业科技成果向优势种业企业转移；加强适应绿色种业的育种、繁种和制种基地建设；修改品种审定和种子广告审查等制度，鼓励绿色新品种的培育、宣传和推广；进一步加大转基因棉花等的推广力度，并尽快推进转基因饲用玉米和大豆等的产业化；建立与"绿色农业"发展相适应的财政补贴生态补偿机制和推广体系，加强对农民的培训和教育，促进绿色种业的健康快速发展。

2. 加强"绿色种业"关键技术创新

鼓励科教单位和企业加强"绿色种业"关键技术创新，前者以上游的基础研究为主，后者以产品研发及应用推广为主，并以优秀种业企业作为落实"十三五"规划提出的实施种业自主创新重大工程的主要依托。具体包括：发掘高产、优质、抗病虫、抗逆、水分养分高效利用等重要农艺性状的新基因，创制优异种质材料，为我国"绿色种业"育种提供优异的基因资源；深入开展分子标记辅助选择聚合育种、高效细胞育种、计算机模拟育种、作物分子设计育种理论和方法及其在新的优良品种培育上的应用研究；以培育具有重大应用价值和自主知识产权的新品种为重点，培育一批绿色性状突出的功能型和生态型品种并大面积推广；加速适宜机械化生产的主要农作物新品种选育，开展杂种优势利用作物不育化、标准化、机械化、高效低成本制种技术研究，推动农业产业规模化和机械化进程；重视种子精加工技术、分子检测技术、无损

361

生活力测定技术、贮藏和包衣新技术研究，提高种子质量；培育一批以"绿色种业"为核心技术路线的"育繁推一体化"龙头企业，支持其研发平台做大做强，增强其国际竞争力，使其逐步发展为行业性的公共服务平台；将主管部门认可的行业第三方检验检测资质（如转基因成分检测、农作物品种真实性检测、农作物品种纯度检测、农作物品种品质分析检测、农作物分子指纹检测等）授予上述行业性的企业公共服务平台。

3. 建立以"绿色农业"为导向的品种审定制度

在主要农作物新品种审定制度上，应着力完善品种区域适应性试验制度，从过去的"严格"产量标准逐步转向风险控制，建立专门的抗病虫、抗逆、水分养分高效利用性状的评价体系，尽快制定以"绿色农业"为导向的品种审定制度；国家为有实力的"育繁推一体化"种子企业建立品种审定绿色通道，在现行品种审定指标体系或企业绿色通道试验体系中开设符合绿色理念的品种试验组别，以确保符合绿色标准的品种尽快商业化。同时，在现行审定制度和体系之外，鼓励和支持研发能力较强的龙头种子企业尽快建立类似跨国种业公司的内部试验体系。对于绿色性状突出，但产量性状暂无法达到审定要求的品种，由企业自行设计试验标准，自行开展试验，给予市场准入，风险由企业自行承担。同时，加快推动种业企业种子保险业务的体系建设，平衡企业风险，保障用户权益。

4. 加大对"绿色种业"科技成果的知识产权保护力度

种业科技创新成果是种业的核心竞争力和企业赖以生存的生命力，应积极地加以保护和合理利用。首先，从保护的成果内容来看，应从种质、基因、亲本、品种到育种技术、产业化技术，对资源和技术实现全面保护；其次，从保护的方式来看，应以申请专利和新品种保护等国际公认的知识产权保护形式为主。在对成果进行鉴定的基础上，明晰其知识产权归属，建立基因资源、技术、品种和商标等多层次的知识产权保护体系，有偿使用，并规范其转让、部分转让和共享等行为。建立专门针对绿色新品种科技创新研发的奖励和促进机制，促进科技成果的合理转让与转化。同时，应加强从品种研发到种子销售全产业链各个环节的监管，严厉打击各类侵犯知识产权的行为。

5. 积极推进"绿色种业"建设工程

借"十三五"规划提出的实施现代种业建设工程的契机，建设一批有助于"绿色种业"发展的国家种质资源库、数个国家级（海南、甘肃、新疆、云南、四川等）育种制种基地和多个区域性（东北、黄淮、长江流域、西北、华北、西南、华南等）良种繁育基地。改善育种科研、种子生产、种业监管等基础设施条件，建设一批依托于科研院所和龙头企业的品种测试站，加强种子质量检测能力建设。

6. 筹划"绿色种业"的全球化战略部署

应适时启动对"绿色种业"全球化进行战略部署的行动，借"一带一路"倡议实施的机遇，将我国"绿色种业"发展与主要农产品进出口贸易有机衔接，通过培育"以我为主"的有国际竞争力的跨国种子企业，逐步增强我国种业在国际上的整体竞争力。

参考文献

[1] 中华人民共和国农业农村部. 农作物种业发展成效显著. http://www. moa. gov. cn/ztzl/nyfzhjsn/nyhy/201209/t20120906_2922867. htm[2018-7-10].

[2] 腾讯网. 农业部：我国良种覆盖率超 96%. https://new. qq. com/cmsn/20140521/20140521001764[2018-7-10].

[3] 百度文库. 农业及粮食科技发展规划（2009—2020 年）. https://wenku. baidu. com/view/27fa694caf1ffc4ffe47acef. html[2018-7-10].

[4] 央广网—中国乡村之声. 农业部首次公布化肥、农药利用率数据 让人欢喜让我忧. http://country. cnr. cn/gundong/20151221/t20151221_520868113. shtml[2018-7-10].

Suggestions on Construction of "Resource-conserving and Environment-friendly" Green Seed Industry

Consultative Group on "China Green Seed Industry Development Strategy", CAS Academic Division

This paper first summarized and analyzed the major achievements and the problems existed in China's seed industry, pointing out developing "green seed industry" as the important measure of ensuring China's food safety and agricultural sustainable development. Based on the practical experience of developed countries, suggestions were then put forward in the following six aspects in the paper: construction of seed industry systems; innovative research and technological development; approval standards of new varieties; intellectual property rights protection; advancement of the construction project of "green seed industry"; and global strategic deployment of "green seed industry".

6.2　后 AR5 时代气候变化主要科学认知
及若干建议

中国科学院学部"我国应对气候变化若干基本问题
与巴黎气候变化会议前后的若干建议"咨询课题组[①]

政府间气候变化委员会（IPCC）[②] 从 1990 年起已经先后发表了五个正式的气候变化科学评估报告，最近的第五次科学评估报告（AR5）于 2013 年正式发布。IPCC气候变化科学评估报告是政府间制定气候变化有关协议的科学基础，至关重要。AR5发布以后又有很多新的重要科学进展和气候变化国际谈判新动向，如备受关注的 2.0℃和 1.5℃变化阈值问题、美国政府退出气候变化《巴黎协定》等。同时，我国的经济社会发展也到一个新的历史阶段和关键期，气候变化和环境污染问题变得愈来愈重要和紧迫。在中国科学院学部咨询和评议项目的支持下，课题组对 AR5 之后气候变化若干重要进展做了较为充分的调研和评议；也就我国的有关应对策略进行了研讨和前瞻。本文就是在这些工作的基础上形成的一份综合报告。

一、背景和意义

1. IPCC 第五次评估报告（AR5）的主要科学认知和局限性

AR5 形成了五大科学认知如下：①全球气候系统已明显变暖，并对自然系统和人类社会造成了广泛影响；②人类活动对气候系统的影响加剧，温室气体排放量增加是全球气候变暖的主因；③温室气体继续排放将使全球气候进一步变暖，并将对自然系统和人类社会造成更大风险；④适应与减缓气候变化相辅相成，与其他社会目标相结合，将促进可持续发展；⑤适应和减缓气候变化行动的有效性取决于多层面的合作和科技创新。

尽管 IPCC 评估报告凝聚了全世界科学家对气候变化问题的最新研究成果，具有

---

① 咨询课题组组长为中国科学院院士、南京信息工程大学教授、中国科学院大气物理研究所研究员王会军。

② IPCC 是世界气象组织（WMO）和联合国环境规划署（UNEP）于 1988 年设立的组织。

一定的权威性和全面性，但其结论的局限性仍值得重视，不能简单盲从，特别是将这些结论应用于政治进程中时尤需谨慎。其局限性主要体现在：①气候变化科学认知的局限性，主要包括气候系统很多关键过程和机理仍不清楚，预测预估方法，特别是区域气候变化预测预估不确定性很大；②对气候变化影响、适应方面认识的局限性；③对气候变化减缓和国际制度方面认识的不足；④政治因素对科学结论的影响。报告结论仍然以发达国家的研究为主，在有效适应、全球排放贡献以及未来减排责任分担等问题方面都更多体现了发达国家的观点。

2. 中国经济发展进入新阶段，需积极谨慎判定国家应对气候变化策略

当前，中国经济进入了全面深化改革和经济结构调整的新常态，同时我国也成为二氧化碳的第一大排放国。能源和产业结构调整与气候变化及相关排放问题的关系日益密切，国际气候变化谈判形势也更趋严峻。2014 年发布的《中美气候变化联合声明》，以及在 2015 年的巴黎气候变化大会上，中国政府明确提出了 2030 年二氧化碳排放达峰的目标，经济发展和碳排放需求与减排压力的矛盾日趋明显。如何在后《巴黎协定》时期转变发展方式、调整经济结构，实现中国经济新型发展是中国政府及社会各界面临的重大挑战和机遇。

二、AR5 发表以来的主要科学研究结论

1. 全球变暖事实毋庸置疑

新的数据表明：1901 年以来，中国大陆地区年平均表面气温明显上升，变暖速率达到 0.10℃/10 年，与全球大陆平均增温趋势大体接近。1951～2015 年，全国年平均气温上升趋势愈发明显（0.2℃/年），明显快于同期全球平均增暖速率。

2. 增暖停滞问题的新认识：地球气候系统并未停止增暖

21 世纪初以来，全球陆地平均增温趋势显著小于过去 30～60 年，这一现象被称为增暖减缓或停滞现象。增暖停滞现象主要出现在各大陆的中低纬度地区和热带太平洋。最新研究指出，在增暖停滞期间，地球气候系统一直在吸收热量，并主要储存于海洋，海洋的年代际变化减缓了全球气温的增加。但是，近几年全球气温又呈现显著增加的态势，不断突破历史纪录。2015 年 11 月 25 日世界气象组织发布声明：2015 年可能是有器测记录以来的最暖年份；2016 年全球气温再次突破纪录，比工业革命前高 1.2℃。以上新证据表明，地球气候系统并未停止增暖，而过去十几年气温增加的

停滞现象即将或已经结束。

3. 极端气候事件受人类活动影响，未来可能随着气候变暖而加剧

近年来，我国极端气候事件频繁发生，已造成重大经济损失和人员伤亡。受到2015 年/2016 年超级厄尔尼诺的影响，不仅全球气温再创新高，2016 年我国暴雨洪涝灾害也十分严重。最新研究表明，未来全球变暖情景下，极端厄尔尼诺/拉尼娜事件趋于增多增强，将会给我国带来更加严重的自然灾害。最新的科学认识已进一步确证，人类活动对极端气候事件的增加具有重要影响，而且极端气候事件会随着气候变暖进一步加强。

4. 变暖带来更加严峻的旱涝问题，并对我国重大工程产生不利影响

随着全球变暖，大多数冰川呈退缩变薄趋势，冰川径流增加，冰湖溃决造成突发洪水风险加大。同时，气候变化将导致中国水资源供需压力增加，干旱洪涝发生风险加剧。预计未来 50～100 年，全国人均水资源量会日趋紧张。

多年冻土面积萎缩，冻结期缩短，融区范围不断扩大。多年冻土退化能造成地基融沉变形、地基承载力降低，从而影响冻土工程的稳定性。以青藏工程走廊为例，研究显示在代表性浓度路径（RCP）8.5 高排放情景下，到 2050 年将有近 1/3 走廊区域发生热融灾害。

5. 气候变暖、北极海冰融化可能进一步加剧我国东部严峻的大气污染问题

最新研究显示，近年来北极海冰的快速消融可能进一步加剧了我国东部地区的大气污染。海冰变率能够解释东部地区霾污染日数变率的 45%～67% 之多，北极秋季海冰减少可以导致欧亚大陆大气环流异常，从而导致东部地区大气层结稳定、风力减弱，易于发生霾污染天气。

6. 气候变化对农业与粮食生产、生物多样性影响：弊大于利，有不确定性

（1）农业及粮食生产方面。气候变化对大部分地区农业生产的负面影响比正面影响更为明显，正面影响多见于高纬度地区。在我国，气候变暖的有利影响主要表现为：农业热量资源增加，作物生长季延长，生育期提前，利于种植制度调整，中晚熟作物播种面积增加。但气候变化对农业的不利影响更加突出：部分作物单产和品质降低、耕地质量下降、肥料和用水成本增加、农业灾害加重、病虫害发生面积扩大、危

害程度加重。特别是我国中部和南部地区，其本身的热量资源良好，气候变暖使得农作物生长期变短，产量减少，品质下降，粮食生产面临挑战。

（2）生物多样性方面。气候变化对生态系统的近期影响不大，部分地区朝着有利的方向发展，但中、远期气候变化对生态系统的负面影响将较大。气候变化会造成全球海洋物种再分配以及敏感地区海洋生物多样性的减少，给渔业生产力和其他生态系统服务的持续提供带来挑战。增暖引起的海平面上升和海洋酸化会造成部分珊瑚礁物种的丧失和地理分布变异，以及海洋渔业资源和珍稀濒危生物资源衰退，造成生物多样性大量缺失。气候变化亦会引起草原植被生产力显著降低，生物多样性丧失。气候变化会改变动、植物的物候期，导致森林生态系统结构发生变化、病虫害爆发及森林火灾频率增加，从而导致森林生物多样性减少。增温还可能对"三北"防护林产生不利影响。气候暖干化将缩短樟子松（"三北"防护林主要树种）生命周期，加速早熟，导致其早衰现象更加严重。

7. 海平面上升，近海城市发展和生态环境面临巨大挑战

全球气候变化导致沿海海平面上升，加剧海岸带灾害以及环境与生态问题。中国沿海海平面在 1980～2015 年上升速率为 3.0 毫米/年，高于同期全球平均水平。2006～2015 年中国沿海平均海平面较 1980～2005 年高 66 毫米。高的海平面会抬升风暴增水的基本水位，增加行洪排洪难度，加大台风和风暴潮对沿海城市的致灾程度。同时，海平面上升导致波浪和潮汐能量增加、风暴潮作用加强，沿海地区海岸侵蚀进一步加剧，河口三角洲将大幅衰退，并且修复难度增大。此外，海平面上升加剧海水入侵和土地盐渍化程度，海岸带滨海潮滩和湿地减少、红树林和珊瑚礁等生态退化，赤潮产生的危害加重，渔业和近海养殖业深受影响。

三、政 策 建 议

（一）加强科学研究，提高未来气候变化的预测水平，增强环境风险的防范（防灾减灾）能力

气候变化是一个长期而困难的科学问题，事关我国的水资源、粮食、生态、能源安全等方方面面，与国际谈判和减排等政治经济问题结合在一起，使得对气候变化的科学研究面临更加复杂的局面。虽然过去十几年我国在气候变化领域加大了支持力度，但相比英美等发达国家还有很大差距，我国气候变化研究基础还比较薄弱，应对气候变化形势十分严峻。因此，现阶段应着手建立气候变化国家实验室和多学科联合

研究平台，集中全国科技力量和科技资源，并有效利用国际研究力量，对关乎国家利益的气候变化关键科学问题开展集中攻关，从而提升国家应对气候变化的全方位科技创新能力，提高未来气候变化的预测水平和防灾减灾能力，进而提升我国在国际气候变化科学领域的话语权和影响力，为国家的可持续发展提供科学支撑和技术保障。几个重大科学问题建议如下。

1. 要特别重视和加强全球变暖对我国极端气候和大气污染的影响研究

部署与之有关的研究计划和重大项目，着力厘清变化规律和事实，揭示影响过程与机制，识别气候变暖的作用及影响程度，建立全球变暖对我国极端气候和大气污染影响的理论框架，为应对气候变化提供科学支撑。

2. 建立温室气体和大气污染物的协同观测体系

发展天地一体化高效率观测和数据处理技术与方法，形成大气碳浓度和碳源汇的全球监测体系，实现全球和重点区域碳排放定量监测能力，为科学评估减排效果提供基础。同时，研究建立卫星遥感与地面监测、航空验证相结合的大气污染物、地表特征参数、辐射通量、降水、地气热通量交换等观测方法和体系，实现支撑气候变化和大气污染研究的全国统一数据库和数据共享平台。

3. 建立高分辨率国家生存环境模拟系统

发展高性能地球系统模式，并以此为基础，发展建立高分辨率国家生存环境模拟系统，包括流域水环境和水资源模拟平台、大气污染数值模拟预报平台、风电量预报平台、区域环境数值模拟和预测平台、气候变化经济模型等，构建可以对全球特别是我国生存环境（气候、生态、水文、自然灾害等）和气候变化引起社会经济问题进行科学模拟和预测的强大工具，推进气候变化服务、适应和应对，支撑国家一系列国民经济和社会发展重大决策和规划的制定与实施。

4. 研究科学适应气候变化的策略和技术

构建重点领域、行业、区域国家气候变化影响评估标准与可操作性评估技术体系；研制集成适应气候变化的实用技术，突破一批适应气候变化的资源优化配置与综合减灾关键技术、重大工程建设与安全运行风险评估技术、重点行业风险规避与防御技术；开展减缓与适应协同关键技术集成示范；开展低碳能源安全战略布局与保障工程研究。开展跨行业和区域协同的有序适应气候变化的策略研究，推进科学适应气候变化的国家战略与重点能力建设。

5. 推动多层次国际合作，积极参与应对气候变化的全球治理

推动建立公平合理的国际气候制度：坚持共同但有区别的责任原则、公平原则、各自能力原则，积极并建设性参与全球 2020 年后应对气候变化强化行动目标的谈判，通过国际社会共同努力，建立公平合理的全球应对气候变化制度。

加强与国际组织和发达国家合作：深化与发达国家、联合国相关机构、政府间组织、国际行业组织等多边机构的合作，建立长期性、机制性的气候变化合作关系。

大力开展南南合作：创新南南多边合作模式，以我国为主，与有关国际机构探讨建立和推广"应对气候变化南南合作基金"。

推进"一带一路"应对气候变化合作：打造"一带一路"经济带沿线地区为全球新兴的低碳走廊，互利共赢。加强沿路各国在应对气候变化工作上的互联互通，有效利用"丝路基金"，发挥"亚洲基础设施投资银行"作用，加强带路各国各地区在清洁能源发展和应对气候变化资金、技术、标准、科学研究等方面的对话和交流，带动带路地区共同应对气候变化，建立长期稳定的区域合作机制。

6. 多措并举治理我国东部大气污染

从短期来讲，一方面，要定量评估天气气候变化和人为排放对我国东部地区霾污染的相对贡献，评估重点区域外来污染物输送和本地污染物排放的相对贡献；另一方面要提升气象条件预报预测准确率和时效性，为科学制定大气污染控制对策提供定量的科学依据。从长期来看，减缓气候变化、加快产业升级和能源结构调整并举才是解决大气污染问题的根本出路。

（二）经济发展与应对气候变化和环境保护协同解决

我国正处于经济转型的关键期，在新形势下要处理好经济发展与环境保护、应对气候变化的关系，实现经济与生态、环境协同发展。

1. 全面深化应对气候变化的认识，明晰其在生态文明建设中的地位

社会各界应充分认识应对气候变化的紧迫性和必要性，统一思想和行动，确保应对气候变化工作落到实处。

2. 积极推进应对气候变化立法进程，构建应对气候变化的法律基础

研究制定应对气候变化法，建立应对气候变化的制度框架和政策体系，明确各方权利义务关系。

3. 适时推进行政管理体制改革，强化政府对应对气候变化、能源管理和低碳发展的统筹协调和财政支持力度

构建统一协调的低碳发展管理体制框架，划分应对气候变化的中央与地方事权范围，建立全方位的沟通协调机制。进一步加大财政部门对气候变化应对工作的支持力度，确定中央与地方的财政支出责任。

4. 建立总量分解落实机制，健全考核评价制度

按照目标明确、上下协调、责任落实、措施到位、奖惩分明的总体要求，建立碳排放总量和化石能源消费总量控制、分解落实和考核制度，使得碳排放总量控制成为引导结构转型升级、促进新能源发展、经济发展方式转型的抓手和硬约束。

5. 全面促进产业转型升级与新兴产业发展，支撑经济新常态

继续大力推进产业升级转型，大力发展战略性新兴产业，适度进口高耗能原材料产品，探索高耗能产业向海外转移的路径。

6. 发展和推广应对气候变化先进技术

大力发展低碳清洁能源，优化能源结构；发展和推广能效先进技术，全面提高能源利用效率。针对能源绿色、低碳、智能发展的战略方向，实施一批国家重大能源科技创新专项和重大工程，加快推进低碳技术产业化，打造能源科技创新升级版。

7. 创新发展低碳经济的长效机制，引导企业和社会公众行为

推动多层次的碳交易市场建设，加快推进能源管理体制和价格改革，建立多元化的投融资机制等。

（三）我国的气候战略政策需取"积极而慎重"之策略

2017 年 6 月 1 日美国总统特朗普宣布退出《巴黎协定》，国际社会一片哗然，我国应采取"积极而慎重"的气候变化政策。对中国而言，一方面，积极应对气候变化符合中国经济转型升级、环境改善、空气质量提高、将效率提高变为增长新动能、加强能源安全等的要求，因此我国应坚持符合国家利益的既定气候战略和政策；另一方面，《巴黎协定》减排目标达成难度增加，中国作为减排大国（减排目标为 20.09%）难免受到国际社会更多关注，因而我国需要积极而谨慎地参与气候变化国际双边和多边行动，争取和维护本国利益。首先，积极参与的态度有利于国家形象和"一带一

路”倡议实施；其次，在国际社会渴望中国履行减排承诺的情况下，有利于我国在国际气候谈判及相关领域中争取更多的权益。例如，引导国际间谈判朝着有利于我国实现两个“一百年”目标的方向发展（发达国家向发展中国家的技术转移问题、资金问题、历史累计排放问题、人均排放问题等）。

总之，在气候变化问题上中国在坚持自身立场的同时，持积极而谨慎的态度，不受国际势力的误导，避免承担不切合自己能力或者本不该由自己承担的责任，充分考虑现实国情，一切以国家长远战略利益为重，冷静评估利害得失。

Key Findings and Several Suggestions on Post-AR5 Climate Change

Consultative Group on "Basic Issues on China's Response to Climate Change and Suggestions Proposed before and after the Paris Conference on Climate Change", CAS Academic Divisions

This paper analyzed the key findings and limitations in the Fifth Assessment Report(AR5) by Intergovernmental Panel on Climate Change(IPCC). It summarized the main conclusions that have been reached in the previous researchon climate change since AR5 was published. Three policy suggestions were put forward as follows: 1)Enhance scientific research to improve accuracy of climate predictions in the future and strengthen our ability to prevent environmental risks (disaster prevention and reduction); 2)Problems including economic development, adaptation and mitigation to climate change and environmental protection need to be solved collaboratively; 3) After the U.S. withdraws from Paris Agreement, China should stick with the climate strategy and policies in accordance with China's national interests and participate actively but cautiously in international multilateral and bilateral actions for addressing climate change in an effort to gain and safeguard China's national interests.

6.3 中国近海生态环境评价 与保护管理的科学问题及政策建议

中国科学院学部"海洋生态环境政策研究"咨询课题组[①]

生态系统具有多种不同的功能，为人类社会经济的发展提供了多方面的服务，是人类赖以生存和发展的重要基础。改革开放以来中国经济发展迅速，我国近海生态系统全面支撑了中国海洋经济的崛起，并为此付出了高昂的代价。种种迹象表明，我国海洋生态环境已面临污染加重、生境退化、资源衰退、灾害频发等严峻局面，近海生态系统的服务功能显著降低，蓝色经济的持续发展受到威胁。习近平总书记强调"保护生态环境就是保护生产力，改善生态环境就是发展生产力"[②]。为了实现可持续发展，我们应兼顾海洋的开发利用和生态文明建设，加强对海洋生态环境的保护和修复，以维护海洋生态系统的健康。有鉴于此，本课题组对我国近海生态环境评价与保护管理的科学问题进行了系统研究并提出相关政策建议。

一、我国海洋生态监测评价与保护管理现状

2001 年颁布的《中华人民共和国海域使用管理法》是我国依法用海、依法管海的法律依据，我国实行海洋功能区划制度，海域使用必须符合《全国海洋功能区划（2011—2020 年)》（简称《区划》）；近期我国又实施生态红线制度来管控重要海洋生态功能区、生态敏感区和生态脆弱区。国际上为保障海洋可持续发展而倡导的用海管理办法为海洋空间规划（marine spatial planning，MSP），其提出来自于"基于生态系统的海洋管理"（marine ecosystem-based management，MEBM）的理念。从形式上看，我国《区划》也属于 MSP 的一种，并且其理论的提出与实践都早于国际。但是《区划》提出时国内尚无"基于海洋生态系统管理"的概念。因此，《区划》在遏制海域使用无序、无度、无偿的混乱状况方面虽曾取得明显成效，但由于缺乏科学支撑、生态评价体系不完善、管理责权分割等因素，实施效果不尽如人意。由于《区

---

① 咨询课题组组长为中国科学院院士、国家海洋局第二海洋研究所研究员苏纪兰。
② 摘自《总体国家安全观干部读本》第 158 页，人民出版社，2016 年。

划》对"基于海洋生态系统管理"的理念体现不足，影响了《区划》本身的合理性和前瞻性。因此，现有海洋管理机制尚难以满足海洋生态文明建设的需求。

我国海洋环保体系建设经过多年积累，在政策、管理和监测评价等方面都取得了一些成绩，主要体现在以下四个方面。

1. 环保政策体系日臻成熟，有力支撑了海洋规划与管理

改革开放以来我国环境保护法律体系日臻成熟。已形成了以《宪法》为根本依据，《环境保护法》为基础，《海洋环境保护法》《渔业法》《海域使用管理法》《海岛保护法》等专门法作为主体的海洋生态环境保护法律保障体系，基本实现了海洋生态保护"有法可依"，为海洋开发及海洋生态保护提供了政策和管理的支撑框架；使海洋环境与资源保护基本上实现了"有法可依"，为协调环境保护与经济社会发展、促进海洋生态文明建设发挥了不可替代的作用。

2. 生态系统管理已成共识，海岸带综合管理初见成效

通过吸收借鉴国际海岸带综合管理（integrated coastal management，ICM）的理念，并结合我国实践经验，我国海洋与海岸带管理模式不断创新，基于陆海统筹的海岸带管理已见雏形。在国家和地方层面实施了多个各具特色的海岸带综合管理和流域-海洋综合管理项目，基于生态系统的海洋管理已成共识，并出现了有名的"厦门模式"；以追求区域经济发展、海洋环境与生态系统保护和社会公平为目标的海域综合整治项目成为我国海洋生态系统管理的创新性举措。同时，海洋生态保护补偿、海洋生态破坏赔偿等政策的实施，开启了通过经济刺激手段实施海洋生态系统管理的实践。

3. 海洋环境监测得到加强，监测内容与方法不断拓展

自1978年我国开展海洋污染监测以来，海洋环境监测评价工作快速发展。现已形成国家和地方不同层次相结合的海洋环境监测业务体系，初步建立了空海一体的立体监测网。监测内容由单一的污染监测向生态监测拓展，目前已包括海水和沉积物质量监测、生物多样性及典型海洋生态系统健康状况监测，并强化了服务环境监督管理、民生需求、海洋灾害和突发海洋环境事故、应对气候变化等环境监测内容。多年来，我国已积累了大量海洋环境监测数据资料，编制了系列信息产品和研究分析报告，为支撑国家海洋环境管理和生态保护、服务沿海经济社会发展等发挥了基础性支撑作用。

4. 海洋生态评价逐步完善，综合性指标体系得到发展

我国海洋生态环境状况评价指标体系已逐步由单一的污染指标体系向涵盖污染指标和生物生态指标的综合指标体系发展。基于海洋环境持续监测评价，分析了我国近海环境质量的现状和变化趋势；通过生态评价指标体系的研究和应用实施，初步阐释了我国近海生态系统的基本状况及变化趋势。海洋综合性生态评价指标体系已经成为指导和监管我国海洋开发建设和海域资源利用、防范海洋风险、开展海洋生态环境保护和海域整治活动、建设海洋生态文明的重要技术支撑。

二、国际海洋生态管理经验

为保障海洋可持续发展，目前国际上倡导的用海管理办法为 MSP，其基础是 MEBM 理念。我国海域使用及管理的核心机制是《海洋功能区划》。虽然可以说《海洋功能区划》也是 MSP 的一种形式，但其内涵并未充分体现 MEBM 的理念。

全球海洋所面临的近岸富营养化、生态灾害频发、生物栖息地减少、渔业资源衰退等问题，对沿海地区的可持续发展构成严峻挑战。国际上对海洋生态系统保护的重视始于 20 世纪 80 年代初期。从生态系统角度保护海洋环境和生物资源以达到海洋可持续开发利用，离不开对海洋生态系统的深入认识。联合国教科文组织政府间海洋学委员会（IOC）、世界自然保护联盟（IUCN）及美国国家海洋和大气管理局（NOAA）倡导和组织了全球各大海洋生态系统（large marine ecosystem，LME）的研究；2006 年 IOC 首次召开了海洋空间规划国际研讨会，之后欧美等发达国家和地区开展了海洋空间规划工作，强调了基于生态系统的海洋管理理念和做法，一些发展中国家也开展了类似工作；联合国环境规划署（UNEP）、世界自然保护联盟等国际组织也积极倡导基于生态系统的管理，并在相关项目中进行先导性的示范和推广。2008 年《欧盟海洋战略框架指令》和 2014 年《欧盟海洋安全战略》都体现了欧盟对海洋生态系统管理、海洋生物资源持续利用的高度重视。国际海洋管理的实践经验表明，从 20 世纪 70 年代的海岸带管理，到海岸带综合管理，再到近 10 年来基于生态系统的海洋管理，随着海洋开发利用的强度不断增加，人类对海洋的认识和理解也不断深入，海洋管理体制和实践已经历了深刻而重要的变革。

基于生态系统的管理要求体现生态系统的整体性、动态性和适应性。国际经验表明，认识海洋生态系统的结构和功能特性、稳定性及自我修复能力，用以测度生态系统的健康状况，是进行海洋生态管理的基础。为此，需要了解人类与生态系统的关系，采集生态系统核心层次的生态学数据，并监测生态系统的变化过程。随着基于生

态系统管理的理念被普遍接受，过去 20 年间欧美一些发达国家和地区的监测体系也发生了显著的变化，越来越注重生态系统健康的监测与评估。在海洋生态指标的构建上，国际上强调：一是将维护生态系统完整性和提供生态系统服务的关键物种作为重点评价指标；二是设立生态系统关键种和重要功能种的弹性和抗性指标；三是建立早期生态环境压力预警指标；四是用"参照站位"的方法来评估海洋生态系统的状态和健康。

此外，国际上广泛采用的政府、企业、公众三方联动的监测网络，生态和生物多样性保护奖励制度，环境数据信息公开，公众全程参与的环境监督机制，都是行之有效的生态保护管理手段，已逐步运用于我国海洋生态保护的实践中。

三、我国近海生态环境评价与保护管理中的问题

海洋生态保护的最终目的是服务于人类生存和可持续发展。中国近海生态环境问题日益突出，应对这一挑战是管理方不可推卸的责任；对近海海洋生态系统的科学认知缺乏、跨部门多领域的管理体制协调不足等问题，是制约生态系统管理的主要瓶颈。我国海洋政策法规、管理体制、生态监测和评价方法等均未能充分体现基于生态系统的海洋管理的理念。同时，由于过分强调短期经济利益，海洋生态保护服从于经济发展和产业开发、生态环境的长远利益屈从于短期政绩，这些阻碍可持续发展的因素仍然影响着中国目前的海洋管理，其问题主要体现在以下四个方面。

1. 海洋功能区划尚未充分满足海洋生态保护管理需要

《区划》是开发利用海洋资源、保护海洋生态环境的法定依据，是国土空间规划的重要组成部分。《区划》和红线制度的实施，为提高资源合理利用和环境保护水平，遏制海域"无序、无度"利用的局面，推进海洋经济健康发展做出了重要贡献。但《区划》提出时未能体现 MEBM 理念，影响了《区划》本身的合理性和前瞻性；从海洋可持续发展的角度看，《区划》还存在明显的局限性。目前，《区划》更侧重于化解不同用海方式之间的冲突，在处理海洋开发利用与生态保护矛盾时往往对开发利用给予的关注更多；《区划》在较小海洋空间范围内划分了渔业、港口、保护区等多类毗邻功能区，割裂了海域生态系统的完整性（导致生态系统"碎片化"）；《区划》未能充分体现对海洋渔业资源"产卵场、育幼场、索饵场、越冬场"的保护，尤其是对鱼类生活史中关键生境——育幼场的保护普遍不足，有关保护珊瑚礁、红树林、其他滨海湿地、河口等区域的关键生境指标也不够明确，难以达到海洋生态保护的目的。

2. 科学支撑不足，海洋生态管理效率和效果有待提高

我国实施基于生态系统的海洋管理的科技支撑显著不足，主要体现在对以下问题认识不足：海洋生物关键生境的分布、变化及其机制；海洋生态系统结构、过程和功能；海洋与流域之间和海岸带的海与陆之间各类海洋生物栖息地的关联性；海洋生态系统健康与其服务功能之间的非线性关系等。上述认识不足导致对社会经济发展与海洋/海岸带生态系统健康之间的密切关联了解不够，现有生态补偿标准、生态整治与修复的科学依据不充分。最终导致海洋生态系统服务功能的经济价值被严重低估或未能纳入许多海洋/海岸带综合管理决策之中，严重影响了我国海洋生态环境管理的实施效果。此外，一些流域综合管理项目和海岸带综合管理项目没有被很好整合，导致许多重大的海洋生态整治项目未能发挥应有的作用。

3. 海洋生态环境监测的科技水平和时效性亟须加强

海洋环境监测是海洋环境保护的基础性工作，也是政府监督管理海洋环境的基本手段，在认知海洋和管理海洋两方面均具有特殊的重要性。与发达国家相比，我国海洋生态环境监测系统的完整性、监测能力和技术水平不仅尚待提高，而且对反映特定生态系统特征的关键性海洋生态指标鉴识也不足。环境理化指标作为参考数据，只能间接反映生物的生存状况，不能全面测定或者预测生态系统的变化，而我国海洋生态监测技术的发展滞后于理化要素监测技术，尚处于起步阶段。同时，高新技术手段应用滞后，监测时效性不高，海洋生态环境在线、视频、遥感监测等立体动态高新技术的应用滞后，难以取得高时效、高覆盖的海洋环境监测数据，无法满足日益提高的海洋防灾减灾和海洋生态环境保护需求。

4. 生态评价偏重理化要素，生态系统健康指标有待完善

我国现有海洋生态环境评价体系中缺乏反映海洋生物、生态系统结构和功能的关键指标和评价标准，且现有生态指标侧重浮游生物，而微生物和顶级海洋生物指标不足，对生态系统结构和功能的代表性不强。同时，我国全海域的生态评价都采用同一套指标体系，未能体现不同海域生态系统之间的差异，无法反映生态系统演化趋势，更难以定量监测和评价生态系统健康。此外，目前的海洋生态监测与评价体系亟须更新，如富营养化、生物多样性等评价指标和评价方法已陈旧落后，一些评价指标的背景值也需要重新确定。生态系统健康指标不完善，对生物和生态系统的长远影响难以判定，导致海洋工程环境影响评价不够全面、项目审批通过率明显偏高，造成海洋生态环境的严重破坏，且难以及时发现、警示和预测海洋生态问题。

四、对策建议

目前世界许多沿海国家都在倡导蓝色经济，它兼顾经济发展、社会公平和生态和谐三方面。我国在建设蓝色经济过程中要深刻领会习近平总书记所指出的"保护生态环境就是保护生产力，改善生态环境就是发展生产力"的理念，也应平衡这三方面的需求，充分认识生态和谐的目的是保障可持续发展，而生态和谐的根本是在生态保护的前提下求发展；需要建立一种海洋经济发展与生态保护相互依托、相互促进的机制。中国现有的海洋生态保护法规和管理体制是我们过去一段时期的工作积累，具有时代的局限性，需要在此基础上不断总结和完善。为此，我们提出如下建议。

1. 提高海洋功能区划的科学性，强化海洋生态系统的核心地位

（1）强化基于生态系统的理念，提高海洋功能区划的科学性。应对《区划》进行一次全面的审订，将基于生态系统的理念贯穿于《区划》的定位、目标、原则和区划体系中。《区划》应打破传统的由行政边界分割形成的管理范围，而应根据生态系统的空间分布划定管理范围，保证每一个管理单元所包含的都是相对完整的生态系统；对于多种服务功能在空间上相互重叠的区域，应优先考虑生态保护方面的功能；细化《区划》所设定的目标和管理要求，明确对重要、敏感和脆弱海洋生态系统的保护措施，严格执行海洋生态红线制度。

（2）加强陆海统筹，优化海岸带空间布局。流域及沿岸陆域功能区划与近海海域功能区划的衔接是海洋生态系统健康的重要保证。从近岸海域与流域协调、海岸带陆域与海洋统筹的角度，优化空间开发布局规划，将海岸带陆域与海域作为一个完整的系统进行综合考虑，打破目前近岸海域空间规划中陆海分割的管理模式，统筹陆域、沿岸和近海的空间及其资源的开发，实现国土空间规划的有机整合，克服目前海洋功能区划仅能从海域自身角度考虑的缺陷，以最大限度保护海洋生态系统的健康，促进海洋经济的可持续发展。

2. 推动跨部门跨区域合作，提高海洋生态保护效率效果

（1）推动跨部门和跨区域合作。推动流域/沿岸陆域管理部门与近海管理部门合作，协调和扩展现有海洋管理项目，实施跨区域、基于生态系统的流域-海洋综合管理，提高海洋生态保护管理的效率和效果。

（2）针对我国海洋功能分区的碎片化、生态环境保护效果欠佳等问题，建议从生态系统保护的角度综合考虑保护成本和海洋生物多样性保护相关的要素，在区域尺度

上，而非行政区尺度上建立海洋保护区网络，以最小的成本达到区域生物多样性保护的目标，实现保护效率效果的最大化。

（3）加强近海/海岸带生态系统整治和修复，完善海洋生态补偿和赔偿的法规。针对我国海洋和海岸带生态环境现状，制定全国沿海生态整治修复规划，加强对整治修复理论和技术方法的研究。我国海洋生态损害补偿还没有上位法的支撑，而对海洋生态损害严重的行为，更多是经过批准的、合法的人类活动。建议把实施或者承诺实施修复受损海洋生态系统作为批准海洋工程或者海域使用论证的前置条件。

3. 突出生态保护目的，优化海洋生态监测与评价体系

（1）优化海洋生态环境监测评价方法，完善监测评价指标体系。要强化海洋生态监测与评价的针对性、连续性和科学性，在海区和地方层面明确设定生态监测目标，以对应不同时空下海洋环境保护管理的不同要求；建设高水平的长时间序列海洋生态监测站，加强实时、长时间序列的海洋生态环境监测；以海洋生态系统的结构和功能为核心，划分海洋生态区域并鉴识生态系统关键物种，建立生态系统健康指标，优化生态监测与评价指标体系。

（2）提升海洋生态环境监测评价的技术能力。为了实现海洋生态环境的大范围连续性监测，应加强高新技术在海洋生态环境监测体系中的推广应用；推进我国海洋监测从单点向多平台、三维一体和自适应监测网络方向发展。改变以行政区域作为生态评价单元的做法，建立以海洋生态区划为基础的管理技术体系，构建基于生态系统结构和功能的监测评价单元。

4. 加强近海科学研究，夯实海洋生态系统管理的基础

（1）基于海洋生态系统管理的需求，开展基础海洋生态学研究和数据共享。在全国各海区及海洋开发活动强度较高的典型海域，深入研究海洋和滨海湿地生态系统的结构和功能、人类活动影响机理机制，以及生态恢复技术，为实施新一轮海洋功能区划及改进海洋管理提供科学依据。国内外实践表明，长期监测数据的共享是促进科学进步、制定规划和实施管理的必要条件，应制定相应的数据共享法规和措施。

（2）加强前瞻性科学研究，全面提升海洋生态系统管理水平。开展海洋生态环境监测设计基础理论和关键技术研究，重点开展海洋生态系统健康评价基础研究，为科学客观地评估海洋生态系统提供依据。全面开展海岸带陆海统筹联动保护和基于生态系统的海洋功能区划技术研究，探索建设海洋自然保护区及保护体系的数字化网络。

（3）充分认识海洋生态过程的复杂性，推动相关学科交叉研究。加强对海洋生态系统演变关键过程与机理的系统认知，加强气候变化及其生态效应研究，深入调查研

究并监测海洋生物多样性和关键生境，系统开展海洋生态系统动力学及海洋生产力的变化与可持续机制研究。

（4）掌握我国海洋生态系统状况，启动海洋生态基线调查。全面了解我国海洋生态环境基线状况是做好我国海洋环境保护各项工作的基本依据之一。环境基线值可以反映较大范围和较长时期内区域环境中目标指标的动态平衡情况，是环境质量研究的基本资料。要适时开展新一轮海洋生态基线调查和第三次海洋污染基线调查，特别把关键微生物和顶级捕食者纳入基线调查，为海洋生态环境保护工作的优化和完善提供基础数据和技术依据。

Scientific Issues and Policy Recommendations on the Assessment，Protection and Governance of China's Marine Ecological Environment

Consultative Group on "Marine Ecological Environment Policy Study"，CAS Academic Divisions

The Study Group conducted a systematic review of the assessment，protection and governance of China's marine ecological environment. To address the present complex situation of China's severely degrading marine ecological environment，four recommendations are proposed：1）Revise the Marine Functional Zoning Plan with a more scientific approach by setting guidelines following ecosystem-based principles；2）Require cross-departmental and/or cross-regional collaboration for effective ocean governance to maintain ecological integrity；3）Upgrade and optimize the monitoring systems and assessment methodologies to safeguard the marine ecological environment；and 4）Strengthen coastal ocean studies and build a solid science foundation for better management of China's marine ecological systems.

附　录

Appendix

附录一　2017年中国与世界十大科技进展

一、2017年中国十大科技进展

1. 我国科学家利用化学物质合成完整活性染色体

我国科学家利用化学物质合成了4条人工设计的酿酒酵母染色体，标志着人类向"再造生命"又迈进一大步。该研究利用小分子核苷酸精准合成了活体真核染色体，首次实现人工基因组合成序列与设计序列的完全匹配，得到的酵母基因组具备完整的生命活性。该研究结果2017年3月10日发表在《科学》期刊，我国也成为继美国之后第二个具备真核基因组设计与构

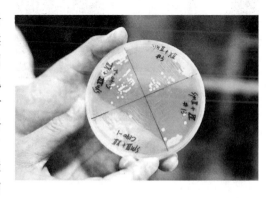

建能力的国家。自2012年开始，天津大学、清华大学和深圳华大基因研究院与美国等国家的科研机构共同推动了酵母基因组合成国际计划（Sc2.0），旨在对酿酒酵母基因组进行人工重新设计和化学再造。我国科学家此次成功合成的4条酿酒酵母染色体，占Sc2.0计划已经合成染色体的2/3。

2. 国产水下滑翔机下潜6329米，刷新世界纪录

我国自主研发的"海翼"号水下滑翔机于2017年3月在马里亚纳海沟挑战者深渊，完成大深度下潜观测任务并安全回收，最大下潜深度达到6329米，刷新了水下滑翔机最大下潜深度的世界纪录。"海翼"号水下滑翔机是根据中国科学院B类战略性先导科技专项的部署，由中国科学院沈阳自动化研究所研制的、具有完全自主知识产权的新型水下观测平台。从原理

样机的研发到深渊观测任务的圆满完成经历了 13 个年头，包含浅海、深海、深渊等不同型号的水下滑翔机 20 余台。此次"海翼"号在马里亚纳海沟共完成了 12 次下潜工作，总航程超过 134.6 千米，收集了大量高分辨率的深渊区域水体信息，为海洋科学家研究该区域的水文特性提供了宝贵资料。

3. 世界首台超越早期经典计算机的光量子计算机诞生

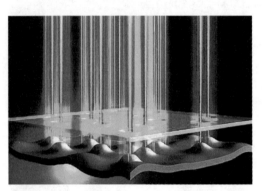

2017 年 5 月 3 日中国科学技术大学潘建伟院士科研团队宣布光量子计算机成功构建。潘建伟团队在多光子纠缠领域始终保持着国际领先水平，团队利用自主发展的综合性能国际最优的量子点单光子源，通过电控可编程的光量子线路，构建了针对多光子"玻色取样"任务的光量子计算原型机。实验测试表明，该原型机的取样速度比国际同行类似的实验加快至少 24 000 倍，通过和经典算法比较，它也比人类历史上第一台电子管计算机和第一台晶体管计算机运行速度快 10~100 倍。这台光量子计算机标志着我国在基于光子的量子计算机研究方面取得突破性进展，为最终实现超越经典计算能力的量子计算奠定了坚实基础。

4. 国产大型客机 C919 首飞

我国首款国际主流水准的国产大型客机 C919 于 2017 年 5 月 5 日 14 时许在上海浦东国际机场首飞。C919 的全称是"COMAC919"，COMAC 是 C919 的主制造商中国商用飞机有限责任公司的英文名称简写，"C"既是"COMAC"的第一个字母，也是中国的英文名称"CHINA"的第一个字母，体现了大型

客机是国家的意志、人民的期望。第一个 9 寓意"天长地久"，19 寓意 C919 大型客机最大载客量 190 人。C919 拥有完全自主知识产权，是建设创新型国家的标志性工程，凝聚了国内最优秀的设计人才和工程人才，针对先进的气动布局、结构材料和机载系统，研制人员共规划了 102 项关键技术攻关，包括飞机发动机一体化设计、电传飞控系统控制律设计、主动控制技术等。

5. 我国首次海域天然气水合物试开采

2017年5月18日，我国首次实现海域天然气水合物（又称可燃冰）试采成功，南海神狐海域天然气水合物试采实现连续187个小时的稳定产气。这是"中国理论""中国技术""中国装备"所凝结而成的突出成就，中国人民又攀登上了世界科技的新高峰。源源不断的天然气从1200多米的深海底之下200多米的底层中开采

上来，点燃了全球最大海上钻探平台"蓝鲸一号"的喷火装置。这是我国首次，也是全球首次对资源量占比90%以上、开发难度最大的泥质粉砂型储层可燃冰成功实现试采。从"蓝鲸一号"起步的可燃冰试采，不仅对我国未来的能源安全保障、优化能源结构具有重要意义，甚至可能给世界能源接替研发格局带来改变。

6. 我国"人造太阳"装置创造世界新纪录

国家大科学装置——全超导托卡马克核聚变实验装置东方超环（EAST）实现了稳定的101.2秒稳态长脉冲高约束等离子体运行，创造了新的世界纪录。这一重要突破标志着，我国磁约束聚变研究在稳态运行的物理和工程方面将继续引领国际前沿。东方超环是世界上第一个实现稳态高约束模式运行持续时间达到百秒量级的托卡马克核聚变实验装置，对国际热核聚变试验堆（ITER）计划具有重大科学意义。由于核聚变的反应原理与太阳类似，因此，东方超环也被称作"人造太阳"。该成果将为未来ITER长脉冲高约束运行提供重要的科学和实验支持，也为我国下一代聚变装置——中国聚变工程实验堆的预研、建设、运行和人才培养奠定了基础。

7. 中国科学家首次发现突破传统分类新型费米子

中国科学院物理研究所科研团队首次发现了突破传统分类的新型费米子——三重简并费米子，为固体材料中电子拓扑态研究开辟了新的方向。这一研究成果于2017年6月19日由《自然》杂志在线发表。寻找新型费米子是近年来拓扑物态领域一个

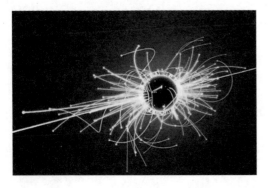

挑战性的前沿科学问题，也是该领域国际竞争的焦点之一。此次新型费米子的发现从理论预言、样品制备到实验观测的全过程，都是由我国科学家独立完成的，它是凝聚态物理中固体理论的一个重要突破。这一研究成果对促进人们认识电子拓扑物态、发现新奇物理现象、开发新型电子器件以及深入理解基本粒子性质都具有重要的意义。

8. 量子通信"从理想王国走到现实王国"

2017 年 1 月 18 日，我国研制的世界首颗量子科学实验卫星"墨子号"在圆满完成 4 个月的在轨测试后，正式交付使用。2017 年 6 月 16 日，中国科学技术大学潘建伟、彭承志等带领的团队宣布，利用"墨子号"在国际上率先成功实现了千公里级的星地双向量子纠缠分发，并于此基础上实现了空间

尺度下严格满足"爱因斯坦定域性条件"的量子力学非定域性检验。世界首条量子保密通信干线——"京沪干线"于 9 月 29 日正式开通。结合"墨子号"卫星，我国科学家成功与奥地利实现了世界首次洲际量子保密通信。"墨子号"圆满实现了三大既定科学目标，用潘建伟的话说，千公里级的星地双向量子通信，终于"从理想王国走到了现实王国"。

9. 中国科学院推出高产水稻新种质

由中国科学院亚热带农业生态研究所夏新界研究员领衔的水稻育种团队于 2017 年 10 月 16 日宣布，历经十余年研究，团队日前培育出超高产优质"巨型稻"：株高可达 2.2 米，亩产可达 800 千克以上，具有高产、抗倒伏、抗病虫害、耐淹涝等特点。经农业部植物新品种测试中心 DNA 指纹检测，以及华智水稻生物技术有限公司 56k 水稻 SNP 基因芯片指纹图谱检测，确认"巨型

稻"是一种水稻新种质材料。这种"巨型稻"光合效率高，单位面积生物量比现有水稻品种高出 50%，平均有效分蘖 40 个，单穗最高实粒数达 500 多粒，单季产量可超过 800 千克/亩。它是运用突变体诱导、野生稻远缘杂交、分子标记定向选育等一系列育种新技术，获得的水稻新种质材料。

10. "悟空"发现疑似暗物质踪迹

2017 年 11 月 30 日，中国暗物质粒子探测卫星"悟空"的首批探测成果在《自然》杂志上刊发。"悟空"测量到电子宇宙线能谱在 1.4 万亿电子伏特（TeV）能量处的异常波动。这一神秘信号首次为人类所观测，意味着中国科学家取得了一项开创性发现。如果后续研究证实这一发现与暗物质相关，这将是一项具有划时代意义的科学成果，人类就可以跟随着"悟空"的脚步去找寻宇宙中 5% 以外的广袤未知，这将是一个超出想象的成就。即便与暗物质无关，也可能带来对现有科学理论的突破。"悟空"投入相对小，在"高能电子、伽马射线的能量测量准确度"和"区分不同种类粒子的本领"两项关键技术指标方面世界领先。

二、2017 年世界十大科技进展

1. 新传感器技术可实现意念操控机械假肢

一个国际团队在《自然-生物医学工程》上发表论文表示，在他们研发的传感器技术助力下，机械假肢能探测到使用者脊髓运动神经元发出的电信号，使假肢的控制更加灵活，这相当于用意念控制假肢。有关技术有望帮助截肢人士恢复更多活动功能。这种新传感器能让机械假肢直接探测到来自脊髓运动神经元发出的电信号，比起单纯依靠肌肉抽动来控制的方式，这样的操控可做到更精确，可完成的动作也更复杂，机械假肢的实用性将随之提高。团队下一步将对这一新型机械假肢进行更大范围的临床测试，经过不断改进后，这类产品有望在未来三年进入市场。

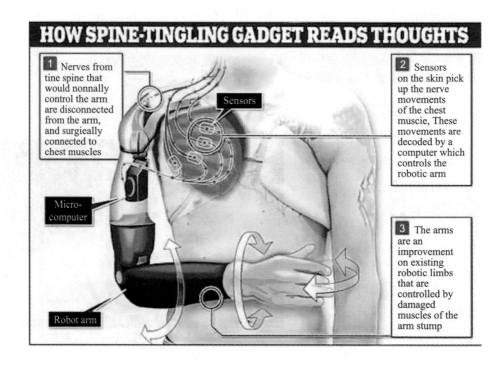

HOW SPINE-TINGLING GADGET READS THOUGHTS

1 Nerves from tine spine that would nonnally control the arm are disconnected from the arm, and surgieally connected to chest muscles

Sensors

Micro-computer

Robot arm

2 Sensors on the skin pick up the nerve movements of the chest muscie, These movements are decoded by a computer which controls the robotic arm

3 The arms are an improvement on existing robotic limbs that are controlled by damaged muscles of the arm stump

2. DNA 数据存储新法问世

美国科学家在 2017 年 3 月 2 日出版的《科学》杂志上报道说，他们想出了一种新的方式将数据编码进脱氧核糖核酸（DNA），从而创造出迄今最高密度大规模数据存储方案。在这套系统中，1 克 DNA 具有存储 215 拍字节（2.15 亿千兆字节）的能力。原则上，它可以将人类有史以来的所有数据存储在一个大小和重量相当于两辆小货车的容器中。然而这项技术能否起飞主要取决于成本。用 DNA 存储数据有很多优势。它是超级压缩的，并且在寒冷干燥的地方可以保存数十万年。同时只要人类社会还在读取和书写 DNA，他们就能够解码这些信息。科学家还可以为这些文件制作几乎不受数量限制的无差错文件副本。

3. "二手"火箭成功发射回收

美国太空探索技术公司于 2017 年 3 月 30 日利用翻新的"二手"火箭把一颗商业通信卫星发射上天，这是人类太空史上的第一次。此次发射的主要任务是把欧洲卫星公司的 SES-10 卫星送至地球同步静止轨道，但特殊之处在于这枚"猎鹰 9"火箭的第一级曾于 2016 年 4 月为国际空间站运送过货物，此后降落在太平洋的一艘无人船上，是人类从海上成功回收的第一个

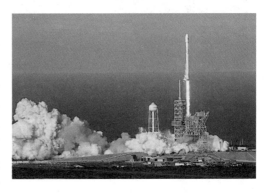

火箭第一级。经翻新并加上第二级后，火箭第一级被运回肯尼迪航天中心再次承担轨道级发射任务。回收火箭第一级的目的是研制可重复使用的运载火箭。传统火箭都是一次性使用，一旦能够实现回收重复使用，将有望降低发射成本。

4. 3D 打印卵巢具有生育能力

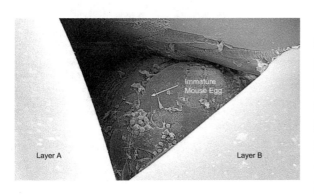

2017 年 5 月 16 日出版的《自然—通讯》杂志报道称，美国科学家通过 3D 打印技术，由凝胶制成的人工卵巢能够使老鼠受孕并产下健康的后代。在这项研究中，科学家使用了一个具有发射凝胶喷嘴的 3D 打印机，而其所使用的凝胶来源于动物卵巢中天然存在的胶原蛋白。研究人员通过在载玻片上打印各种

重叠的凝胶纤维图案来构建卵巢。随后，他们利用外科手术摘除了 7 只小鼠的卵巢，并原位缝合了人工卵巢。小鼠交配后，其中 3 只雌鼠分别产下了健康幼崽。这些产崽的雌鼠同时还能自然泌乳，这表明嵌入支架的卵泡产生了正常水平的激素。该成果或能帮助因放疗或化疗导致不育的癌症幸存者恢复生育能力。

5. 科学家成功用引力为星球测重

《科学》杂志于 2017 年 6 月 7 日发文称，爱因斯坦的广义相对论提出 100 年后，科学家成功地运用该理论确定了一颗白矮星的质量，使当初在爱因斯坦看来"不可能

的希望"成为现实。科学家在 5000 多颗恒星中寻找具有这种直线排列形式的星球，发现白矮星 STEIN 2051 B 恰好有着这种完美的定位——它在 2014 年 3 月正好位于一颗背景星球之前。他们利用哈勃望远镜对此现象进行观察，测量背景星球表观位置的微移动，这一作用被称作天体测量的微引力透镜效应。根据所测得的数据，他们估计，该星球的质量约为太阳质量的 0.675 倍。直接测量 STEIN 2051 B 的质量对理解白矮星的进化具有重要意义。

6. 全球首次发现双粲重子

欧洲核子研究中心于 2017 年 7 月 6 日宣布，经多国科学家共同努力，在世界上首次发现了一种被称为双粲重子的新粒子，这将有助于人类深入理解物质的构成和强相互作用的本质。中国团队对这一发现功不可没。这一最新发现来自欧洲核子研究中心的大型强子对撞机（LHC）上的底夸克探测器（LHCb）合作组。据介绍，这种双粲重子含有两个质量较大的粲夸克和一个上夸克，质量约 3621 兆电子伏特，几乎是质子

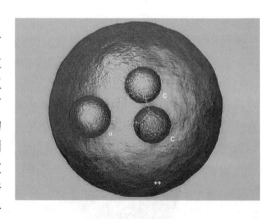

质量的 4 倍，理论预期其内部结构迥异于普通重子。底夸克探测器是欧洲核子研究中心大型强子对撞机上的粒子物理实验装置之一，专门研究重夸克粒子的产生和衰变。

7. 华人科学家宣布发现"天使粒子"

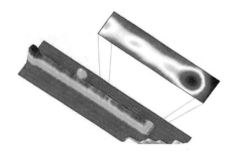

美国斯坦福大学华人科学家张首晟等于 2017 年 7 月 20 日在《科学》杂志上报道说，他们首次发现了马约拉纳费米子存在的证据。这一重大发现解决了困扰量子物理学 80 年的难题，对量子计算也具有重要意义。张首晟领导的理论团队预言了通过怎样的实验平台能够找到马约拉纳费米子，哪些实验信号能够作为证据；加利福尼亚大

学洛杉矶分校的何庆林、王康隆以及欧文分校的夏晶领导的实验团队与理论团队密切合作，在实验中发现了被称为手性马约拉纳费米子的一类最基本马约拉纳费米子。意大利物理学家埃托雷·马约拉纳预言，自然界中可能存在一类特殊的粒子，它们的反粒子就是自身，这种粒子被称为马约拉纳费米子。

8. 科学家用基因剪刀修复人类早期胚胎致病基因

2017 年 8 月 2 日出版的《自然》杂志报道，一个国际团队利用 CRISPR 基因编辑技术，成功修复了人类早期胚胎中一种与遗传性心脏病相关的基因突变。这是美国国内首次进行人类胚胎基因编辑。研究人员以肥厚型心肌病为研究对象，这是一种常见的单基因遗传病，由 *MYBPC3* 基因突变引起，是青壮年运动员猝死的主要原因之一。研究人员利用 CRISPR 基因编辑技术修复了人类早期胚胎中的这种突变，且定向非常精确，没有在非靶点位置产生突变。研究人员介绍，精确的基因编辑技术还有助于获得更多健康胚胎，提高体外受精成功率。但研究团队谨慎表示，相关基因编辑方法仍需进一步优化。

9. 世界首个分子机器人诞生

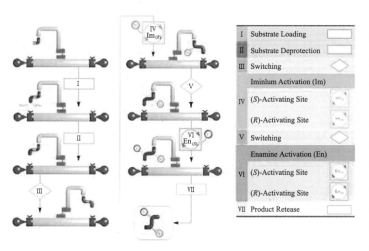

《自然》杂志于 2017 年 9 月 20 日报道，英国曼彻斯特大学科学家研制出世界上首个"分子机器人"，其能接收化学指令并完成组装分子等基本任务，未来可用于研发药物、设计先进制造工艺以及搭建分子组装线和分子工厂。组成分子机器人的碳、氢、氧和氮等原子总共只有 150 个，大小只有百万分之一毫米，将几百亿个这种机器人堆起来，也只有一粒盐那么大。但如此微小

的分子机器人，却拥有机器手臂，能够根据指令操控单个分子，用机器手臂搭建分子产品。由于非常微小，这些分子机器人具有很多优势，能降低材料需求、加速药物研发、大幅减少能源消耗及推进产品微型化等。

10. 引力波研究获重要进展

全球多国科学家于 2017 年 10 月 16 日宣布人类第一次直接探测到来自双中子星并合产生的引力波，并同时"看到"这一壮观宇宙事件发出的电磁信号。美国"激光干涉引力波天文台"（LIGO）捕捉到这个引力波信号。此后 2 秒，美国费米太空望远镜观测到同一来源发出的伽马射线暴。这是人类历史上第一次使用引力波天文台和电磁波望远镜同时观测到同一个天体物理事件，标志着以多种观测方式为特点的"多信使"天文学进入一个新时代。6 月 1 日，科学家就称，第三次探测到了引力波。此次结果不仅再次验证了广义相对论，也为了解双黑洞系统的成因提供了线索。9 月 27 日，欧洲和美国联合宣布第四次探测到引力波，这是欧洲和美国的探测器首次共同发现引力波。

附录二　2017 年中国科学院、中国工程院新当选院士名单

一、2017 年新当选中国科学院院士名单

（共 61 人，分学部按姓氏笔画排序）

数学物理学部（11 人）

序号	姓名	年龄	专业	工作单位
1	马余刚	49	原子核物理	中国科学院上海应用物理研究所
2	王小云（女）	50	基础数学	清华大学
3	方复全	52	数学	首都师范大学
4	汤　涛	54	计算数学	南方科技大学
5	李儒新	47	光学	中国科学院上海光学精密机械研究所
6	何国威	54	流体力学	中国科学院力学研究所
7	陈志明	51	计算数学	中国科学院数学与系统科学研究院
8	徐红星	48	分子光谱和纳米光学	武汉大学
9	龚新高	55	计算物理	复旦大学
10	韩占文	51	天体物理	中国科学院云南天文台
11	蔡荣根	52	引力理论和宇宙学	中国科学院理论物理研究所

化学部（9 人）

序号	姓名	年龄	专业	工作单位
1	杨万泰	60	高分子化学	北京化工大学
2	张东辉	50	物理化学	中国科学院大连化学物理研究所
3	陈　军	49	无机化学	南开大学
4	岳建民	55	有机化学（天然有机化学）	中国科学院上海药物研究所
5	赵宇亮	54	分析化学、放射化学	国家纳米科学中心、中国科学院高能物理研究所
6	郭子建	55	化学生物学	南京大学
7	彭孝军	54	精细化工	大连理工大学
8	谢在库	53	石油化工	中国石油化工股份有限公司
9	谢作伟	53	有机化学	香港中文大学

生命科学和医学学部（13 人）

序号	姓名	年龄	专业	工作单位
1	卞修武	53	医学（病理学）	陆军军医大学
2	刘耀光	63	植物遗传学	华南农业大学
3	陆 林	50	精神病学与临床心理学	北京大学
4	陈化兰（女）	48	兽医学、病毒学	中国农业科学院哈尔滨兽医研究所
5	陈晔光	52	细胞生物学	清华大学
6	季维智	67	生殖与发育生物学	昆明理工大学
7	种 康	55	植物生理学	中国科学院植物研究所
8	顾东风	58	预防心脏病学与流行病学	中国医学科学院阜外医院
9	徐 涛	46	生物物理学	中国科学院生物物理研究所
10	黄荷凤（女）	59	妇产科学	上海交通大学
11	蒋华良	52	药物科学	中国科学院上海药物研究所
12	樊 嘉	59	肿瘤学（肝癌基础与临床）	复旦大学附属中山医院
13	魏辅文	53	保护生物学	中国科学院动物研究所

地学部（10 人）

序号	姓名	年龄	专业	工作单位
1	丁 林	51	构造地质学	中国科学院青藏高原研究所
2	杨经绥	67	岩石大地构造	中国地质科学院地质研究所
3	邹才能	53	石油与天然气地质	中国石油勘探开发研究院
4	张宏福	54	岩石地球化学	西北大学
5	邵明安	60	土壤物理学	中国科学院教育部水土保持与生态环境研究中心
6	侯增谦	56	矿床学	中国地质科学院地质研究所
7	徐义刚	50	岩石学	中国科学院广州地球化学研究所
8	窦贤康	51	空间物理	中国科学技术大学、武汉大学
9	潘永信	53	固体地球物理	中国科学院地质与地球物理研究所
10	戴民汉	52	海洋生物地球化学	厦门大学

信息技术科学部（6 人）

序号	姓名	年龄	专业	工作单位
1	毛军发	51	电磁场与微波技术	上海交通大学
2	王建宇	58	光电技术	中国科学院上海技术物理研究所
3	吴朝晖	50	计算机应用	浙江大学
4	杨德仁	53	半导体材料	浙江大学
5	郑志明	63	信息科学/数学	北京航空航天大学
6	管晓宏	61	系统工程	西安交通大学

技术科学部（12 人）

序号	姓名	年龄	专业	工作单位
1	田永君	54	超硬材料	燕山大学
2	刘昌胜	50	生物材料	华东理工大学
3	杨　伟	54	飞行器设计与飞行控制	中国航空工业集团公司成都飞机设计研究所
4	杨孟飞	54	空间技术	中国空间技术研究院
5	芮筱亭	60	兵器发射理论与技术	南京理工大学
6	张清杰	58	材料科学与工程	武汉理工大学
7	欧阳明高	58	汽车动力系统	清华大学
8	段文晖	50	计算材料科学	清华大学
9	郭万林	56	力学	南京航空航天大学
10	郭烈锦	53	能源动力工程多相流与氢能	西安交通大学
11	滕锦光	53	结构工程	香港理工大学
12	魏悦广	57	固体力学及跨尺度力学	北京大学

二、2017 年新当选中国工程院院士名单
（共 67 人，分学部按姓名拼音字母排序）

机械与运载工程学部（9 人）

姓名	出生年月	工作单位
邓宗全	1956 年 10 月	哈尔滨工业大学
冯煜芳	1963 年 01 月	火箭军研究院
何　琳	1957 年 11 月	海军工程大学
黄庆学	1960 年 12 月	太原理工大学
孙逢春	1958 年 06 月	北京理工大学
王振国	1960 年 06 月	国防科技大学
吴光辉	1960 年 02 月	中国商用飞机有限责任公司
夏长亮	1968 年 04 月	天津工业大学
周志成	1963 年 06 月	中国航天科技集团公司第五研究院

信息与电子工程学部（8 人）

姓名	出生年月	工作单位
陈　杰	1965 年 07 月	北京理工大学
戴琼海	1964 年 12 月	清华大学
刘永坚	1961 年 11 月	空军研究院
刘泽金	1963 年 10 月	国防科技大学

续表

姓名	出生年月	工作单位
陆 军	1964 年 11 月	中国电科电子科学研究院
宁 滨	1959 年 05 月	北京交通大学
谭久彬	1955 年 03 月	哈尔滨工业大学
王沙飞	1964 年 10 月	战略支援部队某研究所

化工、冶金与材料工程学部（9 人）

姓名	出生年月	工作单位
戴厚良	1963 年 08 月	中国石油化工集团公司
黄小卫（女）	1962 年 01 月	北京有色金属研究总院
聂祚仁	1963 年 01 月	北京工业大学
潘复生	1962 年 07 月	重庆大学
彭金辉	1964 年 12 月	昆明理工大学
吴 锋	1951 年 06 月	北京理工大学
张联盟	1955 年 01 月	武汉理工大学
郑裕国	1961 年 11 月	浙江工业大学
周 济	1962 年 02 月	清华大学

能源与矿业工程学部（7 人）

姓名	出生年月	工作单位
邓建军	1964 年 04 月	中国工程物理研究院
毛景文	1956 年 12 月	中国地质科学院矿产资源研究所
孙金声	1965 年 01 月	中国石油集团钻井工程技术研究院
汤广福	1966 年 08 月	全球能源互联网研究院
唐 立	1965 年 12 月	北京应用物理与计算数学研究所
王国法	1960 年 08 月	天地科技股份有限公司
王双明	1955 年 05 月	陕西省地质调查院

土木、水利与建筑工程学部（8 人）

姓名	出生年月	工作单位
陈湘生	1956 年 06 月	深圳市地铁集团有限公司
邓铭江	1960 年 06 月	新疆额尔齐斯河流域开发工程建设管理局
孔宪京	1952 年 01 月	大连理工大学
李华军	1962 年 02 月	中国海洋大学
吴志强	1960 年 08 月	同济大学
谢先启	1960 年 12 月	武汉航空港发展集团有限公司
岳清瑞	1962 年 01 月	中冶建筑研究总院有限公司
张建民	1960 年 03 月	清华大学

环境与轻纺工程学部（6 人）

姓名	出生年月	工作单位
陈　坚	1962 年 05 月	江南大学
贺　泓	1965 年 01 月	中国科学院生态环境研究中心
蒋兴伟	1959 年 03 月	国家卫星海洋应用中心
王琪（女）	1949 年 07 月	四川大学
吴丰昌	1964 年 08 月	中国环境科学研究院
朱利中	1959 年 10 月	浙江大学

农业学部（8 人）

姓名	出生年月	工作单位
包振民	1961 年 12 月	中国海洋大学
蒋剑春	1955 年 02 月	中国林业科学研究院林产化学工业研究所
康振生	1957 年 10 月	西北农林科技大学
王汉中	1963 年 12 月	中国农业科学院
张福锁	1960 年 10 月	中国农业大学
张守攻	1957 年 07 月	中国林业科学研究院
赵春江	1964 年 04 月	北京市农林科学院
邹学校	1963 年 07 月	湖南省农业科学院

医药卫生学部（7 人）

姓名	出生年月	工作单位
董家鸿	1960 年 03 月	清华大学附属北京清华长庚医院
李兆申	1956 年 10 月	海军军医大学长海医院
马　丁	1957 年 04 月	华中科技大学同济医学院附属同济医院
乔杰（女）	1964 年 01 月	北京大学第三医院
田志刚	1956 年 10 月	中国科学技术大学
王　锐	1963 年 05 月	兰州大学
张英泽	1953 年 06 月	河北医科大学第三医院

工程管理学部（5 人）

姓名	出生年月	工作单位
陈晓红（女）	1963 年 05 月	湖南商学院
范国滨	1958 年 04 月	中国工程物理研究院
刘　合	1961 年 03 月	中国石油天然气股份有限公司勘探开发研究院
卢春房	1956 年 05 月	中国铁路总公司
王金南	1962 年 05 月	环境保护部环境规划院

附录三　2017 年香山科学会议学术讨论会一览表

序号	会次	会议主题	执行主席		会议日期
1	586	准极限高能光源带来的新科学新技术	陈森玉　丁　洪　董宇辉　毛河光　于　渌		1 月 17～18 日
2	587	生物多样性：从数据驱动到知识前沿	魏辅文　李德铢　张亚平　陈宜瑜　马克平		2 月 28 日～3 月 1 日
3	588	非人灵长类脑与认知	季维智　强伯勤　王立平　叶玉如　蒲慕明		3 月 23～24 日
4	589	区域生态学理论与学科建设研讨会	董世魁　高吉喜　魏复盛		3 月 28～29 日
5	590	沸石分子筛：等级特性、选择催化与分子工程	谢在库　苏宝连　何鸣元		3 月 30～31 日
6	S33	我国大气污染成因与控制	张远航　郝吉明　丁仲礼		4 月 9～10 日
7	591	植物特化性状形成及定向发育调控	李家洋　林鸿宣　许智宏　韩　斌　陈晓亚		4 月 11～12 日
8	592	类脑智能机器人的未来：神经科学与机器人深度融合的关键科学问题探讨	张　钹　乔　红　杨学军　郑南宁　胡　斌		4 月 18～19 日
9	593	异种移植走向临床研究的关键科学问题	罗敏华　贺争鸣　魏红江　王　维		4 月 20～21 日
10	594	中医临床原创思维的科学内涵及应用	晁恩祥　张伯礼　王　琦　胡镜清		4 月 26～27 日
11	S34	高重复频率硬 X 射线自由电子激光的科学机遇与技术挑战	朱志远　于　渌　封东来　杨学明　许瑞明　陈森玉		4 月 27～28 日
12	595	我国饮用水消毒副产物的健康风险与控制技术	江桂斌　魏复盛　陈君石　X. Chris Le　屈卫东		5 月 10～11 日
13	596	精准医学视野下现代中医基础理论：肝脏象理论创建探索	张俊龙　石学敏　王　键　乔明琦		5 月 24～25 日

续表

序号	会次	会议主题	执行主席	会议日期
14	597	智慧系统：挑战与展望	刘积仁　Joseph Sifakis 何积丰　王　义	6月1～2日
15	S35	面向科技强国的基础研究	饶子和　徐冠华 黄　卫	6月12日
16	598	北极海洋在全球变化中的作用及其对中国的影响	张　经　秦大河 穆　穆	6月14～15日
17	599	加强科技评估，助力创新驱动发展	王瑞军　陈光莹 郑南宁　王元丰 陈剑平	6月22～23日
18	600	生物气溶胶与人类健康、国家生物安全及大气污染	要茂盛　张远航 黄顺祥　侯立安	6月29～30日
19	601	新时期国民营养与粮食安全	汪寿阳　刘　旭 成升魁	7月22～23日
20	602	营养健康科学前沿与产业服务	王陇德　孙宝国 贾敬敦　陈　雁 杨月欣　戴小枫	8月29～30日
21	603	中国海水提铀未来发展	柴之芳　汪小琳 吴国忠	9月7～8日
22	604	计算光学成像科学基础研究：机遇和挑战	范滇元　吕跃广 陈卫标	9月19～20日
23	605	代谢调控	王红阳　宁　光 李　蓬　李伯良	9月22～23日
24	606	纳米酶催化机制与应用研究	阎锡蕴　汪尔康 张先恩　顾　宁	10月12～13日
25	607	组织再生材料：从基础研究创新到临床转化应用	付小兵　顾晓松 佩帕斯　梁锦荣 安东尼	10月15～16日
26	608	化合物半导体器件的异质集成与界面调控	李树深　黄　如 谢茂海　杨　辉	10月23～24日
27	609	脊髓损伤再生修复的关键科学问题	戴建武　张　赛 周　琪　赵继宗	10月26～27日
28	610	临近空间重大科学问题	顾逸东　周志鑫 蔡　榕	10月30～31日
29	S36	人工智能技术、伦理与法律的关键科学问题探讨	何积丰　李真真 张　钹　张宝峰	11月11～12日
30	611	中西医优势互补提升原发性肝癌疗效的科学认知与实践	吴孟超　张伯礼 郑伟达　吴健雄 花宝金	11月13～14日

续表

序号	会次	会议主题	执行主席		会议日期
31	612	科学技术与现代法治建设	郭 雷 赵进东	方 新 周成奎	11月14~15日
32	613	大陆超深科学钻探基础理论与前沿技术	孙友宏 高德利	董树文 朱日祥	11月15~16日
33	614	生物医学影像发展战略	叶朝辉 骆清铭 赵继宗	周 欣 戴建平	11月21~22日
34	615	氚科学与技术	彭先觉 柴之芳 李建刚	万元熙 蒙大桥 罗文华	11月23~24日
35	S37	三极环境与气候变化	陈大可 秦大河	郭华东 姚檀栋	11月28~29日
36	S38	快Z箍缩科学前沿问题及关键技术	李建刚 包为民	孙承纬 邱爱慈	12月6~7日
37	616	中国精准医学发展战略	韩启德 詹启敏	曾益新 金 力	12月14~15日
38	617	优化人居环境，发展人居科学	吴良镛 单霁翔	吴唯佳 马蔼乃	12月19~20日
39	S39	颠覆性技术发展前沿和热点研讨	包信和 孙家广	郭东明 于 渌	12月24~25日

附录四　2017 年中国科学院学部
"科学与技术前沿论坛"一览表

序号	会次	论坛主题	执行主席	会议日期
1	63	辐射磁流体力学三维数值实验研究	汪景琇	2 月 27～28 日
2	64	脑科学与人工智能	蒲慕明　谭铁牛	5 月 8 日
3	65	超导电子学	吴培亨	5 月 22 日
4	66	板块俯冲带	郑永飞　吴福元	6 月 24 日
5	67	基因编辑	周　琪	9 月 24 日
6	68	信息化时代下的大众健康	金　力　鄂维南	8 月 29 日
7	69	高温超导研究	薛其坤	9 月 28 日
8	70	生物大分子的化学修饰与动态调控	张礼和	10 月 26～28 日
9	71	地球深部结构与强震孕育过程	王成善　朱日祥 张培震	12 月 1～3 日
10	72	合成化学对话合成生物学	丁奎岭	12 月 13～14 日